# 润滑剂生产与应用

## （第二版）

## Lubricant production and Application

高校主编：张远欣　张春兰
企业主编：蹇国良　李　佩



中国石化出版社

**内 容 提 要**

本书系统阐述了18类“润滑剂、工业用油及相关产品”的分类、组成和应用，尤其是对内燃机油、液压油、齿轮油、变压器油做了较为详尽的讲解；完整介绍了润滑油基础油生产的各物理过程和加氢工艺，各装置的工艺目的、生产原理、工艺流程、操作因素、典型设备，以及装置的卫生、安全、环保等，并对润滑油的调和、包装、储存、再生等方面的知识进行了简单介绍，全面展示了润滑油的生产过程及应用知识。

本书可作为应用型本科、高等职业教育或成人教育炼油技术专业教材使用，也可供从事润滑油生产的技术人员或润滑油管理、销售人员参考。

**图书在版编目(CIP)数据**

润滑剂生产与应用/张远欣，张春兰主编．—2版．—北京：中国石化出版社，2023.1

ISBN 978-7-5114-6953-3

Ⅰ.①润… Ⅱ.①张… ②张… Ⅲ.①润滑剂 Ⅳ.①TE626.3

中国版本图书馆CIP数据核字(2022)第252388号



**中国石化出版社出版发行**

地址：北京市东城区安定门外大街58号
邮编：100011　电话：(010)57512500
发行部电话：(010)57512575
http://www.sinopec-press.com
E-mail:press@sinopec.com
北京富泰印刷有限责任公司印刷
全国各地新华书店经销
*
787×1092毫米16开本20印张476千字
2023年2月第1版　2023年2月第1次印刷
定价：58.00元

# 前　言

《润滑剂生产与应用》第一版自2012年出版以来已经使用了10余年。目前，有些润滑油产品更新了分类和使用标准，基础油加工工艺亦有改进和革新，职业教育理念也发生了重大变化，要求我们必须更新教材。

石油产品琳琅满目，作为石油产品中分类最细、要求最严的润滑油品更是如此。通常把液态润滑剂称为润滑油，而把加入稠化剂、在常温常压下呈现固态或半固态的润滑剂称为润滑脂。事实上，有些液态润滑剂已经远远突破了“油”的概念，可能是化学合成品，也可能是水基液。而有一些组成及加工工艺与常规润滑油相似的油品，其主要作用并非润滑，比如电器绝缘液体、淬火液、导热油等，国家分类标准把它们统称为“润滑剂、工业用油和有关产品”，代号为“L”。

根据最新的石油产品和有关产品的总分类（GB/T 498—2014），以及全国石油产品和润滑剂标准化技术委员会对L类产品的最新修订版本（GB/T 7631.1—2008），L类的润滑剂、工业用油和有关产品共分为18大类。

本书第一部分（第一～三章）介绍润滑油的分类、组成、应用等知识，属油料学范畴。教材第一版介绍了GB/T 7631.1—2008中有详细分类标准的15类产品。本次修订补全了所有类别，更新了近10年间相应油品分类标准和使用要求。编写过程中某些章节采用拟人的笔法赋予润滑油“人的品格”，较其他教材或专著具有一定特色，便于初学者理解接受。

本书第二部分（第四～六章）介绍润滑油基础油生产过程，属加工工艺范畴。此次编写参考了中国石化出版社2014年出版的《润滑油基础油生产装置技术手册》，能够代表当前润滑油基础油加工的水平。

本书第三部分（第七、八章）介绍润滑油调和、储运、包装、再生等知识，属于拓展内容，也是润滑油整个生产链条中的一环，此次修订改动不大。

本书由兰州石化职业技术大学的张远欣、张春兰老师主编，中国石化润滑油有限公司的李佩参与编写并对本书第一部分内容进行把关，中国石油兰州石化公司的蹇国良参与编写并对本书第二部分内容进行把关。第一、二章由张春兰编写，第三章由李佩编写，第五、六章由蹇国良编写，第四、七、八章由张远欣编写。校企合作让本教材与润滑油市场和基础油生产过程紧密衔接。

本次修订增加了很多新内容，重视油品的国际先进标准和OEM标准，重视生产工艺与真正生产过程的关联，但为了节约篇幅、突出重点，诸多材料放置于各章后的二维码电子资源。

本书初稿及修订过程参阅了大量参考文献，列于书后，若有遗漏之处，万望海涵。本书第一版部分内容、第二版部分工艺流程图绘制得到兰州石化职业技术大学杨兴锴老师和赵丹老师的大力帮助，在此一并真诚致谢。

编者经十余次易稿，编辑三审三校，书稿终成书籍。感谢中国石化出版社的大力支持，感谢王瑾瑜、孙蕊编辑的理解与肯定。

由于编者知识结构限制，书中定有不少错误与不足，恳请使用者批评指正。

编　者

2022年11月

# 目　　录

# 第一章

# 少一分摩擦，多一分润滑

## 第一节　润滑的意义

### 一、润滑的意义

在日常生活中，路上奔跑的汽车可能因为一个轴承的缺油烧损而要损失上千元的修理费用；在隆隆的钢铁生产流水线上，可能因为一个关键轴承的烧损迫使整个流水线停产，因而连锁导致几十万、几百万元的经济损失。这些都是摩擦带来的严重后果，相互接触的物体在相对运动时会产生摩擦，摩擦所导致的磨损，是机械设备失效的主要原因之一，机械产品的易损零件大部分是由于磨损超过限度而报废和更换的，据我国统计因摩擦发生的故障达55%~60%。

机械运转时由于摩擦而使部分机械能转化为无法利用的热能，大大降低了能量利用的效率，有人估算，世界能源的1/3~1/2以不同形式消耗在克服机件的摩擦上。

根据美国、英国、德国等国家的统计，在摩擦、磨损有关方面的花费大约占国民经济年生产总值的2~7个百分点。我国目前的平均生产水平还比较低，如果按5个百分点计算，2010年中国国内生产总值为397983亿元，5个百分点接近2万亿元；2020年中国国内生产总值为1015986亿元，5个百分点超过了5万亿元。如果能够尽力减少摩擦消耗，便可节省大量能源。如果能控制和减少磨损，则既能减少设备维修次数和费用，又能节省制造零件及其所需材料的费用。

润滑的目的就是最大限度地减少摩擦阻力，降低机械磨损，节省动力能源，延长机械设备的使用寿命，发挥机械的最高效率。合理润滑可以挽回摩擦磨损引起的损失的1/3，达到节能降耗从而提高企业生产效率和综合经济效益的目的。

这里举个例子，2021年12月13日，中国石油广西石化公司炼化一体化升级项目进行了环评公示，广西石化计划在现有$1000\times10^4$t/a的炼油基础上，新建$120\times10^4$t/a的乙烯及下游一系列装置，共计14套装置，包含乙烯、全密度聚乙烯、高密度聚乙烯、EVA（乙烯&醋酸乙烯酯树脂）、聚丙烯及环氧丙烷等。项目总投资3695714万元，约370亿元。

按照2020年GDP计算，合理润滑可以挽回摩擦磨损引起的损失达$1015986\times5\%\div3=16933.1$亿元，可以改扩建约46套广西石化这样的项目。

从润滑中索取财富应当引起极大关注。

## 二、润滑原理

当物体与另一物体沿接触面的切线方向发生相对运动或有相对运动趋势时，在两物体的接触面之间产生阻碍它们相对运动的作用力叫摩擦力，接触面之间的这种现象叫摩擦。两个直接接触且产生相对摩擦运动的物体所构成的体系称为摩擦副。

摩擦是自然界普遍存在的现象，摩擦也并非一无是处，它有时也大有益处，比如冬天汽车行驶在冰面上很不安全，需要往车轮上套上铁链增大摩擦系数，鞋底上刻花纹也是为了增大摩擦。

而我们要解决的是另一方面的问题，如何减少摩擦或控制摩擦，减轻摩擦导致的机械磨损、能量浪费，这需要梳理一下摩擦、润滑方面的基础知识。

$F$(摩擦力) = $f$(摩擦系数) × $N$(垂直于摩擦面上的力)。

摩擦系数与表面粗糙度有关，上述轮胎缠铁链、鞋底刻花纹都是通过增大表面粗糙度来增大摩擦系数，从而增大摩擦力。反之，想要减少摩擦力，则需要提高机械表面的加工精度，降低其粗糙度。

实践表明摩擦力不一定随表面粗糙度降低而减小，有时反而会增大，这是因为特别光滑的表面，分子间引力也导致摩擦产生，表面越光滑，相互接触的部分越多，分子间引力产生的摩擦阻力就越大。

以上两种引起摩擦的原因被归为摩擦凹凸说（机械互锁学说）和摩擦黏附说（分子学说）。无论是何种原因引起的摩擦，为了有效降低摩擦、减少磨损，需要往相对运动的物体表面加入第三种物质来改善摩擦副的摩擦状态的技术措施，称为润滑，这种物质即润滑剂。

一般情况下，固体的摩擦系数远大于液体和气体，用一定厚度的液体层或气体垫将摩擦副撑开，就可有效减小摩擦，这就是润滑的本质。

### 1. 润滑剂的一般分类

根据润滑剂在常温常压下的物理状态可将其分为固体润滑剂、半固体润滑剂、液体润滑剂和气体润滑剂，通常用量较大的是液体润滑剂和半固体润滑剂。

（1）固体润滑剂

固体润滑剂根据其组成可分为有机物、无机物、金属化合物及软金属四类。有机固体润滑剂主要有聚四氟乙烯、尼龙、聚乙烯、聚酰亚胺等；无机固体润滑剂主要包括石墨、氮化硼等；金属化合物固体润滑剂有硫化钼、氟化钙等；软金属固体润滑剂有铅、银、金、锡等。

固体润滑剂的优点是可以在多种苛刻条件下起到润滑作用，比如在真空、高温或低温、有辐射或者强氧化的特殊环境中，因此，在国防和外太空领域具有很大的应用前景。固体润滑剂的缺点是摩擦系数一般大于润滑油和润滑脂，在摩擦过程中产生磨屑，能量损失较大；摩擦过程中产生的热量不易散开，不能起冷却作用，容易损坏机械造成经济损失。

（2）半固体润滑剂

半固体润滑剂是在常温、常压下呈半流体状态，并且有胶体结构的润滑材料，润滑脂即是一种半固体润滑剂。润滑脂的用量仅次于润滑油，一般由基础油液、添加剂和稠化剂在高温下混合而成。许多摩擦副的润滑离不开润滑脂，如大部分滚动轴承、滑动轴承、齿轮、弹簧、绞车、钢丝绳、滑板等。润滑脂除了具有抗磨、减摩和润滑性能外，还能起密封、减振、阻尼、防锈等作用，其润滑系统简单、维护管理容易，可节省操作费用。缺点是流动性小、散热性差、高温下易产生相变、分解等。

（3）液体润滑剂

液体润滑剂是用量最大、品种最多的润滑剂，绝大多数液体润滑剂是润滑油，此外还有水基液。

润滑油是一种油状润滑剂，由基础油和添加剂调和而成。基础油是润滑油的主要成分，决定着润滑油的基本性质，基础油绝大多数来自于石油，少数是高档的化学合成品。添加剂则可弥补和改善基础油性能方面的不足，赋予某些新的性能，是现代润滑油的精髓。

（4）气体润滑剂

气体润滑是近几十年发展起来的新技术，适用于某些超精密仪器和超高速的场合，例如医用牙钻、精密磨床主轴、航海用的惯性导航陀螺、大型天文望远镜的转动支承等。气体润滑采用空气、氢、氧、氮、一氧化碳、氦、水蒸气等作为润滑剂，可使摩擦表面被高压气体分隔开。气体润滑的最大优点是摩擦系数极小，几乎接近于零，因此轴承稳定性很高；在高速精密轴承中可获得高刚度，且没有密封与污染问题；气体的黏度几乎不受温度的影响，可以用在比润滑油和润滑脂更高或更低的温度下，可在 −200 ~ 2000℃范围内润滑滑动轴承。

其缺点是必须有气源，由外部供给干净、干燥的气体；对支撑元件制造精度及材质有较高要求且动态稳定性较差。因此，气体润滑剂在使用前必须进行严格的精制处理。

本书介绍的润滑剂主要是液体润滑剂和半固态的润滑脂。润滑油中加入增稠剂使其在常温常压下有一定形状，即为润滑脂，润滑脂在使用过程中起润滑作用的还是润滑油。

**2. 润滑油的作用**

润滑油是用在各种机械与设备上以减少摩擦，保护机械及加工件，主要起润滑、冷却、防锈、清洁、密封和缓冲等作用的液体润滑剂。当然，也有一些不起润滑作用的油品如电器绝缘油、切削油，因为它们与润滑油馏分相近，制造方法相同，也归结为润滑油产品系列。

润滑油的主要作用是润滑，或者叫减摩，这要求润滑油有一定的黏度和较好的抗磨性，除此之外，润滑油还有以下作用：

保护零件不被锈蚀、溶解分散油泥积炭（发动机油等）、冷却作用（从高温部位带走热量，如发动机油、齿轮油等）、缓冲吸振（将冲击振动的机械能转变为液压能，发动机油、减振器油等）、传递能量（液压油、传动用油）、密封（发动机油、润滑脂）等。

## 三、润滑方式和润滑状态

先笼统介绍一下润滑方式的分类。

**1. 根据润滑剂的状态分类**

润滑方式可分为以下五类：

① 气体润滑：以空气、氢气、氮气和蒸汽等气体作为润滑剂的润滑。

② 液体润滑：以润滑油、乳化液和水等液体作为润滑剂的润滑。

③ 半固体润滑：以润滑脂等半固体材料作润滑剂的润滑。

④ 固体润滑：以石墨和二硫化钼等固体作润滑剂的润滑。

⑤ 油雾润滑：是利用干燥的压缩空气或氮气将油液雾化后作为润滑剂的润滑。

**2. 根据润滑状态分类**

摩擦、润滑是相伴相生的两个名词，摩擦的种类有干摩擦、液体摩擦、半干摩擦、边界摩擦，润滑也有液体润滑、边界润滑和混合润滑，混合润滑又可分为半流体润滑和半干润滑。

① 流体润滑：两接触表面被一层连续不断的流体润滑膜完全隔开时的润滑。

② 边界润滑：两接触表面上有一层极薄的边界膜（吸附膜或反应膜）时的润滑。

③ 半流体润滑：两接触表面间同时存在边界膜和流体润滑膜的混合润滑。

④ 半干润滑：两接触表面上，大部分边界膜遭到破坏时的边界润滑，局部出现干摩擦。

对于润滑油来讲，理想的润滑状态是液体润滑，靠润滑油膜将摩擦副完全隔开，可有效减轻摩擦，可靠的油膜厚度需要润滑油有一定的黏度，这个功能需要基础油本身提供。

而当润滑油工作状况受温度、压力、移动速度等影响无法保证油膜厚度时，就会造成微凸体的直接接触，其结果是摩擦增大，磨损严重，摩擦副直接接触，液体润滑被破坏，转为半干润滑，给机械表面造成巨大损伤。这时需要润滑油中有些特殊成分挺身而出，吸附在摩擦副表面形成一种极薄的边界膜，将摩擦副的干摩擦转为边界润滑。当摩擦副运动时，这层吸附膜代替（或部分地代替）了金属的直接接触，减轻了摩擦和磨损。润滑油中的这些特殊成分是加进基础油中的摩擦改进剂（或油性剂），但这种添加剂的使用温度范围较低，温度高时它们就会脱附。当摩擦副承受较大负荷或快速运动时，这层极薄的边界膜也会遭到破坏，使边界润滑无法维持，马上就会变成干摩擦，在这危急的时刻，被挤破的边界膜释放出 S、P、N 等活性组分，它们极速与摩擦表面的金属发生化学反应，形成牢固稳定的化学反应膜，这种润滑状态称为极压润滑。

事实上，我们希望润滑油有三种润滑状态：流体润滑、边界润滑、极压润滑，这分别要求润滑油有一定的黏性、油性和极压性，黏性靠基础油本身提供，油性需要往润滑油中添加一些极性化合物（添加剂），即所谓的“油性剂”或摩擦改进剂，它们是长链的脂肪酸或醇胺等。这些化合物的极性基通过物理或化学吸附方式被吸附在金属表面上，构成牢固的边界膜。

在负荷较大，温度较高的条件下油性剂将因脱附而失效，此时达到了所谓的极压状态，必须靠极压添加剂力挽狂澜，达到防止磨损的效果。极性添加剂是一些含有 S、P、N 等活性元素，反应活性较强的有机化合物，这些元素能与金属反应形成化合物，如硫化亚铁、磷酸铁等，对表面起保护作用。

## 四、本书介绍

汽车发动机功率的计量中，“马力”是一个通用的计量单位，“马力”本身的意思是一匹马输出的功率。“马力”这个单位的概念是由蒸汽机的改进者詹姆斯·瓦特命名的，我们知道功率的国际单位是瓦特，马力与瓦特的换算关系是：1 马力 =735 瓦特。从公元前3500 年一直到20 世纪初，人类一直生活在刀耕火种的时代，马都是人类不可或缺的交通运输工具。

人类生活需要照明，1860 年，英国人首次尝试给光亮度定义了一个国际标准单位，用六分之一磅抹香鲸脑油蜡烛在每小时燃烧120 格（约7. 8g）时所发出的亮度作为1 烛光单位，学名坎德拉，简写 cd。

19 世纪上半叶之前，鲸鱼油是当时欧美地区的主要照明燃料之一，这就是欧美国家以及日本疯狂捕鲸的主要原因，据说1 头 120t 的蓝鲸体内就有超过 40t 的油脂。鲸鱼油不仅能做燃料制成蜡烛，也是天然的润滑剂。

石油的大规模开发利用解救了鲸鱼，毕竟捕鲸既残忍又危险，成本也很高，人们从石油中提炼煤油点灯，发动机面世后，继而从石油中提炼汽油、柴油、航空燃料，也从石油中提炼润滑油。

这里说到了润滑剂的发展历史，第一代润滑剂其实就是鲸鱼油、猪油、大豆油这样的动植物油脂，第二代润滑剂是从石油中提炼的润滑油脂，第三代润滑剂被认为是合成油、绿色润滑油；绿色润滑油还是以动植物油为主，科学技术的发展、人类对自然的改造和探索总是在螺旋中上升，在轮回中发展。

我们目前所处的时代，润滑油以从石油中提炼的矿物油为主，合成油、绿色润滑油也日益被重视，代表着润滑油未来的发展方向。

润滑油发展至今，品种繁多，保障了不同机器、工具在不同工业领域和应用环境中的使用要求，称得上是现代工业的“血液”。

润滑油占全部润滑材料的95%以上，种类牌号繁多，多按照用途进行分类，如车用润滑油、工业润滑油和工艺润滑油等，也可以按更细的用途进行分类，如内燃机油、齿轮油、液压油、全损耗系统油、电器用油等。

现代润滑油几乎都是基础油和添加剂的调和产物。基础油是润滑油的主体部分，其质量百分数占了整个润滑油的70%~99%，决定着润滑油的基本性质，添加剂是加入基础油中的某种或某些化学反应物，有些添加剂能够让基础油在某些方面的性能变得更好，有些添加剂能够抑制基础油某些性能变差，还有些添加剂能够赋予基础油新的性能。添加剂是现代润滑油的精髓，几乎起到了点石成金或画龙点睛的作用。基础油与添加剂有效配合，产生好的协同效应，才能得到性能优异的润滑油。

《润滑剂生产与应用》（第二版）是应用型本科和高等职业教育石油炼制专业的必修教材，本书共分三个部分，第一部分讲油料学知识，前三章系统介绍润滑油、脂的理化指标、使用性能，分析性能指标与化学组成的关系，也按照一定的分类体系系统介绍各类基础油和添加剂，各种润滑油成品油的细化分类和应用场合。与润滑油品的销售、管理、化验等岗位密切相关，作为一般的润滑油使用用户，也可掌握油品识别、选用、换油等相关知识。润滑油是石油产品中分类最详尽，质量要求最严格，产品检测最精细的一种产品，也是唯一可以进入超市销售的石油产品。通过学习本书第一部分，初学者在很短时间即可系统掌握 18 大类、约 2000 种润滑剂，能成为说起润滑油脂头头是道的“油博士”。

第二部分第四章介绍基础油原料生产过程，第五章介绍物理法生产基础油的全过程，第六章介绍加氢法生产基础油的原理和工艺。针对炼油厂基础油生产板块，从严格的润滑油型减压蒸馏开始，精密切割润滑油馏分，保证基础油有合适的黏度范围，再通过溶剂精制剔除油料中的不理想组分，满足基础油黏温性能要求，通过溶剂脱蜡脱除油料中的高凝点组分，满足基础油低温流动性要求，最后通过白土补充精制，除去油料中的杂质，满足基础油色度、安定性等方面的要求。这些过程均是物理过程，通过除去油料中的不良组分来生产合格的基础油。更巧妙的方法是把油料中的不良组分转化为需要的优良组分，好比“把分子骨架打折重建”的脱胎换骨，这就是润滑油加氢。物理法生产的基础油品级较低，只能生产Ⅰ类基础油，而高档次的润滑油几乎都是Ⅱ、Ⅲ类基础油调和而成，生产合格的Ⅱ、Ⅲ类基础油必须借助于加氢。

第二部分不仅介绍了基础油生产的整个过程、各种方法，也注重培养一定的“工程能力”，告诉读者为了满足一定的工艺目的，采用了什么样的物理过程、化学反应，制定什么样的操作条件，选用什么样的工艺设备，生产过程中有什么危险，该注意什么事项，可以采用什么样的节能降耗措施等。通过本书第二部分，希望读者能成为炼油工业的优秀技术人员。这样的工程思想，也适用于绝大多数的炼油厂、石化厂、化工厂。

第三部分针对润滑油厂。润滑油厂生产流程比较简单，购进基础油、添加剂，按照一定的配方调和，或用油罐调，或用管道调，之后灌装、包装，送到用户手中，构成润滑油生产的完整链条。该部分也介绍油品的储存、运输、废油再生、绿色润滑油生产等知识。第七章简要介绍润滑油的调和、包装和储存相关知识，第八章为拓展内容，包括绿色润滑油生产与废润滑油的再生。

作为一门专业书籍或教程，本书涵盖的知识面宽广，专业性强，编者试图打破知识壁垒，重视知识的系统性和连贯性，努力做到由浅入深，引导读者一步步走进异彩纷呈的润滑世界。

## 第二节　润滑剂分类

润滑油这个词我们比较熟悉，润滑脂也有所耳闻，说起润滑剂就生疏一些，本书所说的润滑剂包括润滑油和润滑脂，因为润滑油 = 基础油 + 添加剂，润滑脂 = 润滑油 + 稠化剂，润滑脂中起润滑作用的还是润滑油，因此重点介绍润滑油。

润滑油被称为“工业的血液”，也有种说法，整个工业骑在 10μm 厚度的润滑油膜上，润滑油是机器最重要的零部件，是维修工唯一能控制的部件。可见润滑油多么举足轻重。

我们的任务是认识润滑油，了解它的“喜好脾气”，彻彻底底熟悉它，会用它，还要懂得怎样生产出它们，首先需要知道都有什么样的润滑油、润滑脂，这就是润滑剂的分类。据说某润滑油生产企业可以生产出上千种润滑油产品，显然不可能通过死记硬背记住它们，也没必要完全记住它们，正如原油中的化合物多达八九百种或上千种，根本不需要也无法知道每一种物质的分子式，我们了解石油是从大致分类入手的，润滑剂的分类亦是如此。

## 一、简单分类

前面已经说过一种分类，这是最好理解接受的一种分类，即按照常温常压下的状态，可把润滑剂分为气体润滑剂、液体润滑剂、半固体润滑剂和固体润滑剂。我们的主要研究对象是作为石油产品的润滑油和润滑脂。

按照基础油的来源，润滑油可分为矿物油、合成油、动植物油。合成油又可分为全合成油、半合成油。顾名思义，全合成油的基础油全部是化学产品，而半合成油则是指添加了一些合成油的矿物油。动植物油一点也不陌生，它们很原始，很淳朴，比如牛油、猪油、蓖麻油、鲸鱼油，可这些油品现在有个很洋气的名字，叫“绿色润滑油”，是对环境友好，可以被生物降解的油料。在目前的润滑油构成中，矿物油占了绝大多数，我国石油基矿物油占了基础油的97%左右，合成油仅占1.5%左右。我们也都知道合成油高级，随着润滑油品质要求越来越高，合成油所占的比例将会逐渐增大，矿物油的占比或许会有所下降，但依然占据绝对地位，因此，要提高整个国家润滑油的品质，最主要的任务还是生产品质优良的矿物基础油。

从石油中生产的矿物基础油，按照原料来源和生产方式不同，可分为Ⅰ、Ⅱ、Ⅲ三个等级的基础油。Ⅲ类基础油是通过全加氢工艺生产出来的，在矿物油中档次最高。Ⅰ类基础油生产过程基本不发生化学反应，以物理过程为主，主要包括溶剂精制、溶剂脱蜡、白土补充精制三套装置，这种工艺比较老旧，被称为“老三套”，生产出的基础油也是品级最差的。Ⅱ类基础油生产过程也必须借助于加氢，其品质介于Ⅰ类和Ⅲ类油之间。

不管润滑油采用的是哪些方式组合生产出来，达到了哪一类等级标准的矿物基础油，还是用了哪一种合成油，调和成各种各样的润滑油后，根据其大致的应用场所，可分为三类，用于车辆的叫车用油，用于工业生产过程润滑的叫工业油，还有一些油品主要不起润滑作用，比如变压器油起绝缘作用，金属切削液起冷却、冲洗作用，这样的油品被归为特殊用途油或工艺油。这三类润滑油中，车用油用量最大，要求最高，升级换代也最快，代表了一个国家润滑油发展的技术水平。

这些分类都挺好理解的吧？可要系统学习润滑剂，这些分类都太简单了点。我们需要借助系统分类的方法，一头扎进“润滑剂王国”，把成百上千种润滑剂一网打尽。

## 二、系统分类

石油产品种类众多，润滑剂类产品在石油产品中总量并不多，大约只占1.5%，但其品种却是石油产品中最多的。润滑油是一种高技术含量的石油产品，附加价值高，经济效益显著，受到各行各业的重视。换句生活化的话来说，润滑油是最值钱的石油产品，炼油厂生产基础油比燃料油经济效益更好。国民经济、国防建设各个方面都离不开润滑油，卫星上天、潜艇下海、导弹发射，都需要润滑油，这些如果有点高大上，路上跑的汽车，工厂里运转的各类机器，不都需要润滑油吗？一块手表好好工作了十几年，突然不走了，修表的师傅吹扫吹扫，滋点油，上上发条它就好了，据说一块机械表中有一百多个小齿轮，它们都好好工作手表才能正常走动。

有句名言：“有运动的地方就有摩擦，有摩擦的地方就需要润滑。”没有润滑，整个社会都会被“卡死”，所以润滑油不仅仅是“工业的血液”，它渗透到了社会生活的方方面面。它的工作场合也可用“水深火热”来形容，有的在温度很低的环境工作，这就需要黏度小的润滑油，有的在几百摄氏度的高温环境工作，又需要润滑油有足够的黏度，还担心它们分解生成油泥或沉渣，如果不幸生成了这些讨厌的东西，润滑油必须能够分解、清洗它们，因此就不难理解为啥有那么多不同品种的润滑油了。

言归正传，我们要用一种系统的方法，尽可能囊括所有的润滑剂。最新的石油产品分类国家标准 GB/T 498—2014，将石油产品分为五大类（见表 1-1），“润滑剂、工业润滑油和有关产品”是其中的一类，代号 L，L 类产品大约只占石油产品总量的 1.5%，这从一个方面说明汽、煤、柴油等燃料类油品的重要性，从另一方面也说明润滑油的“高精尖”，寿命长，用量小但使用周期长，凸显了润滑油品质精良。

**表 1-1　石油产品和有关产品的总分类（GB/T 498—2014）**

| 类别 | F | S | L | W | B |
|---|---|---|---|---|---|
| 类别的含义 | 燃料 | 溶剂和化工原料 | 润滑剂、工业润滑油和有关产品 | 蜡 | 沥青 |

L 类产品被应用于十分广泛的场合，不同场合对油品的要求千差万别，首先需要按照应用场合来把润滑剂进行划分。

**1. 按应用场合划分**

润滑剂按应用场合划分的分类标准有国际标准、国家标准、行业标准等。

1987 年，我国第一次制定润滑剂国家标准 GB/T 7631.1—1987，按应用场合将润滑剂分为 19 个组，2008 年，全国石油产品和润滑剂标准化技术委员会对这一标准进行第一次修订，形成新的国家标准 GB/T 7631.1—2008，并于 2008 年 12 月 1 日颁布实施。在 GB/T 7631.1—2008 中，L 类的润滑剂、工业用油和有关产品被分为 18 大类别，其组别、应用场合如表 1-2 所示。其中有 15 大类别有进一步详细分类的国家标准。

**表 1-2　润滑剂、工业用油和相关产品（L 类）的分类（GB/T 7631.1—2008）**

| 组别 | 应用场合 | 进一步分类的国家标准 | 组别 | 应用场合 | 进一步分类的国家标准 |
|---|---|---|---|---|---|
| A | 全损耗系统 | GB/T 7631.13 | H | 液压系统 | GB/T 7631.2 |
| B | 脱模 | — | M | 金属加工 | GB/T 7631.5 |
| C | 齿轮 | GB/T 7631.7 | N | 绝缘液体 | GB/T 7631.15 |
| D | 压缩机（包括冷冻机和真空泵） | GB/T 7631.9 | P | 气动工具 | GB/T 7631.16 |
| | | | Q | 热传导液 | GB/T 7631.12 |
| E | 内燃机 | GB/T 7631.17 | R | 暂时保护防腐 | GB/T 7631.6 |
| F | 主轴、轴承和离合器 | GB/T 7631.4 | T | 汽轮机 | GB/T 7631.10 |
| G | 导轨 | GB/T 7631.11 | U | 热处理 | GB/T 7631.14 |

续表

| 组别 | 应用场合 | 进一步分类的国家标准 | 组别 | 应用场合 | 进一步分类的国家标准 |
|---|---|---|---|---|---|
| X | 用润滑脂的场合 | GB/T 7631.8 | Z | 蒸汽汽缸 | — |
| Y | 其他应用场合 | — | | | |

本书第三章“润滑油应用”润滑油应用中会对这18种润滑剂进行详细讲解。

这18类润滑剂中，用量最大的是E组的内燃机油，它还有个名字叫发动机油，就是我们熟悉的“机油”，车辆有汽车、摩托车、铁路机车等，汽车发动机有烧汽油的、有烧柴油的，还有烧天然气的，汽车按重量和载客数还分为乘用车和商用车，乘用车指9座以下的主要用于乘坐的汽车，含SUV、MPV、赛车及家用皮卡；商用车指所有的货车、专用车、军用车、工程车辆、9座以上的客车以及拖拉机、农用车、矿用车。因此机油按照其应用场合的不同还要很系统地分类，这部分到第三章详细介绍。

内燃机油显然属于车用油，而H组的液压油则是工业油中用量最大的一类，C组齿轮油有用于润滑车辆齿轮的车辆齿轮油，也有润滑工业齿轮的工业齿轮油，因此齿轮油中有的属于车辆油，有的属于工业油。总体来说，内燃机油、液压油、齿轮油是所有润滑剂中用量最大的三种。

**2. 按黏度划分**

就像螺丝螺母有不同系列一样，每一种适用于不同场合的润滑剂都有一个系列，螺丝螺母主要按直径划分系列，润滑油则是按黏度划分系列，这也是润滑油牌号的划分依据。所有的润滑剂种类中，一般情况下工业油黏度划分采用ISO标准体系，车用油黏度划分采用SAE标准体系。

（1）工业液体润滑剂ISO黏度分类

ISO是国际标准化组织的简称，是由各国标准化团体（ISO成员）组成的世界性联合会。国际标准制定工作通常由ISO的技术委员会承担。技术委员会采纳的国际标准化草案提交各成员投票表决时，至少取得75%参加成员表决同意后，才能作为国际标准发布。

该类标准制定的基础是黏度等级，目的是提出系列明确的运动黏度等级，使润滑剂供应者、使用者和设备设计者根据特定应用条件下所要求的运动黏度，在确定或选择合适的工业液体润滑剂时有个共同的基准。

与按应用场合划分的分类标准一样，按黏度划分的分类标准也有国际标准、国家标准、行业标准等。

工业液体润滑剂ISO黏度分类的现用标准是ISO 3448—1992，这个标准看起来有点老，已经使用30年了，这也说明了工业油的品质要求相对比较稳定。该标准由美国试验与材料协会（ASTM）、美国润滑工程师协会（ASLE）、英国标准协会（BSI）和德国标准委员会（DIN）共同制定，具有权威性、通用性。我国的国家标准GB/T 3141—1994沿用ISO 3448—1992，将油品40℃的运动黏度中间值取整后作为黏度等级，这也是工业油的牌号，见表1-3。

润滑剂的生产者应逐步调整产品的黏度，使每个产品能符合本分类规定的黏度等级，而用油者为了合理用油和减少所用油品数，更应使用符合本黏度分类的润滑剂。本标准也是机械和设备制造者或零件供应者在设计和推荐润滑剂黏度时的重要依据。

**表 1-3　工业润滑油 ISO 黏度分类（GB/T 3141—1994）**

| ISO 黏度等级 | 中间点运动黏度 (40℃)/($mm^2/s$) | 运动黏度范围 (40℃)/($mm^2/s$) | | ISO 黏度等级 | 中间点运动黏度 (40℃)/($mm^2/s$) | 运动黏度范围 (40℃)/($mm^2/s$) | |
|---|---|---|---|---|---|---|---|
| | | 最小 | 最大 | | | 最小 | 最大 |
| 2 | 2.2 | 1.98 | 2.42 | 100 | 100 | 90.0 | 110 |
| 3 | 3.2 | 2.88 | 3.52 | 150 | 150 | 135 | 165 |
| 5 | 4.6 | 4.14 | 5.06 | 220 | 220 | 198 | 242 |
| 7 | 6.8 | 6.12 | 7.48 | 320 | 320 | 288 | 352 |
| 10 | 10 | 9.00 | 11.0 | 460 | 460 | 414 | 506 |
| 15 | 15 | 13.5 | 16.5 | 680 | 680 | 612 | 748 |
| 22 | 22 | 19.8 | 24.2 | 1000 | 1000 | 900 | 1100 |
| 32 | 32 | 28.8 | 35.2 | 1500 | 1500 | 1350 | 1650 |
| 46 | 46 | 41.4 | 50.6 | 2200 | 2200 | 1980 | 2420 |
| 68 | 68 | 61.2 | 74.8 | 3200 | 3200 | 2880 | 3520 |

注：对于某些 40℃运动黏度等级大于 3200 的产品，如某些含高聚物或沥青的润滑剂，可以参照本分类表中的黏度等级设计，只要把运动黏度测定温度由 40℃改为 100℃，并在黏度等级后加后缀符号“H”即可。如黏度等级为 15H，则表示该黏度等级是采用 100℃运动黏度确定的，它在 100℃时的运动黏度范围应为 13.5～16.5$mm^2/s$。

（2）车用油 SAE 分类

润滑油无论是按应用场合还是黏度划分等级标准，这些标准都会随着时代的要求不断升级换代，尤其是车用油。车用润滑油的最终用户是汽车发动机，给车用油提要求的权威人士是汽车工程师，美国汽车工程师协会（SAE）在许多年前已制定了关于内燃机油的黏度分类标准（SAE J300）和车辆齿轮润滑剂的黏度分类标准（SAE J306），目前全世界许多国家都在采用。

SAE 对内燃机油进行黏度分类可追溯到 1926 年，近 100 年来，随着内燃机油质量标准的要求不断提高，SAE J300 的标准更新很快，如 1999、2002、2007、2009、2013、2015 版。表 1-4、表 1-5 所列即为 2009 年及 2015 年 SAE J300 发动机油黏度级别。

表 1-4、表 1-5 中黏度等级有带“W”的，也有不带“W”的，带“W”的是冬季（winter）用油，不带“W”的是夏季用油。冬季车用油划分黏度等级的依据是油品 100℃运动黏度和最高低温黏度，夏季车用油划分黏度等级的依据是油品 100℃运动黏度和最高边界泵送温度。

2015 年版本的 SAE J300 比 2009 年推出的版本增加了 8、12、16 三种油品，20 号油黏度范围变得更窄了，所有牌号的油品增加了低温泵送黏度和高温高剪切黏度，预示着机油的使用要求更加严格，使用场合更加细化。这些数据不需要记住，但要能从中看出变化规律。

长期以来，SAE 一直是润滑油行业中国际知名的分类、分级体系。尽管 SAE J300 和 SAE J306 可能一眼看上去差不多，但 SAE J300 是机油标准，而 SAE J306 是汽车齿轮油标准。后者既包含驱动桥润滑油，也包含手动变速箱润滑油。

**表 1-4　SAE J300—2009 内燃机油黏度级别**

| SAE 黏度级数 | 最高低温黏度 | | 100℃运动黏度/(mm²/s) | | 最高边界泵送温度/℃ |
|---|---|---|---|---|---|
| | mPa·s | 温度/℃ | 最小 | 最大 | |
| 0W | 6200 | -35 | 3.8 | — | — |
| 5W | 6600 | -30 | 3.8 | — | — |
| 10W | 7000 | -25 | 4.1 | — | — |
| 15W | 7000 | -20 | 5.6 | — | — |
| 20W | 9500 | -15 | 5.6 | — | — |
| 25W | 13000 | -10 | 9.3 | — | — |
| 20 | — | — | 5.6 | <9.3 | 2.6 |
| 30 | — | — | 9.3 | <12.5 | 2.9 |
| 40 | — | — | 12.5 | <16.3 | 3.5（0W-40，5W-40，10W-40） |
| 40 | — | — | 12.5 | <16.3 | 3.7（15W-40，20W-40，25W-40，40） |
| 50 | — | — | 16.3 | <21.9 | 3.7 |
| 60 | — | — | 21.9 | <26.1 | 3.7 |

**表 1-5　SAE J300—2015 内燃机油黏度级别**

| SAE 黏度级数 | 低温动力黏度/(mPa·s) 最大值 | 无屈服应力低温泵送黏度/(mPa·s) 最大值 | 100℃时低剪切速率运动黏度/(mm²/s) 最小值 | 100℃时低剪切速率运动黏度/(mm²/s) 最大值 | 150℃时高剪切速率运动黏度/(mPa·s) 最小值 |
|---|---|---|---|---|---|
| 0W | 6200（-35） | 60000（-40） | 3.8 | — | — |
| 5W | 6600（-30） | 60000（-35） | 3.8 | — | — |
| 10W | 7000（-25） | 60000（-30） | 4.1 | — | — |
| 15W | 7000（-20） | 60000（-25） | 5.6 | — | — |
| 20W | 9500（-15） | 60000（-20） | 5.6 | — | — |
| 25W | 13000（-10） | 60000（-15） | 9.3 | — | — |
| 8 | — | | 4.0 | <6.1 | 1.7 |
| 12 | — | | 5.0 | <7.1 | 2.0 |
| 16 | — | | 6.1 | <8.2 | 2.3 |
| 20 | — | — | 6.9 | <9.3 | 2.6 |
| 30 | — | — | 9.3 | <12.5 | 2.9 |
| 40 | — | — | 12.5 | <16.3 | 3.5(0W-40，5W-40，10W-40) |
| 40 | — | — | 12.5 | <16.3 | 3.7(15W-40，20W-40，25W-40，40) |
| 50 | — | — | 16.3 | <21.9 | 3.7 |
| 60 | — | — | 21.9 | <26.1 | 3.7 |

表 1-6、表 1-7 列出了 1998 年及 2019 年两种 SAE J306 驱动桥和手动变速箱润滑油黏度分类标准。与机油相似的是，车辆齿轮油也对油品的要求越来越高，油品的分类越来越细化。

我国内燃机油黏度分类标准沿用 SAE J300 标准，目前最新国家标准为 GB/T 14906—2018，该标准代替的是 GB/T 14906—1994，GB/T 14906—1994 参照 SAE J300—1987《发动机油黏度分类》。

表 1-6　SAE J306—98 驱动桥和手动变速箱润滑油黏度分类（单级油）

| SAE 黏度级别 | 150000mPa·s 时最高油温（D2983）/℃ | 100℃运动黏度（ASTM D445）/（$mm^2/s$） | |
|---|---|---|---|
| | | 最小 | 最大 |
| 70W | -55 | 4.1 | — |
| 75W | -40 | 4.1 | — |
| 80W | -26 | 7.0 | — |
| 85W | -12 | 11.0 | — |
| 80 | — | 7.0 | <11.0 |
| 85 | — | 11.0 | <13.5 |
| 90 | — | 13.5 | <24.0 |
| 140 | — | 24.0 | <41.0 |
| 250 | — | 41.0 | — |

表 1-7　汽车齿轮润滑剂黏度分级（SAE J306—2019）

| SAE 黏度级别 | 150000mPa·s 时最高油温（D2983）/℃ | 100℃运动黏度（ASTM D445）/（$mm^2/s$） | |
|---|---|---|---|
| | | 最小 | 最大 |
| 70W | -55 | 3.8 | — |
| 75W | -40 | 3.8 | — |
| 80W | -26 | 8.5 | — |
| 85W | -12 | 11.0 | — |
| 65 | — | 3.8 | <5.0 |
| 70 | — | 5.0 | <6.5 |
| 75 | — | 6.5 | <8.5 |
| 80 | — | 8.5 | <11.0 |
| 85 | — | 11.0 | <13.5 |
| 90 | — | 13.5 | <18.5 |
| 110 | — | 18.5 | <24.0 |
| 140 | — | 24.0 | <32.5 |
| 190 | — | 32.5 | <41.0 |
| 250 | — | 41.0 | — |

按照应用场合划分的各类润滑油均有不同的黏度等级，排列组合的结果，就形成了成百上千种润滑油产品。

润滑油是最精细的一种石油产品，主要表现在分类众多，评测极其严苛，但无论何种润滑油，基本上都是由基础油与添加剂组成的。基础油分为矿物油、合成油、动植物油三种，矿物油占绝大多数，合成油具有更高的品质，动植物油又称绿色润滑油，是可降解、对环境友好的油品。未来合成油和绿色润滑油所占份额会日渐增多，但目前基础油的主体仍是矿物基础油，以下没有明确说明时，基础油指的就是炼油厂生产的矿物基础油。炼油厂润滑油板块的任务就是生产合格的基础油。基础油按照黏度指数分为为数不多的几种类型，其分类均有严格的国际标准或行业、企业标准，每种基础油的各项技术指标均需达到相应的标准才能作为合格的产品出厂。基础油是炼油厂的产品，是润滑油厂的原料，润滑油厂从炼油厂购进各种牌号的基础油，要适应分类众多的润滑油，需将不同黏度指数的基础油进行调和，还要根据需要加入不同种类的添加剂进行调和，用什么样的基础油、添加剂，每种基础油、添加剂需要多少，都需清清楚楚列出，称为润滑油配方。就像照方抓药，润滑油厂的生产过程是按照一定的配方，准确称量或计量各种调和组分，在油罐或管道中进行调和，然后在线灌装，就生产出丰富多彩的各类润滑油产品。

作为销售、使用润滑油的用户，应当掌握如何描述润滑油，了解润滑油的使用要求。

## 第三节　润滑油的“品格”

如同当介绍一个人时，我们关心他（她）的身体健康指标，简单地诸如身高、体重、血压，复杂地来做个全面细致的体检，我们还重视他（她）的外貌、品性、能力，有没有团队意识，能不能长期保持优良品质不腐化堕落等。对于石油产品中质量要求最高、生产评测最精细的润滑油来说，我们关心它的外观，它众多的理化指标，它在长期储存或严苛的使用环境中能不能抵抗氧化变质、高温分解，在高速搅拌的情况下能不能保持一定的黏度，在有水存在的环境中容不容易乳化，能不能很好地溶解添加剂或氧化产物，它会不会腐蚀润滑面，生产过程中有没有机械杂质，使用过程中会不会生成固体颗粒；如果这样，它不仅起不到润滑作用，反而急剧加重磨损。这些问题对润滑油来说至关重要，就比如我们的眼睛干涩、不舒服时，本来需要眼药水湿润保护眼睛，如果其中加入一粒沙子，后果不堪设想。

当我们赋予润滑油以人的情感或品格时，对于它的各项指标、各种使用要求就不难理解了。

要全面了解润滑油，需要对它进行一个全面的考察和“体检”，在实验室测定它的诸多理化指标，还需要进行模拟台架试验综合判断其润滑能力，最终还要在真正的行车或机器设备上进行考核。不妨理解为飞行员招考或特种兵的野战生存实验，“宝剑锋从磨砺出，梅花香自苦寒来”，千难万险才能塑造出伟大英雄，同样，千锤百炼才能生产出高档润滑油，正所谓“众里寻他千百度”，千挑万选才能从众多的润滑油中选择出最适宜的那一款。

### 一、常规性指标

可用相同或近似的理化指标对润滑油的性能进行描述或规范，主要涉及的理化指标如下：

**1. 外观**

润滑油的外观一般以“透明”或“清澈透明”“透明，无悬浮物和机械杂质”表示。其判定方法是把油品注入100mL量筒中，于（25±5)℃下目测，如有争议，按GB/T 511测定机械杂质含量为准。

**2. 色度**

油品的色度就是颜色的深浅，我国石油产品颜色测定法按ASTM D1500分为0.5、1.0、1.5、2.0……8.0共16个色号，依次加深，颜色最深的为8.0，最浅的为0.5。

加氢法生产的Ⅱ、Ⅲ类基础油，称为加氢油，其色度往往小于0.5，那么如何来进一步区分呢？这时候要用到赛波特（Saybolt）颜色测试方法ASTM D156，测试结果从-16到+30，最深的色是-16，相当于ASTM D1500的0.571色度，数字越大颜色反而越浅，颜色最浅的是+30。

在其他石油产品中，白油也很关注Saybolt颜色指标，除此以外，部分工艺油也会用Saybolt，而常规基础油D1500小于0.5就行了，但好的Ⅲ类油做到Saybolt 30也不是难事。

对于Ⅰ类基础油来说，油品的颜色往往可以反映其精制程度和稳定性。一般精制程度越高，氧化物和硫化物脱除得越干净，颜色也就越浅。但是，即使精制的条件相同，不同来源和基属的原油所生产的基础油，其颜色和透明度也可能是不相同的。

对于成品润滑油，由于添加剂的使用，颜色作为判断基础油精制程度高低的指标已失去了它原来的意义。

**3. 密度**

密度是润滑油最简单、最常用的物理性能指标。润滑油的密度随其组成中含碳、氧、硫的数量的增加而增大，因而在同样黏度或同样相对分子质量的情况下，含芳烃多的、含胶质和沥青质多的润滑油密度最大，含环烷烃多的居中，含烷烃多的最小。

## 二、黏性指标

**1. 黏度**

黏度是指液体黏稠的程度，润滑油黏度过大，会造成启动困难，消耗动力；黏度过小，会降低油膜支撑能力，增加磨损，密封功能也会下降。

油品的黏度分为绝对黏度和相对黏度，绝对黏度分为动力黏度和运动黏度。

动力黏度是单位速度梯度上的剪应力，而所考察的截面某一点单位面积上的内力叫作应力，单位N/m$^2$。动力黏度用$\mu$表示。根据定义，将各物理量的国际单位代入可推导出动力黏度的国际单位。

$$[\mu] = \left[\frac{\frac{F}{A}}{\frac{du}{dl}}\right] = \frac{\frac{\mathrm{N}}{\mathrm{m}^2}}{\frac{\mathrm{m/s}}{\mathrm{m}}} = \frac{\mathrm{N}}{\mathrm{m}^2}\cdot \mathrm{s} = \mathrm{Pa}\cdot\mathrm{s}$$

动力黏度的国际单位是Pa·s，它的常用单位是mPa·s。常温下，水的黏度为1mPa·s，牛奶是3mPa·s，花生油为10mPa·s，果汁为55~75mPa·s，酸奶为150mPa·s（40℃），蜂蜜为3000mPa·s。

动力黏度与在同温下该液体的密度之比即为运动黏度，用$\upsilon$表示，将各物理量的国际单位代入可推导出运动黏度的国际单位。

$$[\upsilon] = \left[\frac{\mu}{\rho}\right] = \frac{\frac{\mathrm{N}}{\mathrm{m}^2}\cdot\mathrm{s}}{\frac{\mathrm{kg}}{\mathrm{m}^3}} = \frac{\mathrm{N}}{\mathrm{kg}}\cdot\mathrm{m}\cdot\mathrm{s} = \frac{\mathrm{kg}\cdot\mathrm{m/s}^2}{\mathrm{kg}}\cdot\mathrm{m}\cdot\mathrm{s} = \mathrm{m}^2/\mathrm{s}$$

运动黏度的国际单位为m$^2$/s，常用单位为mm$^2$/s（有的资料中称cSt，厘斯）。

条件黏度有恩氏黏度、雷氏黏度、赛氏黏度，这些都是用特殊的黏度测量仪测定出来的结果，是个相对数值或时间值，无单位或用s做单位。同种油品不同黏度表示方法均可通过公式或图表进行换算。

这里只介绍赛氏黏度，因为它常用在基础油牌号中，尤其是Ⅰ类基础油。

赛氏黏度又叫赛波特（Saybolt）黏度，是一定量的试样在规定温度（如100℉、210℉或122℉等）下从赛氏黏度计流出200mL所需的时间，以“秒”为单位，有赛氏通用黏度（Saybolt Universal Seconds，常用SSU或SUS表示）及赛氏重油黏度（Saybolt Furol，常用SSF表示）之分。润滑油行业常用的是SSU，通常使用的馏分油都是SSU100℉，而光亮油用SSU210℉。

黏度是润滑油最重要的一项指标，是基础油原料馏分分割的依据，也是选用润滑油的依据。润滑油的品种一般按用途命名，而牌号多用黏度划分。对于机油来说，由于工作温度变化大，承受高剪切应力，又分为低温动力黏度（CCS）、低温泵送黏度（MRV）、高温高剪切黏度（HTHS），它们都是动力黏度，单位都是mPa·s。

在寒冷的条件下，机油一定程度会被冻住，因此变得黏稠，流动性和润滑性变差。低温动力黏度又称低温表观黏度，是发动机油在高剪切速率下、-50~-30℃时的低温黏度，可预示发动机在低温条件下能否顺利启动，这个指标的数值越小越好，越小就表示抗冻能力越强，冬天热车的时间就可以减少。

我国现有实验室测定方法是GB/T 6538—2010发动机油表观黏度测定法（冷启动模拟机法）。在保持规定温度的仪器转子和定子间充满试油，由直流电机驱动，测定转子的转数，通过转数与黏度的函数关系求得油品在该温度时的表观黏度。

低温泵送黏度简单地说就是考查机油在被机油泵输送的过程中性能如何，数值越小越好。低温泵送黏度值越低，说明机油在被机油泵抽取输送的过程中越流畅，冬天热车的时间也就越短。

高温高剪切黏度是机油在高温高剪切下黏度稳定性的指标，也是反映机油在高温高剪切条件下润滑保持能力。把它理解为油膜强度更形象、更准确。在购买机油时，我们除了留意机油的黏度（机油标号）外，还需注意“HTHS”的数值。涡轮增压、大排量轿车或者SUV，这类发动机的特点是转速快，发动机温度高，需配合使用HTHS≥3.5及黏度指数高的全合成机油。

这一下子就高大上了很多吧？光一个黏性指标竟然有这么多的黏度表示方式，但这正说明润滑油要求的严格，也说明黏度这个指标的重要。

这么多黏度都有必要了解吗？哪一种最重要？最后简单梳理一下，大家常说的黏度其实是运动黏度，因为这个指标更容易测试，还很准确。而动力黏度则不容易测，但对发动机油来说，有些条件下的动力黏度是非测不可的，如低温动力黏度、低温泵送黏度、高温高剪切黏度，SAE J300里面总共有4个黏度指标，3个都是动力黏度，只有1个是运动黏度，可是大家还是喜欢说运动黏度（30、40、50等）。

**2. 黏度指数**

黏度指数（Viscosity Index，简称VI）表示油品黏度随温度变化的程度。黏度指数越高，表示油品黏度受温度的影响越小，其黏温性能越好，反之越差。

黏度指数是个相对值，它可以小于0，也可以大于100，API规定，Ⅰ、Ⅱ类基础油的黏度指数在80~120之间，Ⅲ类基础油的黏度指数大于120，某些合成油的黏度指数可以达到200以上甚至300以上，而有些多环芳烃的黏度指数很低，甚至可以低到-60，黏温性能极差。

对于大多数润滑油来说，黏度并非越大越好，要求其在一定范围就好，但黏度指数越大越好。对于基础油来说，VI 值就是命根子，我们费尽心思就是为了生产出 VI 值高的基础油。

## 三、低温性指标

润滑油之所以称为润滑油，因为它是液态的、油状的，不管起不起润滑作用，所有的润滑油有个放之四海而皆准的要求，就是要求在使用温度下必须能够流动。油品温度越高黏度越小，流动性就越好，因此要求油品在任何使用温度下必须能够流动实际就是要求低温时它必须保持良好的流动性，不能被“冻住”。

润滑油家族实在是太庞大了，应用场合多，不同润滑油低温性指标有所不同，这里介绍得看似很繁琐，但真正接触到某种润滑油时，还会觉得这只是九牛一毛。比如液压油、空气压缩机油、变压器油等用倾点表示低温性能，发动机冷却液用冰点表示低温性能，旧标准重负荷车辆齿轮油 GB 13895—92 中用成沟点表示低温性能，新标准 GB 13895—2018 中也改成了倾点。

凝点是指在规定的冷却条件下油品停止流动的最高温度。倾点与凝点无原则性差别，只是测定方法稍有不同。同一油品的倾点一般高于凝点 2～3℃。润滑油的倾点是表示润滑油低温流动性的一个重要质量指标，对于生产、运输和使用都有重要意义。倾点高的润滑油不能在低温下使用，相反，在气温较高的地区则没有必要使用倾点低的润滑油，以免造成不必要的浪费。因为润滑油的倾点越低，其生产成本越高。

对于发动机油，倾点已不足以表述其低温流动性能，它采用的是边界泵送温度以及低温下的黏度值。

边界泵送温度是表征油品泵送性好坏的指标，用来预测发动机油在低剪切速率下、在 -40～0℃范围内能维持正常泵送的最低温度。同一油品边界泵送温度比倾点一般高 3～5℃。

我国标准试验方法有发动机油边界泵送温度测定法，本方法规定将试油由 80℃用 10h 冷却到试验温度，恒温、冷却共 16h，然后在旋转黏度计上，逐渐施加规定的扭矩，并测出转动速度，再计算该温度的屈服应力和表观黏度。从三个以上温度点的结果算出边界泵送温度。

低温动力黏度是衡量发动机油低温流动性的关键指标，是发动机油低温的灵魂指标。没有了这个参数，发动机就启动不了，这个参数越低，则冬季启动时候的动力黏度越小，也就越容易启动。

低温泵送黏度是油品在低温下能不能泵得动的参数，显然，这两个指标虽然是黏度，但更是低温流动性指标。这两个参数都被写进了 SAE J300（见表 1-5）。

不同油品的低温流动性指标有所不同，它们基本都是数值越低油品低温流动性越好，说明这个油品在很低的温度下还能流动。

## 四、腐蚀性指标

润滑油中的各类烃本身对金属是没有腐蚀作用的，引起油品对金属腐蚀的主要物质是油中的活性硫化物（如元素硫、硫醇、硫化氢和二硫化物等）和低分子有机酸类，以及基础油中的一些无机酸和碱等。这些腐蚀性物质有可能是基础油和添加剂生产过程中所残留的，也有可能源于油品的氧化或油品储运和使用过程中的污染。

我们使用润滑油是让它起润滑、冷却、防锈、减振、密封、清洗等作用，是让它保护机械表面的，绝对不希望它腐蚀金属，一款润滑油到底有没有腐蚀性，通过以下这些指标表征。

**1. 酸值、碱值和中和值**

酸值表征油中酸性物质的总和，是衡量使用中油品氧化变质程度的指标之一，对新油来说，则表明油品精制深度，单位为 mgKOH/g。

总碱值表征油中碱性物质的总和，单位也是 mgKOH/g，因清净分散剂多为碱性，该指标可说明新油中清净分散剂的大致添加量，也可说明在用油的剩余清净分散能力。若总碱值等于或接近于零时，说明油中添加剂已耗尽。

中和值实际上包括了总酸值和总碱值。但是，除了另有注明，一般所说的“中和值”，实际上仅是指总酸值。

除此之外，有些润滑油还有活性硫、水溶性酸碱等指标。

**2. 铜片腐蚀或其他金属挂片腐蚀**

润滑油中的腐蚀性物质常常会造成钢铁和其他有色金属的腐蚀。润滑油品腐蚀试验是将一块打磨光亮、规定尺寸和形状的铜片浸渍在一定量的测试样中，使油品中腐蚀性介质（如水溶性酸、碱、有机酸性物质，特别是活性硫等）与金属铜片接触，并在规定的温度下维持一段时间，使试样中腐蚀活性组分与金属铜片发生化学或电化学反应，试验结束后再取出铜片，根据洗涤后铜片表面颜色变化及腐蚀迹象，与腐蚀标准色板进行比较，确定该油品对铜片的腐蚀级别。腐蚀共有 1a、1b、2a、2b、2c、2d、2e、3a、3b、4a、4b、4c 十二种等级，数字越大、字母顺序越靠后，腐蚀越严重。

铜片腐蚀试验对硫化氢或元素硫是一个非常灵敏的试验。通过铜片腐蚀试验，可以判断油品是否有活性硫化物，可以预知油品在储运和使用时对金属腐蚀的可能性。

润滑油使用过程中还可能与其他金属紧密接触，润滑油腐蚀试验还有钢片腐蚀、铅片腐蚀、银片腐蚀等，或根据金属片表面颜色变化，或根据金属片的质量变化确定腐蚀级别。

航空发动机油要求测定润滑油在强氧化条件下对铅、铜、镁、铝、银等金属的腐蚀性能。

汽车制动液对金属的腐蚀性除做铜片腐蚀试验外，还须进行叠片腐蚀试验，用马口铁、10 号钢、LY12 铝、HT200 铸铁、H62 黄铜、T2 紫铜六种金属试片按一定顺序连接在一起，在 100℃下试验 120h，试验结束后测定试片的质量变化。

## 五、安全和挥发性指标

**1. 闪点**

闪点是表示油品蒸发性的一项指标。油品的馏分越轻，蒸发性越大，其闪点也越低。反之，油品的馏分越重，蒸发性越小，其闪点就越高。同时，闪点又是表示石油产品着火危险性的指标。油品的危险等级是根据闪点划分的，闪点在45℃以下为易燃品，45℃以上为可燃品，在油品的储运过程中严禁将油品加热到它的闪点温度。在黏度相同的情况下，闪点越高越好。因此，用户在选用润滑油时应根据使用温度和润滑油的工作条件进行选择。一般认为，闪点比使用温度高20~30℃即可安全使用。

对于一般的润滑油用户来讲，闪点是个很好理解的指标，但也是个很敏感的指标，闪点越低，某种程度上表明这种油越容易损失。机油的闪点一般在200℃以上，当汽油机油闪点低于100℃，柴油机油闪点低于130℃时，这种机油就该更换了。

**2. 蒸发损失**

油品的蒸发损失，即油品在一定条件下通过蒸发而损失的量，用质量百分数表示。蒸发损失与油品的挥发度成正比。蒸发损失越大，实际应用中的油耗就越大，故对油品在一定条件下的蒸发损失的量要有限制。润滑油在使用过程中蒸发，造成润滑系统中润滑油量逐渐减少，黏度增大，影响供油。液压液体在使用中蒸发，还会产生气穴现象和效率下降，可能给液压泵造成损害。

测定润滑脂和合成润滑油蒸发损失的方法为GB/T 7325，把放在蒸发器中的试样置于规定温度的恒温浴中，热空气通过试样表面22h，然后根据试样的质量损失计算蒸发损失。根据该方法，蒸发损失可以在99~150℃内的任一温度下测定。

## 六、清洁性指标

清洁性指标，又叫纯洁性指标，顾名思义是衡量润滑油有没有混进杂质，纯不纯净。一般润滑油用机械杂质、水分、灰分和残炭四个质量指标表示其清洁性，液压油还有清洁度的要求。

**1. 机械杂质**

机械杂质是指存在于润滑油中，不溶于汽油、乙醇和苯等溶剂的沉淀物或胶状悬浮物。这些杂质大部分是砂石和铁屑之类，以及由添加剂带来的一些难溶于溶剂的有机金属盐。通常，润滑油基础油的机械杂质都控制在0.005%以下，机杂在0.005%以下被认为是“无”。

**2. 水分**

水分是指润滑油的含水量，通常用质量百分数表示。润滑油中水分的存在，会破坏润滑油形成的油膜，使润滑效果变差，加速有机酸对金属的腐蚀作用，锈蚀设备，使油品容易产生沉渣。总之，润滑油中水分越少越好。水分≤0.03%，结果报告为“痕迹”，没有水存在，结果报告为“无”。

**3. 灰分**

灰分是指在规定条件下，灼烧油品后剩下的不燃烧物质，以质量百分数表示。灰分的组成一般认为是一些金属元素及其盐类。灰分对不同的油品具有不同的概念，对基础油或不加添加剂的油品来说，灰分可用于判断油品的精制深度。对于加有金属盐类添加剂的油品（新油），灰分就成为定量控制添加剂加入量的手段。

国外采用硫酸盐灰分代替灰分。硫酸盐灰分是指在规定条件下，油品被碳化后的残留物经硫酸处理转化为硫酸盐后的灼烧残留物，以质量百分数表示。一般认为硫酸盐灰分过高，会造成燃烧室和活塞及排气阀等部位的沉积物增加，甚至造成排气阀的损坏，因此硫酸盐灰分不宜过高。

**4. 残炭**

油品在规定的实验条件下，受热蒸发和燃烧后形成的焦黑色残留物称为残炭。残炭是润滑油基础油的重要质量指标，是为判断润滑油的性质和精制深度而规定的项目。润滑油基础油中残炭的多少，不仅与其化学组成有关，而且也与油品的精制深度有关，润滑油中形成残炭的主要物质是油中的胶质、沥青质及多环芳烃。这些物质在空气不足的条件下，受强热分解、缩合而形成残炭。油品的精制深度越深，其残炭值越小。一般情况下，基础油的残炭值越小越好。现在，许多油品都含有金属、硫、磷、氮元素的添加剂，它们的残炭值很高，因此含添加剂的润滑油残炭值已失去本来意义。

**5. 清洁度**

目前世界上普遍采用国际标准化组织 ISO/DIS 4406 或 NAS 1638 两个标准作为油液污染度（或称“油液清洁度”）的分级方法。

ISO 4406 液压油清洁度等级按 100mL 液压油中所含的给定颗粒尺寸内的最大允许颗粒数划分为 29 个等级。其中，0 级所含的颗粒数最少而清洁度最高，28 级所含的颗粒数最多而清洁度最低。

美国国家宇航标准 NAS 1638 液压油清洁度等级按 100mL 液压油中所含的给定颗粒尺寸内的最大允许颗粒数划分为 16 个等级。其中，00 级所含的颗粒数最少而清洁度最高，14 级所含的颗粒数最多而清洁度最低。

## 七、安定性指标

油品在运输、储存或使用过程中保持其品质不变的性能，称为油品的安定性，无论何种润滑油品都希望具有良好的安定性，由于不同油品工作状况差异较大，油品安定性涉及多个方面。

**1. 氧化安定性**

氧化安定性说明润滑油的抗老化性能，绝大多数润滑油都有此项要求。测定油品氧化安定性的方法有很多，基本上都是一定量的油品在有空气（或氧气）及金属催化剂的存在下，在一定温度下氧化一定时间，然后测定油品的酸值、黏度变化及沉淀物的生成情况。一切润滑油都因其化学组成和所处外界条件的不同，而具有不同的自动氧化倾向，因而在使用过程中逐渐生成一些醛、酮、酸类和胶质、沥青质等物质，氧化安定性则是抑制上述不利于油品使用的物质生成的性能。

润滑油品的氧化是个缓慢而漫长的过程，与氧气浓度、温度、金属催化等因素密切相关，试验中为了评定润滑油的抗氧化性，往往采用一定措施加速样品氧化，再进一步测定某些指标来表征油品抗氧化能力的优劣，比如抗氧防锈液压油用氧化 1000h 后的酸值和油泥来表示油品的氧化安定性。1000h 可有一个多月呢，用这样的试验结果来评价油品的性质很不便捷。旋转氧弹法很好地克服了这个缺点。

旋转氧弹是按一定的方法，把 50g 要测试的油、5mL 水和催化剂（铜线）放进一个密封的金属弹筒内，在温度 25℃时，用氧气把筒内压力加到 620kPa，再把弹筒放在 150℃的油浴中，以150r/min的速度旋转，筒内压力会因温度升高而升高，随着油被氧化，氧气消耗，压力回落，当压力从最高点回落到175kPa时，把开始油浴至这刻需要的时间记录下来，这段时间就是油抗氧化能力的指数。时间越长，油的抗氧化性就越好。这个试验比较快速，完全没有经过处理的油可能只用30min，好的油品可达到500min以上。

旋转氧弹试验又称为RBOT试验，汽轮机油除了RBOT试验，它还会做一个TOST试验，把油+氧气+水+催化剂（Cu、Fe）加热到95℃，用油品总酸值达到2.0mgKOH/g时所需的时间表示油品的氧化安定性，标准要求为3000h，好的油品可达到5000h以上。

随着汽轮机制造技术的飞速发展，汽轮机油的工作条件日趋苛刻，更容易氧化变质，对汽轮机油的氧化安定性提出了更高的要求，比如46号A级长城汽轮机油总酸值达到2.0mgKOH/g时所需的时间要求≥3000h，实际在5000h以上，旋转氧弹要求≥250min，实际达到了700min，而长城牌长寿命涡轮机油的旋转氧弹在1200min以上，总酸值达到2.0mgKOH/g时所需的时间可超过10000h。

重负荷车辆车轮油用储存稳定性表示其抗氧化性能，具体指标是用液体沉淀物和固体沉淀物的百分含量来表示，而这个储存稳定性每五年才评定一次。

**2. 热安定性**

热安定性表示油品的耐高温能力，也就是润滑油对热分解的抵抗能力。一些高质量的抗磨液压油、压缩机油等都有热安定性的要求。油品的热安定性主要取决于基础油的组成，很多分解温度较低的添加剂往往对油品热安定性有不利影响；抗氧剂也不能明显地改善油品的热安定性。

抗磨液压油的热安定性试验是将试样在铜棒和钢棒催化剂存在下，于135℃维持168h，通过对试验前后试样、铜棒和钢棒的分析测定，从而评定试样的热稳定性。

热处理油热安定性能测定法是在铁和铜催化剂存在下，向试样中通入干燥空气，在165℃的温度下，连续氧化24h后，测定试样在氧化前后的运动黏度和残炭，用黏度比和残炭增加值来判断热处理油的氧化程度。

**3. 剪切安定性**

润滑油在通过泵、阀的间隙及小孔或齿轮啮合部位、活塞与气缸壁的摩擦部位时，都受到强烈的剪切作用，这时油中的高分子物质就会发生断裂，生成相对分子质量较低的物质，从而导致油品的黏度降低。

油品的抗剪切性是使黏度保持稳定的性能，称为剪切安定性。以油品的黏度下降率来评定其剪切安定性。一般不含高分子添加剂（如增黏剂）的油品，其抗剪切性都比较好，而含高分子添加剂的油品，其抗剪切性就比较差。

我国的标准试验方法有SH/T 0505—2017《含聚合物油剪切安定性测定法（超声波剪切法）》、SH/T 0200—1992《含聚合物润滑油剪切安定性测定法（齿轮机法）》。

**4. 水解安定性**

水解安定性表征油品在水和金属（主要是铜）作用下的稳定性，当油品酸值较高，或含有遇水易分解成酸性物质的添加剂时，常会使此项指标不合格。它的测定方法是将试油加入一定量的水之后，在铜片和一定温度下混合搅动一定时间，然后测水层酸值和铜片的失重。

## 八、乳化性及抗乳化性和破乳性

**1. 乳化性**

在石油加工的第一道工序常减压蒸馏装置中，原油进蒸馏塔前要经过预处理过程，除去原油中的盐和水，原油中的盐基本都溶在水中，除去含盐水就达到了脱盐脱水的目的。本来油水不互溶，水的密度比油大，水滴沉降，油水分层也就很容易除去油中的微量水了，事实并非如此，原油组分非常复杂，其中就有很多种表面活性剂，它们让水以非常小的水滴均匀分散在油中，形成了一种“油包水”型的乳化液，因此水滴很难沉降，达不到油水分离的目的。为此往油中加入破乳剂，打破平衡，破坏“油包水”型乳化液的稳定结构，并借助于高压电场才能有效除去原油中的水分。这其中就有乳化和破乳的原理。

两种液体之间的界面张力越大，就越不易形成稳定的乳状液。润滑油与水之间的界面张力随润滑油组成不同而不同。深度精制的基础油以及某些成品油与水之间的界面张力相当大，因此不会生成稳定的乳状液。但是如果润滑油基础油的精制深度不够，其抗乳化性就较差，尤其是当润滑油中含有一些表面活性物质时，如清净分散剂、油性剂、极压剂、胶质、沥青质及尘土粒等，它们既有亲油端又有亲水端，容易被吸附在油水表面上，使油品与水之间的界面张力降低，形成稳定的乳状液。

润滑油领域中，有些产品需要良好的乳化性。含水量大于80%的抗燃液压油，通常是“水包油”型乳化液，含水量较小、含油量较大的则是“油包水”型乳化液，作为一种成熟的商品润滑剂，当然希望其中的油和水能形成稳定的乳化液，同样的应用还有淬火液，也需要水与油，或者水与化学物质能够很好地乳化。

水和油不相溶，人所共知。因此必须在乳化剂的帮助下把它们两个捏在一起，而这种强行的捏合最终一定有一方会放弃自己的形态，变成一些液珠，另外一方液体紧紧包围着这些液珠。这就是连续相和分散相的概念，一个被打散了，不连续，另外一个紧密地连续着，这在外部形态上就是油包水 W/O 或水包油 O/W。

水和油两者不互溶的体系在乳化剂的作用下“溶解”在一起，但这种溶解只是表面看上去溶了，真实的情况是其中一相以微小液珠的形式均匀地分散在另外一相里，根本不是盐溶于水那样的溶解。一旦打破平衡，油和水还是会分开的，这情况就是没乳化好或者乳化稳定性不够好。如果加入某些添加剂破坏了油水平衡，就可能导致油与水彻底分开，这种添加剂就叫破乳剂。

**2. 抗乳化性和破乳性**

大多数润滑油主要作用是润滑，不希望其中混入水分，但很多润滑油工作环境不可避免与水、水蒸气或空气接触，不可避免地会混入水分，如果油中混入了水分，我们希望油水能够很好地分离，而不是形成稳定的乳化液，这要求油品有良好的抗乳化性和破乳性。

润滑油的抗乳化性是指油品遇水不乳化，或乳化后经过静置，油和水能迅速分离的性能。

一般是将40mL试油与40mL蒸馏水在一定温度下剧烈搅拌一定时间，然后观察油层-水层-乳化层分离成40-37-3mL的时间。工业齿轮油是将试油与水混合，在一定温度和6000r/min下搅拌5min，放置5h，再测油、水、乳化层的体积。

用于循环系统中的工业润滑油，如液压油、齿轮油、汽轮机油、轴承油等，在使用中不可避免地和冷却水或蒸汽甚至乳化液等接触，要求这些油品在油箱中能迅速油－水分离（按油箱容量，一般要求6～30min分离），从油箱底部排出混入的水分，便于油品的循环使用，并保持良好的润滑性。

通常润滑油在60℃左右、有空气存在并与水混合搅拌的情况下，不仅容易发生氧化和乳化而降低润滑性能，而且还会生成可溶性油泥，受热作用则生成不溶性油泥，黏度剧烈增加，造成润滑系统堵塞、发生机械故障。因此，一定要处理好基础油的精制深度和所用添加剂与抗乳化剂的关系，在调和、使用、保管和贮运过程中亦要避免杂质的混入和污染，否则若形成了乳化液，则不仅会降低润滑性能，损坏机件，而且易形成油泥。另外，随着时间的增长，油品的氧化、酸性的增加、杂质的混入都会使抗乳化性能变差，用户必须及时处理或者更换润滑油。

## 九、抗泡性、消泡性及空气释放性

润滑油在运转过程中，由于有空气存在，常会产生泡沫，尤其是当油品中含有具有表面活性的添加剂时，则更容易产生泡沫，而且泡沫还不易消失。

润滑油的发泡现象，一般用泡沫倾向性和泡沫稳定性来表示，泡沫倾向性表示生成泡沫的难易。泡沫倾向性强的润滑油是由于在油液中除了有气体之外，还有第三种物质存在。第三种物质被吸附在油－气界面，使润滑油表面张力降低，表面张力越小，起泡越容易。而泡沫的稳定性则与表面黏度、可塑性和坚韧性等因素有关，表面黏度越大，可塑性和坚韧性越好，泡沫的稳定性越好，泡沫就越难自动破灭。

由于现在润滑油普遍使用了各种功能添加剂，这些添加剂以及润滑油本身因氧化分解而生成的物质大多是表面活性物质，它们的存在降低了润滑油中气－液界面的表面张力，使润滑油的发泡力显著增强。同时，润滑油中的某些添加剂又能在气－液界面上形成吸附层使表面油膜具有更高的强度与弹性，这种吸附层还阻止分散在油中的气体（即气泡）相互接触而合并，这就是泡沫趋于稳定的原因。

润滑油产生泡沫具有以下危害：

① 大量而稳定的泡沫，会使体积增大，易使油品从油箱中溢出。

② 增大润滑油的压缩性，使油压降低。如液压油是靠静压力传递功的，油中一旦产生泡沫，就会使系统中的油压降低，从而破坏系统传递功的作用。

③ 增大润滑油与空气的接触面积，加速油品老化。这个问题对空气压缩机油来说尤为严重。

④ 带有气泡的润滑油被压缩时，气泡一旦在高压下破裂，产生的能量会对金属表面产生冲击，使金属表面产生穴蚀。有些内燃机油的轴瓦就出现这种穴蚀现象。

润滑油使用中产生泡沫还会使油膜破坏，使摩擦面发生烧结或增加磨损，使润滑系统气阻，影响润滑油循环。因此抗泡性是润滑油的重要质量指标。内燃机油和循环用油（如液压油、压缩机油等）要求评定油品生成泡沫的倾向性和泡沫稳定性。

在我国，润滑油的泡沫特性可按GB/T 12579—2002《润滑油泡沫特性测定法》标准进行试验，试样在24℃时，用恒定流速的空气吹气5min，然后静止10min。记下通气5min

后产生的泡沫体积（mL）和停气静止 10min 后泡沫的体积（mL）。取第二份试样，在 93.5℃下进行试验，当泡沫消失后，再在 24℃下进行重复试验。泡沫越少，润滑油的抗（消）泡性越好。美国和日本分别用 ASTM D892、JISK 2518 标准方法评定。

润滑油容易受到配方中的活性物质如清净剂、极压添加剂和腐蚀抑制剂的影响，这些添加剂大大地增加了油的起泡倾向。**为了消除润滑油中的泡沫，通常在润滑油中加入表面张力小的消泡剂，如甲基硅油和非硅消泡剂等。**

润滑油的空气释放性即润滑油分离雾沫空气的能力，测定这种性能的方法称为空气释放值测定法，比如我国的行业标准 SH/T 0308—92。测定时，将试样加热到 25℃、50℃或 75℃，对试样吹入过量的压缩空气，使试样剧烈搅动，空气在试样中形成小气泡，即雾沫空气。停止吹气后记录试样中雾沫空气体积减至 0.2% 所需时间，以分钟表示，此时间即为空气释放值。

## 十、防锈性

所谓防锈性，是指润滑油品阻止与其接触的金属部件生锈的能力。评定防锈性的方法有很多，在工业润滑油规格中最常见的方法是 GB/T 11143—2008《加抑制剂矿物油在水存在下防锈性能试验法》，该方法与 ASTM D665—03 方法等效。

GB/T 11143—2008 方法概要：将一支一端呈圆锥形的标准钢棒浸入 300mL 试油与 30mL 蒸馏水（方法 A）或 30mL 合成海水（方法 B）混合液中，在 60℃和以 1000r/min 搅拌的条件下，经过 24h 后将钢棒取出，用石油醚冲洗、晾干，并立即在正常光线下目测评定试棒的锈蚀程度，试验钢棒上出现任何肉眼可见的锈点和条纹即为锈蚀。GB/T 11143—2008 中的方法 C 适用于密度比水大的液体锈蚀试验，报告中应注明是用蒸馏水还是人工海水。

为了报告某种试样锈蚀是否合格，必须进行平行试验，如在试验周期结束时，两根试验钢棒均无锈蚀，那么结果为“合格”。如两根试验钢棒均锈蚀，则应报告为“不合格”。如一根试验钢棒锈蚀而另一根不锈蚀，则应再取两根试验钢棒重新试验。如果重做的两根试验钢棒中任何一个出现锈蚀，则应报告该试样为不合格。如果重做的两根试验钢棒都没有锈蚀，则应报告该试样为合格。

当需指出锈蚀的程度时，为统一起见，按下述的锈蚀程度分级。

轻微锈蚀：钢棒上锈点不多于 6 个点，每个点的直径等于或小于 1mm。

中等锈蚀：锈蚀点超过 6 点，但小于试验钢棒表面积的 5%。

严重锈蚀：生锈面积大于 5%。

水和氧的存在是生锈不可缺少的条件。汽车齿轮中，由于空气中湿气在齿轮箱中冷凝而有水存在，工业润滑装置如齿轮装置、液压系统和涡轮装置等由于使用环境的关系，也不可避免地有水浸入。其次，油中酸性物质的存在也会促进锈蚀，为提高油品的防锈性能，常常加入一些极性有机物，即防锈剂。

## 十一、溶解性

润滑油的溶解性是指润滑油对添加剂和氧化产物的溶解能力。润滑油对各种不同添加剂的溶解能力强，添加剂就能均匀地溶解在油中，可充分发挥添加剂的作用。润滑油对氧化产物的溶解能力好，则可充分发挥润滑油的清洗作用。

溶解能力通常以苯胺点表征，GB/T 262—2010 润滑油苯胺点测定方法是将规定体积的苯胺和试样置于试管（或 U 型管）中，并用机械搅拌使其混合物以控制的速度加热直至两相完全混合，然后将混合物在控制速度下冷却，当两相分离时，记录的温度即为苯胺点。

苯胺点在 130℃以下溶解能力较好，超过 150℃时溶解能力变差，因此，若润滑油使用大量的添加剂时，应事先测定润滑油的苯胺点。

## 十二、边界润滑性（油性）和极压抗磨性

### 1. 边界润滑性（油性）

润滑是为了有效减轻摩擦，固体的摩擦系数远大于液体，摩擦副间加入润滑油就是把固体摩擦转化为液体摩擦，这需要有一层可靠厚度的油膜，但固体表面总有一定的粗糙度，润滑油使用过程中会因为高温或压力变薄流失，致使某些部位固体面直接接触或仅有一层或几层液体分子将其分隔，这时的润滑状态称为半液体润滑或边界润滑，这种情况要求润滑油具有良好的油性。油性是指润滑油不能形成液体润滑时的抗磨能力，即处于边界润滑或半液体润滑时的润滑能力。

油性的大小取决于润滑油本身的润滑性（滑动性）、形成油膜的强度（黏附性）以及工作环境的温度。如果润滑油的滑动性好、工作温度低、黏附能力强，则润滑油的油性好。构成润滑油油性的机理是：润滑油中的极性分子（如脂肪酸），在静电吸引力的作用下，分子中的极性端吸附在金属表面并按照垂直方向定向排列，分子的另一端构成滑动面，形成了油膜。油膜有薄有厚，构成了边界油膜或半液体润滑。齿轮油的润滑属于边界润滑或半液体润滑，要求润滑油具有良好的油性。

润滑油具有良好油性的关键是要能够在润滑面上形成一种吸附膜，这需要往润滑油中添加诸如酯类或脂肪酸等油性剂，这样的分子基团中存在酯基或羧基极性端，容易被吸附在摩擦副上，另一端是亲油的烃基，能够与油很好互溶。

### 2. 极压抗磨性

极压抗磨性是衡量润滑油在苛刻工况条件下防止或减轻摩擦副磨损的润滑能力指标。评价油品极压抗磨性最为普遍的是四球试验机，其次为梯姆肯试验机和 FZG 齿轮试验机等。

当润滑油工作过程承受极端压力或极高温度时，吸附膜就无法继续存在，剧烈的摩擦放出大量摩擦热，甚至能将机件熔焊在一起。这种情况希望润滑油中能释放出某种活性组分，它能迅速与摩擦面发生化学反应，形成一种坚固的化学反应膜，从而有效减缓摩擦，这种品质就是润滑油的极压耐磨性，这需要往润滑油中加入极压抗磨剂。

极压抗磨剂主要是为了防止刮伤、卡咬、磨损和烧结熔焊而使用的添加剂，适合用于高速、高温和高负荷等恶劣工况的润滑环境之中，极压抗磨剂的作用机理一般认为是添加剂分子首先吸附于金属摩擦副表面，在高温高负荷的条件下，分子中的 S、P、Cl 等活性元素与金属发生化学反应形成保护层，从而达到减少金属摩擦副表面摩擦和损耗的目的。极压抗磨剂的品种繁多，根据所含活性元素和复合元素的不同，大致可分为硫型、磷型、氯型、钼型、硼型、稀土化合物型和纳米粒子型等几类。二烷基二硫代磷酸锌（ZDDP）

就是一种常用的极压抗磨剂。

## 十三、其他性能

### 1. 电气性能

变压器油这样的绝缘液体是润滑剂中的一个大类，组别是 N，它们的使用性能最被关注的当然是电气性能。

（1）击穿电压

电介质在足够强的电场作用下将失去其介电性能成为导体，称为电介质击穿，所对应的电压称为击穿电压。击穿电压是评定绝缘油电气性能的一项指标，可用来判断绝缘油含水和其他悬浮物污染的程度，以及对注入设备前油品干燥和过滤程度的检验。

若油中有水或固体物存在时，则会使击穿电压变小，这是由于水和固体物的导电性均比油大。运行中油的击穿电压低是变压器工作危险的信号。

电气绝缘液体的击穿电压越高越好，对于变压器油国内外标准中规定击穿电压一般在 40～50kV，高的达 60kV 甚至更多。

（2）介质损耗因数

作为电介质的电气用油在电场作用下引起的部分电流损失叫作介质损失。如果没有介质损失，施加于介质上的电压与通过介质的电流间的相角将准确地等于 90°，由于存在介质损失，电压与电流之间的相角不等于 90°，90°与实际相角之差叫介质损失角 $\delta$。介质损失角的正切值 $\tan\delta$ 又称介质损耗因数。

这个项目用来判断电气用油的极性物质（如胶质和酸类）含量和受潮程度，数值越小越好。

### 2. 橡胶相容性

所有润滑系统（特别是航空发动机润滑系统）和液压系统，差不多所有的密封件和衬垫都是合成或天然橡胶制成的，因此要求润滑油和橡胶要有较好的适应性，避免引起橡胶密封件变形。一般说来，烷烃对橡胶的溶胀或收缩作用不大，而芳烃则能使橡胶溶胀，含硫元素较多的油品则易使橡胶收缩。此外，许多合成润滑油对普通橡胶有较大的溶胀或收缩性，使用时应选用特种橡胶（如硅橡胶、氟橡胶）作密封件。

液压油规格中所用的测定方法是 SH/T 0305—1993，通过测定石油产品密封适应性指数表示石油产品和丁腈橡胶密封材料的适应性，用体积膨胀百分数表示。方法概述：用量规测定橡胶圈的内径，然后将橡胶圈浸在 100℃的试样中 24h，在 45min ± 15min 内将橡胶圈冷却后，用量规测量内径的变化。

合成航空润滑油与橡胶的相容性试验方法（SH/T 0436—92），是将规定的丁腈标准橡胶 BD－L、BD－G 及氟标准橡胶 BF 等标准试片，浸泡在一定温度的合成润滑油中，在规定的时间后测定橡胶试片浸泡前后的性能变化（体积变化、拉伸应力应变性能变化和硬度变化）。

汽车制动液的橡胶相容性能是制动液的一项重要指标，GB 12981—2012 合成制动液规格中规定了制动液与橡胶皮碗适应性检验方法，将标准橡胶件（汽车制动系统用分泵皮碗）浸入制动液中，在规定温度（70℃和 120℃）下保持 70h，对皮碗的外观、根部直径增值、硬度下降值等进行测定。

**表 1-8　L-HM 抗磨液压油（高压、普通）的技术要求和试验方法（摘自 GB 11118.1—2011）**

| 项目 | 试验方法 | 质量指标 | | | | | | | | | |
|---|---|---|---|---|---|---|---|---|---|---|---|
| | | L-HM 高压 | | | | L-HM 普通 | | | | | |
| 黏度等级 | GB/T 3141 | 32 | 46 | 68 | 100 | 22 | 32 | 46 | 68 | 100 | 150 |
| 密度（20℃）/（$kg/m^3$） | GB/T 1884 | 报告 | | | | 报告 | | | | | |
| 色度/号 | GB/T 6540 | 报告 | | | | 报告 | | | | | |
| 外观 | 目测 | 透明 | | | | 透明 | | | | | |
| 闪点/℃　开口　≥ | GB/T 3536 | 175 | 185 | 195 | 205 | 165 | 175 | 185 | 195 | 205 | 215 |
| 运动黏度/（$mm^2/s$）　≤ | GB/T 265 | | | | | | | | | | |
| 40℃ | | 28.8～35.2 | 41.4～50.6 | 61.2～74.8 | 90～110 | 19.8～24.2 | 28.8～35.2 | 41.4～50.6 | 61.2～74.8 | 90～110 | 135～165 |
| 0℃ | | — | — | — | — | 300 | 420 | 780 | 1400 | 2560 | — |
| 黏度指数　≥ | GB/T 1995 | 95 | | | | 85 | | | | | |
| 倾点/℃　≤ | GB/T 3535 | -15 | -9 | -9 | -9 | -15 | -15 | -9 | -9 | -9 | -9 |
| 酸值/（mgKOH/g） | GB/T 4945 | 报告 | | | | 报告 | | | | | |
| 水分/%（质）　≤ | GB/T 260 | 痕迹 | | | | 痕迹 | | | | | |
| 机械杂质 | GB/T 511 | 无 | | | | 无 | | | | | |
| 清洁度 | GB/T 14039 | 由供需双方协商确定 | | | | 由供需双方协商确定 | | | | | |
| 铜片腐蚀（100℃，3h）/级　≤ | GB/T 5096 | 1 | | | | 1 | | | | | |
| 硫酸盐灰分/% | GB/T 2433 | 报告 | | | | 报告 | | | | | |
| 液相锈蚀（24h） | GB/T 11143 | | | | | | | | | | |
| A 法 | | — | | | | 无锈 | | | | | |
| B 法 | | 无锈 | | | | — | | | | | |
| 泡沫性（泡沫倾向/泡沫稳定性）/（mL/mL） | GB/T 12579 | | | | | | | | | | |
| 程序Ⅰ（24℃）　≤ | | 150/0 | | | | 150/0 | | | | | |
| 程序Ⅱ（93.5℃）　≤ | | 75/0 | | | | 75/0 | | | | | |
| 程序Ⅲ（后 24℃）　≤ | | 150/0 | | | | 150/0 | | | | | |
| 空气释放值（50℃）/min　≤ | SH/T 0308 | 6 | 10 | 13 | 报告 | 5 | 6 | 10 | 13 | 报告 | 报告 |

续表

| 项目 | 试验方法 | 质量指标 | | | | | | | | | |
|---|---|---|---|---|---|---|---|---|---|---|---|
| | | L－HM 高压 | | | | L－HM 普通 | | | | | |
| 抗乳化性(乳化液到 3mL 的时间)/min<br>54℃ ≤<br>82℃ ≤ | GB/T 7305 | 30<br>— | 30<br>— | 30<br>— | —<br>30 | 30<br>— | 30<br>— | 30<br>— | 30<br>— | —<br>30 | —<br>30 |
| 密封适应性指数 ≤ | SH/T 0350 | 12 | 10 | 8 | 报告 | 13 | 12 | 10 | 8 | 报告 | 报告 |
| 氧化安定性<br>1500h 后总酸值(以 KOH 计)/(mg/g) ≤<br>1000h 后总酸值(以 KOH 计)/(mg/g) ≤<br>1000h 后油泥/mg | <br>GB/T 12581<br>GB/T 12581<br>SH/T 0565 | <br>2.0<br>—<br>报告 | | | | <br>—<br>2.0<br>报告 | | | | | |
| 旋转氧弹(150℃)/min | SH/T 0193 | 报告 | | | | 报告 | | | | | |
| 抗磨性 齿轮机试验/失效级 ≥ | SH/T 0306 | 10 | 10 | 10 | 10 | — | 10 | 10 | 10 | 10 | 10 |
| 抗磨性 叶片泵试验(100h，总失重)/mg ≤ | SH/T 0307 | — | — | — | — | 100 | 100 | 100 | 100 | 100 | 100 |
| 抗磨性 磨斑直径(392N，60min，75℃，1200r/min)/mm | SH/T 0189 | 报告 | | | | 报告 | | | | | |
| 抗磨性 双泵(T6H20C)试验<br>叶片和柱销总失重/mg ≤<br>柱塞总失重/mg ≤ | 附录 A | <br>15<br>300 | | | | <br>—<br>— | | | | | |
| 水解安定性<br>铜片失重/(mg/cm²) ≤<br>水层总酸度(以 KOH 计)/mg ≤<br>铜片外观 | SH/T 0301 | <br>0.2<br>4.0<br>未出现灰、黑色 | | | | <br>—<br>—<br>— | | | | | |
| 热稳定性(135℃，168h)<br>铜棒失重/(mg/200mL) ≤<br>钢棒失重/(mg/200mL)<br>总沉渣重/(mg/100mL) ≤<br>40℃运动黏度变化率/%<br>酸值变化率/%<br>铜棒外观<br>钢棒外观 | SH/T 0209 | <br>10<br>报告<br>100<br>报告<br>报告<br>报告<br>不变色 | | | | <br>—<br>—<br>—<br>—<br>—<br>—<br>— | | | | | |

续表

| 项目 | 试验方法 | 质量指标 | |
|---|---|---|---|
| | | L-HM 高压 | L-HM 普通 |
| 过滤性/s<br>　无水　≤<br>　2%水　≤ | SH/T 0210 | <br>600<br>600 | <br>—<br>— |
| 剪切安定性(250 次循环后,40℃运动黏度下降率)/%　≤ | SH/T 0103 | 1 | — |

以上介绍的润滑油性能或指标不一定每种润滑油都要求具备，某种润滑油的特殊性能或指标也可能没有介绍完全，但必须理解，每一种商品润滑油都有多方面的使用要求，只有所有的指标满足了国家标准或特定标准，它才能成为一种合格的商品进入销售、流通领域。

润滑油由基础油和添加剂组成，润滑油的性能由基础油和添加剂共同赋予，理解掌握润滑油各种性能，不但在生产上和研究工作上有决定性的意义，而且在使用部门对润滑油脂的选用和检验上也是必不可少的。

每种油品除一般性能外，还有一些特殊性能，这些特性都需要基础油特殊的化学组成，或者加入某些特殊的添加剂来加以保证。例如，淬火油要测定冷却速度、乳化油要测定乳化稳定性、液压导轨油要测黏滑特性、喷雾润滑油要测油雾弥漫性等。

讲了这么多，现以抗磨液压油为例，体会润滑油的各种性能（见表1-8）。本章二维码电子资源中提供了很多润滑油品的标准，可阅读体会。

## 第四节　严格的“考核”——润滑油评测

润滑油在整个石油产品中的分量不足1.5%，但其品种、牌号非常繁多，每种油品都有着不同的应用场合和严格的质量标准，因此，润滑油品属精细石油产品，无论从加工过程、品质控制、储运包装上，都比燃料油品复杂得多。润滑油是石油加工过程中工艺流程最长，生产技术最复杂，品种牌号最多，质量要求最严格，更新换代最快的产品。

我国第一艘核潜艇的制造过程是先制造出核潜艇模型后在一个水池内进行了几年试验，不断调整参数，等真正的核潜艇装配完成后，按设计极限随潜艇在南海做深潜试验。核潜艇这样的尖端装备，使用时尤其是首次使用时，不容许出现丝毫差错。润滑油，尤其是重要场合应用的高档润滑油亦是如此，当它即将走向市场、第一次真正被用于发动机或工业机械前，也要模拟真正的工作状况进行缩小化试验，通过之后，再到真正的使用场合进行试用试验，试验成功后，这款油才能够用于实际的用油场合。

石油产品评定技术是油品研究开发和生产质量内控中不可缺少的技术，润滑油品的质量评测更是严苛。表征现代润滑油的品质，除上节介绍的种种理化指标和使用要求外，还需要模拟仿真化的试验、台架试验，甚至实车、实机、实船的现场试用试验，现代润滑油品质的测试评定，愈来愈复杂，愈来愈昂贵。可以说，经过层层测试过的润滑油，做到“每一滴油都是承诺!”

全面评价润滑油质量的体系，世界各国已经基本趋向一致，建立了润滑油理化指标、模拟试验、台架试验、现场试用试验四部分构成的质量标准基本体系。

油品的理化指标一般无法直观反映出油品在实际工况中机械摩擦副的真实状况，而模拟试验可以局部直观反映出油品的部分性能表现，试验结果与发动机的实际工况关联性较好。

### 一、模拟试验

模拟试验，是研发人员在油品的研制和开发过程中经常用到的性能评定手段，通过一系列模拟试验，可以对配方进行筛选和优化。模拟试验主要评价油品5个方面的性能：①摩擦磨损性能；②高温氧化及沉积物生成倾向；③防锈防腐性能；④黏度剪切安定性；

⑤油品老化后的流变学性能。

**1. 抗磨模拟试验**

具有极压抗磨性能的油品都要评定其极压抗磨性能，评价油品极压性能应用最为普遍的试验机是四球机，它可以评定油品的最大无卡咬负荷、烧结负荷、长期磨损及综合磨损指数。

除四球机以外，评定极压性能的试验机还有梯姆肯试验机、阿尔曼试验机、法莱克斯试验机以及SAE试验机等。这些试验机都是用一对摩擦元件来评定润滑油的润滑性能，但它们的摩擦元件的几何形状和接触情况各不相同，如图1－1所示。

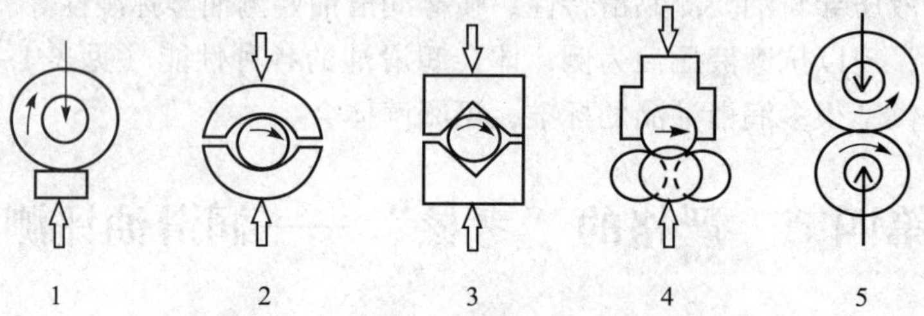


图1－1 不同试验机摩擦副接触状态

1—梯姆肯试验机；2—阿尔曼试验机；3—法莱克斯试验机；4—四球机；5—SAE试验机

（1）四球试验机模拟试验

四球试验机模拟试验可以测定润滑油脂的减摩性、抗磨性和极压性。减摩性用摩擦系数 $f$ 表示，抗磨性用磨痕直径 $d$ 表示，极压性用最大卡咬负荷 $PB$ 和烧结负荷 $PD$ 表示。四球机构造图如图1－2所示。

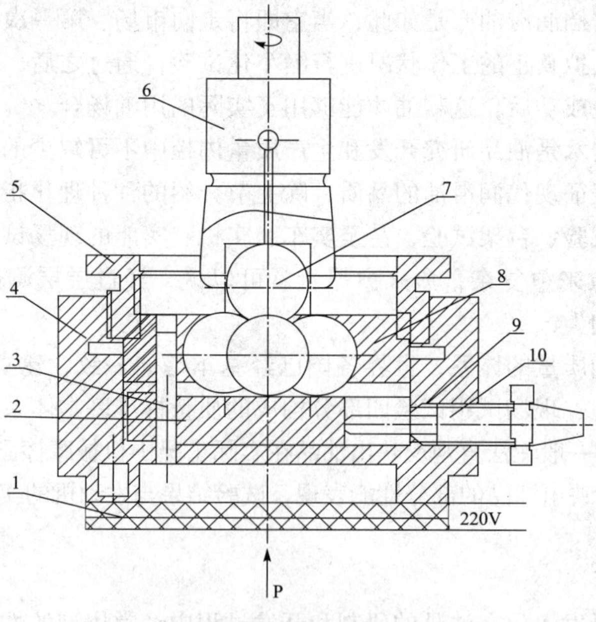


图1－2 四球机构造图

1—加热器；2—垫；3—圆柱销；4—油盒；5—锁紧螺环；6—弹簧夹头；

7—标准试验钢球（GB 308—84）；8—压环；9—软铝垫；10—铂热电阻传感器

（2）梯姆肯试验机模拟试验

梯姆肯试验机模拟试验评定润滑油脂的抗擦伤能力，用 *OK* 值作为评定指标。梯姆肯试验机如图 1－3 所示。

（3）法莱克斯试验机模拟试验

法莱克斯试验机模拟试验可以评定润滑剂的极压性和抗磨性，以试验失效（发生卡咬）时的负荷作为评定指标。

图 1－3　梯姆肯试验机

**2. 成焦板（成漆板）试验**

成焦板（成漆板）试验模拟润滑油在曲轴箱中的工作状态。利用加热的润滑油与高温（310～320℃）铝板短暂接触而结焦的倾向来评定润滑油的热安定性。

在一个倾斜的箱体中装入 170mL 试验油，由电动机带动中心轴的溅油器，使油飞溅起来，溅到上面的铝板上，经 6h 试验后，测定油品的黏度和酸值变化，以铝板表面生成的沉淀物量、颜色及油中悬挂铝片的质量来评定油品的热氧化安定性、高温清净性等。试验后以铝板的增重作为沉淀物的量，铝板表面漆膜颜色用标准色板对比进行评级，分为 0～10 级，0 级为清净，10 级为最差。

内燃机油飞溅到高温金属表面形成漆膜，以此模拟曲轴箱油在活塞工作时的成漆情况，并用在试验机油箱内挂铅片的方法模拟曲轴箱油在气液相氧化状态下对发动机零部件的腐蚀。

**3. 其他模拟试验**

除了以上的成焦板试验方法，还有反映发动机油清净分散性和抗氧化性的热管试验方法；反映机油耐高温氧化能力的多金属氧化试验方法和薄膜氧化试验方法；反映机油分散油泥能力的斑点试验方法；机油的低温黏度测定、低温泵送温度测定、剪切安定性测定也是模拟发动机在不同工况下对油品使用性能的测试，也属于模拟试验。

这些模拟试验只能简单反映发动机的工作情况，无法模拟发动机在复杂情况和工作条件下特别是燃烧物对于油品性能的影响。另外，模拟试验方法一般采用比较强化或归纳化的试验条件。但是，强化会有失真实，因为在发动机的全过程操作中，各项综合因素结合在一起，影响着油品的抗氧化、清净、分散和抗磨损能力，不可能在单项性能测评的模拟试验方法中如实测评出来。鉴于此，目前普遍采用的 API 标准和 GB 国标发动机油标准并不包含各项模拟试验方法及其评判指标。但条件强化后的模拟试验更真实地反映了油品在特定条件下的某些单项性能表现，且试验成本相对较小，对于前期的发动机油配方筛选和优化意义重大，被油品配方设计和产品开发人员广泛应用。因为直观明了，润滑油销售商向客户推销产品时也热衷于用模拟试验机展示产品的卓越性能。

## 二、台架试验

台架试验就是发动机试验，是发动机油研发的关键手段。发动机台架试验是将专门用于试验的发动机（即试验件），安装在专门的测功机（仪）试验台上，按标准规定的条件运转，由计算机和仪表来严格控制发动机的运转条件。试验结束后，分解发动机进行测量和评分。同时进行油样分析，检查发动机有关零部件的磨损、沉积物、锈蚀等情况，以及润滑油变质情况是否在要求范围内。

**1. 内燃机油台架试验**

一般来说，内燃机对润滑油的要求主要有：抗磨性、防止油泥和沉积物（漆膜和积炭）产生、防锈蚀、防高温变稠。这些特殊要求，不是通过润滑油的常规理化分析和某些模拟试验所能测试的，必须通过实际的发动机台架试验或行车试验才能看出润滑油能否满足发动机的使用要求。大部分全尺寸发动机台架试验与行车试验有较强的关联性，是车用润滑油规格等级划分的主要依据。

汽油机油、柴油机油的评定台架试验方法比较完善也很成熟，国际上普遍采用的是美国 API 台架评定技术，我国油品的发动机台架试验也参照建立或引进了该试验方法。这些发动机台架试验能够准确反映油品的质量水平，一般评定费用都很高，操作条件复杂，不同类型、不同质量等级的发动机油、其发动机台架评定方法也不同。

评定内燃机油有很多单缸台架试验方法，目前 API 内燃机油质量分类规格标准中，规定柴油机油用 Caterpillar、Mack、Cummins（康明斯）、单缸及 GM 多缸进行评定；汽油机油则进行 MS 程序ⅡD（锈蚀、抗磨损）、ⅢE（高温氧化）、ⅤE（低温油泥）等试验。

这些台架试验，投资很大，每次试验费用很高，对试验条件如环境控制、燃料标准等都有严格要求，不是所有实验室都能具备评定条件的，只能在全国集中设置几个评定点来评定这些油品。

（1）汽油机油需通过的台架评定

① L-38 轴瓦腐蚀试验：用于评定油品对发动机轴瓦腐蚀磨损的防护性能，以试验后轴瓦失重量来衡量，不同质量等级的油，失重指标不同。

② MS 程序试验：这是美国根据小轿车运行特点而建立的系列试验。

③程序Ⅱ：评定油品在低温低负荷下的锈蚀性能，不同质量级别的汽油机油其评定标准不同。到目前为止，已有程序ⅡA、ⅡB、ⅡD 及 BRT 试验用来评定不同级别的油品。

④ 程序Ⅲ：评定油品高温高负荷下的氧化性能。随着机油质量级别的升高，台架试验的评定方法也在不断变更，试验条件依次苛刻，目前已由程序ⅢA、ⅢB、ⅢC、ⅢD、ⅢE 演变至ⅢF。

⑤ 程序Ⅴ：评定油品的低温油泥和抗磨损性能。评定方法也已由程序ⅤA、ⅤB、ⅤC、ⅤD、ⅤE 演变至 SL 级的ⅤG + KA24E。

⑥ 程序Ⅵ：评定机油的节能效果，有程序Ⅵ、ⅥA、ⅥB 三种不同条件的方法评定不同质量级别的油品。

⑦ 程序Ⅷ：评定机油高温氧化和轴瓦腐蚀性能。

此外，欧洲汽油机油台架评定方法较美国 API 标准更苛刻复杂，在此不多述。

我国汽油机油标准 GB 11121—2006 中给出了各种汽油机油的发动机试验要求，见本章电子资源。

（2）柴油机油的台架评定

柴油机一般在高温高负荷下工作，且柴油比汽油难汽化，含硫量高，烟气含烟炱及腐蚀性气体较多，因而要求柴油机油的高温清净分散性和抗腐蚀性均比汽油机油高，美国 API 评定柴油机油的台架如下。

L－38：评定油品对发动机轴瓦腐蚀磨损的防护性能，轴瓦失重指标较汽油机油严格。

开特皮勒（Caterpillar）试验：评定柴油机油抗高温沉积及抗腐蚀性能，是用美国Caterpillar拖拉机厂一系列单缸、多缸发动机在不同试验条件下评定不同质量级别的柴油机油，如：Cat. 1H、1G、1K、1N、1P、1Q等。

此外还有Mack T－6、T－7、T－8、T－8E、T－9以及康明斯NTC—400等台架评定试验。

发动机油台架从数量和等级（条件强化）上随发动机油升级而不断变化升级。以API/ILSAC汽油机油的台架衍变以及API柴油机油台架衍变为例，2020年发布的SP与2010年发布的SN、2018年发布的SN⁺相比，增加了3个全新测试，更新了4个原有测试。同样，等级较高的柴油机油也需通过更多或要求更严格的台架试验。2016年推出的柴油机油CK－4和FA－4共包括9个测试程序：1个抗氧化试验、1个空气保持性试验、1个分散性试验、2个沉积物控制试验和4个抗磨试验。

**2. 车辆齿轮油台架试验**

齿轮油有车用齿轮油和工业齿轮油，作为车辆用油，车辆齿轮油的使用性能也有着严格的要求，在高档的车辆齿轮油标准中，要求进行一系列齿轮台架的评定，包括低速高扭矩、高速低扭矩齿轮试验；带冲击负荷的齿轮试验；减速箱锈蚀试验及油品热氧化安定性的齿轮试验。

**3. 液压油台架试验**

中国标准试验方法有SH/T 0307石油基液压油磨损特性测定法（叶片泵法），采用V－104叶片泵评定泵的总磨损量，以试验后叶片泵和定子总失重的毫克数来表示。

**4. 压缩机油台架试验**

压缩机油首次出厂前也必须通过压缩机油台架试验，包括寿命试验、结焦试验和与各种材料的相容性试验等，用实际试验评定压缩机油的积炭倾向及使用寿命。

## 三、现场试用试验

**1. OEM台架试验**

OEM是英文Original Equipment Manufacturer的缩写，即原始设备制造商，俗称代工（生产），也就是所谓的贴牌生产。OEM客户是自己研发产品，但是自己不生产，而是交给OEM代工厂来生产的企业公司。OEM客户利用自己掌握的关键核心技术负责设计和开发新产品，控制销售渠道，制定产品标准。

OEM台架试验与行车试验比较接近，它只评价发动机油是否符合某一款发动机的使用要求，指向明确，不作他用。阅读本章电子资源，能够体会到不仅机油有OEM标准，液压油和齿轮油等油品也有OEM标准，而这些都需要通过OEM台架试验。

**2. 现场试用试验**

好产品，路上见。机油的质量好不好，车辆驾驶的实践反应最为真实。高档润滑油以严苛的行车试验来证明其卓越品质，行车试验（实车试验）是试验车辆在实际道路或试验场进行的润滑油使用性试验，它最能反映润滑油的实际使用性能。一款产品要经历不同路况不同天气下的测试，通过不断改善，经过数万公里行车试验，才能真正满足车辆驾驶的需要。

类似发动机油的行车试验，实机试验、实船试验则是指工业润滑油或船用润滑油在其真正的工作场合中的试验。但行车试验的试验周期长，动用的车辆数多，数据处理繁复且可靠性不够，反之台架试验由于设备和工况标准化，具有更好的可操作性。

以机油为例，往汽车里添加润滑油不过是几分钟的事情，但完成一套为车企量身定制的原装配套油却需要三年甚至更长时间。在理化指标、模拟试验、台架试验、现场试用试验四部分构成的质量标准基本体系中，理化指标是基础，但在油品研制和开发全过程中，油品的各项理化性能指标并不能完全反映实际使用性能。模拟试验方法简单，周期短，成本低，能够助力于油品配方研究工作，同时用于台架试验前的预测性筛选，指导油品研发工作。台架试验的设备和工况标准化，再加上部分条件予以强化使得试验时间缩短，重复性好，足以区分发动机油等级档次，成为发动机油评价的必要措施和首选。

各种润滑油当生产原料和配方有变动或转厂生产时，均应重做台架试验。如果供油者提供的产品，其红外线光谱图与通过台架试验的油样谱图相一致，又符合该种润滑油所规定的理化指标或供需双方另订的协议指标时，可以不再进行台架试验。

同一款油品，从理化指标、模拟试验到台架试验、现场试用试验，花费的金钱和时间成本越来越高。同一类油品，随着其品质要求得越来越严苛，试验成本也越来越高。以汽油机、柴油机为例，因为功能、功率增加，废气排放的制约以及燃油经济性要求等各种原因发展非常迅速，导致发动机油必须与时俱进，同步发展。与此同时，作为评价发动机油重要手段的台架试验也必定不断变化升级。

由于各类油品的特性不一，应用场合千差万别，因此必须根据每一类油品的实际情况，制定出反映油品内在质量水平的规格标准，使生产的每一类油品都符合所要求的质量指标且通过了台架试验，才能满足设备实际使用要求。

## 第五节　润滑油主要性能与化学组成的关系

现代矿物润滑油基本都是矿物基础油与化学合成功能添加剂的组合，其使用性能在一定程度上已不仅仅取决于石油烃类的天然特性，许多使用特性由不同配方的添加剂赋予，但基本的、共同的一些性能则是由基础油提供的，诸如黏温性能、挥发度、热安定性、氧化安定性、色度、流动性，以及对添加剂的感受性等。润滑油生产工艺对润滑油性能的作用范围，也在于基础油的上述性能。因此，研讨润滑油的化学组成，对于确定润滑油的生产工艺结构，优化各生产过程的操作，都具有重大的指导意义。

所有基础油的外在特性都是其内部结构引发的，我们的目的是比照理想模式去生产满意的“作品”（油品）。

### 一、润滑油的化学成分

润滑油是石油的高沸点、高相对分子质量烃类和非烃类的混合物，烃类包括烷烃、环烷烃、芳烃、环烷芳烃，非烃类有含氧、含氮、含硫有机化合物和胶质、沥青质等。

馏分型润滑油的原料是减压侧线馏分，其烃类碳数分布约为 $C_{20}$ ~ $C_{40}$，沸点范围约为350 ~ 535℃，平均相对分子质量约为300 ~ 500。残渣润滑油的原料是减压渣油，其烃类碳数更多，沸点范围更高，相对分子质量也更大。

由于润滑油中烃类结构极其复杂，异构体数量极其繁多，到目前为止，还无法对单体烃进行分离和研究，只能以馏分或以烃族组成进行分离、剖析、检测，了解它们的存在对润滑油物理、化学性质的影响，了解它们在各加工过程中的物理、化学行为。

**1. 石油润滑油馏分中的烃类**

环烷烃：在石油润滑油馏分中，环状烃（包括环烷烃和芳香烃）含量最多，其中又以环烷烃占优势；在润滑油产品中，环烷烃含量更多，一般在60%以上。

在润滑油馏分中，环烷烃主要是两个环或三个环，且以六元环和五元环为主。随着润滑油馏分沸点的升高，环烷烃上的烷基侧链与环数均增加，且烷基侧链碳原子数增加比环数增加更为显著。

芳香烃：润滑油馏分中的芳香烃有两种类型：一种是烷基芳香烃（芳香环上有一个至几个侧链）；另一种是环烷基芳香烃（分子含有环烷环和芳香环的混合烃）。

润滑油馏分中各类芳香烃的总环数一般为2~4环。随着馏分沸点的升高，不论是轻芳香烃还是中、重芳香烃，其环数和烷基侧链的碳原子数均增加，但侧链中碳原子数增加更为显著，环数增加主要是环烷环数增加。在高沸点馏分中，呈现出环烷基芳香烃类型的结构。由此可以判断，芳香烃的沸点升高，是环数的增加和侧链的增加引起的，其中以链的增长和链的数量增加为主。

在润滑油馏分中，芳香环上的侧链要比环烷环上的侧链短，而且随着环数增加，侧链长度要降低。

蜡烃：烷烃一般随碳数增多熔点、沸点增大，正十六烷的熔点为18.1℃、沸点为287℃，正十七烷的熔点为22~24℃、沸点为292℃。纯物质的熔点等于凝点，$C_{16}$以上的正构烷烃在常温下是固体，由于润滑油馏分的最低沸点一般都大于350℃，所以，润滑油馏分中所含的正构烷烃碳数均在20以上，最低熔点在40℃左右，在常温下均为固体。有些异构烷烃、环烷烃、芳香烃在常温下也是固体。

这些固体烃在石油馏分中呈溶解状态，但如果温度降低，则其溶解度也降低，当降到一定温度后，就会有一部分结晶析出，这种从石油馏分中分离出来的固体烃称为蜡。根据结晶形态不同，蜡又分为石蜡（片状结晶）和地蜡（针状结晶）两种。

石蜡通常在柴油和润滑油馏分中分离出来，而地蜡通常从减压渣油中分离出来。在高沸点的重润滑油馏分中，往往同时含有石蜡和地蜡。石蜡的成分主要是正构烷烃，润滑油馏分中的大部分正构烷烃都集中在石蜡中。在商品石蜡中，正构烷烃含量超过90%，其余部分为异构烷烃和少量环烷烃。地蜡的成分是很复杂的，各类烃都有，但以环状烃为主，正构烷烃和异构烷烃含量并不高。

蜡存在于润滑油馏分中，会严重地影响到油品的低温流动性，因此，在润滑油加工时必须把蜡脱除掉。石蜡除了制造蜡烛、火柴、蜡纸等外，还可作为其他化工原料。用石蜡氧化制得的脂肪酸或醇是制取肥皂和洗涤剂的原料；用石蜡裂解制得的α-烯烃可作为生产合成润滑油聚α-烯烃（PAO）的原料。

**2. 润滑油馏分中的非烃类**

烃类是构成润滑油的主体成分，非烃成分在润滑油中的含量一般情况下占很少比例。润滑油馏分中的非烃类物质有硫、氮、氧化合物以及胶状物质，它们的含量一般都随馏分沸点的升高而增加，而且绝大部分集中在减压渣油中。

非烃化合物的存在对润滑油馏分的加工以及产品使用性质有很大的影响，通常都要在加工中除去。

## 二、润滑油的化学组成与使用性能的关系

要生产出合乎使用要求的润滑油，必须研究润滑油原料中各种烃类对润滑油使用性能的影响，以便在润滑油加工过程中保留或添加有利的组分，除去或改变不利的组分。润滑油的使用性能要求有很多，下面讨论润滑油最主要的五个性能与化学组成的关系。

**1. 黏度、黏温性能与油品组成的关系**

（1）黏度与油品组成的关系

黏度是润滑油最基本最重要的性质。机械运动摩擦面的润滑，首先要求润滑油有一定合适范围的黏度，不同类型和动力负荷的机械要求润滑油具有不同的黏度范围。润滑油的黏度与其沸点、平均相对分子质量及化学组成有直接的关系。用同一种原油制得的不同沸点范围的润滑油馏分，黏度随馏分沸点范围上升而增加。

不同原油同一沸点范围的润滑油馏分中，烷烃的黏度最低，从 $C_{20}$ 到 $C_{25}$ 的烷烃，在 50℃时的黏度只有 10～12$mm^2/s$。烷烃中，异构烷烃的黏度比正构烷烃略高。烷烃的黏度随其相对分子质量的增大而增高；异构烷烃的黏度随其侧链分支增多而增加。

环状化合物的黏度比烷烃大。当碳原子数相同时，随着分子中环数的增加，黏度增加得很快。同一结构的环状烃中，单环、双环环烷烃的黏度比单环、双环芳香烃的黏度高，但三环以及更多环的环烷烃的黏度则比相应的芳香烃低；环烷基芳香烃的黏度比相应的芳香烃高，环状烃的黏度随其侧链长度的增加或侧链数目的增加而增高，在润滑油加工过程中，由于烷烃的黏度最低，尤其是正构烷烃，所以，经过脱蜡以后的润滑油馏分黏度有所升高，这是因为具有低黏度的烷烃脱蜡后含量大大减少了。经过精制以后，润滑油的黏度就有所降低，这是由于具有高黏度的多环烃和胶质等非烃类被除去而含量减少了。

（2）黏温性能与油品组成的关系

油品黏度随温度变化的性质叫黏温性能，常用黏度指数或两个不同的固定温度下的黏度比（如：$\nu_{50}/\nu_{100}$）表示。润滑油的黏温性能用黏度指数表示。

正构烷烃的黏度指数随相对分子质量增大而增加。碳原子数相同时，异构烷烃的异构化程度越大（如侧链越多、越接近主链中央），则黏度指数越小。

环状烃随其环数增多，黏度指数下降，如环状烃有侧链，其侧链数目及分支增多，以及环状基向中央移动，则其黏度指数减小；如环状烃的侧链上无分支，则其黏度指数随侧链情况不同而变化的规律与正构烷烃相同。环数、侧链上碳原子数及其结构相同时，环烷烃的黏度指数大于芳香烃。

当碳原子数相同时，正构烷烃黏度指数最大，其次为异构烷烃，再其次为环烷烃，最小为芳香烃。在分子中环数增加或侧链长度减小，其黏度指数显著下降。润滑油中的胶状物质的黏温特性更差。

综上所述，烷烃和环烷烃是润滑油优良黏温性能的主要贡献者，芳烃具有较高的黏度和较低的黏度指数，胶质更是如此。结合润滑油的黏度和黏温特性这两方面来看，少环长

侧链的环状烃、异构烷烃以及少环多侧链的环状烃是润滑油的理想组分，正构烷烃的黏温特性虽好，但是它的低温流动性却很差，因而并不属于理想组分。

（3）生产上对应的措施

要生产黏度范围适当、黏温特性好的润滑油，在生产过程中应采取如下措施：

① 通过原油蒸馏切取不同黏度范围的馏分油，如常压五线，减压一、二、三、四、五线，剩下减压渣油。

② 通过脱沥青尽可能除去减压渣油中的胶状、沥青状物质，以降低润滑油黏度，改善其黏温性质。

③ 通过精制除去具有短侧链的多环环状烃，保留长侧链的单环或双环环状烃，维持润滑油合适的黏度及黏温性能。

**2. 低温流动性能与烃类组成的关系**

（1）低温流动性能与烃类组成的关系

评价润滑油低温流动性的指标之一是凝固点，凝固点是油品使用温度的极限。

引起润滑油凝固的原因有两个：构造凝固和黏温凝固。

构造凝固是由润滑油中的固体烃引起的。固体烃在常温或高于常温时在润滑油中呈溶解状态，但在低温时能形成固体结晶，晶体通过分子引力连接起来，形成结晶网，结晶网将油品包住，使油品失去流动性。

黏温凝固是润滑油中的高黏度烃类和胶状物质引起的。高黏度烃类和胶状物质在低温时黏度更大，致使润滑油丧失流动性。

润滑油还能正常供油的最低温度称为低温流动极限温度，它比润滑油的凝固点高。

不同用途的润滑油应具有不同的性能要求。但要求润滑油在使用温度下具有流动性，却是任何一种润滑油必须具备的一个使用性能，只不过对保持流动能力的温度界限要求不同罢了。

不同类别及不同相对分子质量的烃类，其低温流动性相差很大。

当碳原子数相同时，正构烷烃的凝固点最高，其次为环状烃，异构烷烃最小。

正构烷烃的凝固点随相对分子质量的增加而增高；异构烷烃变化规律则不定，碳原子数相同的异构烷烃，侧链位置愈接近主链中央及侧链数目愈多，凝固点愈低。也可以说异构化程度越大，凝点越低。

环状烃的环数增多，其凝固点增高；有侧链的环状烃的凝固点随侧链的结构不同而不同，其变化规律与正构烷烃和异构烷烃相似。侧链的分支愈靠近环的烃类，其凝固点愈低。

（2）生产上对应的措施

① 通过脱沥青和精制方法将润滑中多环短侧链的环状烃及胶状物质除去，以防形成黏温凝固。

② 通过脱蜡或破坏蜡结构，降低蜡在润滑油中的含量，避免形成构造凝固。

**3. 溶解能力与化学组成的关系**

润滑油的溶解能力以苯胺点表征，苯胺点与烃类组成关系十分密切。

当碳数相同时，烃类的苯胺点顺序为：烷烃 > 环烷烃 > 芳烃。随着相对分子质量的增大，同系物的苯胺点逐步升高。

因此当油严重氧化时，环烷基油的天然溶解作用在一定程度上有助于发挥清净剂的作用。

由加氢处理工艺获得的润滑油基础油，由于烷烃和环烷烃含量高达95%~98%，苯胺点较高，溶解能力较差。这是加氢处理油的一个缺点。将石蜡基溶剂精制基础油与加氢处理油调配使用则可实现优势互补，当润滑油生产厂用石蜡基原油通过溶剂精制、溶剂脱蜡、补充精制生产基础油，同时用非石蜡基劣质原油通过加氢处理和催化脱蜡生产加氢基础油时，可能获得最佳工艺匹配和最佳基础油匹配。

**4. 氧化倾向与油品化学组成的关系**

随着工业机械和内燃机技术水准的不断进步，对润滑油的氧化安定性提出了日益苛刻的要求。随着节能、环保法规的日益严格，要求润滑油有较长的使用寿命或换油期。这些现实都要求现代润滑油具有优异的抗氧化稳定性能。它是润滑油基础油及商品润滑油最重要的性能之一，也是润滑油精制最重要的目标之一。

（1）润滑油氧化的原因

① 润滑油自身具有氧化倾向。

润滑油中的一切烃类对氧的作用都不是惰性的。润滑油中的非烃类，除某些硫化物外，被氧化变质的倾向更大，更不安定。润滑油在储存和使用过程中不可避免与空气中的氧气接触，于是彼此间发生氧化反应，通常称自动氧化。

② 某些金属对油品氧化有催化作用。

润滑油在使用过程中与许多金属接触，如铜、铁、铅、锡、铝等，无论这些金属表面或其有机酸盐都能对润滑油品的氧化起催化作用。

③ 温度提高也可加速氧化反应速度。

（2）烃类氧化产物的影响

润滑油氧化后的产物有：有机酸、羟基酸、酚、醇、醛、酮、酯、胶质、沥青质等。低分子有机酸能腐蚀金属，高分子有机酸在低温下有氧及水存在时，也能腐蚀金属，羟基酸还能进一步缩合成漆状和焦状沉积物，沉积于机件上可把零件牢固地粘在一起，胶质、沥青质是各种氧化产物深度氧化、缩合的结果，它又可以进一步缩合为含氢更少的炭青质，这些物质是油中沉淀的主要来源。醛、酮、酯易生成缩合物使油的黏度稍有增加。

（3）氧化倾向与油品化学组成的关系

① 在相同的实验条件下，各种单体烃类中，芳香烃的抗氧化安定性最好，尤其是无侧链的单环芳香烃最不易氧化；环烷烃的抗氧化安定性比芳香烃要差得多，环烷－芳香烃的抗氧化安定性介于环烷烃及芳香烃之间，而烷烃的抗氧化安定性最差。

不同的烃类氧化产物不同。润滑油的组成中，烷烃、环烷烃氧化的主要产物是醇、醛、酸等，固体产物很少，因此这类烃的氧化产物对润滑油的突出影响是酸值增大。芳香烃随结构不同而使其氧化产物有所区别，短侧链芳香烃、多环芳香烃经氧化、缩合最终生成胶质、沥青质及半油胶质等，环烷－芳香烃氧化后生成大量的酸、羟基酸、胶质及沉淀物等。

② 石油中的胶质、沥青质是含有氧、硫、氮的结构十分复杂的稠环化合物。胶质在被加热时，与空气相遇，极易氧化缩聚成沥青质。胶质的着色力很强，微量级胶质的存在即可使润滑油呈黄褐色到暗褐色。胶质对热是很不稳定的，在热加工和催化加工过程中通

过极复杂的化学转化最终形成气体和焦炭，对加工过程产生很坏的影响。润滑油馏分中胶质随馏分沸点的升高而增多，它们在润滑油馏分中的含量高达4%~10%，不同原油的润滑油馏分胶质含量不同。胶质绝大部分存在于原油的蒸馏残渣油中，渣油中胶质含量高达20%左右。

研究证明，润滑油中的胶质有延缓氧化的作用，是天然的抗氧化剂，深度精制过的润滑油往往比未精制的油更容易被氧化。如向精制过的凡士林中加入从各种石油馏分中分离出来的胶质时，在刚开始加入1%~3%胶质时，凡士林的抗氧化性随加入胶质量的增加而显著提高，以后不再有改善。抗氧剂抑制润滑油氧化的能力比具有天然抗氧化性的胶质要强得多，对于抗氧剂的感受性来说，良好精制的油比精制不完全的油好，加上胶质的热稳定性很差，产生焦炭，会对内燃机涨圈产生不良影响，在空气压缩机中，会导致爆炸等。胶质被视为润滑油的非理想成分，应加以脱除，尤其在制备优质基础油时，更应加以充分脱除。

③ 润滑油中的烯烃与存在于其中的胶质一样，能起剧烈氧化作用。在原油蒸馏过程中，由于操作不当分解产生的烯烃会进入润滑油，国内外溶剂法生产的润滑油基础油，都有相当可观的碘值呈现，只有深度加氢处理的基础油，碘值很小。仔细地进行蒸馏操作可减少烯烃的产生，硫酸洗涤也可有效地脱除烯烃。

④ 某些多环短侧链的芳香烃和硫化物是应予保留的润滑油天然抗氧化剂。在润滑油中的某些芳烃，如烷基萘、三甲苯和菲等，具有抗氧化作用；某些非活性高分子含硫多环化合物，如苯并噻吩型有机硫化合物等，也具有天然抗氧剂的作用，它们都应作为理想成分加以保留。由此，产生了基础油的“最佳芳香性”的概念，并认为基础油精制深浅的界限可以用“最佳芳香性”来界定。纯矿物油型的润滑油，如变压器油、导热油之类，其最佳芳烃范围较高，达10%~20%；其次是需外加抗氧剂的发动机油、齿轮油、液压油之类；再次是汽轮机油、轴承油、旋转式压缩机油之类，最佳芳烃范围更低一些。

综上所述，为减少润滑油氧化后生成胶质、沥青质等沉积物，希望其组成为环数少、侧链长的芳香烃和环烷烃，但这些烃类氧化的结果使酸值增加很多，因此，经过一定程度精制后的润滑油，常需加入少量的抗氧化添加剂来提高油品的抗氧化安定性能。由于多环短侧链的芳香烃与胶质具有一定的抗氧化作用，因此，在精制过程中，根据情况还需要保存一部分多环短侧链的芳香烃和胶质，起到天然的抗氧化作用。在油品中非活性高分子含硫多环化合物也具有较强的天然抗氧化作用。

润滑油的氧化性能，除与它的化学组成有关外，还与外界使用条件有关，例如温度在94℃以上才能明显表现氧化作用，在125℃以上润滑油可剧烈氧化生成漆膜和焦炭。润滑油的氧化作用也随空气压力增大而增强，润滑油在高压纯氧的作用下，氧化反应异常激烈甚至爆炸，故在氧气瓶和氧气压缩机上绝对不能使用矿物润滑油。除此以外，氧化性能还与润滑油和氧气的接触表面积、某些金属（如铜、铅、锰、铁等）的催化作用有关。

**5. 残炭值与烃类结构的关系**

生成焦炭的主要物质是沥青质、胶质、多环短侧链的环状烃。在芳香烃中，多环芳香烃的残炭值最大，而环烷烃生成的焦炭很少，烷烃则不生成焦炭。

经研究表明：润滑油在使用过程中，生成的积炭量逐渐增多，是由于某些烃类被深度氧化生成胶质、沥青质，这些胶质、沥青质再进一步缩合而生成焦炭的缘故。可见，积炭的生成不仅与润滑油的热安定性有关，而且也与润滑油的抗氧化安定性有关。

多环短侧链的环状烃及胶质多集中于重质油馏分中，尤其是残渣油中，因此，重质润滑油馏分要比轻质润滑油馏分的残炭值高。为了降低润滑油的残炭值，必须从润滑油馏分中除去多环短侧链的环状烃（特别是多环短侧链的芳香烃）与胶质和沥青质。

从润滑油的化学组成与使用性能的关系可以看出，要想得到品质好的润滑油，在精制时，必须将大部分的胶质、沥青质、多环短侧链的环状烃以及硫、氮、氧化合物（统称为润滑油的非理想组合）除去，而保留少环长侧链的烃类、异构烷烃及少环多侧链的烃类（统称为润滑油的理想组合）。为改善润滑油的凝固点，还要进行脱蜡。

## 三、润滑油生产过程

现代矿物润滑油的生产过程，概括起来说，由润滑油原料生产、基础油加工、成品润滑油调和包装三大部分组成。

**1. 润滑油原料生产**

矿物润滑油原料制备过程的工艺结构比较固定，一般是由常压重油通过减压蒸馏来切取轻重不同的减压窄馏分和减压渣油，以达到馏分清晰分割的目的，大多采用湿式减压蒸馏工艺。减压渣油是制取高黏度润滑油的原料，在加工前必须进行原料的预处理，以除去渣油中的沥青质，这就是丙烷脱沥青工艺。即减压蒸馏制备馏分型润滑油原料，丙烷脱沥青制备残渣型润滑油原料。

**2. 基础油加工**

基础油加工主要是将影响润滑油使用性能的非理想组分除去或转化。矿物基础油加工包括精制、脱蜡、补充精制等过程。

从原油中取得的润滑油料，包括馏分润滑油料及脱沥青油，含有非理想组分和一些对油品的使用性能有害的物质，如胶状物质、多环短侧链的芳香烃、环烷酸类，以及某些含S、N的化合物。这些物质的存在会使油品的黏温特性降低，抗氧化安定性变差，氧化后容易产生沉积物和酸性物质，引起油品乳化和锈蚀，堵塞油路和腐蚀设备构件，还会使油品的颜色很快变深。

润滑油精制的目的是除去润滑油中的非理想组分，提高油品的黏温性能，降低油品的残炭、酸值，改善油品的颜色、气味，提高油品的抗氧化安定性及对添加剂的感受性能。

润滑油精制可分为溶剂精制和加氢处理。溶剂精制是物理过程，利用选择性溶剂将非理想组分萃取分离，改善基础油的黏温性能。加氢处理工艺是化学转化过程，在催化剂及氢气的作用下，通过选择性加氢裂化反应，将润滑油的非理想组分转化为理想组分，来提高基础油的黏度指数。

润滑油脱蜡的目的是把原料中的蜡烃脱除，保证润滑油良好的低温流动性。利用一些溶剂对润滑油馏分中的蜡和油具有选择性溶解的性质，可将油料分为脱蜡油和脱油蜡，这就是溶剂脱蜡工艺。

加氢脱蜡则是在氢气和催化剂的作用下，使正构烷烃异构为异构烷烃，或将大分子烷烃选择性裂化变为低分子烃，而油品中其他烃类不发生变化，从而达到降凝的作用，正构烷烃发生异构化反应的加氢脱蜡过程称为异构脱蜡，大分子烷烃裂化生成小分子烷烃的加氢脱蜡过程叫催化脱蜡。

润滑油补充精制的目的是去除微量杂质、溶剂，改善油品的颜色、安定性及提高油品对抗氧化添加剂的感受性，可以分为白土补充精制和加氢补充精制两种。

综上所述，可通过物理方法除去油料中的不理想组分，也可通过化学反应将不理想组分转化为理想组分。工艺结构往往因原油基属不同和生产工艺不同而有很大差异。总的来说，可归结为3条工艺路线，一是物理加工路线，其工艺结构通常是俗称“老三套”工艺的“溶剂精制－溶剂脱蜡－白土补充精制”；二是化学加工路线，其工艺结构是“加氢裂化（加氢处理）－异构脱蜡－加氢后处理”的全加氢路线；三是物理－化学联合加工路线，其工艺结构可以是“溶剂预精制－加氢裂化（加氢处理）－溶剂脱蜡”，也可以是“加氢裂化（加氢处理）－溶剂脱蜡－高压加氢补充精制”，以及目前最普遍采用的“溶剂精制－溶剂脱蜡－中低压加氢补充精制”等混合的工艺结构。第一条路线称为溶剂法，第二条路线可称为加氢法，第三条路线则可称为联合法或混合法。当今世界范围内3条加工路线共存，且以第一、第三条路线为主；但第二条路线是基础油加工的趋势。

**3. 成品润滑油的调和与包装**

炼油厂生产的基础油品种有限，不同基础油调和能满足各种具体润滑油对黏度及黏温性能的要求，其他某些特定性能可通过加入相应的添加剂得以改善。因此，润滑油的调和分为两类：一类是基础油的调和，即两种或两种以上不同黏度指数的基础油调和，例如HVI 100与HVI 200调和生产符合HVI 150的中性油；另一类是基础油与添加剂的调和，以改善油品使用性能，生产合乎规格的各类润滑油成品。

随着时代的发展，润滑油品呈现出日益高档化的发展趋势，润滑油包装设计也向着高档化、精细化的方向发展，简洁化、时尚化、人性化、特色化的包装有利于提高企业知名度，增加企业货架展示力，更重要的是起到扩大销售的作用。

目前，市场常见的润滑油包装，按包装形态可分为内包装和外包装，内包装为铁桶及塑料桶包装，外包装为瓦楞纸箱包装。内包装按使用的包装材料可分为铁桶（马口铁）和塑料包装（塑料桶、塑料软包装）两大类；按包装容积可分为小包装、中包装和大包装，小包装为10L以下塑料桶、铁桶及其他软包装，中包装为10～20L的塑料桶及铁桶，大包装一般为200L铁桶。随着塑料桶包装在中国市场主导地位的逐步形成，塑料桶包装设计尤其4L小包装设计，已成为评判包装设计水平的重要标志。

## 本章电子资源清单

1. GB 7631.1—2008 润滑剂、工业用油和相关产品（L类）的分类
2. 润滑油检验项目

## 本章内容梳理

本章是全书的引子和概括。

第一节希望你能体会到润滑的意义，润滑油的作用、发展历程，润滑的方式以及希望润滑油具备的三种润滑状态。

第二节希望你能理解，纵然商品润滑油和润滑脂的品种成百上千，都可按系统分类方法将其全面掌握。GB/T 7631.1—2008 中，润滑剂、工业用油和相关产品共有18类，它们叫什么、代号是什么，这些知识要耳熟能详。还要知道任何一种润滑油都可按黏度划分出一系列牌号。工业油用ISO标准划分黏度标号，车用油采用SAE标准划分黏度标号，最好记住这些标号。

第三、四节是对润滑油的评价，要理解作为最高档的石油产品，润滑油究竟有什么卓尔不凡的品格？而这仅仅是润滑油评价中最低的一个层次——理化指标。要从各个方面综合评价润滑油的性能，往往需要经由理化指标测试、模拟试验、台架试验、现场试验四个阶段，润滑油成为一种合格的商品前，要经历“层层考验”。

如果说前几节都是着眼于润滑油这种商品，第五节则是从生产角度分析，需要什么样的原料？原料中不同的组分究竟在产品中有啥好处、有啥坏处？在生产中怎样才能把并不完美的原料生产出令人满意的基础油。还介绍了如何调和基础油、添加剂，甚至涉及内外包装，至此，一条完整的润滑油加工链条已跃然于纸上。

## 本章习题

**一、填空题**

1. 经过脱蜡以后的润滑油馏分的黏度有所________，黏度指数有所________。（上升、下降）

2. 经过精制以后，润滑油的黏度有所________，黏度指数有所________。（上升、下降）。

3. ________和________是润滑油优良黏温性能的主要贡献者，________具有较高的黏度和较差的黏度指数，________更是如此。

4. 正构烷烃的黏温特性虽好，但是它的________却很差，因而并不属于理想组分。

5. 将正构烷烃转化为异构烷烃而降低润滑油凝点的工艺是________。

6. 使多环环烷烃加氢裂化和多环芳烃加氢饱和的工艺是________。

7. 润滑油的溶解能力通常以________来表征，该指标在130℃以下较好，超过150℃时溶解度变差。

8. 苯胺点越高，溶解能力越________。

9. 润滑油的溶解能力是指对________和________的溶解能力。

10. 积炭的生成不仅与润滑油的热安定性有关，而且也与润滑油的________有关。为了降低润滑油的残炭值，必须从润滑油馏分中除去________（特别是多环短侧链的芳香烃）与胶质和沥青质。

**二、单选题**

1. 当碳原子数相同时，烃类黏度指数的顺序为（　　）。

A. 正构烷烃 > 芳香烃 > 环烷烃 > 异构烷烃

B. 正构烷烃 > 异构烷烃 > 环烷烃 > 芳香烃

C. 芳香烃 > 环烷烃 > 正构烷烃 > 异构烷烃

D. 芳香烃 > 异构烷烃 > 环烷烃 > 正构烷烃

2. 以天然石油为原料制取黏温性能优异的润滑油基础油时，较好的原料是（　　）。

A. 石蜡基原油　　B. 中间基原油

C. 环烷基原油　　D. 芳香基原油

3. 以天然石油为原料制取低温流动性能优异的润滑油基础油时，较好的原料是（　　）。

A. 石蜡基原油　　B. 中间基原油

C. 环烷基原油　　D. 芳香基原油

4.（　　）是润滑油低温流动性质的主要指标之一。

A. 酸值　　B. 黏度

C. 凝固点　　D. 黏度指数

5. 润滑油的苯胺点与烃类组成关系为（　　）。

A. 环烷烃 > 芳烃 > 烷烃　　B. 芳烃 > 烷烃 > 环烷烃

C. 烷烃 > 环烷烃 > 芳烃　　D. 烷烃 > 芳烃 > 环烷烃

6. 在相同的实验条件下，各种单体烃类的抗氧化安定性顺序为（　　）。

A. 环烷烃 > 芳烃 > 烷烃　　B. 芳烃 > 环烷烃 > 烷烃

C. 烷烃 > 环烷烃 > 芳烃　　D. 烷烃 > 芳烃 > 环烷烃

7. 下列关于润滑油的总碱值说法有错的是（　　）。

A. 说明在用油剩余清净分散能力

B. 等于或接近于零时，说明油中添加剂已耗尽

C. 对新油来说，则表明油品精制深度

D. 说明新油中清净分散剂的大致添加量

8. 下列哪个不是表示润滑油纯洁性的指标？（　　）

A. 酸值　　B. 机械杂质　　C. 水分　　D. 灰分

9. 以下（　　）是国家强制性标准的代号。

A. GB　　B. GB/T　　C. GB/Z　　D. GB/D

10. 以下（　　）是国家推荐性标准的代号。

A. GB　　B. GB/T　　C. GB/Z　　D. GB/D

11. 以下（　　）是国家指导性标准的代号。

A. GB　　B. GB/T　　C. GB/Z　　D. GB/D

12. 国际标准化组织的代号是（　　）。

A. ISO　　B. SAE　　C. ASTM　　D. API

13. 美国汽车工程师协会的代号是（　　）。

A. ISO　　B. SAE　　C. ASTM　　D. API

14. 美国试验与材料协会的代号是（　　）。

A. ISO　　B. SAE　　C. ASTM　　D. API

15. 美国石油学会的代号是（　　）。

A. ISO　　B. SAE　　C. ASTM　　D. API

16. 以下（　　）是发动机油评价的必要措施和首选。

A. 理化指标　B. 模拟试验　C. 台架试验　D. 行车试验

17. Q/SY 44.1 属于什么标准？（　）

A. 国际　B. 国家　C. 行业　D. 企业

18. GB/T 7631.1—2008 是以下什么的分类？（　）

A. 润滑剂　B. 燃料油　C. 石油蜡　D. 原油

19. GB/T 7631.1—2008 中润滑材料分为多少类？（　）

A. 18　B. 19　C. 15　D. 12

20. mPa · s 是哪种黏度的单位？（　）

A. 动力黏度　B. 运动黏度　C. 恩氏黏度　D. 赛氏黏度

21. 同一使用温度下，以下哪种油品相对更黏稠？（　）

A. HM 22　B. HM 46　C. HM 68　D. HL 100

22. HM 68 指的是什么油？（　）

A. 抗磨液压油　B. 防锈液压油

C. 抗氧化液压油　D. 导轨液压油

23. HM 68 中的 68 指的是什么？（　）

A. 40℃运动黏度　B. 100℃运动黏度

C. 50℃运动黏度　D. 68℃运动黏度

**三、判断题**

1. 要求润滑油在使用温度下具有流动性，是任何一种润滑油必须具备的一个使用性能，为保证润滑油的低温流动性，必须将润滑油中的蜡组分脱除干净。（　）

2. 深度精制的润滑油与精制不完全的油相比不易氧化。（　）

3. 润滑油中的某些胶质有延缓氧化的作用，因此从抗氧化角度来讲，胶质也是润滑油的有益组分。（　）

4. 在氧气瓶和氧气压缩机上使用的矿物润滑油应加入较多的抗氧剂。（　）

5. 润滑油的机械杂质是指不溶于润滑油中的沉淀物或胶状悬浮物。（　）

6. 同一款油品，从理化指标、模拟试验到台架试验、现场试用试验，花费的金钱和时间成本越来越高。（　）

7. 发动机油模拟试验方法简单，周期短，成本低，能够助力于油品配方研究工作，足以区分发动机油等级档次，成为发动机油评价的必要措施和首选。（　）

8. 等级较高的机油需通过更多或要求更严格的台架试验。（　）

9. 如果你是采购润滑油的用户，当供油者提供产品的红外线光谱图与台架试验的油样谱图不一致时，这批油是不能贸然采购的。（　）

10. 水清则无鱼，润滑油中多环短侧链的芳香烃和硫化物的黏温性能极差，但却有一定的抗氧性，精制的时候不要“赶尽杀绝”，还是要适当保留一些。（　）

获取更多知识详情请扫描二维码

# 第二章

# 基础油与添加剂

润滑油一般由基础油和添加剂两部分组成。基础油是润滑油的主要成分，决定着润滑油的基本性质，添加剂则可弥补和改善基础油某些性能方面的不足，赋予某些新的性能，是润滑油的重要组成部分。

基础油一方面起润滑、冷却、清洗、密封、减震等作用，另一方面用作添加剂的载体。理想基础油应具备如下性能：①适当的黏度和良好的黏温性能。②蒸发损失小。③优良的低温流动性。④良好的氧化安定性。⑤对氧化产物及添加剂适宜的溶解能力。⑥良好的抗乳化性及空气释放值。

润滑油的基础油分为矿物油、合成油、动植物油三大类，生物基的动植物油用量很少，本章不做介绍，在全书最后一章作为阅读资料略微涉及。

矿物基础油占了润滑油基础油的绝大部分，提高国家润滑油档次的关键就是从石油中生产出更优质的矿物基础油。矿物基础油，它还能分出个高中低档呢。而更高档次的润滑油则采用合成油做基础油，尤其是一些高精尖领域还需要使用特种合成油做基础油。合成油来自于化学产品，复杂、玄妙、高级，它也有个庞大的家族，而且各具特色。

基础油作为润滑油份额最大的组分，对油品起着至关重要的作用。但，基础油只是原材料，并不是最终的成品。不能说基础油好就等于成品油好，因为还有另外的一个“大神”添加剂没有登场。

添加剂也是“乱花渐欲迷人眼”，单一功能的添加剂们各有各的绝活，它们还往往联合起来成为复合添加剂，强强联合，打遍天下无敌手。

以往的大型润滑油厂一般采取在炼油厂集中生产基础油，在调和厂生产商品润滑油的生产经营策略。现在很多润滑油厂往往是从炼油厂购进基础油，从少数专门的添加剂经销商处购进添加剂，利用特定的配方调和成符合要求的商品润滑油。要调和出合格的润滑油必须对基础油、添加剂的分类、规格等有详细的了解。

各种基础油、各种添加剂都有啥神通？它们的家族中都有啥厉害角色？且听我们一一道来。

## 第一节　矿物基础油

润滑油的主要使用性质取决于基础油的质量，而基础油的化学组成对其使用性能有着相当大的影响，因此基础油的分类以及各类基础油的标准应有统一的规定。

## 一、矿物基础油分类

矿物基础油分为中性油和光亮油两种，以减压馏分油为原料加工生产的基础油叫中性油，以减压渣油为原料加工生产的高黏度基础油叫光亮油。国外石油公司曾经根据原油的性质和加工工艺把基础油分为石蜡基基础油、中间基基础油、环烷基基础油等。我国于20世纪70年代起，制定出上述三种基础油的中性油标准，分别以SN、ZN和DN表示，光亮油代号分别以BS、ZNZ、DNZ表示，例如：75SN、100SN、150SN、200SN、350SN、500SN、650SN和150BS。

**1. API国际标准**

20世纪80年代以来，以发动机油的发展为先导，润滑油趋向低黏度、多级化、通用化，对基础油的黏度指数提出了更高的要求，早期的基础油分类方法已不能适应这一变化趋势。1993年，API推出基础油分类标准（见表2－1），截至目前，国外石油公司一般采用这一标准，成为基础油国际通用标准。该标准根据黏度指数的大小分类，并首次对基础油的饱和烃含量及硫含量提出了明确要求。

**表2－1　API基础油分类标准**

| 类别 | 饱和烃/% | 硫/% | 黏度指数 |
|---|---|---|---|
| Ⅰ类 | <90 | >0.03 | 80～120 |
| Ⅱ类 | ≥90 | ≤0.03 | 80～120 |
| Ⅲ类 | ≥90 | ≤0.03 | ≥120 |
| Ⅳ类 | 聚α－烯烃（全合成） | | |
| Ⅴ类 | 不包括在Ⅰ、Ⅱ、Ⅲ内或Ⅳ类中的其他基础油 | | |

加氢工艺出现以前，石蜡基基础油一直是通过物理法生产的，只有黏温性能优良的石蜡基原油才有可能生产出合格的Ⅰ类基础油，并且其产量不高。生产Ⅰ类基础油的溶剂精制装置、溶剂脱蜡装置、白土补充精制装置被称为“老三套”，在20世纪一直是全球润滑油工业的支柱。

20世纪70年代，北美地区炼油工业出现了加氢裂化技术，在苛刻的工艺条件下，能够转化在溶剂精制时被抽出的非理想组分，能够用范围较宽的原料油生产出高质量高收率的基础油。雪佛龙德士古公司在里奇蒙炼油厂采用低黏度指数的阿拉斯加北坡原油，通过加氢裂化生产出Ⅱ类基础油就是个例子。这种Ⅱ类基础油的特点是饱和烃含量高，硫、氮、氧等杂原子含量极少，芳烃和硫化物含量少。

20世纪90年代初，加氢裂化技术进入欧洲基础油市场。BP公司用加氢裂化尾油进一步加氢，壳牌和埃克森美孚公司将软蜡原料加氢异构化，生产出了黏度指数（VI）高达140左右的油品，即Ⅲ类基础油。Ⅲ类基础油在性能上远远超过Ⅰ类基础油和Ⅱ类基础油，尤其是具有很高的黏度指数和很低的挥发性。某些Ⅲ类油的性能可与聚α－烯烃（PAO）相媲美，其价格却比合成油便宜得多。

Ⅳ类基础油指的是PAO合成油。常用的生产方法有石蜡分解法和乙烯聚合法。PAO依聚合度不同可分为低聚合度、中聚合度、高聚合度，分别用来调制不同的油品。这类基础油与矿物油相比，无S、P和金属，由于不含蜡，所以倾点极低，通常在－40℃以下，黏度指数一般超过 140。但 PAO 边界润滑性差，另外，由于它本身的极性小，对极性添加剂的溶解能力差，且对橡胶密封件有一定的收缩性，但这些问题都可通过添加一定量的酯类得以克服。

除Ⅰ～Ⅳ基础油之外的其他合成油统称Ⅴ类基础油，也包括动植物油和废润滑油再生的油。

21 世纪对润滑油基础油的技术要求主要有：热氧化安定性好、低挥发性、高黏度指数、低硫/无硫、低黏度、环境友好。传统的“老三套”工艺生产的Ⅰ类润滑油基础油已不能满足未来润滑油的要求，加氢法生产的Ⅱ或Ⅲ类基础油将成为市场主流。

市场上还有Ⅱ$^+$、Ⅲ$^+$基础油，是指 VI 达到Ⅱ、Ⅲ类基础油上限的加氢油，比如 VI 在 110～120 之间称为Ⅱ$^+$油，VI > 130 称为Ⅲ$^+$油，属于商业叫法，并不是 API 的分类。

**2. 中国石化协议标准**

我国润滑油基础油标准建立于 1983 年，为适应调制高档润滑油的需要，1995 年，中国石化公司对原标准进行了修订，执行润滑油基础油分类协议标准 Q/SH R001—95，详见表 2－2。

**表 2－2 我国润滑油基础油行业标准（Q/SH R001—95）**

| 类型 | | 低 VI | 中 VI | 高 VI | 很高 VI | 超高 VI |
|---|---|---|---|---|---|---|
| 通用基础油 | | LVI | MVI | HVI | VHVI | UHVI |
| 专用基础油 | 低凝 | — | MVIW | HVIW | VHVIW | UHVIW |
| | 深度精制 | — | MVIS | HVIS | VHVIS | UHVIS |
| VI | | ≤40 | 40～90 | 90～120 | 120～140 | ≥140 |

这种分类方法与国际分类有着本质上的区别。该标准按黏度指数把基础油分为低黏度指数（LVI）、中黏度指数（MVI）、高黏度指数（HVI）、很高黏度指数（VHVI）、超高黏度指数（UHVI）基础油 5 档；按适用范围，把基础油分为通用基础油和专用基础油。专用基础油又分为适用于多级发动机油、低温液压油和液力传动液等产品的低凝基础油（代号后加 W）和适用于汽轮机油、极压工业齿轮油等产品的深度精制基础油（代号后加 S）。其中 HVI 油和 VI > 80 的 MVI 油都属于国际分类的Ⅰ类基础油；而 VI < 80 的 MVI 基础油和 LVI 基础油根本不入类；VHVI、UHVI 按国际分类为Ⅲ类基础油，但在硫含量和饱和烃方面都没有明确的规定。

为与 API 标准接轨，2005 年，中国石化又制定了《润滑油基础油协议标准》（2005），见表 2－3。

**表 2－3 中国石化《润滑油基础油协议标准》（2005）**

| 项目 | 类别 | | | | | | | | |
|---|---|---|---|---|---|---|---|---|---|
| | 0 | Ⅰ | | | Ⅱ | | Ⅲ | Ⅳ | Ⅴ |
| | MVI | HVI Ⅰa | HVI Ⅰb | HVI Ⅰc | HVI Ⅱ | HVI Ⅱ$^+$ | HVI Ⅲ | | |
| 饱和烃/% | <90 | <90 | <90 | <90 | ≥90 | ≥90 | ≥90 | PAO | 其他 |
| 硫含量/% | ≥0.03 | ≥0.03 | ≥0.03 | ≥0.03 | <0.03 | <0.03 | <0.03 | | |
| 黏度指数 VI | ≥60 | ≥80 | ≥90 | ≥95 | 90～110 | 110～120 | ≥120 | | |

该标准将溶剂精制基础油中的中性油黏度等级按照40℃赛氏黏度整数值分为60、65、75、90、100、125、150、175、200、250、300、350、400、500、600、650、750和900，共计18个黏度等级。溶剂精制基础油中的光亮油黏度等级按照100℃赛氏黏度整数值分为90BS、120BS和150BS，共计3个黏度等级。将加氢基础油黏度等级按照100℃运动黏度整数值分为2、3、4、5、6、7、8、10、12、14、16、20、26、30，共计14个黏度等级。

**3. 中国石油企业标准**

2009年，中国石油对其原本制定并执行的基础油企业标准Q/SY 44.1—2002（2007）《润滑油基础油通用基础油第1部分：溶剂精制基础油》和Q/SY 44.2—2002（2007）《润滑油基础油通用基础油第2部分：加氢基础油》进行修订并合为一个新的企业标准（Q/SY 44—2009）。该标准对通用润滑油基础油黏度等级牌号的划分进行了统一，将原标准中的十余个品种按饱和烃含量和黏度指数的高低修订为三类共七个品种（见表2-4），其中Ⅰ类分为MVI、HVI、HVIS、HVIW四个品种，Ⅱ类分为HVIH、HVIP两个品种，Ⅲ类只设VHVI一个品种。新标准适用于石油馏分经溶剂精制、白土补充精制或加氢补充精制工艺生产出的基础油及经加氢（包括全加氢或混合加氢及异构脱蜡等）工艺生产的基础油。

**表2-4　通用润滑油基础油的分类（Q/SY 44—2009）**

| 项目 | Ⅰ | | Ⅱ | | Ⅲ |
|---|---|---|---|---|---|
| | MVI | HVI、HVIS、HVIW | HVIH | HVIP | VHVI |
| 饱和烃/% | <90 | <90 | ≥90 | ≥90 | ≥90 |
| 黏度指数VI | 80≤VI<95 | 95≤VI<120 | 80≤VI<110 | 110≤VI<120 | ≥120 |

本标准中Ⅰ类基础油黏度等级牌号按赛氏黏度来划分，中性油以40℃赛氏通用黏度表示的牌号，有150、200、300、400、500、600、650、750八个级别；光亮油以100℃赛氏通用黏度表示的牌号，有90BS、120BS、150BS三个级别。

Ⅱ类、Ⅲ类基础油黏度等级以100℃运动黏度中心值来划分。具体黏度牌号见表2-5。

**表2-5　通用润滑油基础油黏度牌号**

Ⅰ类基础油黏度牌号

| 黏度等级 | 150 | 200 | 300 | 400 | 500 | 600 | 650 | 750 | 90BS | 120BS | 150BS |
|---|---|---|---|---|---|---|---|---|---|---|---|
| 运动黏度（40℃）/（mm$^2$/s） | 28.0~34.0 | 35.0~42.0 | 50.0~62.0 | 74.0~90.0 | 90.0~110 | 110~120 | 120~135 | 135~160 | — | | |
| 运动黏度（100℃）/（mm$^2$/s） | — | | | | | | | | 17.0~22.0 | 22.0~28.0 | 28.0~34.0 |

Ⅱ、Ⅲ类基础油黏度牌号

| 黏度等级 | 2 | 4 | 5 | 6 | 8 | 10 | 12 | 14 | 16 | 20 | 26 | 30 |
|---|---|---|---|---|---|---|---|---|---|---|---|---|
| 运动黏度（100℃）/（mm$^2$/s） | 1.50~2.50 | 3.50~4.50 | 4.50~5.50 | 5.50~6.50 | 7.50~9.00 | 9.00~11.0 | 11.0~13.0 | 13.0~15.0 | 15.0~17.0 | 17.0~22.0 | 22.0~28.0 | 28.0~34.0 |

## 二、矿物基础油技术标准要求

以中国石油企业标准中的七种基础油为例，技术要求见本章电子资源。

## 三、矿物基础油加工方案选择

作为炼油厂基础油生产板块，我们的任务就是向基础油质量标准的要求努力，提高VI、降低S含量、提高饱和度并剔除杂质。

表2-6列出了基础油中不同组分的黏度指数，以及在加工过程中的变化，总结如下：

① 剔掉杂质，如胶质，含S、N的非烃化合物；

② 将不饱和的烃完全转化成饱和烃，芳烃转化成环烷烃；

③ 去掉蜡（蜡是长直链的烷烃，低温性能太差，有些常温是固体）；

④ 结构上尽量靠近异构烷烃（去除芳烃、减少环烷烃的环数）；

⑤ 产品收率要高（收率提高1%，一个$40\times10^4$t基础油加工量的工厂一年可多挣280万美元）。

**表2-6 基础油不同加工流程对组分的影响**

| 分子类型 | 黏度指数 | 常规加工流程 | 加氢流程 |
|---|---|---|---|
| 正构烷烃 | 175 | 大部分除去 | 裂化或异构化 |
| 异构烷烃 | 155 | 部分除去 | 大部分保留 |
| 单环环烷烃 | 142 | 大部分保留 | 大部分保留 |
| 双环与多环环烷烃 | 70 | 大部分保留 | 开环，多环向少环转化 |
| 单环、双环芳烃 | <50 | 大部分保留 | 加氢饱和，开环 |
| 三环与稠环芳烃 | <0 | 部分除去 | 加氢饱和，开环 |
| 含硫化合物 | — | 大部分除去 | 转化为$H_2S$除去 |
| 含氮化合物 | — | 大部分除去 | 转化为$NH_3$除去 |
| 含氧化合物 | — | 大部分除去 | 转化为$H_2O$除去 |
| 胶质 | 很低 | 大部分除去 | 转化为低分子烃类 |
| 沥青质 | 很低 | 全部除去 | 转化为低分子烃类 |
| 其他非理想组分 | — | 大部分除去 | 转化为低分子烃类 |

矿物基础油的加工，整体来说要先通过减压蒸馏从常压重油中分出中性油的原料——减压馏分油，减压渣油中的沥青质全部脱除才能作为高黏度润滑油的原料。其次就是剔除不理想组分或将不理想组分转化为理想组分的过程，可以用物理的“老三套”工艺，也可以用高档的“全加氢”，还可以采用物理法和加氢法结合的“混合法”。“老三套”工艺可以先精制再脱蜡，这叫顺序或正序，也可以先脱蜡再精制，这叫反序。无论咋样，补充精制永远在最后兜底，不管是白土补充精制还是加氢补充精制，它都在最后发挥“补充”作用。

**1. 石蜡基原油或中间基原油物理法生产润滑油基础油**

以石蜡基原油或中间基原油生产基础油，典型的工艺结构和流程如图2-1所示，图中还列出了副产物综合利用的情况。

溶剂精制：用有机溶剂溶解基础油原料，用最简单的萃取法剔除多环芳香烃、胶质以及含氧、氮、硫的非烃类化合物。

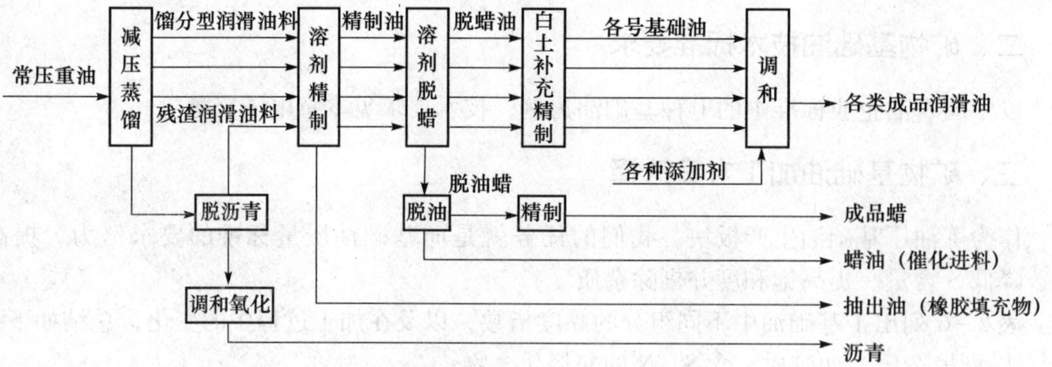


图 2－1　石蜡基、中间基原油生产润滑油的物理加工路线图

溶剂脱蜡：用溶剂有选择性地溶解油，将蜡脱除。

白土补充精制：经过以上两道工序以后存在的杂质，利用活性白土的吸附作用对其中的残留物进行去除，是个补充工艺。

老三套就是上述三个流程，属于落后工艺，目前主要的成品是 I 类油。

**2. 环烷基原油物理法生产润滑油基础油**

石蜡基原油世界各地均有开采。但环烷基原油主要产区分布在委内瑞拉、墨西哥湾、美国得克萨斯州西部、加利福尼亚州、阿肯色州。我国环烷基原油开采量很少，主要分布在大港油田、克拉玛依油田、辽河油田。所以，环烷基油加工厂较少。

环烷基基础油含蜡少或几乎不含蜡，黏度指数较低，但它具有凝固点和倾点低、残炭低、溶解性优异、热稳定性和析气性好、橡胶相容性好、无毒、无害等特性。这些特性决定了其在许多领域具有广泛的用途，主要应用于变压器油、橡胶填充油、冷冻机油，同时也适用于生产金属加工液、润滑脂等特殊工艺用油脂，很多重环烷基油甚至可以代替光亮油参与发动机油的调和，环烷基油还可以用来调和一些低凝液压油、压缩机油、船用汽缸油、汽车减振器油和白油等产品。

当利用环烷基原油加工制造润滑油时，由于原油中不含石蜡或石蜡极少，往往用来生产专用、特种润滑油，因而生产过程的工艺结构和总流程简化了，如图 2－2 所示。

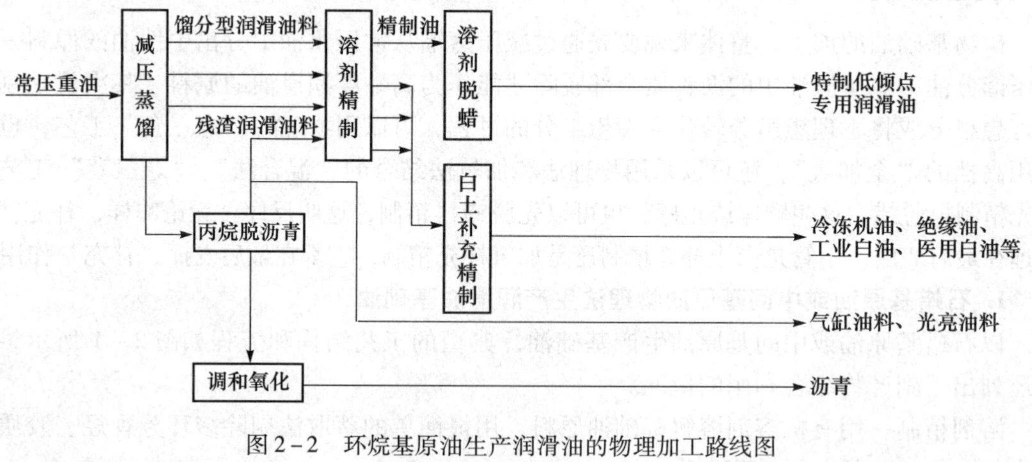


图 2－2　环烷基原油生产润滑油的物理加工路线图

**3. 全加氢工艺生产润滑油基础油**

当原料较差、产品要求较高、环境要求较高且有加氢条件时，新建的装置往往采用全加氢流程，如图 2-3 所示。

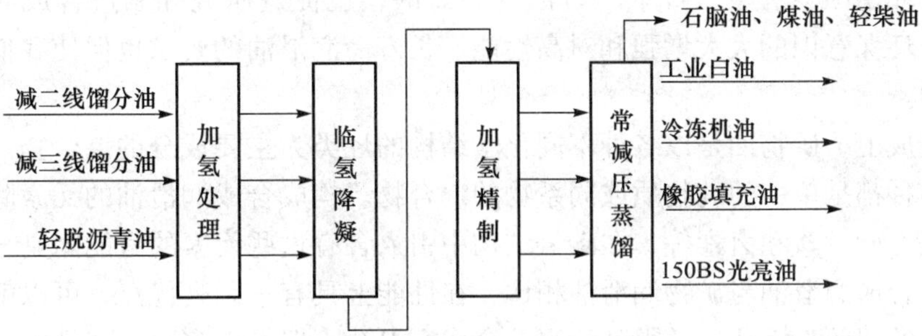


图 2-3　润滑油全加氢工艺路线图

此处的加氢处理可以是加氢改质，也可以是加氢裂化。加氢改质是把原料简单处理，基本不让烃类裂化，只是除杂质、发生部分饱和，优化原料，便于后续加工。加氢裂化则是基础油加工的核心工艺，这是一种苛刻加氢，原料改变构成，裂化成高黏度指数油料。

临氢降凝（加氢脱蜡），顾名思义就是在有氢气存在的情况下降低基础油的凝固点，包括催化脱蜡和异构脱蜡两种工艺。催化脱蜡是将原料油中的蜡分子裂化为低分子 $C_3 \sim C_8$ 烃类，因此会有大量副产物，基础油收率没有异构脱蜡高，目前已处于淘汰的边缘。异构脱蜡是将原料中高凝固点的正构烷烃（蜡）异构化成含有 2~3 个短侧链的异构烷烃，转化成润滑油的理想部分。其黏度指数比催化脱蜡高，收率更是明显高于催化脱蜡，目前属于主流工艺。

加氢精制可能是加氢后精制，也可能是加氢补充精制。加氢后精制是为了改善加氢处理油的光安定性，属于高压加氢。加氢补充精制类似白土补充精制，是温和的化学反应，起“补充”作用。

以上几个过程都是化学变化，完全不同于“老三套”工艺。石蜡基馏分油的生产，目前主要的Ⅱ、Ⅲ类基础油工艺基本都是以加氢工艺为主，加工工艺有很多的技术路线。

**4. 加氢与物理法结合的工艺**

为充分利用原有的“老三套”工艺或降低操作的难度，往往采用加氢新工艺与老工艺相结合的方法。

由此产生的组合工艺有多种，如加氢处理工艺与溶剂精制相结合，加氢处理工艺与溶剂脱蜡相结合，溶剂精制与临氢降凝相结合，溶剂精制、溶剂脱蜡与加氢补充精制相结合等。详见本书第六章。

## 第二节　合　成　油

### 一、概述

合成润滑油是相对于矿物型润滑油而言的，它是通过化学合成的方法而得到的一类润滑油。合成润滑油的发展同矿物型润滑油（简称矿物油）的发展是密切相关的。首先，在某些苛刻的条件下（如低温、高温、高负荷、高转速、高真空、强辐射、强氧化介质），矿物油无法满足使用要求，譬如在军事、航天航空领域上，需要高性能的合成油。其次，由于某些国家如德国、法国、日本的石油资源短缺，也促进研究和制造合成润滑油。另外，目前由于环保意识的大大增强和对高性能、长寿命润滑油的要求也促使我们尽可能使用合成润滑油。

在化学组成上，矿物油是以各种不同化学结构的烃类为主要成分的混合物。合成润滑油的每一个品种都是单一的纯物质或同系物的混合物。构成合成润滑油的元素除碳、氢之外，还包括氧、硅、磷和卤素等。在碳氢结构中引入含有这些元素的官能团是合成润滑油的重要特色。合成润滑油与矿物润滑油相比，在性能上具有一系列优点，可以解决矿物润滑油不能解决的问题，因此日益得到重视。合成润滑油不但是许多军工产品的重要润滑材料，而且在民用方面也有很大的潜力，高档机油广告词往往强调“全合成油!”

合成润滑油虽然比矿物润滑油价格高，但由于性能优良、使用寿命长、机械磨损小，使用合成润滑油仍然可以收到良好的经济效益。

**1. 合成润滑油的分类**

根据合成润滑油基础油的化学结构，美国试验与材料学会（ASTM）特设委员会制定了合成润滑油基础油的试行分类法，将合成润滑油基础油分为六大类：

（1）合成烃类

合成烃在组成上与矿物油相似，并能与之任意比例互溶。包括烯烃聚合物（如乙烯聚合物、丙烯聚合物）、聚丁烯（如聚异丁烯）、高碳烯烃聚合物（如聚 α－烯烃）、石蜡氯化合成油、加氢裂化油、芳烃与烯烃的缩合物等。

（2）聚醚类

包括脂肪族聚醚、全氟烷基聚醚、聚硫醚、聚苯醚。调整聚醚分子中的环氧烷比例，可得到不同水溶性和油溶性溶解度的聚醚。

（3）酯类

酯类油是综合性能较好，开发应用最早的一类合成润滑油。包括双酯和复酯、新戊基多元醇酯、含氟酯、碳酸酯等。

（4）磷酸酯类

磷酸酯分为正磷酸酯和亚磷酸酯两类，其中正磷酸酯又分为伯、仲、叔磷酸酯，适于作合成油使用的主要是叔磷酸酯。

（5）硅油类

包括硅酮油（聚硅氧烷）、硅酸酯类、硅烃类（如烷基硅）。

（6）卤化烃类

包括含氯烃类（如氯化联苯、氯化石蜡）、脂肪族氟碳和氟氯碳（如三氟氯乙烯）。

制备合成润滑油的原料主要来自石油、煤、油页岩和天然气，例如制备合成烃和聚醚所需的乙烯、丙烯、异丁烯、苯、环氧乙烷和环氧丙烷等都可以从石油中得到。磷酸酯、硅油、硅酸酯和氟油还需要矿石或非金属矿为原料。制备酯类所需的脂肪酸和二元酸也可从动植物油中获得。

**2. 合成润滑油的性能特点**

矿物润滑油是目前最常用的润滑油，由于它来源广、价格便宜，并能满足大多数机械设备的润滑要求，因此在今后较长时间内仍将继续使用矿物润滑油。

但矿物油产品有明显的不足：首先，矿物油的低温性能差，尤其是高黏度润滑油的倾点一般都在 -10℃以上，在寒冷冬季野外操作很难启动。其次，矿物油在120℃下就开始迅速氧化，加入各种添加剂后可以在150℃下长期使用，但在更高温度下使用寿命很短，且容易生成积炭。矿物油的黏度指数一般都在90~110，加氢油可提高到120~130，再高的黏度指数矿物油就难以达到了。矿物油遇火会燃烧，抗辐射性差，密度不大于1。随着科学技术的进步，尤其是国防军工和高技术产业的发展，矿物油的性能不能满足需要。合成润滑油与矿物油相比具有一系列优点，可以弥补矿物油的上述不足。归纳起来，合成润滑油具有以下特性：

（1）耐高温性能

合成润滑油一般比矿物油热安定性好、热分解温度高、闪点及自燃点高、对添加剂的感受性好，加入一定量抗氧化添加剂后，其氧化安定性好，使用温度高。因此，合成油比矿物油具有更为优良的耐高温性能。

（2）低温性能及黏温性能

大多数合成润滑油比矿物油黏度指数高，黏度随温度的变化小。在高温黏度相同时，大多数合成润滑油比矿物油的凝固点低、低温黏度小，这就保证了合成润滑油可在较低的温度下使用。

表2-7列出了各类合成油的耐高温性能及低温性能、黏温性能，从各类合成油的热分解温度和整体极限工作温度范围可以看出，对黏度相近的油品来说，合成油比矿物油的使用温度更高。从表2-7中各类合成润滑油的黏度指数及凝点的范围可以看出，聚α-烯烃油、双酯、多元醇酯、硅油、硅酸酯、聚醚和聚全氟烷基醚都比矿物油的黏度指数高，倾点低，因此它们都具有低温性能及黏温性能好的特点，同时它们的高温性能也比矿物油好，所以它们比矿物油的使用温度范围要宽。

**表2-7　各类合成油的耐高温性能及低温性能、黏温性能**

| 类别 | 黏度指数/℃ | 凝点/℃ | 长期工作温度/℃ | 短期工作温度/℃ | 热分解温度/℃ |
|---|---|---|---|---|---|
| 矿物油 | 50~130 | -45~-6 | 93~121 | 135~149 | 250~340 |
| 聚α-烯烃油 | 80~150 | -60~-20 | 177~232 | 316~343 | 338 |
| 双酯 | 110~190 | <-80~-40 | 175 | 200~220 | 283 |
| 多元醇酯 | 60~190 | <-80~-15 | 177~190 | 218~232 | 316 |
| 聚醚 | 90~280 | -65~5 | 163~177 | 204~218 | 279 |
| 磷酸酯 | 30~60 | <-50~-15 | 93~177 | 135~232 | 194~421 |
| 硅油 | 100~500 | <-90~10 | 218~274 | 316~343 | 388 |
| 硅酸酯 | 100~300 | <-60 | 191~218 | 260~288 | 340~450 |
| 聚苯醚 | -100~10 | -15~20 | 316~371 | 427~482 | 454 |
| 全氟碳化合物 | -240~10 | <-60~16 | 288~343 | 399~454 | — |
| 聚全氟烷基醚 | 23~355 | -77~-40 | 232~260 | 288~343 | — |

（3）挥发损失低

一般合成油与相同黏度的矿物油相比挥发性要低。这是因为合成油大多数是一种单一的化合物，其沸点范围较窄，而矿物油是一段馏分油，在一定蒸发温度下，其轻馏分易挥发。

油品的挥发性是油品的一项重要性能。在使用过程中，由于温度高，挥发性大的油品不但耗油量增加需要经常补油，而且由于轻组分的挥发会使油品变黏，造成油品基本性能发生变化，因而影响油品的使用寿命。合成油与同黏度的矿物油相比在高温下挥发损失要小得多。用矿物油调制的 SAE 40 内燃机油比用合成油调制的 SAE 20 内燃机油的挥发损失大一倍以上。

（4）某些合成油具有难燃性

矿物润滑油遇火会燃烧。在许多靠近热源的部位，常常由于矿物油的泄漏着火造成重大事故。

2018 年天津有个润滑油仓库着火，经调查发现其燃烧物为桶装工业润滑油和少量的塑料颗粒。目前还没有找到靠加入添加剂来改善矿物油的着火性能的办法。而某些合成油却具有优良的难燃性能。例如，磷酸酯虽然本身闪点并不高，但是由于没有易燃和维持燃烧的分解产物，因此不会造成延续燃烧。芳基磷酸酯在 700℃ 以上遇明火会发生燃烧，但它不传播火焰，一旦火源切断，燃烧立即停止，所以磷酸酯有阻燃性。聚醚是水－乙二醇难燃液的重要组分，主要用来增加黏度。聚醚和乙二醇都能燃烧，但水－乙二醇难燃液中含 40%～60% 的水，在着火情况下，由于水大量蒸发，水蒸气隔绝了空气，从而达到阻止燃烧的目的。全氟碳润滑油在空气中根本不燃烧，而全氟烷基醚油甚至在氧气中亦不能燃烧。合成油的难燃性能对航空、冶金和发电等工业部门具有极重要的使用价值。

表 2－8 列出了合成油的难燃性能。

**表 2－8　合成油的难燃性能**

| 油品类别 | 闪点/℃ | 燃点/℃ | 自燃点/℃ | 热气管着火温度/℃ | 纵火剂点火温度/℃ |
|---|---|---|---|---|---|
| 矿物汽轮机油 | 200 | 240 | <360 | <510 | 燃 |
| 芳基磷酸酯 | 240 | 340 | 650 | 700 | 不燃 |
| 聚全氟甲乙醚 | 500 | 500 | 700 | 930 | 不燃 |
| 水－乙二醇难燃液 | — | — | — | 700 | 不燃 |

（5）其他特殊性能

除了上述共有的特性外，某些合成润滑油还具有矿物润滑油不可能具有的特殊性能。例如：

① 含氟润滑油具有优良的化学稳定性。

含氟润滑油，包括全氟碳化合物、氟氯油、氟溴油和聚全氟烷基醚等，都具有极好的化学稳定性，这是矿物油及其他合成油所不具备的。在 100℃ 以下，全氟碳油、氟氯碳油与全氟聚醚油分别与氟气、氯气、68% 硝酸、98% 硫酸、浓盐酸、王水、铬酸洗液、高锰酸钾和 30% 的过氧化氢溶液不起作用。在 100℃ 温度下，全氟碳油与全氟聚醚油用 20% 的氢氧化钾溶液处理后可长期与偏二甲肼接触不发生反应。氟油与火箭用的液体燃料及氧化剂，如煤油馏分、烃类燃料和偏二甲肼、二乙基三胺、过氧化氢、红色发烟硝酸及液氧等不起反应。但氟油可与熔化的金属钠发生猛烈反应。全氟聚醚油与金属卤化物（路易斯酸）如 $AlCl_3$、$SbF_3$、$CoF_3$ 接触，在100℃以上会发生分解作用。

② 聚苯及聚苯醚具有抗辐射性能。

在强辐射条件下，矿物润滑油会释放出气体，同时油品的黏度增大，最后会形成胶冻。不同润滑油抗辐射能力的大致顺序为：硅油、磷酸酯 < 矿物油、酯类油、聚 α－烯烃油 < 烷基化芳烃 < 聚苯 < 聚苯醚。

③ 酯类及聚醚合成油具有生物降解功能。

21 世纪人类对环境保护的呼声日益高涨，使得人们密切关注润滑油对环境造成的污染。润滑油的应用涉及国民经济各个部门，对工业和经济的发展起着重要的作用，但润滑油在使用过程中不可避免地因发生泄漏、溢出或不适当的排放而流失到环境中。据报道，美国废润滑油约有 32% 原封不动地排放到环境中，德国某处渗透到土壤中的链锯油高达 5000t。矿物润滑油是不可生物降解的，因此对环境造成了严重的污染。目前发达工业化国家都日益要求使用可生物降解的润滑油，例如欧洲可生物降解润滑油的用量已占润滑油总用量的 10%。各大石油公司也相继开发可生物降解的润滑油及添加剂。

用作生物降解的基础油有三种：动植物油、合成酯和聚乙二醇。

④ 高密度。

矿物油的相对密度小于 1。某些合成润滑油具有较大的相对密度，能满足一些特殊用途的要求，如用于导航的陀螺液、仪表隔离液等。相对密度高于 1 的合成润滑油如表 2－9 所示。

**表 2－9　几种润滑油的相对密度**

| 润滑油名称 | 相对密度 | 润滑油名称 | 相对密度 | 润滑油名称 | 相对密度 |
|---|---|---|---|---|---|
| 矿物油 | 0.8～0.9 | 甲苯基硅油 | 1.0～1.1 | 聚全氟烷基醚 | 1.8～1.9 |
| 多元醇酯 | 0.9～1.0 | 甲基氯苯基硅油 | 1.2～1.4 | 全氟碳、氟氯油 | 2.0 |
| 磷酸酯 | 0.9～1.2 | 氟硅油 | 1.4 | 氟溴油 | 2.4 |

表 2－10、表 2－11 列出了各类合成润滑油与矿物润滑油的主要性能及价格对比。从表中可以看出，聚 α－烯烃油与有机酯类油具有优良的综合性能，是两种最有发展前途的合成润滑油品种。硅油、聚苯醚、氟化物具有某些优异的特殊性能，但价格比较昂贵，尤其是氟化物。

**表 2－10　各类合成润滑油与矿物润滑油的主要性能对比**

| 合成油类型 | 黏温性 | 低温性 | 热安定性 | 氧化安定性 | 水解安定性 | 抗燃性 | 耐负荷性 | 挥发性 | 抗辐射性 | 相对密度 | 储存性 | 价格 |
|---|---|---|---|---|---|---|---|---|---|---|---|---|
| 矿物油 | 良 | 良 | 中 | 中 | 优 | 低 | 良 | 中 | 高 | 低 | 良 | 低 |
| 超精制矿物油 | 优 | 良 | 良 | 中 | 优 | 低 | 良 | 低 | 高 | 低 | 良 | 中 |
| 合成烃 | 良 | 良 | 良 | 中 | 优 | 低 | 良 | 低 | 高 | 低 | 良 | 中 |

续表

| 合成油类型 | 黏温性 | 低温性 | 热安定性 | 氧化安定性 | 水解安定性 | 抗燃性 | 耐负荷性 | 挥发性 | 抗辐射性 | 相对密度 | 储存性 | 价格 |
|---|---|---|---|---|---|---|---|---|---|---|---|---|
| 酯类油 | 良 | 良 | 中 | 中 | 中 | 低 | 良 | 中 | 中 | 中 | 良 | 中 |
| 聚醚 | 良 | 良 | 中 | 中 | 良 | 低 | 良 | 低 | 中 | 中 | 良 | 中 |
| 磷酸酯 | 中 | 差 | 良 | 良 | 中 | 高 | 良 | 低 | 低 | 高 | 良 | 中 |
| 硅酸酯 | 优 | 优 | 良 | 中 | 差 | 低 | 中 | 中 | 低 | 中 | 中 | 高 |
| 硅油 | 优 | 优 | 良 | 良 | 优 | 低 | 差 | 低 | 低 | 中 | 良 | 高 |
| 氟碳油 | 中 | 中 | 良 | 良 | 中 | 高 | 差 | 中 | 低 | 高 | 中 | 高 |
| 全氟醚 | 中 | 良 | 良 | 良 | 良 | 高 | 良 | 中 | 低 | 高 | 良 | 高 |

**表 2-11　主要合成油性能及价格比**

| 合成油类型 | 简称 | 性能特点 | 价格比 |
|---|---|---|---|
| 聚烯烃合成油 | PAO、PIO | 黏度指数高，倾点低，全面性能好于矿物油 | 3~4 |
| 酯类油 | POE | 不同酯类的某些特性，如热稳定、低温流动性好 | 4~6 |
| 醚类油 | PAG | 摩擦系数低，高温下分解无沉淀物 | 3 |
| 磷酸酯 | — | 阻燃，抗磨，电绝缘 | 4~5 |
| 聚苯醚 | — | 抗辐射，高温稳定性好 | 8~10 |
| 硅化物 | — | 高温稳定性好，绝缘好，蒸气压低 | 4~6 |
| 聚丁烯 | PIB | 热稳定，消烟 | 2~3 |
| 烷基苯 | BA | 倾点低，电绝缘 | 1~3 |
| 氟化物 | — | 高温、低温稳定性好 | 50 |

注：价格比是与矿物油价格的比值。

合成润滑油的应用领域是很广的，可以说，凡使用矿物油的部位均可以使用合成油代替。此外，由于合成油具有许多矿物油所不及的特殊性能，因此有些部位只能使用合成润滑油。随着科学技术的发展，合成润滑油的应用领域和生产量将不断扩大，使用合成润滑油的经济和社会效益将更加显著。表 2-12 列出了合成润滑油的应用领域。

**表 2-12　合成润滑油的应用领域**

| 应用领域 | 用途 | 合成润滑油类型 |
|---|---|---|
| 汽车工业 | 发动机润滑油 | 聚烯烃、酯类油 |
| | 二冲程发动机油 | 聚丁烯 |
| | 汽车齿轮油 | 聚烯烃、酯类油、聚醚 |
| | 汽车自动传动液 | 聚烯烃、酯类油 |
| | 中心液压油 | 聚烯烃、酯类油 |
| | 制动液 | 聚醚 |
| 一般工业 | 燃气轮机润滑油 | 酯类油 |
| | 齿轮和轴承润滑油 | 聚烯烃、酯类油、聚醚 |
| | 冷冻机油 | 酯类油、聚醚 |
| | 压缩机油 | 聚烯烃、酯类油、聚醚 |
| | 难燃液压液 | 磷酸酯、聚醚 |
| | 导热和电气用油 | 烷基苯、聚烯烃、硅油 |
| | 金属加工液 | 聚醚、酯类油 |

续表

| 应用领域 | 用途 | 合成润滑油类型 |
| --- | --- | --- |
| 国防军事工业 | 润滑脂 | 聚烯烃酯类油、硅油、氟油 |
| | 航空喷气发动机油 | 聚烯烃、酯类油 |
| | 活塞式发动机油 | 聚烯烃、酯类油 |
| | 航空及导弹液压油 | 聚烯烃、酯类油、磷酸酯、硅酸酯 |
| | 耐辐射、抗化学润滑剂 | 烷基苯、聚苯醚、氟油 |

## 二、合成润滑油的生产及应用

### 1. 合成烃类

合成烃包括了聚 $\alpha$－烯烃、烷基苯、聚丁烯、烷基环烷烃四种形态。合成润滑油的成品油有可能是上述单一或多种基础油再掺配选定添加剂而成。其中前三项合成烃的使用量大，过去几年的需求增长得也最快。

（1）聚 $\alpha$－烯烃油（Poly-α-Olefins，简称 PAO）

① PAO 的生产。

PAO 是由 $\alpha$－烯烃在催化剂作用下聚合而得的比较规则的长链烷烃。PAO 是一类综合性能比较优良的合成油品种。与其他类型合成油相比，原料来源丰富，生产工艺简单，价格又相对便宜，因此得到广泛重视。

制取 PAO 的 $\alpha$－烯烃主要是 $C_8$ 和 $C_{10}$ 的 $\alpha$－烯烃的三聚体、四聚体，尤其是 $C_{10}$ 烯烃的三聚体、四聚体，性能最佳。

我国自 20 世纪 70 年代以来主要采用石蜡裂解制 $\alpha$－烯烃的工艺。与我国不同，国外制取 $\alpha$－烯烃几乎都采用乙烯齐聚法，石蜡裂解法几乎被淘汰，这是由于石蜡裂解得到的产物中组分复杂，分解得到的产品纯度差，难以满足作为共聚单体的要求，用此产品合成的表面活性剂色泽深、气味大，在市场上也不受欢迎。

② PAO 的应用。

PAO 基础油广泛用于车辆用油及工业润滑油，通常结合有机酯或其他的合成油作为发动机油、齿轮油、循环油及液压油的基础油。在工业润滑应用方面，PAO 可结合有机酯或其他合成油，作为高温齿轮和轴承润滑油，也可高效润滑燃气涡轮机和螺旋空压机等。PAO 优异的低牵引系数和高氧化稳定性最适合严苛的齿轮润滑应用，低牵引系数能有效地转换成能源的效率，而高氧化稳定性能够延长换油周期，佐以优良的配方可达矿油 6 倍的寿命。PAO 配制的润滑脂使用温度宽广，可长效润滑严苛的轴承运转，也广泛用在民航设备和军用飞机的多效润滑。

（2）其他合成烃

为节约篇幅、突出重点，关于 PAO 的特性以及烷基苯、聚异丁烯、烷基环烷烃的生产及应用等安排在本章的电子资源中，有需要的读者可参阅。

### 2. 合成酯（Easter）

有机酯是最早使用的合成基础油。在第二次世界大战期间，德国的化学家将有机酯掺配在矿油中以改善低温特性并且弥补了矿油供给量的不足。在 20 世纪 50 年代开始用作航空器的喷射引擎润滑油，现在则是所有航空喷射引擎润滑油必要的基础油，同时也是许多低温润滑脂的基础油。

（1）酯类油生产原理

酯类油是由有机酸与醇在催化剂作用下酯化脱水获得的。根据反应产物的酯基含量，基础油可分为双酯、多元醇酯和复酯。双酯是以二元酸与一元醇或二元醇与一元酸反应的产物。多元醇酯为分子中羟基数大于 2 的多元醇与饱和直链脂肪酸反应的产物。复酯是由二元酸和二元醇酯化成长链分子，端基再用一元酸或一元醇酯化而得到的高黏度基础油。

制备酯类油最可取的方法是直接酯化法，即使醇与酸直接酯化，如季戊四醇与 $C_7$ 酸的酯化反应如下：

$$HOCH_2-\underset{\underset{CH_2OH}{|}}{\overset{\overset{CH_2OH}{|}}{C}}-CH_2OH + 4CH_3(CH_2)_5CO_2H \rightleftharpoons$$

$$CH_3(CH_2)_5CO_2CH_2-\underset{\underset{CH_2O_2C(CH_2)_5CH_3}{|}}{\overset{\overset{CH_2O_2C(CH_2)_5CH_3}{|}}{C}}-CH_2O_2C(CH_2)_5CH_3 + 4H_2O$$

通常酯化反应为可逆反应。生产中为保证反应在较短时间内、较低的能耗下完成，常采取在催化剂存在下加热，反应物中一组分原料过量和及时除去反应生成水等手段。为使酯化反应完全，原料配比中常使沸点较低的原料组分加入量比理论计算量多 5%～10%。一般对酯类油而言，生产能力的意义并不大，因为酯类油都是用反应釜分批生产，要扩大生产能力是比较容易的。

由酯化反应得到的粗酯，经过滤、洗涤、蒸馏等工序即可得到合格的基础油。

（2）合成酯的特点

酯类油具有的优点：①良好的黏温性能；②倾点低，低温流动性好；③使用温度高，加抗氧剂后其氧化稳定性和热稳定性优于矿物油；④能与矿物油及其他多数合成油混溶；⑤良好的抗磨损、抗擦伤及耐摩擦特性；⑥挥发性低；⑦无毒，可生物降解，价格中等。

任何润滑油都既有优点也有缺点，酯类油也不例外，酯类油的缺点如下：

①多数酯类油只能得到低黏度级别；②与密封材料兼容性不良，只能与少数丁腈橡胶、氟橡胶、聚四氟乙烯和甲基硅橡胶相容；③与多数涂料不相容；④水解稳定性较差；⑤防腐性能中等。

酯类油主要用于航空润滑油，还可用于车用润滑油、工业润滑油和金属加工液等领域。

**3. 聚醚类合成油（PAG）**

聚醚又称多元醇，这种类型的聚合物是合成基础油分类中单一产量最大且产品特性和应用范围宽广的合成基础油。PAG 类基础油的发现可追溯到 1940 年到 1947 年。1945 年，PAG 产品用于生产制动液，到了 1950 年，其应用就已经非常广泛了，如防火抗燃液压油、压缩机油、纺织助剂、橡胶助剂、导热油、润滑脂等。这类产品最初的用途不是制润滑油，而是为了制塑料。实际上，目前聚醚的用途也主要在塑料行业，作为润滑应用的基础油只不过是其总量的十分之一而已。

聚醚生产原理及应用：

聚醚是以环氧乙烷（EO）、环氧丙烷（PO）、环氧丁烷（BO）或四氢呋喃（THF）等为原料，开环均聚或共聚的线型聚合物。聚醚是由链起始剂与环氧化物在催化剂的存在下反应而成的。最常用的催化剂为碱性催化剂，主要有氢氧化钠、氢氧化钾和叔胺等。

这种环氧化物的加聚反应是强放热反应，反应温度通常为 80～150℃，反应压力为 120～900kPa。由于聚醚的氧化稳定性差，所以加聚反应最好在氮气中进行。

环氧乙烷与环氧丙烷共聚醚的反应式为：

一元醇：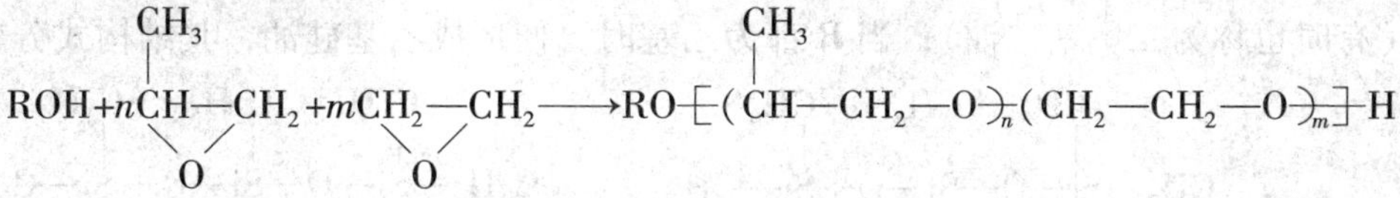

多元醇：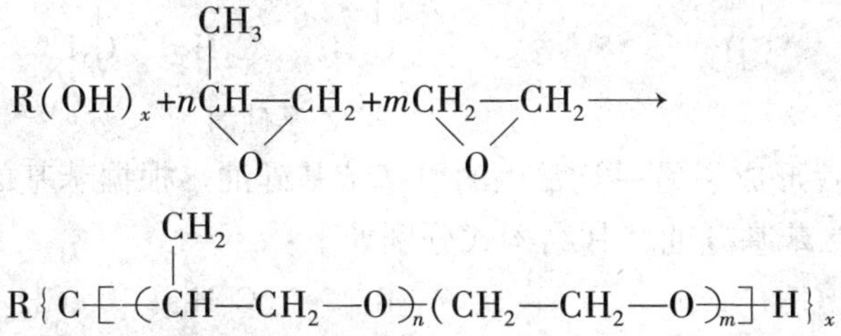

式中，ROH 为一元醇；$R(OH)_x$ 为多元醇；$x$ 为活性羟基数。

环氧乙烷、环氧丙烷投入的比率不同，所得产物溶解度差异很大。

例如 EO∶PO＝4∶1 溶于水，不溶于油；EO∶PO＝1∶1 溶于冷水、醇及二醇醚，不溶于烃；纯 PO 不溶于水，有条件溶于油。

上述的比例说明，聚醚油有 3 类：水溶性聚醚、水不溶性聚醚、油溶性聚醚。选择不同种类和数量的共聚单体得到性能各异的产品，以满足不同的使用要求。水溶性聚醚可用做纺织油助剂、防火液压油、淬火液、压缩机油等，油溶性聚醚可用做风电齿轮油、燃气透平油、金属加工液、发动机油等等。而且随着各种改性聚醚的开发，让聚醚的应用更加广泛。

在聚醚分子中引入环氧乙烷，而且它的比率越大，产品就越像聚乙二醇，可溶于水。

聚醚具有良好的润滑性能，高闪点和高黏度指数，低挥发和低倾点，对金属和橡胶的作用很小，能在高温下使用，所生成的氧化产物完全溶解在所剩的液体中，或完全挥发掉，设备中不留下沉积物。

目前，聚醚可以用作高温润滑油、齿轮油、压缩机油、抗燃液压油、制动液、金属加工液以及特种润滑脂基础油。

**4. 硅油**

硅是地壳中除了氧以外含量第二大的元素，在元素周期表中与 C 同族。同族元素天生具有相近性，C 骨架中的 C 被 Si 取代，就能生成硅油。无机元素 Si 引入有机物内形成的有机硅，赋予有机物很多无机物的性能。

（1）硅油结构

硅油有时被译为硅酮油，其分子主链是由硅原子和氧原子交替连接而形成的骨架。硅油的分子结构可以是直链，如（a）式所示，也可以是带支链的，如（b）式所示。

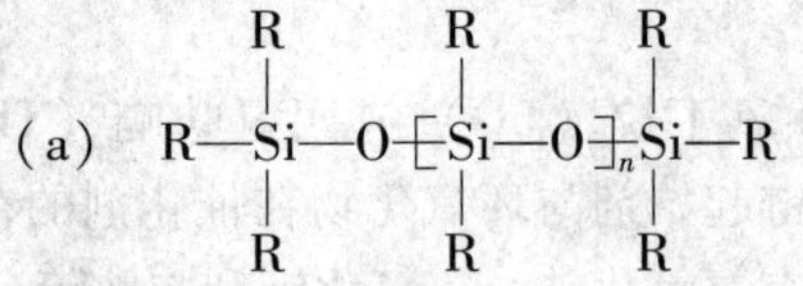

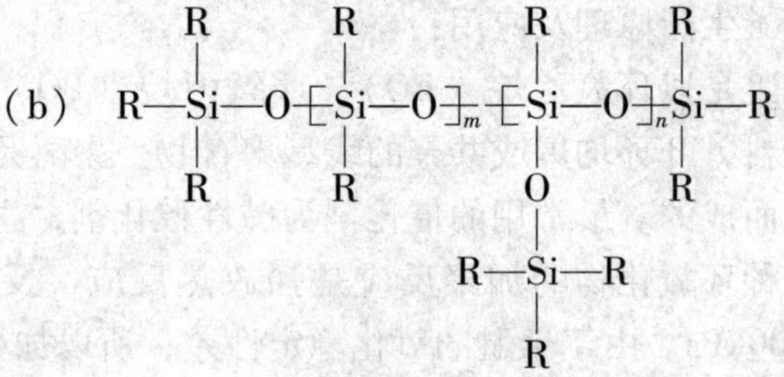

式中，R 为有机基团，$n$、$m$ 为链节数。当 R 都为甲基时，便形成常用的甲基硅油（有时也称为二甲基硅油）；当 R 都为乙基时，便形成乙基硅油，其结构式分别为：

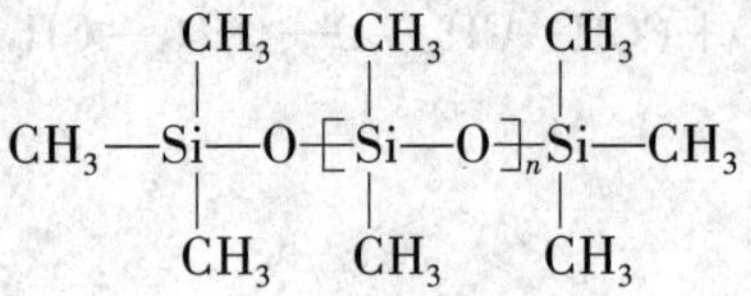

甲基硅油

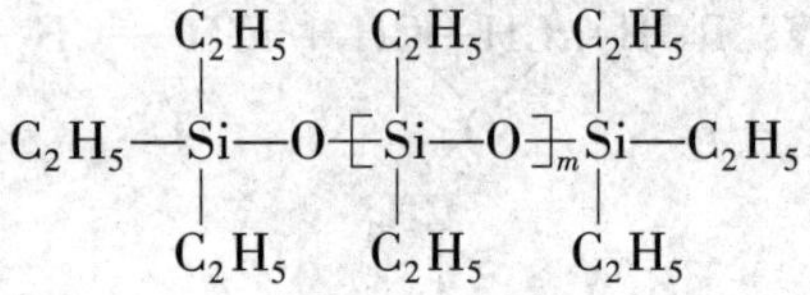

乙基硅油

当 R 为甲基、苯基时，就形成了另一类常用的甲基苯基硅油。根据苯基的不同，这类硅油又分为甲基苯基硅油和二苯基硅油，其结构式分别如下：

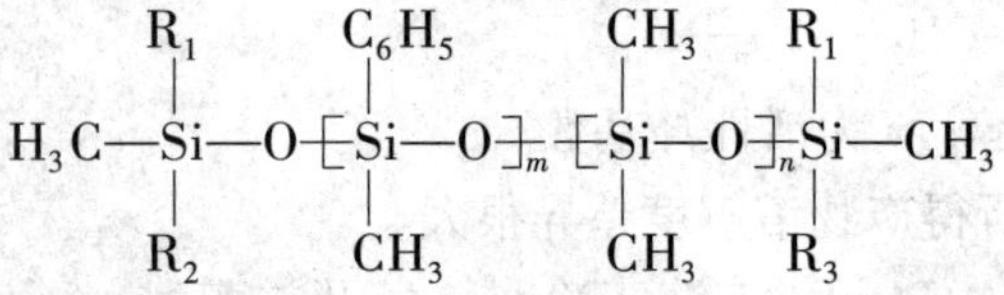

甲基苯基硅油

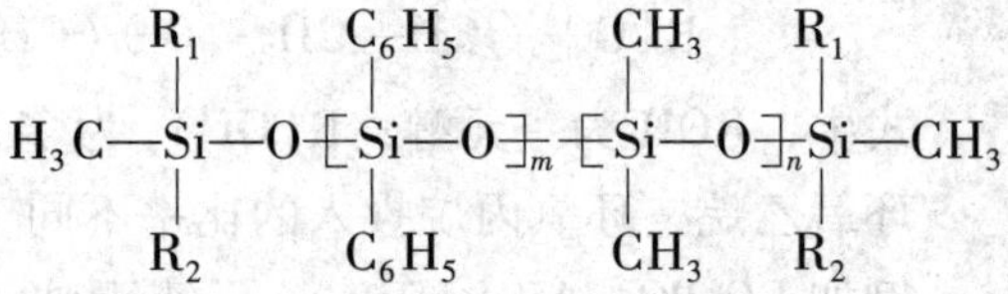

二苯基硅油

式中，$R_1$、$R_2$ 可以为苯基或甲基。

当部分 R 为甲基或氯苯基时，便形成甲基氯苯基硅油，当部分 R 为三氟丙基时，便形成氟硅油，其结构式分别为：

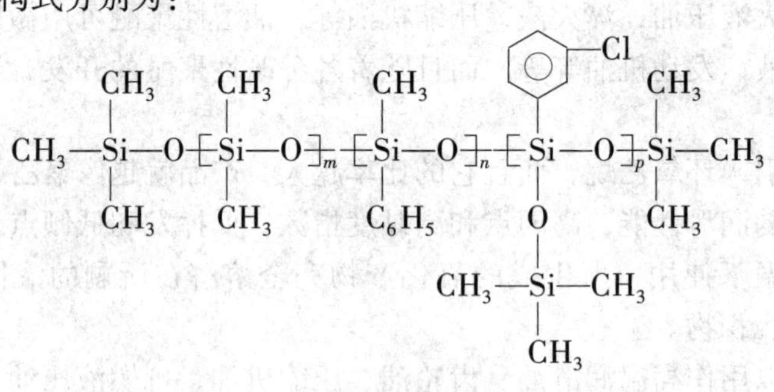

（$x=1\sim5$）甲基氯苯基硅油

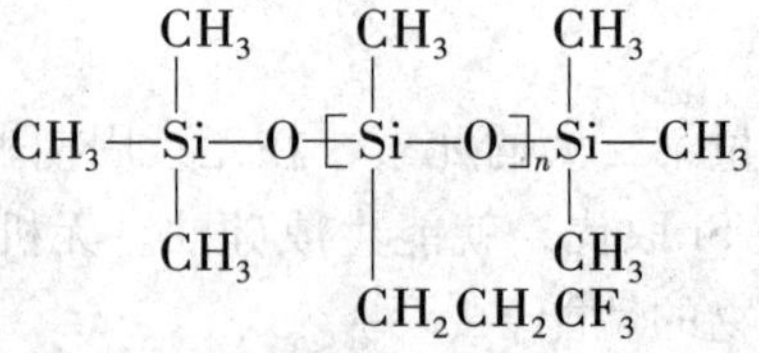

氟硅油

在硅油的结构中，其主链就是 Si—O 键，具有典型的无机物特征，主链有机硅具备类似玻璃或石英的性能，耐热性特别强，Si—O 键能很强，想断键需要更高的热量，把 Si—O 键弄破裂可能需要 200℃以上的高温，这比烃类的 C—C 键和 C—O 键都要稳定。

两侧的 R 基团，是典型的有机基团，带来有机特性。

甲基硅油是最常用的硅油。其他有机基团代替部分或全部甲基基团，可以改进硅油的某种性能，适用各种不同的用途。常见的基团有氢、乙基、苯基、氯苯基、三氟丙基等。近年来，有机改性硅油得到迅速发展，出现了许多具有特种性能的有机改性硅油。

因构造差异不同，硅油的种类可以有上千种，产品应用也千差万别，但其核心是 R 基团的变化、聚合数量的变化、取代基的差异、封端物质的差异。有机硅产业是一个巨大的产业，有机硅产品可以覆盖极其广泛的行业和领域，主要有树脂、液体橡胶、固体橡胶、密封剂、弹性体等等，作为基础油的硅油只是其中很小的一部分。

在各种硅油中，甲基硅油应用最广泛，是硅油中最重要的品种，其次是甲基苯基硅油。各种功能性硅油及改性硅油主要用于特殊目的。氨基硅油是专门用于纺织品柔软整理剂的基本成分，环氧基改性硅油可以提高织物的弹性，聚醚改性硅油可以改善织物后整理的吸湿性能，羧基改性硅油与氨基硅油并用，用于纤维处理可以增加耐久性，醇羟基改性硅油可用于硅橡胶加工中的结构控制剂，氨基改性硅油与酚基改性硅油混合，可以复配成耐热性、脱模性非常好的合成纤维用油剂，巯基改性硅油广泛应用于防粘隔离涂层方面，还可以作为脱模剂使用。

硅油中应用最广泛的二甲基硅油具有各种优异的特性，被广泛用于电气绝缘、脱模、消泡、阻尼、防震、滚压（一种在汽车生产中常用的工艺）、防尘、防水等方面。

（2）“我就是我，合成油中不一样的焰火”——硅油突出的特性

① 黏温性能优异。二甲基硅油的黏度指数（VI）大约 430，一般常规液压油的 VI 只有 110 左右，即便改性后，如甲苯基硅油（苯基含量 5%），VI 为 350。再举一例，甲基十四烷基硅油，属烷甲基硅油，VI 也都轻松上 200，这是常规合成油难以达到的，更别提矿物油了。硅油在低温下能长期贮存，其油品的外观、黏度无变化，它是高温、低温、宽温范围兼顾的基础油。

② 低温特性优异。一般硅油的倾点（PP）在 -80 ~ -50℃，个别低温硅油可以到 -90℃甚至 -100℃。在合成油中以优异低温性能著称的双酯，其倾点在 -60 ~ -40℃。因此硅油可调制超低温刹车液、超低温硅油基润滑脂、导冷油（就是和导热油对立的油）。

③ 抗热特性优异。硅油结构的特殊性让其可以承受比普通矿物油和合成油更高的温度，具有优良的热氧化稳定性，热分解温度 >300℃，蒸发损失小（150℃，30d，蒸发损失仅为 2%），氧化试验（200℃、72h）黏度和酸值变化小。因此它可以用于导热油，这个特性也取决于主链的 Si—O 无机结构。再结合优秀的低温特性，硅油对环境的适应能力首屈一指，因此有人也叫它“全天候油”，可上天、可入地。

④ 剪切稳定性超强。黏度 1000$mm^2/s$（25℃）以下的硅油根本不受剪切影响。过大黏度的硅油在大剪切力的作用下，会有一点黏度损失，但可以恢复，不会完全剪断。硅油就像“液体弹簧”，做减震油就是充分利用了这个特性。

⑤ 二甲基硅油的表面张力非常低。在室温下水的表面张力系数是 72，一般合成油大概是 30 ~ 40，而二甲基硅油是 21，用来做消泡剂简直太合适不过了，当然也可以用来做

脱模油。

⑥ 硅油还有一个很“好玩”的特性，叫做自熄性，就是燃烧以后可以自己给弄灭了，这个也很简单，就是生成的 $SiO_2$ 自己把自己熄灭了，相当于自备了沙子（沙子的化学组成为 $SiO_2$）。

⑦ 惰性。这是硅油一项很特殊的性能，硅油，就像个世外高人一样，对外界的俗物基本看不上眼，很多的环境因素都很难影响到它。利用其优良的电绝缘性可以做电子元件绝缘油；利用其化学惰性，不和其他物质反应，可以做仪表油、化学阀门密封油；利用其抗辐射性可以做军工产品油；利用其光学的透光性好，可做眼镜行业的光密封剂；结合其惰性和抗高温、抗低温特性，很多行业试验设备用的标准油也都是硅油。

⑧ 散热性能优异。由于其低黏度以及低表面张力，其散热性能对比其他合成油优异太多，加上其惰性和化学稳定性，因此很多电子元件的散热油都是硅油，比如高铁的散热油，或者电脑 CPU 里面的那个小支装的液体，也都是硅油。电脑键盘每个按键下面的弹簧也可用二甲基硅油润滑。

硅油的很多性能都是特殊性能，和常规合成油不一样，人家是“公鸡中的战斗鸡”“合成油中的合成油”！即便用硅油去调液压油，那也是刹车液或者航空液压油这样的高级货，硅油还可以用作与人体接触的洗护用品，比如护发素、洗面奶等。

但是，事物都有两面性，硅油是合成油中“不一样的烟火”，但它也有本质上的弱点，比如硅油中最大量的二甲基硅油，黏度小、表面张力小，严重阻挡了硅油作为重负荷油品的应用。不过，可以将甲基换成别的基团改性。硅油的很多特性是因为主链上的 Si—O 赋予的，“成也萧何败也萧何”，这个与众不同的结构让硅油很难与其他合成油、添加剂相容，人家都是有机物，硅油有一半血统是“无机”的，因此需要用长链烷基改性或氟改性，让其溶解性能更好，但这样一来，其成本就又上去了。

还有，常规硅油的抗高温性能差，也得改性。没有乳化能力，也可以改性，只要是没有的性能就给它改性，所以，改性硅油是未来的发展方向。

**5. 磷酸酯**

（1）磷酸酯的分子结构式

磷酸酯的分子结构式为：

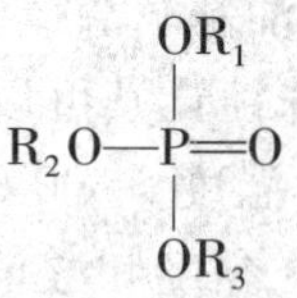

$R_1$、$R_2$、$R_3$ 全部为烷基的是三烷基磷酸酯，$R_1$、$R_2$、$R_3$ 全部为芳基的是三芳基磷酸酯，$R_1$、$R_2$、$R_3$ 部分为烷基、部分为芳基的是烷基芳基磷酸酯或混合型磷酸酯。

三芳基磷酸酯是磷酸酯中的主流商品，即便是三芳基，也会有不同类型的芳基，如苯基、甲苯基、二甲苯基、异丙苯、叔丁基苯等不同的产品，不同结构的三个取代基是造成磷酸酯性能差异的核心要素。

抗燃性是磷酸酯最突出的性能之一。通常三芳基磷酸酯的抗燃性比三烷基磷酸酯强，烷基芳基磷酸酯抗燃性居中。磷酸酯在极高温度下亦能燃烧，但不传播火焰。良好的润滑性能是磷酸酯另一个突出的性能。磷酸酯继承了酯类油极性强的优良特性，在溶解性方面有着无敌的功效，和各种油、各种剂都能很好互溶。

但是，磷酸酯对材料的适应性差和对环境的污染严重限制了它的应用。

（2）磷酸酯的特性

① 密度大：磷酸酯的相对密度要大于矿物油，大致在 0.90～1.25，三芳基磷酸酯的相对密度要大于1，能满足一些特殊用途的要求。磷酸酯的挥发性通常低于相应黏度的矿物油。

② 难燃：难燃性是磷酸酯最重要的特性，它不是不会燃烧，而是不传播火焰，或着火后能很快自灭。三芳基磷酸酯的难燃性优于三烷基磷酸酯。碳磷比增大会降低磷酸酯的难燃性。

③ 极压抗磨性：磷酸酯的黏度指数较低，尤其是三芳基磷酸酯的 VI 很低，三烷基的 VI 就显著高于三芳基的，这一点，磷酸酯远远逊色于 PAO、硅油、有机酯、聚醚等合成油，也比不上矿物油，这也注定了磷酸酯不能适用于更低的温度环境。

但磷酸酯是一种很好的极压剂和抗磨剂，其中三芳基磷酸酯常用作润滑剂的抗磨添加剂。磷酸酯的抗磨作用机理是它在摩擦副表面与金属发生反应，生成低熔点、高塑性的磷化膜（磷酸盐的混合物），重新分配摩擦面上的负荷。但这种磷化膜可能会对接触表面的某些金属造成腐蚀，尤其是锌以及敏感的合金金属，因此可能需要考虑金属钝化剂来解决问题。

磷酸酯的抗擦伤性能与水解安定性有明显的关系，越易水解生成酸性磷酸酯的化合物，其抗擦伤性就越好。

就润滑效果来说，磷酸酯的黏温性能较差，不能形成有效的油膜厚度，无法带来可靠的液体润滑，但它却能带来良好的边界润滑和极压润滑，因此具有优异的润滑性。

④ 水解稳定性差：由于磷酸酯是由有机醇或酚与无机磷酸反应的产物，故其水解稳定性不好。在一定条件下磷酸酯可以水解，特别是在油中的酸性物质会自催化水解。磷酸酯的水解产物为酸性磷酸酯。酸性磷酸酯氧化后会产生沉淀，同时它又是磷酸酯进一步水解的催化剂。因此，在使用时要及时除去磷酸酯的水解产物。

⑤ 热稳定性、氧化稳定性：磷酸酯的热稳定性和氧化稳定性取决于酯的化学结构。通常三芳基磷酸脂的允许使用温度范围在 150～170℃，烷基芳基磷酸脂的允许使用温度范围在 105～121℃。结构对称性是三芳基磷酸酯具有高的热氧化稳定性的重要原因。

⑥ 溶解性：磷酸酯对许多有机化合物具有极强的溶解能力，是一种很好的溶剂。优良的溶解性使各种添加剂易溶于磷酸酯中，有利于改善磷酸酯的性能。但溶解性过强也是磷酸酯的一个缺点，它可能会溶解系统内的各种零部件、涂料、密封件、软管材料等。

⑦ 毒性：磷酸酯的毒性因结构组成不同差别很大，有的无毒，有的低毒，有的剧毒。如磷酸三甲苯酯的毒性是由其中的邻位异构体引起的，大量接触后神经、肌肉器官受损，四肢麻痹，此外对皮肤、眼睛和呼吸道有一定刺激作用。因此在制备与使用过程中应严格控制磷酸酯的结构组成，采取必要的安全措施，以降低其毒性。

（3）磷酸酯的用途

磷酸酯主要用作难燃液压油，其次用作润滑性添加剂和煤矿机械的润滑油。

**6. 含氟油**

含氟合成润滑油简称氟油，是以分子中含有氟原子的化合物为基础油的润滑油的总称。其基础油通常为氟碳化合物、氟化聚醚、含氟聚硅氧烷、氟酯等，除上述品种外，含氟油还有氟硅油、含氟三嗪、含氟腈、含氟酯和氟溴油等，这些油价格昂贵，用量极小。

全氟碳油：$C_nF_{2n+2}$　$n=6\sim20$

氟氯碳油：$R\!-\!\!\!\left[CF_2—C—ClF\right]\!\!\!-_n R_1$　　R、$R_1$ 为 $CF_3$ 或 $CClF_2$

聚全氟醚油：$CF_3\!-\!\!\!\left[CF_2—O—CF_2\right]\!\!\!-_n CF_3$

聚全氟异丙醚油：$C_3F_7\!-\!\!\!\left[CF_2(CF_3)—CF—O\right]\!\!\!-_n CF_2CF_3$

聚全氟甲乙醚油：$RO\!-\!\!\!\left[CF_2O\right]\!\!\!-_m\!\!\left[CF_2—CF_2O\right]\!\!\!-_n R_1$　　R、$R_1$ 为 $CF_3$ 或 $C_2F_5$

一般情况下，单质越活泼，其化合物就越稳定，氟是最活泼的非金属元素，因此氟化物的化学性质就特别不活泼，也就是说它的化学性质特别稳定。氟油的开发就是利用这个特性。第二次世界大战中，美国为了从天然铀中分离浓缩用于核武器的铀，大量使用氟气，并且开发了合成氟油，用来作为与反应活性很高的氟气有关的设备润滑油。在美国，由于军事、航天开发等需要，氟油的应用不断得到发展。

一般情况下，氟油密度大，化学性能稳定，抗燃性、耐化学药品性、抗氧化性、耐负荷性、润滑性等都很好。但也存在黏度指数低，低温流动性差的缺点。氟油还具有热膨胀系数大的特性。含氟油多应用于核工业、航空航天设备的润滑。

## 第三节　润滑油添加剂

随着汽车工业和机械工业的快速发展，各类高、精，巨型、微型机械不断出现，使用条件范围越来越宽，对润滑油的使用要求也不断增加。单纯靠基础油本身不能满足越来越苛刻的机械设备使用要求，添加剂可弥补和改善基础油性能方面的不足，赋予润滑油新的特殊性能，或加强其原来具有的某种性能，满足更高的要求。根据润滑油的质量和性能要求，对添加剂精心选择，仔细平衡，进行合理调配，是保证润滑油质量的关键。

添加剂的应用是改善润滑油脂性能最经济而有效的重要手段。加入少量添加剂，就可改善某些质量指标，赋予石油基润滑油原本不具备的性质和使用性能，并消除或减弱某种有害的影响。可以说没有现代高效的添加剂，就不会有现代高质量的润滑油（脂），因而促进添加剂的生产和使用，已成为合理而有效地利用石油资源，节约能源和增加经济效益的重要技术经济战略。

添加剂在润滑油中所占比例较小，最大一般不超过 30%，在部分工业用油中小于 1%。润滑油添加剂有单一功能的，也有复合功能的。

### 一、单一添加剂

根据 SH/T 0389—92《石油添加剂的分类》，润滑油单一添加剂如表 2－13 所示分为十大类，每一大类单剂国内外的主要商品牌号均多达几十上百种，例如在 2004 年 T1 组的清净分散剂即有 107 种商品，T4 组的油性剂和摩擦改进剂有 87 种。随着新润滑剂品种的不断涌现，添加剂的种类还会日渐增加。

表 2-13　国内润滑油单一添加剂（SH/T 0389—92）

| 组号 | 组别 | 代号 |
|---|---|---|
| 1 | 清净剂和分散剂 | T1 × × |
| 2 | 抗氧防腐剂 | T2 × × |
| 3 | 极压抗磨剂 | T3 × × |
| 4 | 油性剂和摩擦改进剂 | T4 × × |
| 5 | 抗氧剂和金属减活剂 | T5 × × |
| 6 | 黏度指数改进剂 | T6 × × |
| 7 | 防锈剂 | T7 × × |
| 8 | 降凝剂 | T8 × × |
| 9 | 消泡剂 | T9 × × |
| 10 | 抗乳化剂 | T10 × × |

对于润滑剂、基础油、添加剂这样组成复杂、分类众多的石油产品或原料，分类的原则是从简单到复杂，从一般分类到系统分类。

单一功能的添加剂，根据不同的用途，可分为三大类（尽管一些添加剂具备多种功能）。

改良剂：此类添加剂可调整基础油的特性，使其更适合使用，如黏度指数改进剂、降凝剂、消泡剂、乳化剂和破乳剂、密封-膨胀控制剂等。

油保护剂：此类添加剂可保护润滑油，延长其使用寿命，如抗氧抗腐剂、金属减活剂、防霉灭菌剂（乳状液用）等。

表面保护剂：此类添加剂可保护被润滑的金属表面，减少腐蚀、摩擦和磨损，如油性剂、极压抗磨剂、清净分散剂和防锈缓蚀剂等。

**（一）改良剂**

**1. 黏度指数改进剂（VII）**

黏度指数改进剂主要用于提高润滑油的黏度指数，使油品具有优良的黏温性能。黏度指数改进剂都是油溶性的链状高分子聚合物，其相对分子质量从几万到几百万。

黏度指数改进剂的作用机理如图 2-4 所示。当其溶解在润滑油中时，在低温时以丝卷状存在，对润滑油的黏度影响不大，随着温度的升高，丝卷伸长，有效容积增大，对润滑油的流动阻力增大，阻碍了油料黏度的下降趋势，有效改进了润滑油的黏温性能，可同时满足多黏度级别要求。除了提高黏度指数外，黏度指数改进剂还具有降低燃料消耗，维持低油耗和改善低温启动性的作用。

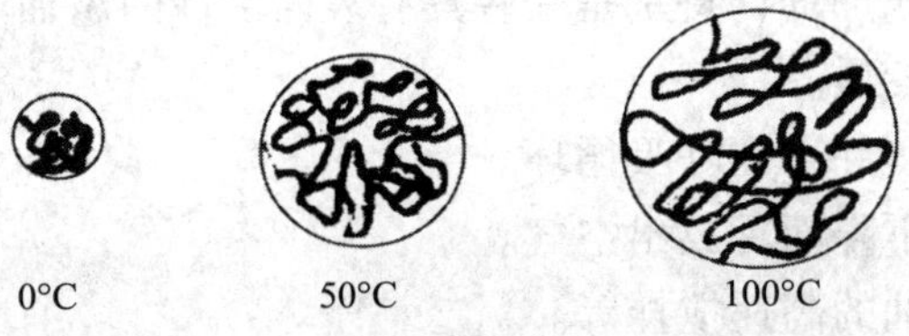


图 2-4　黏度指数改进剂的作用机理

黏度指数改进剂主要用于调制多级内燃机油，其次用于调制低温性能好的液压油、液力传动油等。在石油产品添加剂中黏度指数改进剂的产量仅次于清净分散剂位居第二位。

我国的黏度指数改进剂主要有：聚乙烯基正丁基醚、聚甲基丙烯酸酯、聚异丁烯、乙丙共聚物等。

黏度指数改进剂的统一符号为：“T6 ××”。

黏度指数改进剂的使用开始于20世纪30年代，VII受到人们重视的原因是：

① 改善油品的黏温性能，用VII配制的内燃机油、齿轮油和液压油，具有良好的低温启动性和高温润滑性，可同时满足多黏度级别的要求，四季通用。

② 省油，与单级机油相比多级油能降低润滑油和燃料油的消耗。

③ 降低磨损，多级油与单级机油相比显著降低了机械的磨损，多级机油的黏度随温度变化的幅度比单级油小，在高温时仍保持足够的黏度，保证了运动部件的润滑，从而减少了磨损；在低温时黏度又比单级油小，使启动容易，从而节省了动力。与同黏度级别的单级油对比（如10W/30与30对比），能节省燃料油2%～3%。

④ 简化了油品，可实现油品的通用化，如万能通用的拖拉机油可同时作为拖拉机的发动机油、齿轮油、传动油和刹车油，四合一。

⑤ 合理利用资源，利用VII可使低黏度的油变为高黏度的油，相对增加了重质油产量，更合理利用了资源。

**2. 降凝剂**

油品温度下降到一定程度后，就会失去流动性，降凝剂的作用主要是降低油品的凝固点，保证油品在低温下能够流动。降凝剂是一种化学合成的聚合或缩合产品，分子中一般含有极性基团和与石蜡烃结构相似的烷基链。降凝剂分子被石蜡结晶表面吸附或与之形成共晶，改变蜡结晶的形状和尺寸，防止蜡晶粒间黏结形成三维网状结构，使其生成均匀松散的晶粒，从而保持油品在低温下的流动性。

降凝剂广泛用于各类润滑油中，主要种类有：聚 $\alpha$ - 烯烃、烷基萘、聚甲基丙烯酸酯。

**3. 密封 - 膨胀控制剂**

密封 - 膨胀控制剂可防止润滑油从垫圈和密封圈处渗漏。这种改良剂由有机酯制成，在紧配合的情况下只出现很轻微的密封膨胀。

工作原理：将此添加剂注入密封圈中，可使橡胶结构略微膨胀并有效防止润滑油渗漏。

**4. 抗泡剂**

（1）油品发泡的原因

① 油品使用了各种添加剂，特别是一些具有表面活性的添加剂。

② 油品本身被氧化变质。

③ 油品急速吸入空气并存在呼吸循环。

④ 油温上升和压力下降而释放出空气。

⑤ 含有空气的润滑油的高速搅拌等。

（2）油品发泡的危害性

① 油泵的效率下降，能耗增加，性能变差。

② 破坏润滑油的正常润滑状态，加快机械磨损。

③ 润滑油与空气的接触面积增大，促进润滑油的氧化变质。

④ 含泡润滑油的溢出。

⑤ 润滑油的冷却能力下降等。

(3) 抗泡方法

通常抗泡方法有物理抗泡法、机械抗泡法和化学抗泡法三种。

① 物理抗泡法。用升温和降温破泡，升温使润滑油黏度降低，油膜变薄使泡容易破裂，降温使油膜表面弹性降低，强度下降，使泡膜变得不稳定。

② 机械抗泡法。如用急剧的压力变化、离心分离溶液和泡沫、超声波以及过滤等方法。

③ 化学抗泡法。如添加与发泡物质发生化学反应或溶解发泡物质的化学品以及加抗泡剂等，通常在油品中加入抗泡剂效果最好、方法简单，因此被国内外广泛采用。

(4) 抗泡剂的抗泡机理

抗泡剂的作用机理较为复杂，说法不一，具有代表性的观点有降低部分表面张力、扩张和渗透三种观点。

① 降低部分表面张力。这种观点认为抗泡剂的表面张力比发泡液小，当抗泡剂与泡膜接触后，泡膜的表面张力局部降低而其余部分保持不变，泡膜张力较强部分牵引着张力较弱部分，从而使泡膜破裂。

② 扩张。这种观点认为抗泡剂小滴 D 浸入泡膜内使之成为膜的一部分，然后在膜上扩张，随着抗泡剂的扩张，抗泡剂最初进入部分开始变薄，最后导致破裂，如图 2-5 所示。

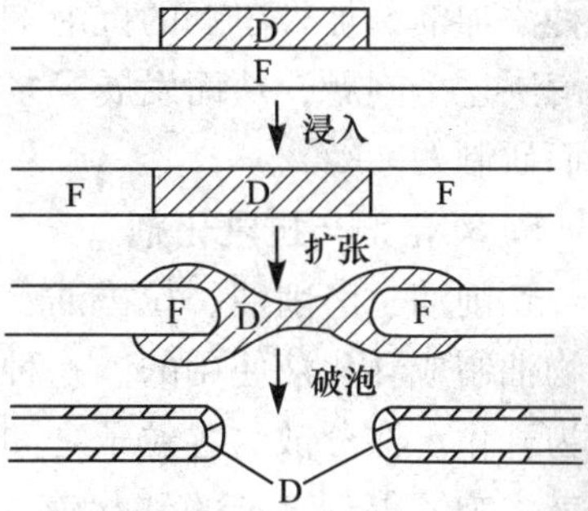


图 2-5　扩张破泡机理

③ 渗透。这种观点认为抗泡剂的作用是增加气泡壁对空气的渗透性，从而加速泡沫的合并，减少了泡沫壁的强度和弹性，达到破泡的目的。

总的说来，抗泡剂通过破坏气泡的表面张力来消除泡沫。

(5) 抗泡剂的品种

作为抗泡剂的物质应不能溶于润滑油中且能均匀地分散在润滑油中，表面张力比润滑油要小。主要种类有硅类抗泡剂、非硅抗泡剂和复合抗泡剂。

① 硅类抗泡剂。二甲基硅油（简称硅油）是最典型的硅类抗泡剂，无臭、无味，作为润滑油的主要抗泡剂已有六七十年的历史。二甲基硅油之所以作为抗泡剂，是因为它有下列性质：表面张力比润滑油低，因此能促使发泡剂脱附，但它本身形成的表面膜强度较差；在润滑油中溶解度小，但又有一定的亲油性；化学性质不活泼，不易和润滑油发生反应；用量少，效果好；挥发性小、闪点高、凝点低和具有良好的抗氧化与抗高温性能等。

二甲基硅油广泛用于各类润滑油，一般使用黏度（25℃）为 100～10000$mm^2/s$ 的硅油作抗泡剂，加入量在 1～100μg/g 之间。高黏度的润滑油用低黏度的硅油较好；对轻质油品用高黏度的硅油，高黏度的硅油在高、低黏度的润滑油中均有效。还应指出的是，低黏度硅油抗泡性好，但因溶解度大而缺乏抗泡持续性；高黏度硅油抗泡性差，但持续性好。因此必要时，可将高低两种黏度的硅油混合使用。但硅油在应用中存在着局限性，首先对调和技术十分敏感，加入的方法不同，其抗泡效果和消泡持续性差异很大；其次是在酸性介质中不稳定。

② 非硅抗泡剂。为了克服硅油这些缺点，从而发展了非硅抗泡剂。非硅抗泡剂多是一些聚合物，用得较多的是丙烯酸酯或甲基丙烯酸酯的均聚物或共聚物。实际是丙烯酸乙酯、丙烯酸 2 - 乙基己酯和乙烯基正丁基醚几个单体的无规共聚物。国内自 20 世纪 80 年代以后也开发了两种非硅抗泡剂（T911、T912），经过实际应用证明了非硅抗泡剂具有对各种调和技术不敏感，在酸性介质中高效，对空气释放值的影响比硅油小和长期贮存后抗泡性不下降，稳定性好等优点。

硅油与各种添加剂配伍性较好，相比之下，非硅抗泡剂的不足之处是对有些添加剂比较敏感。

③ 复合抗泡剂。由于硅油和非硅型抗泡剂都有各自的优点及缺点，单独使用很难对所有油品都能达到满意的效果。对于内燃机油、齿轮油，不同的公司使用不同来源的基础油和特种功能添加剂，引起油品的发泡程度也不同，若采用单一的抗泡剂很难达到预期的效果。又如液压油、汽轮机油和通用机床用油等有时因基础油的精制深度不够，或因加入多种添加剂，加入单一的抗泡剂较难使油品的空气释放值和抗泡效果达到满意的结果。为了解决这个问题，从而发展了复合抗泡剂。复合抗泡剂就是为了平衡这两类抗泡剂的优缺点而研制的。

**5. 乳化剂与抗乳化剂**

切削油、磨削油、拉拔油、轧制油等金属加工液及含水系的抗燃液压油，都是用水和矿物油制成乳化液使用的。一种液体在另一种不溶性液体中，被分散成细小粒子的过程称之为乳化。在分散的各粒子之间包有一层吸附的薄膜，可防止粒子的凝集，形成稳定的乳化液。为了得到稳定的乳化液，需添加乳化剂。能使两种以上互不相溶的液体（如水和油）形成稳定的分散体系（乳化液）的物质，称作乳化剂。乳化剂的特点是降低油 - 水之间的界面张力，在界面上，表面活性剂分子的亲油基和亲水基分别吸附在油相和水相，排列成界面膜，防止乳化粒子结合，促使乳化液稳定。

乳化剂主要用于调和水性润滑剂，如乳化油、含水的抗燃液压油等领域。乳化油主要是水溶性的切削油和轧制油，在切削油中不仅要求乳化性，而且还要求防锈性、清洗性、润滑性等。因此切削油用矿物油作基础油，除复合少量的阴离子及非离子表面活性剂作乳化剂外，还配有乳化助剂、防锈剂、稳定剂、防腐剂、水等。在轧制油中，为了稳定乳化液，粒径要尽量小，由于离水黏着性［乳液中的油分迅速覆盖工（模）具与金属表面的性能］差使润滑性下降，因此通过乳化剂控制粒径是极重要的。

常见的乳化剂有磷酸盐、磺酸盐、烷基咪唑啉等阴离子型和烯醚类、酯类等非离子型表面活性剂。乳化剂都是由亲水的极性基团和亲油的非极性基团所组成。不同的乳化剂其亲油亲水性强弱不一，为了表示这两种基团的大小和亲水亲油性的强弱，可采用亲水亲油平衡值即 HLB 值来衡量。它是一个相对数值，HLB 值大，表示亲水性强；反之，亲油性强。各种表面活性剂的 HLB 值在 1 ~ 40 内变动，HLB < 10 的活性剂是亲油的。

在许多情况下，润滑油会受到水的污染，形成乳状液，因而降低了油品的润滑性，将损坏机械和缩短油品的寿命。在油品中加入抗乳化剂，可以加速油水分离，防止乳化液的形成。

与乳化剂相反，破乳剂可增加油水界面的张力，使得稳定的乳化液成为热力学不稳定的状态，破坏了乳化液。抗乳化剂大都是水包油（O/W）型表面活性剂，吸附在油－水界面上，改变界面的张力，或吸附在乳化剂上破坏乳化剂亲水－亲油平衡，使乳化液从油包水（W/O）型转变成水包油（O/W）型，在转相过程中油水便实现了分离。

破乳剂用于工业齿轮油、液压油、汽轮机油、发动机油等油品，以防止乳化，也用于切削油和轧制油等废乳化液的处理。

油品的抗乳化性能是工业润滑油的重要性能之一。如工业齿轮油除要求良好的极压抗磨、抗氧和防锈性能外，还要求良好的抗乳化性，因为工业齿轮油遇水的机会多，抗乳化性差，油品乳化降低了润滑性和流动性，引起机械的腐蚀和磨损，甚至引起齿轮的损坏事故；汽轮机油经常与水蒸气接触，冷凝水常进入油中，要求汽轮机油具有良好的分水能力；抗磨液压油的抗乳化性也是重要性能之一，含锌液压油中有二烷基二硫代磷酸锌（ZDDP），故抗乳化性差，因此，抗磨液压油的抗乳化性是经常遇到的难题之一。

抗乳化剂多为表面活性物质，如乙二醇酯及乙二醇醚、高分子聚醚（如环氧乙烷－环氧丙烷嵌段聚合物）、复配抗乳化剂等。

**（二）油保护剂**

在润滑油内添加油保护剂可防止润滑油发生不良变化。

油保护剂包括抗氧剂、金属减活剂、防霉灭菌剂等。

**1. 抗氧剂的种类和作用机理**

润滑油的使用温度较宽，如车辆使用的润滑油，曲轴箱中润滑油的温度在－30～40℃，汽缸壁和活塞环的温度在200～300℃。润滑油在高温条件下容易氧化。由于润滑油氧化形成聚合物，使本身变稠，黏度的增加和聚合物的生成会降低设备的工作效率，使功率损失并产生热量。氧化生成的淤泥和漆膜等沉积物会造成这些部位润滑不良，导致操作困难，对设备的正常运转是非常有害的。氧化过程中产生的有机酸，尤其是低分子酸，与金属发生化学反应，使金属产生腐蚀。为减缓油品的氧化，除了适当的精制，较有效的办法是加入抗氧化剂或抗氧防腐剂。这类添加剂的用量仅次于清净分散剂和黏度指数改进剂而居第三位。

抗氧剂或抗氧防腐剂的作用在于抑制润滑油的氧化过程，钝化金属的催化作用，在金属表面生成保护层等，以延长润滑油的使用寿命，防止机件受腐蚀。

润滑油氧化反应遵循自由基反应机理，目前油品中使用的抗氧剂和抗氧防腐剂根据其作用机理的特点可区分为三种类型。

（1）游离基终止剂

这类抗氧剂可提供一个活泼的氢原子与氧化初期生成的活泼自由基反应结合，从而生成较稳定的化合物，使链反应终止。链反应终止剂均含有活性原子，用AH来表示，其反应式为：

$$R\cdot + AH \longrightarrow RH + A\cdot$$

$$ROO\cdot + AH \longrightarrow ROOH\text{（过氧化物）} + A\cdot$$

$$ROO\cdot + A\cdot \longrightarrow ROOA$$

ROOA 为非活性化合物，不易分解生成自由基。

属于这一类型的抗氧剂有屏蔽酚型化合物、芳胺型化合物和酚胺型化合物等。它们在较低温度下有效，在高温下则抗氧化作用大为减弱。

（2）过氧化物分解剂

这类化合物能破坏氧化反应中生成的过氧化物，使链反应不能继续发展。这类抗氧剂最主要种类是二烷基二硫代磷酸锌（ZDDP），发动机油中加入此类添加剂在较高温度下也非常有效，其次用于齿轮油、液压油等工业润滑油，可以抑制油品氧化。

（3）金属减活剂

金属减活剂可在金属表面形成惰性保护膜，减少由热金属表面引起的氧化催化反应，如图 2－6 所示。

图 2－6　金属减活剂作用原理示意图

这类抗氧剂本身并无抗氧作用，而是间接地钝化金属活性，使其失去催化氧化作用。这类化合物主要有噻二唑衍生物、苯三唑衍生物，以及甲基苯三唑的衍生物等。

氧化过程是复杂的，它们随温度的变化而变化，为了提高油品的氧化安定性，将不同类型的抗氧剂复合使用有明显的增效作用。因此，一般抗氧剂两种以上并用比单一使用效果好。不同类别或不同品种的抗氧剂复合使用时，抗氧化能力显著提高，能起到相辅相成的作用。

目前使用的抗氧剂类型、代表性化合物及应用见表 2－14。

**表 2－14　润滑油抗氧剂类型**

| 官能团分类 | 代表性化合物 | 作用机理 | 作用功能分类 |
|---|---|---|---|
| 酚型 | 2,6－二叔丁基对甲酚，<br>4,4－亚甲基双（2,6－二叔丁基酚） | 游离基终止剂<br>游离基终止剂 | 抗氧剂<br>抗氧剂 |
| 芳胺型 | *N*－苯基－α－萘胺，二烷基二苯胺 | 游离基终止剂 | 抗氧剂 |
| 酚胺型 | 2,6－二叔丁基－α－二甲氨基对甲酚 | 游离基终止剂 | 抗氧剂 |
| ZDDP | 二烷基二硫代磷酸锌 | 过氧化物分解剂 | 抗氧抗腐剂 |
| ZDTC | 二烷基二硫代氨基甲酸锌 | 过氧化物分解剂 | 抗氧抗腐剂 |
| 杂环型 | 2,5－二（烷基二硫代）噻二唑 | 金属减活剂 | 抗氧抗腐剂 |

**2. 防霉灭菌剂**

乳状液及水基液都易受到霉菌或细菌的侵蚀。微生物是由空气中的尘埃带入以及未经消毒的水含有的。润滑剂中的烃、水以及氮、硫、磷化合物是微生物很好的营养成分，使其繁殖极快。这类微生物通常是假单胞菌类，虽不致病，但它们破坏乳化剂，使乳状液破乳、腐败，使乳化液 pH 值发生变化，防锈性能变差，发生恶臭，影响工作环境。

为避免润滑剂霉变腐败，应使润滑系统洁净并加强保养，并采用防霉灭菌剂。它们最好能长效、广谱抗菌，不影响乳化，对人体无害或毒性小。常用的防腐灭菌剂有邻苯基酸、2－羟甲基－2硝基－1，3丙二醇等，其作用机理是添加剂透过微生物细胞壁使胞膜凝固，终止新陈代谢并使其酶系统钝化。

**（三）表面保护剂**

在润滑油中添加表面保护剂可使润滑油增加新的性能特性。

表面保护剂可分为：极压抗磨剂、防锈剂、清净剂、分散剂、油性剂和摩擦改进剂等。

**1. 油性剂和摩擦改进剂**

早期，人们发现油性的物质可以改善摩擦，因此就简单叫做油性剂，而后发现，越来越多的其他类物质也同样具有改善摩擦的功效，而它们看上去并不像油，慢慢的这种剂就被大家修改成了摩擦改进剂，它的范围更广。

油性剂和摩擦改进剂是通过范德华力或化学键在摩擦副的金属表面上形成牢固的定向吸附膜，防止金属直接接触，从而减小摩擦系数，减少磨损的。

油性剂和摩擦改进剂是由烃基和极性基团两部分组成的有机化合物，其中烃基链中至少有10个以上碳原子，因此有很好的亲油性，易溶于润滑油中。其极性基团中含有硫、氧、氮、磷等极性原子或有—OH，—COOH，—$NH_2$，—$CONH_2$，$(RO)_2POOH$等基团，这些极性基团都有较强的表面活性和对金属表面的吸附能力，因此能牢固地定向吸附在金属表面上，形成类似缓冲垫的保护膜。防止金属表面直接接触，减少摩擦和磨损。根据油性剂和摩擦改进剂中极性基团性质的不同，在金属表面可发生物理吸附和化学吸附。物理吸附主要靠分子间的范德华引力，吸引力较小，因此只有在温度较低，负荷较小的情况下，物理吸附膜才起保护作用，而在高温高负荷下会脱附而失去作用。发生化学吸附时，油性剂和摩擦改进剂与金属表面靠化学键结合，吸附力较大，因此在较高温度下仍能起保护膜作用。含有醇羟基或硫醇等弱极性基团的主要发生物理吸附，而含有羧基等强极性基团的（如脂肪酸）在金属表面生成金属皂可发生化学吸附，因此抗磨性好。

常用的油性剂和摩擦改进剂有高级脂肪酸、高级脂肪醇、磷酸酯以及含氮有机化合物等。

**2. 极压抗磨剂**

极压抗磨剂是在高温高压的边界润滑状态下能与金属表面形成高熔点化学反应膜的添加剂，是在油性剂失效条件下能起润滑作用的添加剂。其作用原理是在摩擦与高温下极压抗磨剂发生分解并与金属反应生成剪切应力和熔点都比纯金属低的化合物，从而防止接触表面咬合和焊接，使金属表面得到有效保护。

由于生成的化学反应膜比吸附膜强度大很多，因此可在高温高压条件下起到润滑作用。极压抗磨剂可分为有机硫化物、有机磷化物、有机氯化物和有机金属盐几大类。

含硫极压抗磨剂作用原理见图2－7，含硫极压抗磨剂能在金属表面形成吸附膜，减少金属表面间摩擦。如以二硫化物为例，随着负荷的增加，摩擦升温，在摩擦点油膜即将破坏的瞬间，二硫化物中的S—S键断裂使有机硫化物与金属反应形成硫醇铁覆盖膜起到抗磨作用。当负荷进一步提高时，硫醇的C—S键断裂，硫和金属铁反应生成含硫无机保护膜来保护金属，使金属不发生直接接触。硫化物的油膜强度较低，因此含有硫化物的润滑油往往在破裂时才发挥其极压作用，主要适用于高速、冲击载荷的情况。

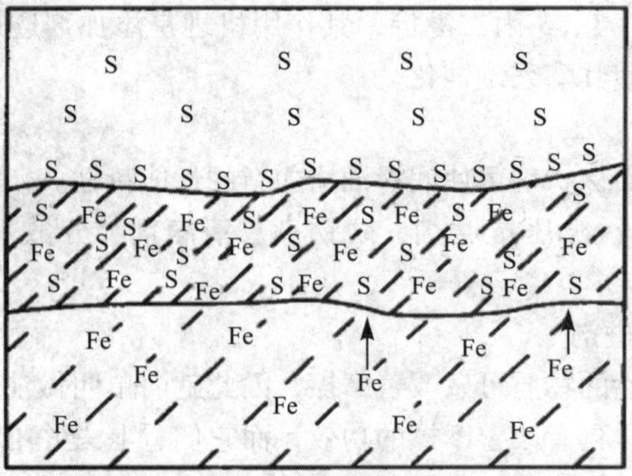


图 2-7　硫系极压抗磨剂作用原理示意图

含磷极压抗磨剂作用原理：磷酸酯极压抗磨剂是应用较早的抗磨剂，在边界润滑条件下磷酸酯首先吸附在金属表面，然后水解成酸性磷酸酯，它可以与金属形成有机金属磷酸盐保护膜。在极压摩擦下，它进一步分解形成无机的亚磷酸铁膜，起到极压抗磨作用。

二烷基二硫代磷酸锌是最常用的含磷极压抗磨剂，它是通过将正丁醇与异辛醇等脂肪酸与 $P_2S_5$ 反应生成硫磷酸，再加氧化锌皂化、脱水得到的。

含磷极压抗磨剂具有良好的抗磨抗擦伤性能，尤其适用于低速高载荷的条件。

含氯极压抗磨剂是极压抗磨剂中较早的一种，目前已较少使用。氯化石蜡是用得最多的含氯极压抗磨剂，在极压条件下，它首先发生分解，分子中的 C—Cl 键断裂，并在金属表面形成 $FeCl_2$、$FeCl_3$ 等无机膜。这种膜具有类似石墨和二硫化钼的层状结构，剪切强度小，摩擦系数小，但熔点较低，所以一般适合在 300~350℃的低温条件下工作，为防止氯化铁水解降低润滑性能和腐蚀金属，应在无水条件下工作。

**3. 防锈剂**

防锈剂的作用是在金属表面形成牢固的吸附膜，以抑制氧和水对金属表面的锈蚀。防锈剂有两种用途：一是在内燃机油、汽轮机油、液压油、齿轮油中增强防锈性而使用防锈剂，二是作为金属制品保管、封存、运输、维修防锈油的添加剂。

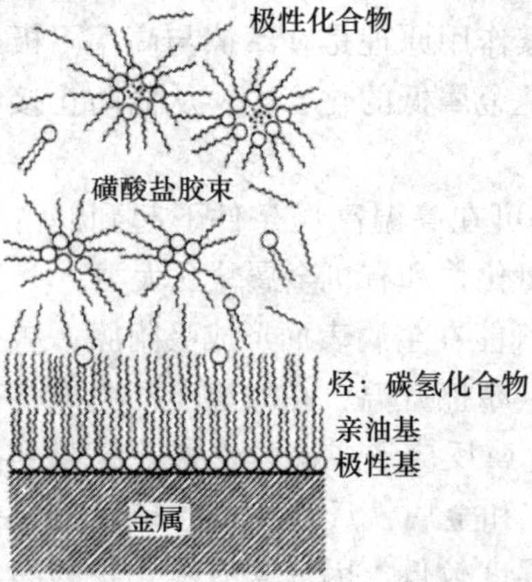


图 2-8　防锈剂作用原理示意图

防锈剂多是一些极性物质，其分子结构的特点是：一端是极性很强的基团，具有亲水性质；另一端是非极性的烷基，具有疏水性质。当含有防锈剂的油品与金属接触时，防锈剂分子中的极性基团对金属表面有很强的吸附力，在金属表面形成紧密的单分子或多分子保护层，阻止腐蚀介质与金属接触，故起到防锈作用，见图 2-8。防锈剂还对水及一些腐蚀性物质有增溶作用，将其增溶于胶束中，起到分散或减活作用，从而消除腐蚀性物质对金属的侵蚀。当然，碱性防锈剂对酸性物质还有中和作用，使金属不受酸的侵蚀。如果防锈剂在金属表面由于极性分子的偶极与金属表面发生静电吸引，则形成物理吸附，如果吸附的分子能够与金属起化学作用，则形成化学吸附，还有一些情况是借助于配位键结合，可认为是介于物理和化学之间的吸附。

常用的防锈剂按结构分为磺酸盐、羧酸及羧酸衍生物、酯类、有机磷酸及盐类和有机胺及杂环化合物。

**4. 清净分散剂**

压轴出场的清净分散剂是润滑油添加剂中的第一大类，用量占润滑油添加剂的一半左右。清净分散剂分为两类，即清净剂和分散剂。

（1）清净剂与分散剂的组成与结构

清净剂的大体结构，可用"内核+表面活性剂外层"表示，如图 2-9 所示，其内核主要是碳酸钙，现在也出现了镁盐，外层是表面活性剂层，表面活性剂有一个极性端，紧紧吸附在内核周围，还有一个链状烃类结构的非极性端在油中摆动，就像一堆"小蝌蚪"似的围绕着内核，这样的结构实际是一个胶团或胶束。碳酸钙这个核心可以提供充足的碱性，形成润滑油的总碱值 TBN。磺酸钙、硫化聚异丁烯钡盐、烷基水杨酸钙、环烷酸镁、硫化烷基酚钙等都是典型的外层表面活性剂。

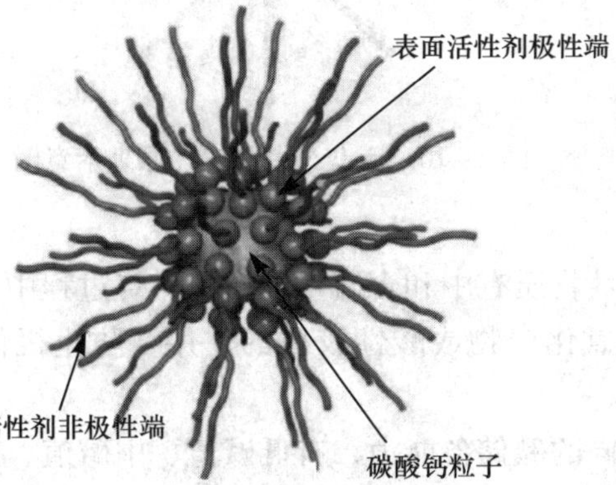


图 2-9　金属清净剂结构示意图

分散剂分子不含金属元素，它是一种带长链的有机胺盐，如双烯基丁二酰亚胺、多烯基丁二酰亚胺、聚异丁烯丁二酰亚胺等。分散剂也是一种表面活性剂，而且与清净剂相比，因为它的组成中不含金属颗粒，不会产生灰分，属于无灰添加剂。分散剂的非极性基团，最常见的是聚异丁烯，它是一个长长的烷基链，相对分子质量在 3000～7000 之间，胺基是它的极性端，对油泥有较强的吸附作用。分散剂的分散作用就和这个分子结构有关，它的极性端吸附在油泥上，非极性端溶于油中，如果非极性端不够长，亲油性不够强，则分散剂本身可能附着在油泥上成为油泥的一部分，只有非极性端的亲油性足够强，强有力地把吸附在油泥上的极性基团往回拽，才把顽固的油泥分散得"四分五裂"，并且让它们"溶"于油中，随着油的流动带走，起到分散、洗涤的作用。分散剂的分子结构和工作原理如图 2-10 所示。

（2）清净分散剂的作用

分散剂的主要作用就是分散油泥，并把油泥"溶"于油中带走，对发动机也起到了洗涤作用。而类似磺酸钙这样的清净剂，根据其胶团的结构特性，有如下作用：

① 清净去污作用。

在发动机燃料的高温燃烧过程中，润滑油承受着巨大的高温，因此很多氧化产物会自动沉积在发动机的摩擦副上，最典型的区域如活塞环、活塞，如果没有清净剂，就会造成活塞环卡死、活塞沉积物过多等现象，严重影响汽车的使用性能。清净剂就像润滑油里的“去污粉”，去污能力也就是清净性是清净剂的第一大功效。

碱是油污的克星，因此清净剂应该有碱性，为此引入了类似碳酸钙这样的盐类，因为这类添加剂含有无机金属元素，产生较高的灰分，又称为有灰清净剂或金属清净剂。

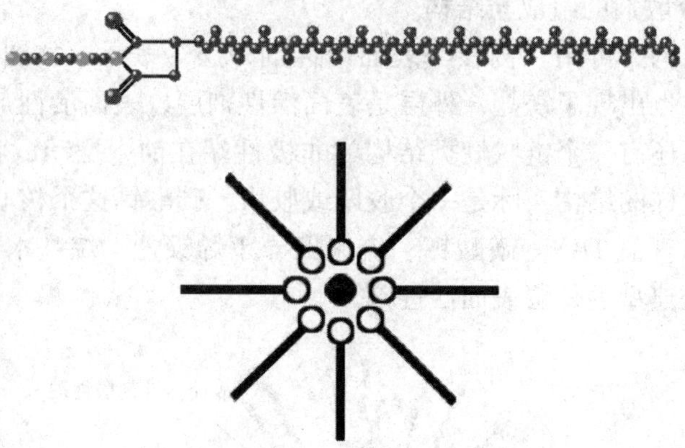

图 2-10　无灰分散剂工作原理示意图

② 碱中和性作用。

清净剂中含有的碱性物质有中和含硫重油燃料燃烧过程中产生的二氧化硫、硫酸以及润滑油氧化生成的酸性氧化产物或酸性胶质的作用，防止机件腐蚀，缓解油品的进一步氧化。

根据金属清净剂不同的碱储备能力，有低碱值、中碱值、高碱值清净剂之分。

③ 增溶作用。

一般来说，纳米级的碳酸钙是个纯无机产品，是无法溶解到润滑油中的，借助清净剂胶束的增溶作用，可以帮助它们溶解。另外，增溶还可以把清洗下来的各种沉积物溶解在油里，这些物质是形成油泥、漆膜以及积炭的前身。

④ 防锈作用。

清净剂具有表面活性的特性，因此也都具有一定的防锈特性，这算是清净的第四个功能。同样分散剂亦有此功能。

一般来说，碱值越高的清净剂灰分也越高，而现代高级润滑油要求低硫、低磷、低灰分，这限制了金属有灰清净剂的发展，在清净分散剂这一大类添加剂中，分散剂应用范围比金属类的清净剂使用更广泛，所以，分散剂的重要程度要高于金属清净剂。

总的来说，清净剂在高温运转条件下能够有效地防止油品氧化变质而生成沉积物，使发动机内部保持清净，分散剂的作用在于它能在较低的运转温度下使新生成的油泥很好地分散在油中。分散剂与清净剂复合有增效作用，归根结底它们的主要作用是清净、分散和中和。

清净分散剂的典型代表有石油磺酸盐、烷基酚盐、水杨酸盐、丁二酰亚胺、丁二酸酯和聚合物。前三种也称有灰清净分散剂，后三种称无灰清净分散剂。

## 二、复合添加剂

复合添加剂是指几种单剂以一定比例混合，并能满足一定质量等级的添加剂混合物，中高档油品几乎全部采用复合添加剂。根据使用对象工况条件不同，选择添加剂品种和数量，使油品发挥出最佳使用效果并达到最佳平衡。

根据 SH/T 0389—92《石油添加剂的分类》，润滑油复合添加剂如表 2-15 所示。

**表 2-15 国内润滑油复合添加剂**

| 组号 | 组别 | 代号 |
|---|---|---|
| 30 | 汽油机油复合剂 | T30 × × |
| 31 | 柴油机油复合剂 | T31 × × |
| 32 | 通用汽车发动机油复合剂 | T32 × × |
| 33 | 二冲程汽油机油复合剂 | T33 × × |
| 34 | 铁路机车油复合剂 | T34 × × |
| 35 | 船用发动机油复合剂 | T35 × × |
| 40 | 工业齿轮油复合剂 | T40 × × |
| 41 | 车辆齿轮油复合剂 | T41 × × |
| 42 | 通用齿轮油复合剂 | T42 × × |
| 50 | 液压油复合剂 | T50 × × |
| 60 | 工业润滑油复合剂 | T60 × × |
| 70 | 防锈油复合剂 | T70 × × |
| 80 | 其他类润滑油添加剂 | T80 × × |

**1. 汽油机油复合剂**

可以说现在任何一类内燃机油中都加有四种以上的添加剂，而汽油机油加入的功能添加剂有清净剂、分散剂、抗氧抗腐剂、油性剂等，特别要求低温分散及抗磨性能要好，解决低温油泥和凸轮挺杆的磨损问题。一般清净剂用磺酸钙、磺酸镁和硫化烷基酚钙；分散剂用单丁二酰亚胺（氮含量 2% 左右）、高相对分子质量丁二酰亚胺；抗氧抗腐剂用仲醇或伯仲醇、二烷基二硫代磷酸锌、二烷基氨基甲酸锌，以及二烷基二苯胺、烷基酚和有机铜化合物等辅助抗氧剂；为了节能还要加酯类、硫磷酸钼和二烷基氨基甲酸钼等摩擦改进剂。

**2. 柴油机油复合剂**

柴油机与汽油机不同，柴油机是压燃式启动，而汽油机是点燃式启动，两者有所差异。一是柴油机的烟炱多，容易在顶环槽内和活塞环区形成沉积；二是柴油中含硫量比汽油多，燃烧后生成酸导致活塞环和缸套腐蚀磨损；三是柴油机压缩比比汽油机高得多，热效率高，热负荷大，汽缸区的温度高，高温易促使润滑油氧化变质；压缩比高带来的问题是 $NO_x$ 高，柴油不易燃烧完全，容易产生颗粒物（PM）。因此，柴油机不能用通常的三效转换器来降低 $NO_x$，因为柴油机尾气中无过剩氧的还原环境，PM 又容易把催化剂堵塞，影响催化剂的使用寿命。从以上三个特点可看出，柴油机油应具有良好的高温清净性、酸中和性能、热氧化安定性以及其他性能。汽油机油和柴油机油虽然用的功能添加剂都是清净剂、分散剂和抗氧抗腐剂等，但由于解决问题的侧重点不同，因此在复合剂中加入的比例也就有所差异。汽油机低温油泥问题比较突出，故加入的分散剂比例比柴油机的大，相反柴油机的高温清净及抗氧问题突出，在柴油机油复合配方中加入清净剂的比例比汽油机油大，特别是负荷大的CD级或以上的柴油机油复合剂中还要加一些硫化烷基酚盐来解决高温抗氧问题，其分散剂要用热稳定性好的双或多丁二酰亚胺和高相对分子质量丁二酰亚胺，ZDDP也要用热稳更好的长链二烷基二硫代磷酸锌，而汽油机油要用仲醇基的ZDDP。

**3. 通用机油复合剂**

西方国家的汽车运输车队一般是由汽油机和柴油机两种汽车组成的混合车队。如果分别用汽油机油和柴油机油两种润滑油来满足要求，往往会出现错用油的现象而造成事故，通用油就是为了适应这种情况而产生的。它的出现既简化了发动机油品种，方便用户，又解决了错用油的问题。美国的混合车队通用油约占80%以上，西欧的柴油机油全部采用通用油。

通用油的润滑性能要同时满足汽油机油和柴油机油的性能，因汽油机油着重要求有好的低温油泥分散性和低灰分，柴油机油则着重要求有好的高温清净性和酸中和能力，要兼顾这两方面的要求，通用油的复合配方组分之间就要进行精心的选择和平衡。一般在SD/CC级以下的通用油的复合剂中采用分散剂、磺酸盐和ZDDP三组分进行复合配制就能满足其性能要求（不少公司CC级油中也加入硫化烷基酚盐）；而在配制SE/CD级以上水平的复合配方时其复合剂的组分就复杂得多了。分散剂中可能有两种以上的复合组分，清净剂中除磺酸盐（其中包括磺酸钙及磺酸镁盐复合）外，还要加热稳定性好的清净剂，如烷基水杨酸盐或硫化烷基酚盐，在抗氧防腐剂中的ZDDP，除伯醇基外还有仲醇基及长链烷基醇等抗磨及热稳性好的ZDDP之间的复合。总之其复合剂中的添加剂是复杂的，在经济上，通用油的添加剂用量比非通用油要多一些，成本也高一些；但通用油的换油期比非通用油要长，润滑油油耗也低，二者相抵销用通用油在经济上仍然是合理的。

## 三、合成油用添加剂

我国合成润滑油用添加剂几乎是与合成润滑油同时发展起来的。

合成润滑油的特点之一是极性较强，矿油则是非极性的，而基础油的极性影响添加剂的溶解度。如几乎不溶于矿油的硫氮杂蒽，却溶于酯类油和聚醚中。由于各类合成润滑油的化学结构差异很大，因而不同的合成润滑油对添加剂的溶解度和感受性也不尽相同。

合成润滑油的另一特点是使用温度范围宽，因此要求合成润滑油使用的添加剂也必须在较宽的温度范围内能发挥作用，特别是在较高温度（>200℃）下，某些在矿油中表现较好的添加剂，用于高温合成润滑油中，往往效果不佳。因此合成润滑油用添加剂往往与矿油用添加剂不同。

合成润滑油中使用最多的添加剂是抗氧化添加剂、抗腐蚀添加剂和极压抗磨添加剂。此外，还有防锈剂和抗泡剂。

合成润滑油用的主要抗氧剂是各种芳香胺的烷基化衍生物、二芳胺的甲醛缩合物、烷基化的双酚衍生物以及某些杂环化合物等，其中最重要的是芳香胺的烷基化衍生物。

合成润滑油用的主要抗腐蚀添加剂包括各种苯并三氮唑的衍生物、氨基三氮唑的衍生物、氨基胍的衍生物、多羟基蒽醌等。最重要的抗腐蚀添加剂是苯并三氮唑的衍生物，常用的有苯并三氮唑、烷基苯并三氮唑、双苯并三氮唑等。

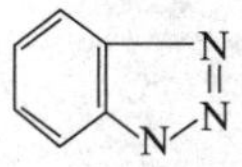

苯并三氮唑

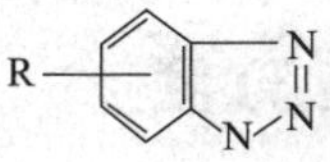

烷基苯并三氮唑

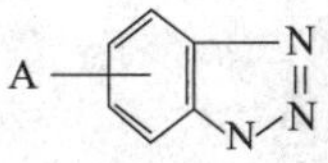

苯并三氮唑衍生物通式

合成润滑油用极压抗磨剂也是含有 S、P、N、B 等元素的强极性化合物。代表性的有机磷化物有磷酸三甲苯酯、烷基磷酞胺酯、酸性磷酸酯及其胺盐，有机硫化合物有硫化烯烃、巯基苯并噻唑；硼化合物有碱金属硼酸盐、硼酸酯等。

此外，合成润滑油用添加剂还包括一些多效添加剂，如二烷基二硫代噻二氮唑是抗铜腐蚀剂和极压抗磨剂，二烷基二硫代氨基甲酸金属（Mo、Sb、Zn、Pb）盐有抗氧、抗腐蚀和极压抗磨剂的作用。

## 本章电子资源清单

1. 我国矿物润滑油基础油的分类、用途及黏度牌号
2. PAO 的特性
3. 烷基苯、聚异丁烯、烷基环烷烃的生产及应用
4. 合成润滑油的现状与发展
5. 基础油技术要求（摘自 Q/SY 44—2009）

## 本章内容梳理

润滑油由基础油和添加剂组成，基础油占了 70%～99%，决定着润滑油的主要性质。基础油按来源分为矿物型、合成型和动植物油型，其中矿物油大约占基础油的 97%。矿物型基础油按照原料轻重不同分为中性油和光亮油，前者以减压馏分为原料加工而成，后者以减压渣油为原料加工生产。两种基础油均可按黏度划分一系列标号。

基础油根据品质优劣和原料来源的分类有国际标准和国内标准。

国际上普遍采用 API 分类法将润滑油基础油分为五类，第Ⅰ、Ⅱ、Ⅲ类为矿物油，第Ⅳ类为 PAO（聚 $\alpha$－烯烃），第Ⅴ类为其他合成油或动植物油、再生油。前三类矿物油的硫含量、饱和烃含量、黏度指数以及它们的生产方法要烂熟于胸。

我国国内对基础油的分类基本只涉及矿物油，中国石化、中国石油两大公司是如何对矿物油进行分类的？都有哪几种基础油，该标准与 API 有何关联？其黏度标号又是如何划分的？这些基础油是借助什么工艺生产的？本章第一节进行了详细介绍。

合成油几乎是高档润滑油的代称，合成油的分类不尽相同。ASTM 分类标准把合成基础油分为合成烃类、合成酯、聚醚、磷酸酯、硅油、卤代烃六类，而每类合成油又有进一步的分类。学习合成油要从化学结构入手，结构决定性质。每种合成油的优缺点及特性是第二节必须掌握的内容。

添加剂在润滑油中起的是“画龙点睛”“点石成金”的作用，各种添加剂用途不同，添加剂有单一功能的单剂，每种添加剂起什么作用，有哪些分类，作用机理为何，均要求有系统清晰的了解。润滑油添加剂还有复合功能的复合剂，合成油所用的添加剂又与矿物

油不同，第三节可以说是润滑油添加剂的大全。

## 本章习题

**一、填空题**

1. 矿物润滑油基础油分为__________和__________两种，前者以__________为原料加工生成，后者以__________为原料加工生成高黏度基础油。

2. Ⅰ类基础油通常是由__________生产制得，Ⅱ类基础油是通过__________制得，Ⅲ类基础油是用__________制得，Ⅳ类基础油指的是__________，其他合成油（合成烃类、酯类、硅油等）、植物油、再生基础油等统称__________类基础油。

3. 中国石化 1995 年制定的润滑油基础油分类方法 Q/SH R001—95 中将基础油分为__________类，中国石油 2009 年制定的润滑油基础油分类方法 Q/SY 44—2009 中将基础油分为__________类。API 基础油分类方法将基础油分为__________类。

4. ASTM 将合成润滑油基础油分为__________、__________、__________、__________、__________和__________六大类。

5. 含氟润滑油具有优良的__________，聚苯及聚苯醚具有__________，酯类及聚醚合成油具有__________。

6. 六种合成润滑油基础油中，__________与__________具有优良的综合性能，是两种最有发展前途的合成润滑油品种。__________是合成润滑剂家族中单体产量应用最广，产量最大的一种。

7. __________具有自熄性，__________具有阻燃性。

8. 在石油产品添加剂中，产量位居第一的是__________，第二是__________，第三是__________。

9. 抗泡剂通过破坏气泡的__________来消除泡沫。

10. 抗泡剂的表面张力比润滑油__________。（高、低）

**二、选择题**

1. cSt，又名厘斯或厘拖，是（　　）的单位。

A. 动力黏度　　B. 运动黏度　　C. 恩氏黏度　　D. 赛氏黏度

2. 倾点是润滑油在指定测试条件下能够流动的（　　）温度。

A. 最低　　B. 最高

3. 油品中蜡颗粒越多，倾点越（　　）。

A. 高　　B. 低

4. 随着温度的上升，需要选择具有（　　）黏度的润滑剂。

A. 高　　B. 低

5. 随着速度的增加，需要具有（　　）黏度的润滑剂。

A. 高　　B. 低

6. PAO 是什么合成油？（　　）

A. 合成烃　　B. 聚醚　　C. 合成酯　　D. 硅油

7. 在 -10℃时，下列哪种油流动性最好？（　　）

A. 0W/30　B. 5W/20　C. 10W/30　D. 15W/40

8. 以下哪种油高温时的油膜厚度更厚一些？（　　）

A. 矿物油　B. PAG　C. PAO　D. 多元酯

9. 在相同黏度下，下列哪种油蒸发损失最大？（　　）

A. 矿物油　B. PAG　C. PAO　D. 多元酯

10. 以下哪种油有消泡性？（　　）

A. 烷基化油　B. 卤化烃油　C. 硅油　D. 聚苯醚

11. 以下哪种油具有优异的抗辐射性？（　　）

A. 烷基化油　B. 卤化烃油　C. 硅油　D. 聚苯醚

12. 以下哪种油，虽然可以燃烧，但是不能持续燃烧，具有较优异的阻燃性？（　　）

A. 磷酸酯　B. 卤化烃油　C. 硅油　D. 聚苯醚

13. VHVI 是什么意思？（　　）

A. 低黏度指数基础油　B. 中等黏度指数基础油

C. 高黏度指数基础油　D. 很高黏度指数基础油

14. 以下哪类油品适合调制水基液？（　　）

A. 合成烃　B. PAO　C. 聚酯　D. 聚醚

15. 以下哪类油品容易水解？（　　）

A. 合成烃　B. PAO　C. 聚酯　D. 聚醚

16. 以下哪类油品虽然具有抗燃性，但使用温度范围较窄？（　　）

A. 合成烃　B. 磷酸酯　C. 聚酯　D. 聚醚

17. 油保护剂的主要用途是什么？（　　）

A. 提高基油的自然性能　B. 防止润滑油发生不良变化

C. 使润滑油增加新的性能特性　D. 所有上述三种

18. 油品改良剂的主要用途是什么？（　　）

A. 提高基油的自然性能　B. 防止润滑油发生不良变化

C. 使润滑油增加新的性能特性　D. 所有上述三种

19. 表面保护剂的主要用途是什么？（　　）

A. 提高基油的自然性能　B. 防止润滑油发生不良变化

C. 使润滑油增加新的性能特性　D. 所有上述三种

20. 用量最大的添加剂是哪一种？（　　）

A. 清净分散剂　B. 黏度指数改进剂　C. 抗氧抗腐剂　D. 极压剂

21. 哪种添加剂又叫稠化剂，适合于调和多机油？（　　）

A. 清净分散剂　B. 黏度指数改进剂　C. 抗氧抗腐剂　D. 极压剂

22. 哪种添加剂可以使橡胶结构略微膨胀，并有利于防止润滑油的渗透？（　　）

A. 清净分散剂　B. 黏度指数改进剂

C. 抗氧抗腐剂　D. 密封膨胀控制剂

23. 金属减活剂属于哪种类别的添加剂？（　　）

A. 改良剂　B. 油保护剂　C. 表面保护剂　D. 无法确定

24. 哪种添加剂能够破坏液体表面张力？（　）

A. 消泡剂　B. 黏度指数改进剂　C. 清净分散剂　D. 极压耐磨剂

25. 哪种添加剂可以与金属发生化学反应形成化学反应膜？（　）

A. 减摩剂　B. 极压剂　C. 破乳化剂　D. 耐磨剂

26. 极压抗磨剂能在边界润滑状态下形成（　）。

A. 物理吸附膜　B. 化学吸附膜　C. 化学反应膜　D. 静电吸附膜

27. 润滑油的主要性质取决于（　）。

A. 基础油　B. 添加剂　C. 原油基属　D. 评定方法

28. （　）是近代高级润滑油的精髓，正确选用合理加入，可改善其物理化学性质，对润滑油赋予新的特殊性能，或加强其原来具有的某种性能，满足更高的要求。

A. 合成油　B. 基础油　C. 添加剂　D. 配方

29. 二烷基二硫代磷酸锌盐（ZDDP）属于（　）。

A. 密封－膨胀控制剂　B. 黏度指数改进剂

C. 抗氧防腐剂　D. 降凝剂

30. 硅油通常作为润滑油的（　）使用。

A. 密封－膨胀控制剂　B. 抗泡剂

C. 抗氧防腐剂　D. 降凝剂

**三、判断题**

1. 两种液体之间的界面张力越大，就越不易形成稳定的乳状液。（　）

2. 润滑油基础油的精制深度越深，抗乳化性反倒越差。（　）

3. 油品与水之间的界面张力越低，越容易形成稳定的乳状液。（　）

4. 表面张力越小，起泡越容易。（　）

5. 添加剂大大地抑制了油的起泡倾向。（　）

6. 为了消除润滑油中的泡沫，通常在润滑油中加入表面张力小的消泡剂，如甲基硅油和非硅消泡剂等。（　）

7. 抗磨液压油的密封适应性指数越高越好。（　）

8. 使用聚丁烯油或含聚丁烯的发动机油可以减少可见烟。含聚丁烯油的烟度随聚丁烯含量的增加而减少。（　）

9. 作为抗泡剂的物质应能很好地溶于润滑油中，这样才能发挥更好的抗泡作用。（　）

10. 乳化剂降低油－水之间的界面张力，而破乳剂增加油－水界面的张力。（　）

获取更多知识详情请扫描二维码

# 第三章

# 润滑油应用

第一章曾粗略对润滑剂进行过分类，基于在常温常压下的状态，润滑剂可分为固态、半固态、液态、气态四种；基于基础油来源分为矿物油、合成油、动植物油三种；基于应用场合分为车用油、工业油、工艺油三种，有时也将工艺油归为工业油，简单把润滑油分为车用油和工业油两大类，还有将润滑油分为交通用油和工业油两类的。但这样的分类方法是不统一、不系统、不全面的。

一个大型润滑油生产企业，生产的润滑油脂的品种成百上千，这么多商品润滑油脂，有必要按系统分类的方法加以介绍，在润滑剂系统分类的最新国家标准 GB/T 7631.1—2008 中，将润滑剂分为 18 大类（见表 1-2），本章对照此逐一展开。

## 第一节 润滑油界的“巨无霸”——内燃机油

内燃机油又叫发动机油，简称机油，是润滑油中用量最大，质量要求最高，也是升级换代最快的一种油品，代表了一个国家润滑油水平的高低。

2019 年，我国车用润滑油产量约为 $368\times10^4$t，工业润滑油产量约 $261\times10^4$t。车用润滑油约占润滑油消费总量的 58.5%，其中柴机油约 34.5%，汽机油约 24%，工业润滑油约占润滑油消费总量的 41.5%。

内燃机油以矿物油或合成油为原料，经加工精制并使用各种添加剂调制而成。按基础油组成和生产方式不同分为矿物质机油、半合成机油和全合成机油三类。

内燃式发动机按使用燃料和做功方式不同分为汽油机、柴油机，并且有二冲程、四冲程之分，按不同用途被设计成汽车发动机、铁路机车柴油机、船用柴油机、航空发动机等。内燃机油广泛用于汽车、内燃机车、摩托车、施工机具、船舶等移动式与其他固定式发动机中，单就汽车来说，它可用汽油、柴油做燃料，也可用压缩天然气、液化气做燃料，还可以是混合动力，无论怎样，润滑、冷却、清洗内燃机的润滑油统称内燃机油，占润滑油总量的 50% 左右。

本节内燃机油重点介绍汽油机油、柴油机油、通用机油及摩托车油，其他发动机油不再展开。

无论是哪种内燃机所用的润滑油，均需按照应用场合划分成不同的质量等级，并且按照黏度划分成不同的牌号，方便用户选择，这首先要了解机油的认证体系。

### 一、机油的认证体系

机油认证体系在世界范围内认可度较高的有以下几类：

**1. API 及 ILSAC 分类标准（美标）**

诞生于1919年的API是美国石油学会的缩写，是美国第一家国家级的商业协会，也是全世界范围内最早、最成功制定标准的商会之一。

API标号分为“S”开头的汽油发动机用油，“C”开头的柴油发动机用油，以及“S”“C”同时存在的既能用于汽油机又能用于柴油机的通用润滑油。“S”开头的汽油机油有：SA、SB、SC、SD、SE、SF、SG、SH、SJ、SL、SM、SN，以及2020年推出的SP。“C”开头的柴油机油有：CA、CB、CC、CD、CE、CF、CF－2、CF－4、CG－4、CH－4、CI－4、CJ－4，以及2016年推出的CK－4（“2”“4”表示冲程）。随着机油标号的更新换代，一些老标号机油已被逐渐淘汰。

ILSAC是国际润滑剂标准化及认证委员会的缩写，其认证委托API发布。ILSAC于1990年10月颁布了汽油车发动机用内燃机油的测试规格GF－1，该机构目前已经制定了汽油机油的GF－1、GF－2、GF－3、GF－4、GF－5、GF－6规格。

GF－* 认证除了分别满足API S* 的所有要求外，还要通过ILSAC规定的EC节能要求。简单地说GF规格＝API规格＋节能要求。GF－1相当于SH＋节能要求，GF－2相当于SJ＋节能要求，GF－3相当于SL＋节能要求，GF－4相当于SM＋节能要求，GF－5相当于SN＋节能要求，GF－6相当于SP＋节能要求。

**2. ACEA 标准（欧标）**

ACEA是欧洲汽车制造协会的简称，总部设在比利时的布鲁塞尔。欧标是欧洲汽车制造业对于汽车用润滑油的检验认证标准。欧标与美标有显著差别。欧系汽车中的小轿车有很大一部分是柴油车，其行驶速度快，发动机压缩比高，转速较高，工作温度也高，使用条件苛刻，对发动机油性能要求很高，而且欧洲汽车工业十分注重节能，把汽车燃料经济性放在首位，兼顾动力性和排放性能。因此欧洲汽车制造商对发动机油性能的关注重点及程度也与美标不相同，符合API规格的发动机油不一定满足欧系车的使用要求。

**3. OEM 认证（厂标）**

在润滑油行业，几乎每个OEM厂商都有自己的标准，如大众VW 502 00/505 00，宝马BMW long Life，奔驰229.3、229.5等，各个OEM标准并不互相兼容，每个OEM认证也都需要单独申请获得。

这三类标准是内燃机油的质量等级认证，每一个质量等级的油品都用美国汽车工程师协会（SAE）所制定的黏度等级进一步划分标号。

就质量等级的认证而言，标准的权威程度按GB、API（含ILSAC）标准、ACEA标准、OEM认证标准依次递增。近年来我国一直在加紧加强发动机油标准的制定，挣脱“卡脖子”技术、迎头赶上甚至超越国际标准是我国润滑油领域从业人员的艰巨使命。

## 二、内燃机油的工作过程及使用要求

**1. 内燃机油的工作过程**

现代内燃机都有一套润滑系统，由油箱、油泵、粗滤器、精滤器及油管等组成。汽油机的润滑系统如图3－1所示。汽油机润滑油装在发动机下面的油箱中，曲轴和其他运动机件靠齿轮泵供油，油泵6把润滑油从油箱中抽出，通过油管送到粗滤器1，进入润滑油通道总管3，打到曲轴的润滑孔道内，然后进入曲轴与轴承之间的缝隙，减少曲轴与轴承之间的摩擦。通常打入的润滑油量较大，目的是将摩擦热带走。

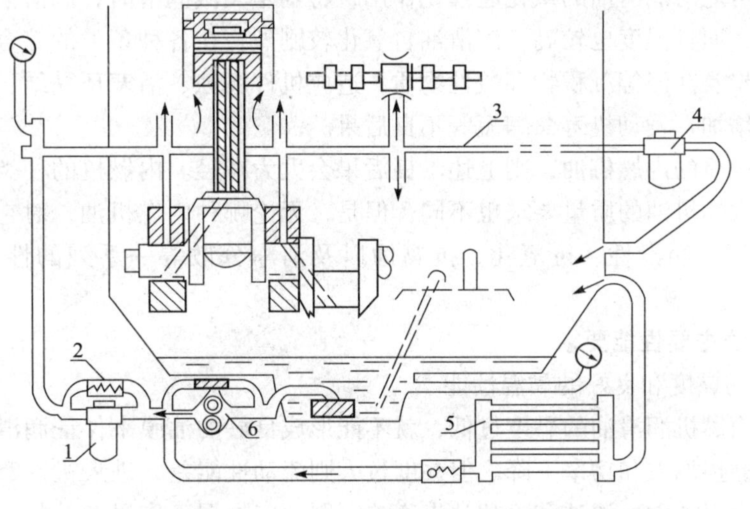


图3-1 汽油机润滑系统示意图

1—粗滤器；2—单向阀；3—总管；4—精滤器；5—润滑油散热器；6—齿轮泵

活塞环与汽缸壁之间的润滑，主要采用飞溅润滑方式，利用曲柄搅动机油，把机油油滴甩到发动机各部位进行润滑。润滑油除起润滑作用外，也对汽缸壁和活塞环起密封作用。由于活塞的往复运动，总有一部分润滑油进入汽缸被烧掉。同时，使用较久的润滑油会变质，因此，常要将润滑油过滤除去杂质，并要补充新的润滑油。为保持一定的油温，润滑油常在散热器中被冷却。

**2. 内燃机的工作特点**

（1）温度高、温差大

内燃机的温度直接受燃料燃烧和摩擦所产生的热量的影响。内燃机运行时各工作区的温度都较高。活塞顶部、气缸盖和气缸壁的温度在250~300℃之间；活塞头的环部可达205~270℃以上，这些部位的润滑油处于高温，并经常呈薄膜状态，所以容易燃烧或发生热裂化、氧化变质。主轴承、曲轴箱油温在85~95℃之间，虽然温度较低，但与空气广泛接触也容易氧化变质。另外，在冬季条件下的冷启动温度较低，有的地区可低至-50℃，当冷启动时，润滑油温接近环境温度，各摩擦表面极易发生干摩擦或半液体摩擦。

（2）运动速度快

内燃机曲轴转速多在1500~4800r/min之间。活塞的平均线速达8~10m/s，在摩擦表面形成润滑油膜十分困难。再加上润滑油被燃料稀释，使汽缸壁与活塞之间经常处于边界润滑状态，严重时会导致摩擦表面的粘结和烧结现象。

（3）负荷重

现代内燃机功率大，比重量轻，因而运动部件的摩擦表面负荷较大，有些部位处于极压润滑状态，也会导致摩擦表面发生黏结和烧结等故障。

（4）受环境因素的影响大

润滑油在循环使用过程中，不断与多种金属（如铸铁、巴氏合金、铜铅合金等）接触，这些金属可能对润滑油的氧化起催化作用，特别是飞溅润滑时，润滑油呈雾状，与空气接触面较大，而且温度也较高，润滑油自氧化较剧烈，在各种条件的综合作用下，将会生成漆膜、积炭及油泥等沉积物和酸性物质，造成机件腐蚀、活塞环黏结、摩擦副磨损加剧、燃料消耗增加、发动机寿命缩短等不良后果。

如果使用优质的内燃机油，则上述不良后果会大为减轻。内燃机的种类、机型和使用条件不同，对内燃机油的质量要求也不同，但是，无论哪种内燃机油，对它的黏度、黏温性、低温流动性、润滑性、抗氧化、抗腐蚀以及消净分散等一系列的性能都应有一定要求。

**3. 内燃机油主要性能要求**

（1）适当的黏度和良好的黏温性能

如果汽车内燃机润滑油的黏度过低，就不能形成良好的油膜来保证润滑，而且密封性也差，会造成磨损加大和功率下降。但黏度过大则流动性能差，进入机件摩擦面所需时间长，会使机件磨损加大，清洗和冷却效果变差。因此应根据工作温度及负荷选择合适黏度的润滑油。由于汽车内燃机油要在很宽的温度范围（－40～300℃）内工作，并要有足够的黏度保证润滑，因此要求润滑油有良好的黏温特性。通用型多级润滑油的黏温性能要求更高，一般都是在低黏度矿物油中加入黏度指数改进剂来改善润滑油的黏温特性。

内燃机油的黏度分为运动黏度、低温动力黏度、低温泵送黏度和高温高剪切黏度，分别模拟了油品在高温、低温、高剪切、低剪切速率下的流动性能。

（2）较强的抗氧化能力和良好的清净分散性

润滑油发生氧化会在发动机内生成含炭沉积物。含炭沉积物根据发动机中各区域的温度和工作条件的不同分为积炭、漆膜、油泥三类。积炭是热的不良导体，厚度有时可达几毫米，当燃烧室壁和活塞顶被积炭充满时，燃烧产生的热不能及时导出，导致部件温度升高，造成燃油的早燃、爆燃而破坏发动机的正常工作。

内燃机油应具有良好的清净分散作用，使氧化产物在油中处于悬浮分散状态，不致堵塞油路、滤清器及聚结在发动机的高温部位继续氧化而生成漆膜、积炭，导致活塞环粘结、磨损加剧，直至发动机停止运转。为此，内燃机油中都加有金属清净剂和无灰分散剂，以提高其清净分散性能。

（3）良好的油性和极压性

汽车内燃机的滑动轴承承受着很大的负荷，因此在高负荷和极压条件下，汽车内燃机油必须有良好的油性和极压性，才能保证正常使用。通常内燃机油中都加有油性剂或极压抗磨添加剂。

（4）良好的防腐蚀防锈性能

现代内燃机的主轴承和曲轴轴承均使用机械强度较高的耐磨合金，如铜铅、镉银、锡青铜或铅青铜等合金，由于油品含有的或在氧化过程中及燃料燃烧过程中生成的酸性物质对这些合金有很强的腐蚀作用，因此要求在油品中添加抗氧抗腐剂以阻止氧化的进行，并中和已经形成的有机酸和无机酸。

（5）良好的抗泡沫性

由于在油底壳中曲轴的强烈搅动和进行飞溅润滑，汽车发动机润滑油很容易产生泡沫，而汽车发动机润滑油中使用的添加剂大多数是极性物质，它们也使油容易产生泡沫，因此，汽车发动机润滑油中要加入抗泡剂。

## 三、内燃机油黏度等级划分

我国采用国际上通用的美国汽车工程师学会（SAE）黏度分级法进行内燃机油的黏度分类，这个分类标准为 SAE J300 系列。随着内燃机油质量标准要求的不断提高，SAE J300 标准更新很快，SAE J300—2009 发动机油黏度级别见表 1-4，SAE J300—2015 发动机油黏度级别见表 1-5。

以前，我国内燃机油黏度分类标准是根据 SAE J300—1987 制定的 GB/T 14906—1994，新修订的 GB/T 14906—2018《内燃机油黏度分类》，于 2018 年 12 月 28 日批准发布，实施日期为 2019 年 7 月 1 日，技术要求与 SAE J300—2015（表 1-5）相当。

## 四、内燃机油按使用场合的分类标准

我国内燃机油按质量等级分类的国家标准是 GB/T 28772—2012，现分述如下。

### 1. 汽油机油

GB/T 28772—2012 中汽油机油按质量等级共分 13 种，每种汽油机油的特性和使用场合见表 3-1。

**表 3-1 汽油机油分类及使用场合（摘自 GB/T 28772—2012）**

| 应用范围 | 品种代号 | 特性和使用场合 |
|---|---|---|
| 汽油机油 | SE | 用于轿车和某些货车的汽油机以及要求使用 API SE、SD 级油的汽油机。此种油品的抗氧化性能及控制汽油机高温沉积物、锈蚀和腐蚀的性能优于 SD 或 SC |
| | SF | 用于轿车和某些货车的汽油机以及要求使用 API SF、SE 级油的汽油机。此种油品的抗氧化和抗磨损性能优于 SE，同时还具有控制汽油机沉积、锈蚀和腐蚀的性能，并可代替 SE |
| | SG | 用于轿车、货车和轻型卡车的汽油机以及要求使用 API SG 级油的汽油机。SG 质量还包括 CC 或 CD 的使用性能。此种油品改进了 SF 级油控制发动机沉积物、磨损和油的氧化性能，同时还具有抗锈蚀和腐蚀的性能，并可代替 SF、SF/CD、SE 或 SE/CC |
| | SH、GF-1 | 用于轿车、货车和轻型卡车的汽油机以及要求使用 API SH 级油的汽油机。此种油品在控制发动机沉积物、油的氧化、磨损、锈蚀和腐蚀等方面的性能优于 SG，并可代替 SG。GF-1 与 SH 相比，增加了对燃料经济性的要求 |
| | SJ、GF-2 | 用于轿车、运动型多用途汽车、货车和轻型卡车的汽油机以及要求使用 API SJ 级油的汽油机。此种油品在挥发性、过滤性、高温泡沫性和高温沉积物控制等方面的性能优于 SH。可代替 SH，并可在 SH 以前的“S”系列等级中使用。GF-2 与 SJ 相比，增加了对燃料经济性的要求，GF-2 可代替 GF-1 |
| | SL、GF-3 | 用于轿车、运动型多用途汽车、货车和轻型卡车的汽油机以及要求使用 API SL 级油的汽油机。此种油品在挥发性、过滤性、高温泡沫性和高温沉积物控制等方面的性能优于 SJ。可代替 SJ，并可在 SJ 以前的“S”系列等级中使用。GF-3 与 SL 相比，增加了对燃料经济性的要求，GF-3 可代替 GF-2 |

续表

| 应用范围 | 品种代号 | 特性和使用场合 |
| --- | --- | --- |
| 汽油机油 | SM、GF-4 | 用于轿车、运动型多用途汽车、货车和轻型卡车的汽油机以及要求使用 API SM 级油的汽油机。此种油品在高温氧化和清净性能、高温磨损性能以及高温沉积物控制等方面的性能优于 SL。可代替 SL，并可在 SL 以前的“S”系列等级中使用。GF-4 与 SM 相比，增加了对燃料经济性的要求，GF-4 可代替 GF-3 |
|  | SN、GF-5 | 用于轿车、运动型多用途汽车、货车和轻型卡车的汽油机以及要求使用 API SN 级油的汽油机。此种油品在高温氧化和清净性能、低温油泥以及高温沉积物控制等方面的性能优于 SM。可代替 SM，并可在 SM 以前的“S”系列等级中使用。对于资源节约型 SN 油品，除具有上述性能外，强调燃料经济性、对排放系统和涡轮增压器的保护以及与含乙醇最高达 85% 的燃料的兼容性能。GF-5 与资源节约型 SN 相比，性能基本一致，GF-5 可代替 GF-4 |

注：SC、SD 已经废止。

我国汽油机油分类与 API 和 ILSAC 紧密接轨，同时包含 API 的 S＊系列和 ILSAC 的 GF 系列，但我国汽油机油质量标准还未紧随 GB/T 28772—2012 更新，最新汽油机油质量标准仍然是 GB11121—2006。汽油机油黏度分类共有 17 种等级，为了便于总结记忆，特整理成如下组合形式：

| | | | |
| --- | --- | --- | --- |
| 0W/20 | 0W/30 | | |
| 5W/20 | 5W/30 | 5W/40 | 5W/50 |
| | 10W/30 | 10W/40 | 10W/50 |
| | 15W/30 | 15W/40 | 15W/50 |
| | | 20W/40 | 20W/50 |
| 20 | 30 | 40 | 50 |

SM/GF-4、SN/GF-5 汽油机油标准现仅有地方标准或企业标准，它们均参照 GB 11121—2006 制定，SM/GF-4 中汽油机油黏度分级与 GB 11121—2006 一致，共有 17 个黏度等级。SN/GF-5 标准以中国石油 Q/SY RH 2238—2019 为例，其黏度等级共 16 种，取消了 3 种夏季用油，增加了 0W/40、0W/50 两种多级油。

目前最新的汽油机油是 API 于 2020 年推出的 SP 和 GF-6。SP 作为目前汽机油的最高级别，相较于早前的 API SN（2010 年推出）和 API $SN^+$（2018 年推出）级别机油，SP 级别机油的高技术指标使其在延长发动机寿命、延长换油周期、抗氧化抗磨损、抗低速早燃、清洁性等方面性能突出，能够在保证燃油经济性的前提下也兼顾出色的发动机保护效能。为用户带来静音、低油耗、加速性能等更好的驾乘体验。

GF-6 标准分为 GF-6A 和 GF-6B。自 2020 年 5 月，GF-6A 生效之日起即替代 GF-5 及以下标准。GF-6B 不能兼容以前的老标准，只能推荐用于使用 0W-16 的新车，目前主要是日系车。

由于我国内燃机油黏度分类的最新标准更新于 2018 年，目前汽油机油最高质量等级是 API 于 2020 年推出的 SP 和 GF-6，我国必须制定这些最新等级的汽油机油标准。2020

年，中国汽车工程学会组织，中国石油兰州润滑油研究开发中心牵头，中国第一汽车集团有限公司、安徽江淮汽车集团有限公司、东风汽车集团有限公司、北京宝沃汽车股份有限公司工程研究院参与，承担《SP、GF－6 汽油机油》标准制定任务，标准制定起止时间为 2020 年 1～12 月。

2020 年 1～3 月调研国内相关 OEM 对 SP、GF－6 汽油机油的需求，对生产厂商进行用户油品意见征集。2020 年 4～6 月调研 API SP、GF－6 汽油机油标准和国外 SP、GF－6 汽油机油市场需求情况。2020 年 7～9 月收集 SP、GF－6 复合剂及市售产品，开展理化模拟性能测试。2020 年 10 月整理数据，编写标准草案及其编制说明。2021 年 2 月 24 日～3 月 24 日，中国汽车工程学会官网在全国征求意见。

在此不厌其烦介绍标准的制定过程，希望读者理解润滑油品质量要求的严格与规范。

参照 GB 11121—2006 和 GB/T 14906—2018 标准，《SP、GF－6 汽油机油》标准包括 SP、GF－6A、GF－6B 三个质量等级分类。SP 汽油机油包含 0W－16、0W－20、0W－30、0W－40、0W－50、5W－20、5W－30、5W－40、5W－50、10W－30、10W－40、10W－50、15W－30、15W－40、15W－50、20W－40、20W－50 共 17 个黏度等级。GF－6A 汽油机油包含 0W－20、0W－30、5W－20、5W－30、10W－30 共 5 个黏度等级。GF－6B 汽油机油包含 0W－16 黏度级。基本覆盖了所有可能的应用要求。

**2. 柴油机油**

GB/T 28772—2012 是我国内燃机油的分类标准，除汽油机油外，还包括柴油机油，柴油机油按质量等级分为 CC、CD、CF、CF－2、CF－4、CG－4、CH－4、CI－4、CJ－4 九种（“2” 代表二冲程发动机，“4” 代表四冲程发动机）。柴油机油的特性和使用场合见表 3－2。

**表 3－2　柴油机油分类及使用场合（摘自 GB/T 28772—2012）**

| 应用范围 | 品种代号 | 特性和使用场合 |
|---|---|---|
| 柴油机油 | CC | 用于中负荷及重负荷下运行的自然吸气、涡轮增压和机械增压式柴油机以及一些重负荷汽油机。对于柴油机具有控制高温沉积物和轴瓦腐蚀的性能，对于汽油机具有控制锈蚀、腐蚀和高温沉积物的性能 |
| | CD | 用于需要高效控制磨损及沉积物或使用包括高硫燃料自然吸气、涡轮增压和机械增压式柴油机以及要求使用 API CD 级油的柴油机。具有控制轴瓦腐蚀和高温沉积物的性能，并可代替 CC |
| | CF | 用于非道路间接喷射式柴油发动机和其他柴油发动机，也可用于需有效控制活塞沉积物、磨损和含铜轴瓦腐蚀的自然吸气、涡轮增压和机械增压式柴油机。能够使用硫的质量分数大于 0.5% 的高硫柴油燃料，并可代替 CD |
| | CF－2 | 用于需高效控制汽缸、环表面胶合和沉积物的二冲程柴油发动机，并可代替 CD－Ⅱ |
| | CF－4 | 用于高速、四冲程柴油发动机以及要求使用 APICF－4 级油的柴油机，特别适用于高速公路行驶的重负荷卡车。此种油品在机油消耗和活塞沉积物控制等方面的性能优于 CE，并可代替 CE、CD 和 CC |
| | CG－4 | 用于可在高速公路和非道路使用的高速、四冲程柴油发动机。能够使用硫的质量分数小于 0.05%～0.5% 的柴油燃料。此种油品可有效控制高温活塞沉积物、磨损、腐蚀、泡沫、氧化和烟怠的累积，并可代替 CF－4、CE、CD 和 CC |

续表

| 应用范围 | 品种代号 | 特性和使用场合 |
|---|---|---|
| 柴油机油 | CH－4 | 用于高速、四冲程柴油发动机。能够使用硫的质量分数不大于0.5%的柴油燃料。即使在不利的应用场合，此种油品凭借其在磨损控制、高温稳定性和烟怠控制方面的特性可以有效地保持发动机的耐久性；对于非铁金属的腐蚀、氧化和不溶物的增稠、泡沫性以及由于剪切所造成的黏度损失可提供最佳的保护。其性能优于CG－4，并可代替CG－4、CF－4、CE、CD和CC |
| | CI－4 | 用于高速、四冲程柴油发动机。能够使用硫的质量分数不大于0.5%的柴油燃料。此种油品在装有废气再循环装置的系统里使用可保持发动机的耐久性。对于腐蚀性和与烟怠有关的磨损倾向、活塞沉积物以及由于烟怠累积所引起的黏温性变差、氧化增稠、机油消耗、泡沫性、密封材料的适应性降低和由于剪切所造成的黏度损失可提供最佳的保护。其性能优于CH－4，并可代替CH－4、CG－4、CF－4、CE、CD和CC |
| | CJ－4 | 用于高速、四冲程柴油发动机。能够使用硫的质量分数不大于0.05%的柴油燃料。对于使用废气后处理系统的发动机，如使用硫的质量分数大于0.0015%的燃料，可能会影响废气后处理系统的耐久性和/或机油的换油期。此种油品在装有微粒过滤器和其他后处理系统里使用可特别有效地保持排放控制系统的耐久性。对于催化剂中毒的控制、微粒过滤器的堵塞、发动机磨损、活塞沉积物、高低温稳定性、烟怠处理特性、氧化增稠、泡沫性和由于剪切所造成的黏度损失可提供最佳的保护。其性能优于CI－4，并可代替CI－4、CH－4、CG－4、CF－4、CE、CD和CC |
| 农用柴油机油 | — | 用于以单缸柴油机为动力的三轮汽车（原三轮农用运输车）、手扶变型运输机、小型拖拉机，还可用于其他以单缸柴油机为动力的小型农机具，如抽水机、发电机等。具有一定的抗氧、抗磨性能和清净分散性能 |

注：CD－Ⅱ和CE已经废止。

我国柴油机油按质量要求的分级标准一直沿用美国API标准，而且我国的柴油机油更新速度滞后于美国的API标准，API 2016年底推出CK－4和FA－4，这是目前最新的柴油机油标准。

我国柴油机油的质量标准最新版本仍然是2006年推出的GB 11122—2006，仅包括CC、CD、CF、CF－4、CH－4、CI－4六种柴油机油的黏温性能和使用性能要求，GB 11122—2006中柴油机油黏度分类共有20种等级，比GB 11121—2006中汽油机油黏度分类增加了0W/40、20W/60、60三种分级。如果按GB/T 28772—2012质量等级分类和GB 11121、GB11122的黏度等级粗略进行排列组合，我国现有汽油机油种类按照质量等级和黏度分级有13×17＝221种，柴油机油有9×20＝180种，也就不难理解润滑油种类为何能多达成百上千种了。当然这只是一个粗略估算，CF－2、CG－4、CJ－4还没有统一的国家标准，中国石化企业标准CF－2中仅有15W－40、40、50三种黏度，中国汽车工程学会牵头制定的CJ－4团体标准T/case 107－2019中包括18个黏度等级。

市场上销售的柴油机油还不止这些，比如青岛冠军石油化学有限公司企业标准Q/0282 GJY 001—2020标准中，SM、SN、SN＋、SP汽油机油和CG－4、CJ－4、CK－4柴油机油的黏度等级均有20个，而且全部都是多级油。

API 2016年底推出的CK－4油品兼容现有的及新款柴油发动机，与2006年推出的CJ－4相比，提高了氧化稳定性、充气能力、耐磨保护、剪切稳定性、燃油经济性，具有更好的油膜强度，更低的黏度。在2016年API发布的标准中，出现了从未有过的FA－4

标准，CK－4 侧重性能提升并兼容之前的机油产品，FA－4 针对新式发动机用途而设计。

2006 年出台的国标显然已经落后，随着国六排放标准的出台，已经跟不上中国汽车工业的飞速发展，2016 年 9 月 13 日，中国内燃机学会、中国汽车工程师学会、东风商用车有限公司以及其他多家单位联合发起成立了中国自主发动机润滑油标准开发创新联盟，迈出了“实现自主润滑油标准体系中国梦”的第一步。

**3. 内燃机油标识**

（1）汽油机油名称（即牌号）表示式

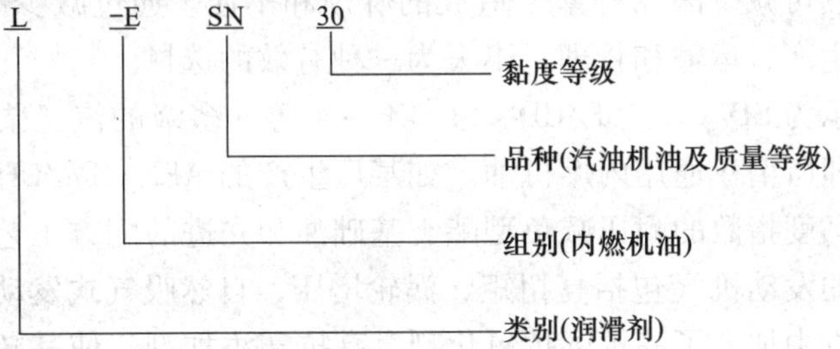


（2）柴油机油名称（即牌号）表示式

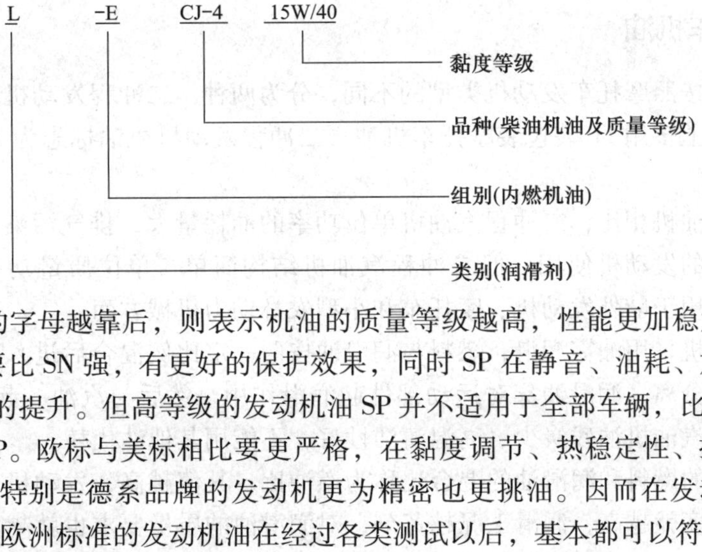


S、C 后面的字母越靠后，则表示机油的质量等级越高，性能更加稳定，机油级别更高。SP 的油膜要比 SN 强，有更好的保护效果，同时 SP 在静音、油耗、加速性能方面相比 SN 都有稳定的提升。但高等级的发动机油 SP 并不适用于全部车辆，比如说欧系汽车型号就无需参考 SP。欧标与美标相比要更严格，在黏度调节、热稳定性、挥发性等方面基本都胜于美标，特别是德系品牌的发动机更为精密也更挑油。因而在发动机油的选购方面，大多数符合欧洲标准的发动机油在经过各类测试以后，基本都可以符合大部分发动机的需要，而美标的发动机油则不然。

除机油级别标识之外，机油外包装上还有 SAE 黏度值，例如 5W－30。数字代号的含义如下：

① 只标明数字 20、30、40、50 的，表示夏季用油，数字越大其黏度越大，适用的温度越高。

② 标明数字＋W 字样的，表示冬季用油，例如 0W、5W、10W、15W、20W、25W，字母 W 是英文冬季的缩写，W 前面的数字越小，黏度越小，低温流动性越好，适用的温度越低。

③ 标明 5W－40、10W－30、15W－40 等字样的，表示冬夏通用的多级油，这种多级油适用温度范围广。

在选用机油时，可以参考汽车保养说明书，最好专车专用，切勿使用假冒劣质机油，那样会导致发动机的磨损加剧，减短发动机的使用寿命。

发动机油还包括汽油机、柴油机通用的通用机油和摩托车机油。

## 五、通用机油

通用内燃机油是既能用于汽油发动机，又能用于柴油发动机的润滑油。通用油虽较同等级的汽油机油或柴油机油价格稍贵，但对于既有汽油车又有柴油车的运输部门或混合车队来说，选用通用油可减少因品种繁多造成的麻烦和不便。通过减少品种，避免用错油，方便用户，也便于生产、运输和管理，不失为一种有效的选择。

通用油一般表示为 SD/CC、SF/CD、SL/CH－4 等。多级的汽、柴油机通用油，同时还可以冬夏通用，即所谓双通用内燃机油。如某厂生产的 API SM/CH－4 SAE 0W/40 多级通用油采用高黏度指数的耐压减负型酯类基础油和先进的配方工艺，适用于柴、汽油机轿车，轻型卡车的发动机（包括高扭矩、涡轮增压、自然吸气式发动机）在全天候温度环境下使用。其配方中加入了高抗磨抗氧化剂、高抗寒添加剂，使其超过宝马、奔驰、克莱斯勒、大众、保时捷等汽车制造商的要求，并可为赛车在比赛中提供良好的安全保护。

## 六、摩托车机油

摩托车机油按照摩托车发动机类型的不同，分为两种：二冲程发动机机油和四冲程发动机机油。市面上多用 1L 装包装摩托车机油，二冲程发动机机油标志为 2T，四冲程发动机机油标志为 4T。

与四冲程汽油机相比，二冲程汽油机单位功率的油耗量大，排气污染浓度高，所以不宜作为较大马力的发动机使用。但二冲程汽油机结构简单，单位质量功率高，经济、方便，仍被广泛应用于舷外发动机、摩托车和小型农林动力机械方面。

二冲程发动机采用油雾润滑，燃料与润滑油按照一定比例混合后进入发动机，汽油首先汽化与润滑油分离，润滑油雾对运动部件起润滑作用，然后与汽油一起到燃烧室烧掉。因而要求二冲程汽油机油残炭少、高温清洁性好，不能用其他油代替。

进入燃烧室的燃料和润滑油的混合比称为燃油比，其值越高，发动机功率越高，发动机第一环槽的温度就越高，润滑工况越苛刻，对润滑油的质量要求也就越高。目前国内多为 20:1，国外多为 50:1，部分已达 100:1。

摩托车机油标准的风向标是 JASO 标准，JASO M345 摩托车标准适用于二冲程发动机，JASO T903 标准适用于四冲程发动机。

JASO M345－2018 中，二冲程机油分为 FB、FC、FD 三类。

在 GB/T 7631.17—2014 中，二冲程汽油机油被分为 EGB、EGC、EGD 三个等级。EGD 级二冲程汽油机油一般都采用合成油及部分聚异丁烯作为基础油，价格高于矿物油 2 倍以上，以使油品有很低的排烟性能。二冲程汽油机油分类及对照见表 3－3。

四冲程摩托车发动机同汽车发动机结构基本相同，但摩托车发动机工作条件较差，因而四冲程摩托车发动机（4T）最好不要使用汽油机油，原因如下：

① 四冲程摩托车发动机产生的功率更高，一般是汽车的 1.5～1.8 倍，汽油机油不适

应高功率的四冲程摩托车发动机。

**表 3-3　二冲程汽油机油的分类及对照**

| GB | ISO/GLOBAL | API/NMMA | API/CEC | NMMA | JASO | 适用对象 |
|---|---|---|---|---|---|---|
| EGA | GA | TA | TSC-1 | — | FA | <50mL 摩托车，风冷 |
| EGB | GB | TB | TSC-2 | — | FB | 50~200mL 摩托车，风冷 |
| EGC | GC | TC | TSC-3 | — | FC | 50~200mL 摩托车，风冷 |
| EGC⁺ | GD | TC⁺ | — | — | FD | 有无烟型要求的摩托车 |
| EGD | — | TD | TSC-4 | TC-W | — | 舷外发动机，水冷 |
| — | — | — | — | TC-WII | — | 舷外发动机，水冷 |
| — | — | — | — | TC-WIII | — | 1992 产的舷外发动机 |

注：1. GB—国家标准；ISO/GLOBAL—国际标准；NMMA—美国船用设备制造商协会；CEC—欧洲协作委员会；JASO—日本汽车规范标准委员会。2. 表中相当于 A 类的油品现已淘汰。

② 摩托车大多采用风冷，冷却系统简单，润滑油温度很容易升高，工作温度高达160℃左右，四冲程摩托车在高温下运转，容易生成沉积物，最好选择专用配方的四冲程摩托车机油。

③ 四冲程摩托车发动机润滑系统非常紧凑，摩托车的离合器在机油里面浸泡，发动机、齿轮箱和离合器由一种油品来润滑，而汽车的发动机、离合器和齿轮箱是三个独立的部分，发动机和齿轮箱分别使用各自不同种类的润滑油。四冲程摩托车发动机润滑油要求同时润滑发动机、变速器和离合器，机油中的摩擦改进剂会导致离合器打滑，也可能会造成变速箱的点蚀（局部腐蚀和微裂纹形成），也就是说，汽油机油无法满足四冲程摩托车的润滑。

相对于汽车来说，摩托车发动机工作条件较差，因而用油级别应较高。

1998 年以前，大多数四冲程摩托车机油一直选用 API 系列的汽油机油，只是级别稍微高一些而已，1998 年，JASO 开发了四冲程摩托车机油的分级系统，引入了 MA 和 MB 规格来区分非摩擦改进型和摩擦改进型的机油。JASO MA 机油是非摩擦改进型机油，大多数四冲程摩托车湿式离合器需要 JASO MA 机油。

JASO MB 级机油是四冲程摩托车机油中摩擦系数最低的一种机油，不得用于需要使用 JASO MA 级机油的地方。

我国的陆用小型发动机润滑油（摩托车油）分级标准参照日本汽车规范标准的 JASO 分级体系，最新国家标准是 GB/T 7631.17—2014（见表 3-4）。

## 七、机油选用原则

内燃机油在发动机各摩擦表面中担负着润滑、清洁、冷却、防锈等重要作用。选用合适的内燃机油是保证发动机正常工作、延长其使用寿命的重要条件，应根据发动机结构特点和要求，先确定其合适的质量等级，再根据发动机使用的外部环境温度，选择该质量等级中的黏度等级。

### 1. 质量等级选用原则

(1) 厂标选油原则

每个品牌车的发动机都是不一样的，首先应以厂标（OEM 认证标准）选择机油，直接看车辆说明书就可以了。这是最标准最准确的方法，比如说明书写的是 SN 5W-30，那就按照这个标准添加。

**表 3-4　陆用小型汽油发动机润滑油分类（GB/T 7631.17—2014）**

| 项目 | 组成和特性 | 品种代号 | 典型应用 |
| --- | --- | --- | --- |
| 二冲程 | 由润滑油基础油和清净剂、分散剂及抑制剂组成，具有润滑性和清净性 | EGB | 用于对防止排气系统沉积物的形成及降低排烟水平无要求的一般性能发动机 |
| | 由润滑油基础油和清净剂、分散剂及抑制剂组成，具有润滑性和较高的清净性。加入的合成液可减少排烟并抑制引起动力降低的排气系统沉积物 | EGC | 用于对防止排气系统沉积物的形成有要求的一般性能发动机，这种发动机可通过降低排烟水平而获益 |
| | 由润滑油基础油和清净剂、分散剂及抑制剂组成，具有润滑性和更高的清净性。加入的合成液可减少排烟并抑制引起动力降低的排气系统沉积物，良好的清净性可防止在苛刻条件下活塞环的粘结 | EGD | 用于对防止排气系统沉积物的形成有要求的一般性能发动机，这种发动机可调过降低排烟水平而获益。这些发动机也可从使用具有更高清净性的润滑剂中受益 |
| 四冲程 | 由润滑油基础油和清净剂、分散剂及抑制剂组成，具有润滑性、磨损保护、氧化控制和清净性。可以使用或可以不使用黏度指数改进剂，目前一般不使用润滑剂摩擦改进剂 | EMA、EMA1、EMA2 | 用于拥有一个共用机油箱，包括发动机和动力传动系统、启动器、变速器（箱）部件的一般性能发动机。这些发动机和动力传动系统、启动器、变速器（箱）等部件的设计要求使用具有相对高摩擦系数的润滑剂 |
| | 由润滑油基础油和清净剂、分散剂及抑制剂组成，具有润滑性、磨损保护、氧化控制和清净性，可以使用或可以不使用黏度指数改进剂。可以使用润滑剂摩擦改进剂以降低和/或改进油品的摩擦特性 | EMB | 用于拥有一个共用机油箱，包括发动机和动力传动系统，启动器、变速器（箱）等部件的一般性能发动机。这些发动机和动力传动系统、启动器、变速器（箱）等部件的设计要求使用具有相对低摩擦系数的润滑剂 |

（2）美标选油原则

我国机油一般采用双身份认证，API 质量等级认证以及 SAE 黏度等级认证。根据 API 质量等级认证选用机油的原则见表 3-1、表 3-2、表 3-4。机油质量等级应根据发动机工况的苛刻程度和进排气系统中的附加装置及生产年代来选择。一般来说，高等级的内燃机油可代替低等级的内燃机油，但经济上不划算，应按说明书的规定进行选用。但低等级的内燃机油绝不能代替高等级的内燃机油。

（3）欧标选油原则

在我国，欧系汽车占乘用车市场的20%以上，这意味着很大一部分市场都需要 ACEA 性能等级的发动机润滑油。

API/ILSAC 质量等级按照字母和数字升序质量变优，ACEA 则截然不同。

ACEA 标准分为 A、B、C、E 四个系列，每个等级由字母和数字组成，如 A2-96、C3-10 等。A、B、C 均是轻型车（乘用车）机油，“A”是汽油发动机油，“B”是轻型柴油机油，“C”适用于汽油机、轻负荷柴油机，属低灰分、与触媒兼容的发动机油，“E”为重型车（商用车）柴油机油。

第一个数字表示品质：比如“1”表示特殊要求；“2”表示一般要求（标准）；“3”

表示严格要求，“96”表示这一规范从1996年1月开始应用，“10”表示这一规范从2010年1月开始应用。并不是字母越靠后等级越高，字母后面的数字也不是越大质量就越好。

2004年起ACEA将A类和B类规格合并为A/B规格，属于高灰分润滑油。

ACEA—2021中，高灰分的A/B系列只有三个标准，A3/B4、A5/B5、A7/B7。中低灰分的C系列共有C2、C3、C4、C5、C6五个标准，C3看重性能，黏度偏大，C5、C6看重燃油经济性，黏度偏小。E系列有E4、E6、E7、E9四个标准。

关于欧标机油详细的选用原则，可参考本章所附的电子材料，在此不再展开。

2021年，我国汽车产销2600多万辆，乘用车占2100多万辆，各种车型都有不同幅度的增长，尤其是高端车的增长幅度远大于普通乘用车，买高端车、豪车的人倾向于使用更高性能的机油产品，如更高的API SP，甚至C5、C6，乃至购买含有OEM认证的产品。所以未来高端产品的需求会越来越大，而低端产品则会被缓慢淘汰。越高端的产品，其基础油和添加剂的要求也越高。

**2. 黏度等级确定一般遵循的原则**

应根据工作地区的环境温度、发动机负荷、转速选用适宜黏度等级的内燃机油，以保证零件正常润滑。

应尽量选用黏温特性好、黏度指数高的多级油。多级机油使用温度范围比单级油宽，具有低温黏度油和高温黏度油的双重特性。

一般我国南方夏季气温较高，对重负荷、长距离运输、工况恶劣的汽车应选用黏度较大的内燃机油。我国北部地区冬季气温低，应选用低黏度内燃机油，以保证发动机易于启动，减少零部件磨损。新发动机走合期应选用低黏度的内燃机油。

根据车的年龄选择机油型号，车用得比较久，行驶公里数比较多，则磨损严重，零件的装配间隙增大，这个时候就要选择黏度大一些的机油，避免烧机油的现象发生。一般选择比自己的标准大一个号就行。

根据动力和省油需求选择机油。想省油，且要动力好一点，就要选择稀一点的机油，这样气缸在运动时候的阻力小，动力自然就要好，而且阻力小，自然也要省油一些。

## 八、机油换油原则

发动机油在使用一般时间后，由于油品氧化、污染而引起质量品质下降，失去原有的使用性能，需要更换发动机油。机油的换油原则有人遵循定期更换，有人遵循汽车出厂说明书规定的里程更换。但最合理的更换原则应当是：测定在用油规定的理化指标，参考最新的机油换油标准（见表3-5、表3-6），当发动机油任何一项指标达到该标准时就应该更换新油。

**表3-5 汽油机机油换油标准（GB/T 8028—2010）**

| 项目 | | 换油指标 | | 试验方法 |
|---|---|---|---|---|
| | | SE、SF | SG、SH、SJ（SJ/GF-2）、SL（SL/GF-3） | |
| 运动黏度变化率（100℃）/% | > | ±25 | ±20 | GB/T 265 或 GB/T 11137[a] |
| 闪点（闭口）/℃ | < | 100 | | GB/T 261 |

续表

| 项目 | | 换油指标 | | 试验方法 |
|---|---|---|---|---|
| | | SE、SF | SG、SH、SJ（SJ/GF-2）、SL（SL/GF-3） | |
| （碱值-酸值）（以 KOH 计）/(mg/g) | < | — | 0.5 | SH/T 0251，GB/T 7304 |
| 燃油稀释/%（质） | > | — | 5.0 | SH/T 0474 |
| 酸值（以 KOH 计）增加值/(mg/g) | > | 2.0 | | GB/T 7304 |
| 正戊烷不溶物/%（质） | > | 1.5 | | GB/T 8926B 法 |
| 水分/%（质） | > | 0.2 | | GB/T 260 |
| 铁含量/(μg/g) | > | 150 | 70 | GB/T 17476[a]、SH/T 0077、ASTM D6595 |
| 铜含量增加值/(μg/g) | > | — | 40 | GB/T 17476 |
| 铝含量/(μg/g) | > | — | 30 | GB/T 17476 |
| 硅含量增加值/(μg/g) | > | — | 30 | GB/T 17476 |

注：[a] 适用于固定式柴油机。

**表 3-6　柴油机油换油指标（GB/T 7607—2010）**

| 项目 | | 换油指标 | | | | 试验方法 |
|---|---|---|---|---|---|---|
| | | CC | CD、SF/CD | CF-4 | CH-4 | |
| 运动黏度变化率（100℃）/% | > | ±25 | | ±20 | | GB/T 11137 和本标准 3.2 |
| 闪点（闭口）/℃ | < | 130 | | | | GB/T 261 |
| 碱值下降率/% | > | 50[b] | | | | SH/T 0251[c]、SH/T 0688 和本标准 3.3 |
| 酸值增加值（以 KOH 计）/(mg/g) | > | 2.5 | | | | GB/T 7304 |
| 正戊烷不溶物/%（质） | > | 2.0 | | | | GB/T 8926B 法 |
| 水分/%（质） | > | 0.20 | | | | GB/T 260 |
| 铁含量/(μg/g) | > | 200<br>100[a] | 150<br>100[a] | 150 | | SH/T 0077、GB/T 17476[c]、ASTM D6595 |
| 铜含量/(μg/g) | > | — | — | 50 | | GB/T 17476 |
| 铝含量/(μg/g) | > | — | — | 30 | | GB/T 17476 |
| 硅含量增加值/(μg/g) | > | — | — | 30 | | GB/T 17476 |

注：[a] 适用于固定式柴油机。[b] 采用同种检测方法。[c] 此方法为仲裁方法。

## 第二节　工业油“老大”——液压油

畅游完浩瀚无边的发动机油王国，接下来进入工业油领域。润滑油整体可以分为车用油和工业油，也可分为交通用油和工业油，比如柴油发动机油、汽油发动机油、车辆齿轮油、摩托车油、船用油都属于交通用润滑油领域。无论咋分，发动机油都是车用油领域的“老大”，也是交通用润滑油领域的“老大”，还是整个润滑油王国的“老大”。而液压油则稳坐工业油“老大”的交椅。

工业用油主要以液压油为主，此外，还包含齿轮用油、压缩机油、导热油和变压器油等。从 2019 年工业润滑油产品需求结构来看，液压油和变压器油所占比重较大，分别占比41%和15%。此外导热油占8%、齿轮用油占8%、压缩机用油占3%。

液体既能流动又不可压缩，是不可压缩流体，在传递能量方面有很多巧妙的利用，液体传动利用液体作为介质传递能量，按工作原理不同，可分为液压传动和液力传动。利用液体压力变换实现能量传递的方式称为液压传动，利用液体运动时的动能来传递能量的方式称为液力传动。液压系统所使用的液压介质称液压油（液）；液力传动系统（变矩器）使用的介质称为液力传动油。

液压油常见的应用领域见表3-7。

**表3-7 液压技术的用途**

| 应用领域 | 采用液压技术的机械设备 |
|---|---|
| 工程机械与物体搬运设备 | 汽车起重机、挖掘机、推土机、铲式装料车、自卸卡车、机动平地机、沥青碾光机、混凝土搅拌机、混凝土泵、小型反铲挖掘机、工业机器人、工业车辆、叉车、汽车挖掘机 |
| 农业机械 | 拖拉机、联合收割机、田间作业机械 |
| 塑料加工机械 | 压缩成型机、注塑机、挤出机、中空吹塑机 |
| 机床 | 车床、镗床、铣床、磨床、专用机床 |
| 金属材料设备 | 轧钢机、制管机械 |
| 金属二次加工设备与铸造机械 | 折弯机、油压机、锻造机械、压铸机、铸型机械 |
| 汽车 | 轿车、公共汽车、载货汽车、特装车（消防车、垃圾车、清扫车） |
| 船舶 | 甲板机械（起锚机、系船机）、搬运机械（货物绞车、甲板起重机）、舵机、捕鱼机械（拖网绞车、起网绞车）、装油装置、推进装置、开闭装置（舱口盖、登陆门） |
| 航空机械 | 收放起落架、减速板、变换尾喷口直径打开炸弹舱、操纵副翼及水平尾翼等 |
| 矿山机械 | 采煤机牵引部分液压系统 |
| 军用 | 各种军械的液压系统 |
| 其他 | 医疗器械、游戏机等 |

液压油在液压系统中起到能量传递、润滑、抗磨、防腐、冷却等作用。

按照性质来划分，液压油可以分为普通液压油、抗磨液压油、抗氧化液压油、防锈液压油、阻燃/耐火液压油、低温液压油、清静液压油、绿色液压油等。

按照应用领域来划分，液压油可以分为工业机械液压油、工程机械液压油、矿山设备液压油、农业机械液压油、食品机械液压油、船舶液压油、航空液压油等。

不同应用领域对液压油性能要求存在差异，因此液压油种类繁多。

关于液压油，我们需要知道它的工作原理、质量要求，以及它的系统分类、认证、选用以及未来发展方向。

## 一、液压传动工作原理及对油品的性能要求

### 1. 液压传动工作原理

液压传动是利用连通管路来进行工作，并依靠液压系统中容积的变化来传递运动状态的。下面以液压千斤顶为例说明液压传动系统的工作原理［见图3-2（a）］，图中大油缸和大活塞组成举升液压缸。杠杆手柄1、小油缸2、小活塞3、单向阀4和7组成手动液压泵。当提起手柄使小活塞向上移动时，小活塞下端油腔容积增大，形成局部真空，这时单

向阀 4 打开，通过吸油管 5 从油箱 12 中吸油；用力压下手柄，小活塞下移，小活塞下腔压力高，单向阀 4 关闭，单向阀 7 打开，下腔的油液经管道 6 输入举升油缸 9 的下腔，迫使大活塞 8 向上移动，顶起重物。再次提起手柄吸油时，单向阀 7 自动关闭，使油液不能倒流，从而保证了重物不会自行下落。不断地往复扳动手柄，就能不断地把油液压入举升缸下腔，使重物逐渐地升起。如果打开截止阀 11，举升缸下腔的油液通过管道 10、截止阀 11 流回油箱，重物就向下移动。

一般的液压顶升系统如图 3－2（b）所示，其动力元件不是图 3－2（a）中的手动杠杆，而是原动机带动的油泵，可以用齿轮泵、柱塞泵、叶片泵等。油泵的作用是将机械能传给液体，转变为液体的压力能。其执行元件同图 3－2（a）类似，通过油缸、马达将液体压力能转换为机械能，去驱动负载作功，实现往复直线运动、连续转动或摆动。液压系统的操作元件包括各种不同类别的阀门，通过它们来控制和调节液流的压力、流量及方向，实现各种不同的工作循环。液压系统的辅助元件包括油箱、油管、接头、冷却器、滤油器、蓄能器以及各种控制仪表。

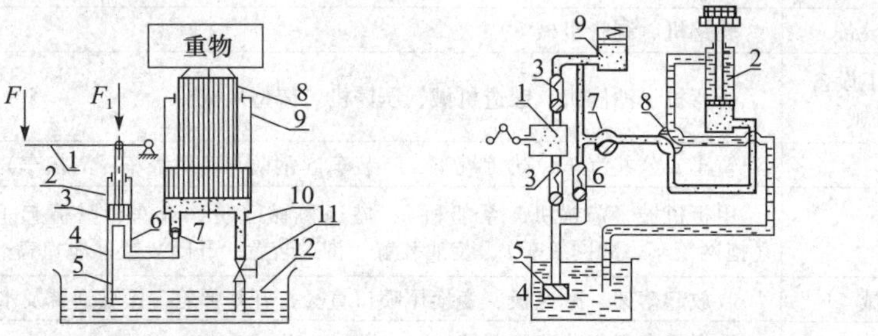


(a) 液压顶升机构原理图

1—杠杆手柄；2—小油缸；3—小活塞；4，7—单向阀；5—吸油管；6，10—管道；8—大活塞；9—大油缸；11—截止阀；12—油箱

(b) 液压系统

1—油泵；2—油缸；3—单向阀；4—油箱；5—滤油器；6—溢油阀；7—节流阀；8—换向阀；9—储能器

图 3－2　液压顶升机构原理图

液压油相当于液压系统的血液，具有传递能量、润滑、密封、防锈、防腐蚀等作用。由于液压系统具有传递平稳、易于操作的特点，所以液压技术应用在生产、生活的各个领域，因此液压油在国际和国内润滑油市场占有很重要的位置。

**2. 液压油的使用要求**

液压油在液压油系统中的主要作用，是将液压系统中某一点所施加的力，传递到其他部位。此外，液压油应具有润滑、冷却和防锈等作用。因此，液压系统能否可靠、有效且经济地工作，在一定程度上取决于液压系统所使用的液压油的性能。为此，液压系统根据其工作条件、周围环境以及所起的作用，对液压油提出如下要求：

① 具有适宜的黏度及良好的黏温性能，以确保在工作温度发生变化的条件下能准确、灵敏地传递动力，并能保证液压元件的正常润滑。

② 具有良好的防锈性及抗氧化安定性，在高温高压条件下不易氧化变质，使用寿命长。

③ 具有良好的抗泡沫性，使油品在受机械不断搅拌的工作条件下，产生的泡沫易于

消失，以使动力传递稳定，避免液压油加速氧化。

④ 具有良好的抗乳化性，能与混入油中的水迅速分离，以免形成乳化液导致液压系统金属材质的锈蚀及使用效果的降低。

⑤ 具有良好的极压抗磨性，以保证液压油泵、液压马达、控制阀和油缸中的摩擦副在高压、高速苛刻条件下得到正常的润滑，减少磨损。

除上述基本质量要求外，对于一些特殊性能的液压油尚有特殊的要求：如低温液压油要求具有良好的低温使用性能；抗燃液压油要求具有良好的抗燃性能；抗银液压油可用于有银部件的液压系统；长寿命液压油要求有较好的高温抗氧化性；高清洁度液压油对机械杂质有严格要求；食品级液压油要求绝对安全等。

## 二、液压油的系统分类

液压油液的种类繁多，分类方法各异。有按组成分类的，有按性质分类的，也有按用途分类的。透过现象看本质，本节仍按黏度和质量等级（或应用场合）对这类油品进行系统分类。

**1. 液压油黏度分级**

液压油是工业润滑油中用量最大的一类，工业油黏度分类采用ISO标准，以40℃运动黏度的中心值划分黏度牌号，液压油共有10、15、22、32、46、68、100、150八个黏度等级，常用的黏度等级为32、46、68三种。

**2. 液压油质量分级**

目前，我国液压油按应用场合划分的国家标准为GB/T 7631.2—2003（见表3-8）。

GB/T 7631.2—2003将H组产品分为应用于流体静压系统和流体动力系统工作介质两部分。前者用于传递液体压力能，常称为液压油；后者用于传递液体动能，常称为液力油或液力传动油。

针对矿物油型及合成烃型液压油（非难燃型），1994年制定了此类产品的国家标准GB 11118.1—1994，并于2011年进行了更新。GB 11118.1—2011规定了L-HL、L-HM、L-HV、L-HS、L-HG几种液压油的技术要求和试验方法。

HL是防锈液压油，HM是抗磨液压油，HV是低温液压油，HS是超低温液压油，HG为导轨液压油；HM又分为普通压力下工作的抗磨液压油和高压工作环境使用的抗磨液压油。HL、HM、HG是单级油，HL、HM（普通）、HM（高压）、HG的黏度指数界限分别为：80、85、95、90。

HV、HS是多级油，黏度指数明显高于HL、HM液压油。HV 10、HV 15的黏度指数为130，而HV 22、HV 32、HV 46、HV 68、HV 100的黏度指数为140，HS 10、HS 15的黏度指数为130，HS 22、HS 32、HS 46的黏度指数为150。

为什么单单举这些例子？有没有40号油？首先，各种液压油按40℃运动黏度的中心值划分牌号，且必须在工业油ISO标准的范围内，就好像去五金店买铁丝或螺丝，它们有一套直径序列，你只能在那一系列商品中挑选一种最接近使用要求的产品购买。

GB 11118.1—2011中这几种液压油也并非囊括了工业油或液压油所有的黏度系列，它们各自的牌号列于表3-9。

**表 3-8　液压油分类的国家标准（GB/T 7631.2—2003）**

| 组别符号 | 应用范围 | 特殊应用 | 更具体应用 | 组成和特性 | 产品符号 | 典型应用 | 备注 |
|---|---|---|---|---|---|---|---|
| H | 液压系统 | 流体静压系统 | 用于要求使用环境可接受液压液的场合 | 无抑制剂的精制矿物油 | HH | | |
| | | | | 精制矿物油，并改善其防锈和抗氧性 | HL | | |
| | | | | HL 油，并改善其抗磨性 | HM | 具有高负荷部件的一般液压系统 | |
| | | | | HL 油，并改善其黏温性 | HR | | |
| | | | | HM 油，并改善其黏温性 | HV | 建筑和船舶设备 | |
| | | | | 无特定难燃性的合成液 | HS | | 特殊性能 |
| | | | | 甘油三酸酯 | HETG | 一般液压系统（可移动式） | 每个品种的基础液的最小含量应不少于70%（质） |
| | | | | 聚乙二醇 | HEPG | | |
| | | | | 合成酯 | HEES | | |
| | | | | 聚 α-烯烃和相关烃类产品 | HEPR | | |
| | | | 液压导轨系统 | HM 油，并具有抗黏滑性 | HG | 液压和滑动轴承导轨润滑系统合用的机床在低速下使振动或间断滑动（黏滑）减为最小 | 这种液体具有多种用途，但并非在所有液压应用中皆有效 |
| | | | 用于使用难燃液压液的场合 | 水包油型乳化液 | HFAE | | 通常含水量大于80%（质） |
| | | | | 化学水溶液 | HFAS | | 通常含水量大于80%（质） |
| | | | | 油包水乳化液 | HFB | | |
| | | | | 含聚合物水溶液① | HFC | | 通常含水量大于35%（质） |
| | | | | 磷酸酯无水合成液① | HFDR | | |
| | | | | 其他成分的无水合成液① | HFDU | | |
| | | 流体动力系统 | 自动传动系统 | | HA | | 与这些应用有关的分类尚未进行详细地研究，以后可以增加 |
| | | | 耦合器和变矩器 | | HN | | |

注：①这类液体也可以满足 HE 品种规定的生物降解性和毒性要求。

## 三、液压油的扩充资料

作为工业油领域的“老大”，液压油被广泛应用于工程机械、工业设备中。液压设备工作的场合不同，液压油经受的温度、压力等差别巨大，液压油的选用原则比较复杂。

表 3-9 几种液压油的牌号

| 代号 | 类别 | | 黏度牌号（40℃运动黏度的中心值） | | | | | | | |
|---|---|---|---|---|---|---|---|---|---|---|
| HL | 防锈液压油 | | | 15 | 22 | 32 | 46 | 68 | 100 | 150 |
| HM | 抗磨液压油 | 高压 | | | | 32 | 46 | 68 | 100 | |
| | | 普通 | | | 22 | 32 | 46 | 68 | 100 | 150 |
| HV | 低温液压油 | | 10 | 15 | 22 | 32 | 46 | 68 | 100 | |
| HS | 超低温液压油 | | 10 | 15 | 22 | 32 | 46 | | | |
| HG | 导轨液压油 | | | | | 32 | 46 | 68 | 100 | |

飞机液压系统主要用于完成收放起落架及襟翼等特定操纵和驱动，据统计，飞机液压系统的故障占飞机机械故障总量的30%左右，飞机液压系统的故障约50%是由于液压油引起的，因此航空液压油对于飞行安全十分重要。

目前，我国并未建立起航空液压油产品性能认证体系和标准体系，也未获得工业部门或行业协会的技术支持。航空液压油标准大多是美国标准。我们渴求具备完整的航空液压油适航验证能力，打破美孚、壳牌市场垄断，促进航空液压油国产化，从根本上摆脱欧美国家的技术壁垒和制约，保障国家战略安全，保障航空业持续安全运行。

至此，我们大致知道了我国的液压油是怎么分类的，但是我们也有疑问，GB/T 7631. 2—2003 中液压油有那么多种，如今也只有其中的五类产品有相应的国家级质量标准，也就是 GB 11118. 1—2011。这个标准已经发布了十几年了，它能不能代表当今液压油的使用要求？这个标准在我国液压油和世界液压油市场有多大的话语权？GB/T 7631. 2—2003 这一对液压油质量或应用场合的分类标准已经使用近 20 年了，20 年来有没有出现新的液压油品种？

这些问题需要我们认真思考，我们需要知道液压技术进步催生液压油品质和品种的变化，也需要把我国的液压油标准和国际上的液压油标准进行比较，了解我们的不足和优势。

为此，在本章电子资源，编者准备了液压油的如下资源：

① GB/T 7631. 2—2003 中液压油各组产品的组成、特性和主要应用；

② 几种液压油的技术要求和试验方法（GB 11118. 1—2011）；

③ 工业设备及工程机械常用液压油的选用；

④ 液压油的国际标准；

⑤ 液压油 OEM 标准；

⑥ 液压油的新技术与需求展望。

本章内燃机油的电子资源中有：内燃机油分类标准（GB/T 28772—2012）、汽油机油标准（GB 11121—2006）、柴油机油标准（GB 11122—2006）、机油分类欧洲标准。

除内燃机油、液压油，后续讲解的其他润滑油分类标准或扩充资料也放置于本章电子资源，是阅读本书的必要补充，请勿错漏。

## 第三节 跨领域的齿轮油

前面介绍了车用油中的“巨无霸”发动机油以及工业油中的老大液压油，接下来出场的这位可是个“跨领域”的“人才”，它就是润滑油中的齿轮油。无论在ISO分类中还是GB 7631. 1—2008中，齿轮油都是独立的一类，代号为“C”，可分为车辆齿轮油和工业齿轮油两大类。

如前所述，2019年我国车辆齿轮油占了车用油的8%，液压油占了工业油的41%，工业齿轮油占了工业油的8%，变压器油占了工业油的15%，计算下来，整个齿轮油坐上了润滑油总用量的第三把交椅，尽管它的用量比内燃机油、液压油小多了。

我们常说的三大润滑油就是内燃机油、液压油、齿轮油，三大燃料油是柴油、汽油、煤油，三大合成油是合成烃、聚酯、聚醚，三大添加剂是清静分散剂、黏度指数改进剂、抗氧抗腐剂一样，都是指的市场消费量。

齿轮传动可传递任意两轴之间的运动和动力，改变运动方向和速度，传递功率范围大，传动效率高。运动和动力的传递是齿轮机构系统在每对啮合齿面的相互作用、相对运动中完成的，其间必然产生摩擦。为避免在齿轮工作面之间形成直接摩擦，需要润滑剂将工作面隔开，以保持齿轮机构的功效和延长使用寿命，这种用于齿轮传动装置的润滑剂就是齿轮油。

齿轮油广泛应用于车辆及工业部门的机械传动。预计到2025年，齿轮油消费量$36\times10^4$t，2019～2025年平均年增长率1.8%。

## 一、齿轮的工作特点以及对齿轮油的要求

### 1. 齿轮分类

根据齿轮几何形状以及轮齿啮合方式，可将齿轮分为如下几种，如图3－3所示。

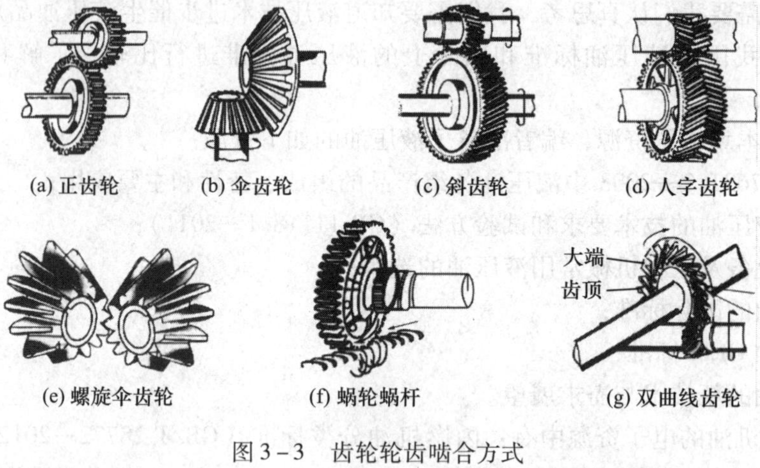


图3－3　齿轮轮齿啮合方式

①正齿轮、伞齿轮、斜齿轮、人字齿轮、螺旋伞齿轮；②蜗轮蜗杆；③双曲线齿轮。上述3类齿轮的几何形状不同，轮齿啮合方式不同，润滑油膜的形成有显著的差异。正齿轮、伞齿轮、斜齿轮、人字齿轮和螺旋伞齿轮容易在齿面上形成润滑油膜。蜗轮蜗杆齿面相对滑动速度快，摩擦产生的热量多，较难解决润滑问题，须使用高黏度并含有摩擦改进剂和抗磨剂的齿轮油。双曲线齿轮体积较小，传递的动力大，齿面相对滑动速度大，齿面上难以形成润滑油膜，是最难润滑的摩擦副之一，须使用加有高活性极压剂的齿轮油。近

代汽车后桥传动装置多采用双曲线齿轮，须使用双曲线齿轮油，即重负荷车辆齿轮油。重负荷车辆齿轮油是润滑性要求最高的汽车齿轮润滑材料。

**2. 齿轮的工作特点**

（1）工作温度

齿轮工作温度主要取决于齿轮的结构特性、工作条件、外界气温、润滑方式及齿轮油性质等因素。设备在开始运行时齿轮油工作温度及油温可能与环境温度接近，在正常运行时则取决于传动机构摩擦消耗的能量和散热强度。摩擦消耗的能量与传动效率有关，而散热强度则取决于工作温度与环境温差。例如，当高级轿车车速较高时，齿面间滑移速度大，齿形弯曲而强度大，双曲线齿轮油的油温可达160~180℃。汽车行驶的环境温度，尤其是北方冬季气温可达－20~－30℃，这就要求齿轮油要有较好的低温流动性及黏温特性。

（2）齿面接触压力及滑移速度

运动和动力的传递是由齿轮机构中每对啮合齿面相互作用、相互运动完成的。因此齿轮在工作过程中受力非常复杂。例如车辆的双曲线齿轮，两齿轴线在空中交错，齿长方向仍是弧形，齿面载荷可高达1.7GPa，冲击载荷可高达2.8GPa，造成齿面接触压力高，且齿面以很高的速度滑移，发生强烈的摩擦，使得齿面局部温度骤升，很容易出现烧结、熔焊（胶合）等损伤。另外，齿轮的当量半径小，难形成油楔，齿轮的每次啮合均需重新建立油膜，且啮合表面不相吻合，有滚动也有滑动，因此形成油膜的条件苛刻。

**3. 齿轮油使用要求**

由齿轮的工作特点可知，齿轮油的主要作用就是在齿轮的齿与齿之间的接触面上形成牢固的吸附膜和化学反应膜，以保证正常的润滑及防止齿面间的咬合。具体包括以下几方面的性能要求：

（1）适宜的黏度和良好的黏温性能

适当的齿轮油黏度，可以保证在弹性流体动压润滑状态下，形成足够厚的油膜，使齿轮具有足够的承载能力。但油的黏度不能过高，否则会因液体内摩擦热过量而使油膜破裂。良好的黏温性，可以在齿面摩擦高温条件下仍保持足够的润滑油膜，不致发生磨损。在低温时具有足够的流动性，齿面润滑部位有足够的齿轮油，防止启动磨损。

（2）足够的极压抗磨性

这是齿轮油最重要的性能。齿轮油应在高速、低速、重载或冲击负荷下，迅速形成边界吸附膜或化学反应膜，防止齿面发生磨损、擦伤、胶合等破坏现象，使齿轮装置得以长期运行。

（3）良好的氧化安定性和热安定性

齿轮油在较高温度下运转时，容易加快油的氧化，会使油的质量劣化，影响油的流动性，造成金属的腐蚀和锈蚀。因此，现在对齿轮油热氧化安定性的要求越来越高。

（4）良好的防锈抗腐蚀性

齿轮油在使用中，由于氧化和添加剂的作用而使齿面腐蚀；在有水和氧的参与下，齿面和齿轮箱会生锈。腐蚀和锈蚀会破坏齿的表面几何形状，破坏正常润滑状态。因此，齿轮油应具有良好的防锈和防腐蚀性。

（5）良好的抗泡性和抗乳化性

齿轮油在使用中由于搅动作用容易产生泡沫，如果生成的泡沫不能很快消失，会破坏油膜的完整性，使润滑失效；泡沫的导热性差，会引起齿面过热，使油膜破裂，故齿轮油应具有良好的抗泡沫性。齿轮油在使用中不可避免与水接触，如果齿轮油的分水能力差，油水就会形成稳定的乳化体，影响承载油膜的形成，导致齿面擦伤和磨损。所以，齿轮油应具有良好的抗乳化性。

除上述几项外，齿轮油应具有剪切安定性、贮存安定性以及密封件的配伍性等。工业齿轮油还有黏附性要求，车辆齿轮油还须通过一系列的台架性能评定试验等。

## 二、车辆齿轮油的分类和选用

车辆齿轮传动系统的基本功用，是将发动机发出的动力传给驱动车轮。就目前广泛应用的普适载重汽车来说，一般由离合器、变速器、转向器，以及安装在前、后驱动桥中的主传动轴、差速器和半轴组成。车辆齿轮油是用于车辆齿轮传动系统润滑油的总称。从润滑方面考虑，人们最关注的是驱动系统的变速器及驱动桥。

**1. 车辆齿轮油的分类**

和内燃机油一样，车辆齿轮油也是按黏度和使用性能分类。欧洲、日本和其他许多国家遵循美国 SAE 黏度分级和 API 使用性能分级法。

（1）SAE 黏度分类

SAE J306 规格对驱动桥和手动变速箱润滑剂的黏度特性进行了划分。将有低温性能要求的黏度等级和不要求低温性能的黏度等级分为含字母 W 和不含字母 W 两个系列，前者称为冬季油，后者称为夏季油。同时具有良好的低温及高温两种黏度等级特性的齿轮油称为多级齿轮油。

车辆齿轮油属车用油，其升级换代比较频繁，SAE J306 最初面世于 1991 年，之后有 SAE J306—98、SAE J306—2005、SAE J306—2019 标准，每升级一次，都增加了多个新级别，并提升了分类标准的严格程度。

这是因为随着齿轮设计的改进，齿轮制造材料的变化，以及齿轮传动负荷的增大，要求油品冬季启动性能更好，夏季摩擦损失更小，换油周期更长。由于齿轮运行条件越来越苛刻，油品在使用过程中必须有较好的黏度保持性，使最低黏度保持在黏度等级范围内才能达到较长的换油周期。

SAE J306—98 比 SAE J306—91 增加了 80、85 两个级别，SAE J306—2005 比 SAE J306—98 增加了 110、190 两个级别，SAE J306—2019 比 SAE J306—2005 增加了 60、70、75 三个级别。OEM 对齿轮油黏度的范围要求越来越窄，油品也就需要多样化。随着全球燃油经济性要求越来越严格，要求燃料消耗量要越来越低，比如我国乘用车五阶段燃料消耗量标准要求在 2025 年下降至 4L/100km。在这样的大背景下，车辆齿轮油也同发动机油一样，朝着低黏度方向发展，SAE J306 的调整也是为了适应这样的大趋势。

SAE J306 驱动桥和手动变速箱润滑油黏度分类见表 3-10。

此前我国采用等效 SAE J306—91《驱动桥和手动变速箱润滑油黏度分类》，制定出车用齿轮油黏度分类 GB/T 17477—1998 标准，如同 SAE J306 的不断升级，GB/T 17477 也在升级，我国车用齿轮油黏度分类最新标准 GB/T 17477—2012 等效于 SAE J306—2005，比 SAE J306—2019 少了 60、70、75 三个级别。

**表 3-10 SAE J306—2019 驱动桥和手动变速箱润滑油黏度分类（单级油）**

| SAE 黏度级别 | 150000mPa·s 时最高油温（D2983）/℃ | 100℃运动黏度（ASTM D445）/（$mm^2/s$） | |
|---|---|---|---|
| | | 最小 | 最大 |
| 70W | -55 | 3.8 | — |
| 75W | -40 | 3.8 | — |
| 80W | -26 | 8.5 | — |
| 85W | -12 | 11.0 | — |
| 60 | — | 3.8 | <5.0 |
| 70 | — | 5.0 | <6.5 |
| 75 | — | 6.5 | <8.5 |
| 80 | — | 8.5 | <11.0 |
| 85 | — | 11.0 | <13.5 |
| 90 | — | 13.5 | <18.5 |
| 110 | — | 18.5 | <24.0 |
| 140 | — | 24.0 | <32.5 |
| 190 | — | 32.5 | <41.0 |
| 250 | — | 41.0 | — |

（2）API 使用性能分级

目前，国际上尚无统一的车辆齿轮油质量规格标准，主要是由于欧洲与北美在汽车设计上有所不同，反映在汽车制造商对车辆用油的要求上各有侧重，在油品规格上存在一些差异，难以统一。因此，ISO 也一直未发布车辆齿轮油的分类标准和产品规格，但世界各国广泛采用美国石油学会 API 的车辆齿轮油使用分类和美国军用齿轮油规格。表 3-11 为 API 汽车手动变速器和驱动桥润滑剂使用分类。

**表 3-11 API 汽车手动变速器和驱动桥润滑剂使用分类**

| 类别 | 使用说明 | 我国相应标准 |
|---|---|---|
| GL-1 | 不含极压抗磨剂，只加抗氧防锈剂，用于手动变速器 | |
| GL-2 | 条件缓和的汽车蜗轮驱动桥润滑剂，含少量极压抗磨剂 | |
| GL-3 | 用于汽车手动变速箱和螺旋伞齿轮驱动桥 | SH/T 0350—92 |
| GL-4 | 用于重负荷螺旋伞齿轮及缓和的双曲线齿轮。由于评定此类产品的台架装置已不生产，现普遍采用 GL-5 复合剂减半调制 | SH/PDR 0116—2022 |
| GL-5 | 用于高速冲击负荷、高速低扭矩和低速高扭矩下的各类齿轮，特别是双曲线齿轮 | GB 13895—2018 |
| GL-6 | 用于具有高偏置的轿车双曲线齿轮驱动桥，相当于福特汽车公司的 M2C105/M2C154A | |
| MT-1 | 用于客车和重型卡车上的手动变速箱。提供防止化合物热降解、部件磨损用密封件变坏的性能 | |

GL 代表车辆齿轮油，GL 后面的数字越大，代表负荷级别越高。

我国车辆齿轮油普遍执行 API 齿轮油质量分级标准和 SAE 黏度分级标准，GB/T

7631.7—1989按质量不同，将车辆齿轮油分成普通车辆齿轮油（CLC）、中负荷车辆齿轮油（CLD）和重负荷车辆齿轮油（CLE）三类，分别对应于API的GL－3、GL－4、GL－5。

为了与国际接轨，GB/T 28767—2012车辆齿轮油分类将车辆齿轮油分为GL－3、GL－4、GL－5和MT－1四个等级。其中，普通车辆齿轮油相当于API GL－3，中负荷车辆齿轮油相当于API GL－4，重负荷车辆齿轮油相当于API GL－5，MT－1兼顾传动性能和齿轮洁净度两方面性能。

**2. 车辆齿轮油规格**

我国普通车辆齿轮油（GL－3）的规格与技术要求可参考SH 0350—92，分为80W/90、85W/90、90三个黏度牌号。

我国中负荷车辆齿轮油（GL－4）适用于在高速低扭矩和低速高扭矩工况下使用的齿轮，特别是客车和其他车辆的准双曲面齿轮驱动桥，也可用于手动变速器。GL－4的规格与技术要求也没有国家标准，中国石化、中国石油都有自己的企业标准，比如Q/SH PRD 0116—2022有10个黏度牌号。

我国重负荷车辆齿轮油（GL－5）的规格与技术要求参见GB 13895—2018，有75W－90、80W－90、80W－110、80W－140、85W－90、85W－110、85W－140、90、110、140共10个牌号，适用于高速冲击负荷、高速低扭矩和低速高扭矩工况下使用的车辆齿轮。特别是客车和其他各种车辆的准双面齿轮驱动桥，也可用于手动变速器。

上述三种车辆齿轮油的技术规格详见本章电子资源。

**3. 车辆齿轮油的选用**

一般说来，在汽车传动机构中后桥主减速器的工作条件较为苛刻。

主减速器是双曲线齿轮的后桥，必须根据工作条件选用相当于GL－4或GL－5级的双曲线齿轮油，决不可使用极压抗磨性很低的普通车辆齿轮油GL－3。

GL－6用于在高速冲击条件下运转的轿车和其他车辆的各种齿轮，特别是大偏移距的双曲线齿轮。偏移距大于50nm或接近大齿轮直径的25%，规定用GL－6齿轮油。

国产汽车东风EQ 1090、北京BJ 1440、北京BJ 2020等的后桥为单级双曲线齿轮减速，齿面压力不到2000MPa，齿面滑动速度在1.5～8m/s之间，GL－4级齿轮油便可以满足其润滑要求。

红旗CA770轿车、进口的高级轿车及载货汽车、工程汽车的后桥双曲线齿轮齿面负荷在2000MPa以上，滑动速度多超过10m/s，油温最高达120～130℃，必须使用GL－5级重负荷车辆齿轮油。

引进车型及进口汽车的驱动桥，必须使用重负荷车辆齿轮油GL－5。手动变速器使用中负荷车辆齿轮油GL－4。

目前，我国车辆齿轮油以GL－5为主导产品，占了车辆齿轮油的90%以上，GL－6尚无标准，某些用户需要GL－4时，商家在没有GL－4时，往往提供的是同样黏度等级的GL－5，这样做是合适的，可以用高等级的油代替低等级油使用，反之则不行。

通常制造厂商都对特定车型的齿轮油质量等级做了规定，用户可以按照汽车制造商的要求选用齿轮油的质量等级。另外大的油品供应商也在齿轮油外包装上罗列适用的车型。

如果汽车制造商没有规定或不知道规定的，可参阅本章电子资源中的“我国车用齿轮油质量等级选择建议”。

车辆齿轮油的选用，一方面要根据齿轮类型、负荷大小和滑动速度高低，选用相应质量等级的齿轮油。另一方面根据使用的最低环境温度和最高操作温度，来确定油品的黏度等级。我国地域辽阔，南北气温及冬夏气温相差很大，用油黏度应有区别。一般气温高、负荷大的车辆齿轮可选用黏度较大的油；气温低、负荷小可选用黏度较小的齿轮油。而多级油可同时满足最低环境温度时冷启动和正常操作条件下的温度要求。

还有根据地区选用车辆齿轮油的推荐，如：

三北地区（东北、华北、西北）采用75W/90或80W/90；黄河以南用85W/90；中部地区用85W/140；南方地区用90、140。

## 三、工业齿轮油的分类和选用

工业设备中有许多齿轮传动装置，主要起改变传动部件转速和方向的作用，前者一般是齿轮传动，后者是蜗轮蜗杆传动。工业齿轮油是用于各种工业机械的传动齿轮及蜗轮蜗杆的润滑油。按齿轮封闭形式不同，齿轮传动装置有闭式和开式两种形式，工业闭式齿轮油均为连续润滑用油（飞溅、循环或喷射等），工业开式齿轮油均为间歇或滴入式润滑用油。

与车辆齿轮油相比，工业齿轮油使用条件经常是高温、高负荷、多水、多灰尘污染场合。工业齿轮油和车辆齿轮油有很多不同：

使用的场合不同。工业齿轮油用于固定的工业设备齿轮箱润滑，车辆齿轮油用于移动的车载齿轮箱润滑。也就是说，后者用油的环境温度变化大，又系移动设备，高低温要求相对亦高。因此车辆齿轮油需有多级和单级之分。

中负荷、重负荷的车辆齿轮一般为双曲线齿轮，相比之下常为圆柱形或锥形的工业齿轮承载要求更高。因此中负荷车辆齿轮油的承载能力相当于重负荷工业齿轮油。故相当黏度等级的中负荷车辆齿轮油可以替代重负荷工业齿轮油。

车辆齿轮油的黏度等级是按美国汽车工程师协会SAE的规定进行分类，测定的是100℃时的运动黏度。而工业齿轮油是按照国际标准化组织ISO的规定分类，闭式工业齿轮油测定的是40℃时的运动黏度，开式齿轮油因太过黏稠，以100℃运动黏度划分标号。

与车辆齿轮油技术要求一样，工业齿轮油应有适当的黏度和良好的黏温性能、良好的热氧化安定性、抗泡性等，它的极压要求没有车辆齿轮油高，但抗乳化性、抗腐蚀性要求高，对于开式齿轮油来说，还要求黏附性和抗水性好。

### 1. 工业齿轮油的分类

（1）黏度分类

根据GB 3141—94《工业用润滑剂ISO黏度分类》，闭式工业齿轮油按照40℃运动黏度划分为20个黏度等级，分别为2、3、5、7、10、15、22、32、46、68、100、150、220、320、460、680、1000、1500、2200、3200。开式工业齿轮油以100℃运动黏度划分为68、100、150、220、320五个黏度等级。

（2）质量分类

GB/T 7631. 7—1995将工业闭式齿轮油分为CKB、CKC、CKD、CKE、CKS、CKT六

个品种，将工业开式齿轮油分为 CKG、CKH、CKJ、CKL、CKM 五个品种。

**2. 闭式工业齿轮油**

（1）闭式工业齿轮油家族成员

根据 GB/T 7631. 7—1995，几类闭式工业齿轮油名称分别如下。

CKB：轻负荷工业齿轮油（抗氧防锈工业齿轮油）。

CKC：中负荷工业齿轮油。

CKD：重负荷工业齿轮油。

CKE：蜗轮蜗杆油。

CKS：合成烃齿轮油。

CKT：合成烃极压齿轮油。

我国的工业齿轮油分类标准 GB/T 7631. 7—1995 移植于 ISO 6743—6—1990。其中 CKB、CKC、CKD 三种工业闭式齿轮油的技术要求和试验方法见 GB 5903—2011。以上三种齿轮油的黏度标号系列如下。

CKB：100、150、220、320。

CKC：32、46、68、100、150、220、320、460、680、1000、1500。

CKD：68、100、150、220、320、460、680、1000。

我国工业齿轮油分类标准 GB/T 7631. 7—1995 见本章电子资源。

蜗轮蜗杆是由蜗轮和蜗杆组成的装置，相比于常规齿轮装置，蜗轮蜗杆的运行速度较慢，但它的优点也十分明显：传动平稳、噪声低、传动速比大、体积小、蜗轮输出转矩大，因此常被广泛运用于两轴交错、对传动比要求较高、结构要求较为紧凑的场合当中。从结构上看，当蜗轮蜗杆运转时，咬合部分主要产生滑动摩擦，而且滑动速度和负荷能力大，润滑油不易进入咬合部分，因此整个齿面容易因润滑油不足或油膜损失而产生磨损、烧结等问题。

蜗轮蜗杆油 CKE 需要承受更高的压力，一般加入多功能复合添加剂，抗磨能力突出，拥有更高的高温氧化安定性和防锈抗乳化性。蜗轮蜗杆油主要分为轻负荷和重负荷两种，又可以分为普通型和极压型两种。按黏度划分，可以分为 220、320、460、680、1000 共 5 个牌号。

（2）几种闭式工业齿轮油规格及解读

CKB、CKC、CKD 三种工业闭式齿轮油的技术要求和试验方法 GB 5903—2011 见本章电子资源。

工业齿轮油广泛应用于钢铁、水泥、煤炭和石化等众多行业，随着国民经济的快速发展，其用量逐年递增，2020 年国内需求量已达到 $31\times10^4$t/a。按照 GB 5903—2011 要求，工业齿轮油出厂需要测试运动黏度、液相锈蚀、氧化安定性、四球机极压抗磨、FZG 承载等理化指标和台架性能。以 CKD 工业齿轮油为例，共 8 个黏度级别、18 个分析项目，共需测试 144 个理化和台架项目，测试周期长，仅氧化安定性一项试验就需要 13 天。试验费用高，承载能力试验 FZG 为 2 万元/次。

工业齿轮油中，CKB、CKC、CKD 是其中三个经久不衰的产品，在国内，它们分别被大家理解成轻、中、重负荷齿轮油。

CKB 属于矿物齿轮油，用于轻负荷或温和负荷，属于最基础的齿轮油产品。这个标准要求中根本就不需做任何抗擦伤或者极压测试。这个标准的齿轮油只测试抗氧、防锈和抗泡性能。

CKC = CKB + 刮擦特性 + 抗磨特性。在抗氧化试验上也由氧弹测试调整为 D2893（极压润滑油氧化特性的试验方法，我国的 SH/T 0123 即参用这一方法，将试验温度由 93℃改为 95℃）。CKC 比 CKB 多了极压性能、承载能力、剪切安定性的规范。

CKD = CKC + 高温抗氧化性。

在实际应用中，到底如何界定负荷和温度呢？根据实际情况，有一些不成文但约定俗成的认知。

根据表 3 - 12，齿轮油工作在 120℃以上属于更高温，100℃以下属中等温度，100 ~ 120℃即属于高温。CKC、CKD 这两种油都有相似的氧化安定试验，区别在于测试条件，CKC 在 95℃下测试 312h，而 CKD 在 121℃下测试 312h，试验结果要求的 100℃运动黏度增长均不大于 6%，沉淀值均不大于 0.1mL。

**表 3-12　齿轮油工作状况界定**

| 齿面接触应力/（N/mm²） | 轻负荷 | | 中负荷 | | 重负荷 | |
|---|---|---|---|---|---|---|
| | <500 | | 500 ~ 1000 | | ≥1000 | |
| 温度/℃ | 更低温 | 低温 | 正常温度 | 中等温度 | 高温 | 更高温 |
| | < -34 | -34 ~ -16 | -16 ~ 70 | 70 ~ 100 | 100 ~ 120 | >120 |

在 ISO 标准中，CKC、CKD 两者耐受的负荷没有区别，国外公司的产品不太有 CKC 级别的产品，基本都用 CKD。

而在我国闭式工业齿轮油的国家标准 GB 5903—2011 中，CKD、CKC 耐受的负荷是不同的，CKD 的极压性能、承载能力的确高于 CKC。

（3）闭式工业齿轮油家族的新成员

我国工业齿轮油等级分类标准 GB/T 7631.7—1995 是移植于 ISO 6743—6 的，ISO 6743—6 在 2018 年进行了更新，依然保留了 CKB、CKC、CKD 这三个认可度很高的工业齿轮油元老，但是提出了新的要求，2018 年以后的 CKD 和 2018 年前的 CKD 是不一样的，CKE 没有调整，和以前一样用于蜗轮蜗杆类齿轮油。

ISO 6743—6—2018 新版本中新增了如下油品和标准：

① CKSMP：简单来说，是 CKSMP = CKD + S + MP，S 即 Synthetic（合成），MP 则是 Mirco-Pitting，也就是微点蚀，即这款油是 CKD 的升级版，要求齿轮油具有抗微点蚀的功能。

② 增加了 4 款环保型油品，具有生物可降解性和低生物毒性。

CKTG：以甘油三酯及其衍生物为基础油。

CKES：合成酯类齿轮油。

CKPG：聚醚类齿轮油。

CKPR：PAO 类基础油为主做出来的齿轮油。

③ 撤销 CKS（合成烃齿轮油），新增 CSPG、CSPR；撤销 CKT（合成烃极压齿轮油），

新增 CTPG、CTPR。之前的 CKS、CKT 不强调环保，PG 与 PR，一个是聚醚，一个是 PAO，适用于超高温和超低温的情况，且有环保性能。CSPG、CSPR、CTPG、CTPR 四种环保型合成油系列偏重应用于蜗轮蜗杆润滑。CSPG、CSPR 用于在特殊低温和高温下的轻负荷或中负荷运转的齿轮，CTPG、CTPR 具有极压性能，用于在更低或更高温度和重负荷下运转的齿轮。

ISO 6743—6—2018 新版本中开式工业齿轮油没有变化。

**3. 开式工业齿轮油**

工业开式齿轮油是适用于无齿轮箱或半封闭式齿轮箱的低速重负荷齿轮装置润滑系统的油品。多年来，在水泥、冶金、矿山等行业中，开式齿轮装置普遍应用在大型旋转设备上，如干燥机、磨碎机、矿山电铲等，普通开式齿轮油通常是具有抗腐性的复合型聚合物产品，极压型油在此基础上还要改善和提高极压、抗磨、抗腐性，具有良好的黏附性是开式齿轮油的重要特点。开式齿轮油通常比闭式齿轮油黏度更大。开式齿轮传动通常使用高黏度油、沥青质润滑剂或半流体润滑脂，以便润滑剂在比较低的速度下能有效工作。

（1）开式工业齿轮油的分类和黏度等级

CKG：具有抗氧化、极压和抗磨性的润滑脂（Grease 是润滑脂），用于中等速度下中负荷或重负荷运转的齿轮。

CKH：轻负荷开式齿轮油，是普通的具有抗腐蚀的沥青型产品，用于中等温度和轻负荷下运行的圆柱形或斜齿轮。如果是溶剂稀释型产品，则代号为 CKH－DIL。

CKJ：中负荷开式齿轮油，适用范围与 CKH 相同，但提高了极压和抗磨性。

CKL：重负荷开式齿轮油，是改善了抗擦伤和抗腐蚀性的黏性产品，通常用于特别重负荷条件下运行的齿轮。

CKM：重负荷或冲击负荷开式齿轮油，属非溶剂型、非沥青型产品，不含金属和氯，操作毒害小，符合环保要求，黏度等级见表 3－13。

**表 3－13　CKM 耐重负荷和冲击负荷开式齿轮油黏度分级**

| 黏度等级 | 68 | 150 | 220 | 320 | 460 |
|---|---|---|---|---|---|
| 运动黏度（100℃）/（$mm^2$/s） | 66.4 | 155.3 | 222.4 | 318.7 | 457.4 |
| 闪点（开口）/℃ | 220 | 230 | 242 | 256 | 262 |

（2）开式工业齿轮油的技术要求和试验方法

就规格标准而言，开式齿轮润滑剂尚没有国际通用规格标准，目前只有行业标准以及为数不多的 OEM 规格。我国目前只能生产普通开式齿轮油（CKH），标准为 SH/T 0363—92，产品属沥青型，按 100℃运动黏度划分为 68、100、150、220、320 五个黏度等级。

我国普通开式齿轮油技术要求（SH/T 0363—92）详见本章电子资源。

**4. 工业齿轮油选用**

工业齿轮油选用首先要根据齿面类型和接触应力选择齿轮油类型，再根据齿轮线速度和使用温度选择适宜的黏度，速度高的选用低黏度油，速度低的选用高黏度油。夏天用黏度高的油，冬天用黏度低的油。

根据齿面类型和接触应力选择齿轮油的原则详见本章电子资源。

# 第四节 绝缘液体

这一节的标题本来想用电器绝缘液体或变压器油，但很多时候“电器”和“电气”总是搞不清楚。简单来说电器是一种设备，比如变压器、发电机、电动机等；而电气是电能的生产、传输、分配、使用和电工设备制造等学科或工程领域的统称。电气包含电器，电器只是电气中很小的一部分。其实还有些迷惑，那研究电器的工作原理不就已经是电气学科了吗？反倒是 GB/T 7631. 1—2008 对这类油品的命名更合适——绝缘液体。绝缘液体适用于变压器、开关及需要用油作绝缘和传热介质的类似电气设备，以石油馏分为原料经精制制得，不含添加剂或含极少量的添加剂。

这类油品一般归为工艺用油，有些资料认为工艺油也属于工业油，工业油中第一大类为液压油，变压器油属于工业油中的第二大类。鉴于其与起润滑作用为主的内燃机油、齿轮油等性能要求差别较大，有必要单列一节介绍这类油品。

绝缘液体的主要作用是绝缘和冷却，在断路器内还起消灭电路切断时所产生的电弧的作用，并不属于润滑油类，但它们的原料和加工工艺与润滑油相似，也列入石油产品 L 类“润滑剂、工业油和相关产品中”。

变压器油是绝缘液体中最大的一类，其次还有油开关用油、电容器油和电缆油，实际使用中，油开关用油一般也可用变压器油，变压器油和开关油占整个电器用油的 80% 左右，一个大型变压器往往要注入 30 ~ 40t 油，使用寿命可达 15 ~ 20 年。

GB/T 7631. 1—2008 中，绝缘液体分组代号为 N，也规定 N 组产品进一步分类遵循 GB/T 7631. 15，最新的国家分类标准是 GB/T 7631. 15—1998，该标准等价于国际电工委员会的 IEC 1039：1990 标准。N 组产品的每个品种可由两个英文字母和数码组成的一组代号来表示。每个品种的第一个英文字母 N 表示该品种所属的组别，即为绝缘液体。第二个英文字母表示该产品品种的主要应用范围，其中：C 表示用于电容器；T 表示用于变压器和开关；Y 表示用于电缆，即变压器油、电容器油、电缆油代号分别为 NT、NC、NY。

## 一、变压器油

### 1. 变压器的原理及结构

变压器最主要的作用是改变电压。有升压变压器也有降压变压器。

升压变压器把电压升高，以便远距离输送电能。输送的电功率一定时，只有将电压升高，电流才可以减小，从而可以采用较细的便于架设的输电线，以减少能量消耗。例如，将输电电压升高到 110kV 时，可将 50MW 的功率输送到 50 ~ 150km 以外的地方去；将输电电压升高到 220kV 时，可将 100 ~ 500MW 的功率输送到 200 ~ 300km 以外的地方去。要输送更大的功率到更远的地方就得把电压升高到 500kV 甚至更高，这样，就可以集中地把水电站或火力发电厂发出的电能输送到较远的地方去。在用电的地区，建立一次和二次变电站，用降压变压器把传来的高压电能降到合适的电压，再将电能传送给用户。

变压器的用途十分广泛，品种、规格繁多。通常，变压器的安装总容量为发电机安装总容量的 6 ~ 8 倍。简单的变压器原理图如图 3 - 4 所示。变压器的结构如图 3 - 5 所示。按

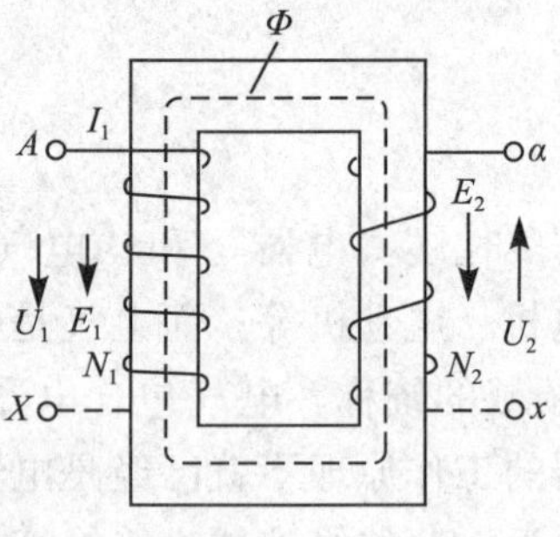


图 3-4　单相变压器工作原理图

照电磁感应原理，它有一个导磁体构成的铁心，两个磁耦合的线圈，其中和电源接通的线圈叫一次线圈 $N_1$，和负载接通的线圈叫二次线圈 $N_2$。线圈匝数不同，电压高低就不同。

变压器油是指适用于变压器、电抗器、互感器、套管等充油电气设备中，起绝缘和冷却作用的一种绝缘油品。

**2. 变压器油的性能要求**

（1）良好的热传导性和流动性

在 300kV 以下变压器中运行时，变压器油温度一般在 60～80℃之间，如超负荷运转，则油温可达 70～90℃，个别热点达 100℃左右；对于在 500kV 变压器中运行的变压器油的油温会更高。所以要求变压器油应具有良好的热传导性和流动性以确保变压器铁芯和线圈能得到有效冷却，使开关、断路器、泵、调节阀、负载分接点变换器机械等能灵活动作。

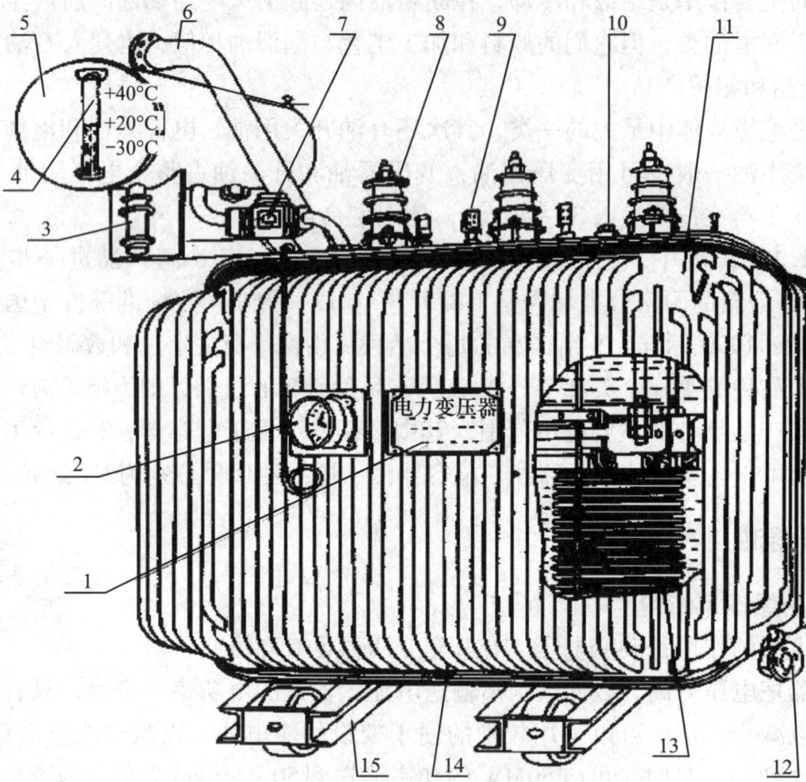


图 3-5　油浸式电力变压器结构

1—铭牌；2—信号式温度计；3—吸湿器；4—油表；5—储油柜；6—安全气道；7—气体继电器；8—高压套管；9—低压套管；10—分接开关；11—油箱；12—放油阀门；13—器身；14—接地板；15—小车

（2）良好的绝缘性

变压器油在变压器或类似设备中作为绝缘介质存在，通常以介电强度（或击穿电压）和介质损耗因数来表示变压器油的绝缘性。具有高击穿电压的变压器油是一种良好的绝缘介质，它可以防止在高电压作用下电极之间发生跳火现象，低介质损耗因数的变压器油可以大幅度降低交流电改变极性时引起的能量损失。

（3）良好的氧化安定性

由于变压器油运行时一般油温达60～80℃，变压器油有可能与空气或潮气接触，再加上在变压器中有铁芯和铜芯作为金属催化剂存在，可促使油品氧化。变压器油具有良好的氧化安定性，则可大大减少储存和使用期间油品中酸性物质或沉淀物的出现，从而保证变压器安全运行，延长油品寿命和降低维护成本。

**3. 变压器油的牌号**

2012年6月以前，我国变压器油国家标准GB 2536—90参照采用IEC 296—82，以油的低温性能（凝固点）划分为三个牌号：10#、25#、45#。也可表示为DB－10、DB－25、DB－45，“D”表示“电”力用油，“B”表示“变”压器油。

10#变压器油：凝固点不高于－10℃。

25#变压器油：凝固点不高于－25℃。

45#变压器油：凝固点不高于－45℃。

自2012年6月起，我国采用IEC 60296：2003修改产生的GB 2536—2011，包括了变压器油和低温开关油的技术要求。低温开关油是在户外寒冷气候条件下用于油浸开关起绝缘和灭弧作用的一种绝缘油品。

GB 2536—2011中，变压器油分类根据氧化安定性的优劣分为通用级别和特殊用途两类，对于在较高温度下运行的变压器或为延长使用寿命而设计的变压器的用油，应满足变压器油（特殊）技术要求。通用级别又根据抗氧剂含量分为不含抗氧剂油（U）、含微量抗氧剂油（T）、含抗氧剂油（I），最后根据最低冷态投运温度（LCSET）的不同划分牌号。

不含抗氧化添加剂油（uninhibited oil）一点不含抗氧化添加剂。含微量抗氧化添加剂油（trace inhibited oil）抗氧化添加剂含量最高为0.08%（质），含抗氧化添加剂油（inhibited oil）抗氧化添加剂含量在0.08%～0.40%之间。

最低冷态投运温度是区分绝缘油类别的重要标志之一。应根据电气设备使用环境温度的不同，选择不同的LCSET，以免影响油泵、有载调压开关（如果有）的启动。

变压器油的标准最低冷态投运温度规定为－30℃，称为标准LCSET，变压器油的倾点至少应该比LCSET低10℃。

GB 2536—2011中，变压器油的规范命名应包括品种代号、最低冷态投运温度、产品名称、标准号四部分，比如：

U 0℃ 变压器油（通用）GB 2536；

T －30℃ 变压器油（通用）GB 2536；

I －40℃ 变压器油（特殊）GB 2536。

最低冷态投运温度下变压器油的最大黏度、最高倾点以及变压器油新老牌号对应关系见表3－14。

**4. 变压器油的技术要求和试验方法**

GB 2536—2011是电工流体、变压器和开关用的未使用过的矿物绝缘油的质量标准，包括变压器油（通用）、变压器油（特殊）、低温开关油的技术要求和试验方法。

**表 3-14　变压器油的最大黏度、最高倾点与原标准牌号的对应关系**

| 最低冷态投运温度（LCSET）/℃ | 最大黏度/($mm^2/s$) | 最高倾点/℃ | 原标准牌号 |
|---|---|---|---|
| 0 | 1800 | -10 | 10# |
| -10 | 1800 | -20 | 25# |
| -20 | 1800 | -30 | — |
| -30 | 1800 | -40 | 45# |
| -40 | 2500 | -50 | — |

GB 2536—2011 移植于 IEC 60296：2003，国际电工委员会（IEC）制定的变压器和开关油标准起始于 1969 年，第一版本是 IEC 296：1969，第二至第五版本分别为 IEC 296：1982，IEC 60296：2003，IEC 60296：2012 和 IEC 60296：2020。

目前我国变压器生产企业共 2000 多家，已成为世界上电力变压器生产大国和供应大国。自 2012 年 IEC 推出 IEC 60296：2012 标准后，国外业主要求使用符合这一新标准的变压器油产品。而国内变压器油制造厂按 GB 2536—2011 标准生产的变压器油因添加金属钝化剂和基础油精制深度不足导致低热条件下氢气超标和抗氧化性能不能满足 IEC 60296：2012 标准而无法随变压器出口海外，我国出口的变压器被迫装填进口的变压器油，增加了出口成本。

为了适应市场要求，我国必须改进变压器油生产技术并依据新的国际标准对国家标准进行修订。2017 年 5 月，中国电力企业联合会推出 GB/T 7595—2017《运行中变压器油质量》，于 2017 年 12 月 1 日执行，该标准对变压器油和运行中断路器油的质量进行了规范。

GB 2536—2011、GB/T 7595—2017 的具体内容详见本章电子资源。

断路器油指用于油浸断路器起绝缘和灭弧作用的一种绝缘油品。GB/T 7595—2017 中也对运行中断路器油进行了规范。

2020 年，IEC 第四次更新标准，在 IEC 60296：2020 中增加了油品的覆盖范围，增添了一些指标，并提高了某些指标的要求。再一次对我国变压器油的生产提出挑战，为了扩大出口，我们必须不断变革，生产出满足国外用户要求的变压器油。

ASTM D3487 标准是美国试验材料学会的绝缘液体标准，该标准从 1988 年首次发布至 2016 年的各版本之间变化不大。

全球大多数国家以及变压器知名品牌制造商都是在 IEC 60296 和 ASTM D3487 标准的基础上，根据各自的性能要求和产品特点制定相应的标准，如欧洲标准 EN 60296、澳大利亚标准 AS 60296、中国标准 GB 2536、英国标准 BS 148、印度标准 IS 335、南非标准 SANS 555 等。

变压器知名品牌制造商 ABB 公司和西门子公司以及 DOBLE 公司均兼顾 IEC 60296 标准和 ASTM D3487 标准，分别制定了自己的购油标准或交货条件。要想在变压器油市场保持一定的地位，还需具备为用户“量身定做”产品的能力。

在本章电子资源中比较详细地介绍了变压器油的国际标准和 OEM 标准，液压油和齿轮油也有相应的国际标准和 OEM 标准，读者可按需查阅。

**5. 变压器油指标解读**

在各种变压器油规格标准中，包括一系列的物理、化学和电气性能指标，这些参数的合格与否直接决定着变压器油的质量是否符合投入运行的要求。由于变压器油的指标与其他润滑油相差较多，有必要解读部分指标。它们分别与 IEC 60296：2003、IEC 60296：2012 密切相关，随着国际电工技术的发展，对变压器油的要求仍在不断变化。

关于我国变压器油标准 GB 2536—2011 和 GB/T 7595—2017 中相关指标的粗略解读，以及电缆油、电容器油的介绍，请参阅本章电子资源。

## 第五节 压缩机油

压缩机是一种用来压缩气体提高气体压力或输送气体的机械。按照压缩气体方式分容积型和速度型两类。容积型压缩机靠在气缸内作往复运动的活塞或旋转运动的转子来改变工作容积，从而使气体体积缩小而提高气体压力，即压力的提高是依靠直接将气体体积压缩来实现的；而速度型压缩机则靠高速旋转叶轮的作用，首先使气体分子得到一个很高的速度，然后在扩压器中使速度降下来，把动能转化为压力能。

容积型压缩机分为往复式和回转式两大类，其中往复式又有活塞式、隔膜式两类，回转式有滑片式、螺杆式、液环式、转子式四类。

速度型压缩机分为离心式、轴流式、混流式三类。

压缩机油是一种用来润滑、密封、冷却气体压缩机运动部件的润滑油。压缩机油属于润滑剂（L 类）的 D 组，现行国家分类标准是 GB/T 7631. 9—2014，该标准来源于 ISO 6743—3—2003，包括空气压缩机油、真空泵油、气体压缩机油和制冷压缩机油（即冷冻机油）等详细分类。

压缩机油的一般要求是适宜的黏度、良好的氧化安定性、良好的抗腐蚀性、良好的水分离性、较小的挥发性（或较高的闪点）。

各类压缩机油还有各自特殊的要求。

### 一、空气压缩机油

**1. 空气压缩机油工作特点及对润滑油的性能要求**

空气压缩机在工作过程中，其内部润滑油通常以雾状形式与高热金属表面接触，易被加热氧化。润滑油氧化速度与氧分压成正比，空气压缩机内部润滑油与高压空气接触，较其在大气中更易氧化。另外，混在压缩气体中的部分润滑油，会受到冷却水及冷却器中铜管的催化作用，促使油老化、变质。润滑油长期严重氧化，将在排气阀和排气管路系统中形成积炭，这不仅会妨碍排气阀的正常工作，使排气温度升高，压缩机功能下降，而且是引起压缩机爆炸的主要原因。当压缩机气缸中吸入含水的湿空气，特别是压缩气体中含有 $H_2S$、$SO_2$、$CO_2$ 等酸性物质时，冷却水或酸性溶液常会破坏润滑油膜，使滑动摩擦表面磨损和腐蚀。另外，在往复式压缩机中，压缩空气温度超过润滑油闪点，并在产生火花情况下引起润滑油燃烧的可能性是存在的，其燃烧结果是发生激烈撞缸，甚至引起爆炸。

空气压缩机油应达到如下要求：①适宜的黏度；②良好的抗氧化安定性；③残炭值

低；④闪点要高于排气温度；⑤良好的防锈性；⑥良好的抗乳化性和抗泡沫性。

DA 系列的压缩机油应用于空气压缩机的润滑，详细分类见 GB/T 7631. 9—2014。

**2. 空气压缩机油分类**

GB/T 7631. 9 将往复或滴油回转空气压缩机油分为 L－DAA 油和 L－DAB 油。将喷油回转空气压缩机油分为 L－DAG 油、L－DAH 油和 L－DAJ 油。

DAA 油由精制矿物油制得，适用于轻载荷空压机。

DAB 油具有良好的高温氧化安定性和小的积炭倾向性能，有的产品还具有一定的抗磨性，适用于中载荷空压机。

2021 年 12 月 31 日，全国石油产品和润滑剂标准化技术委员会发布空气压缩机油最新标准 GB 12691—2021，该标准于 2022 年 7 月 1 日执行，完全替代 GB 12691—1990。

压缩机油属于工业油，GB 12691—2021 根据 GB/T 3141 将 L－DAA 和 L－DAB 分为 32、46、68、100、150 和 220 六个黏度等级；将 L－DAG、L－DAH 和 L－DAJ 分为 32、46 和 68 三个黏度等级，GB 12691—2021 中包含了以上五种压缩机油的质量标准和试验方法。

空气压缩机油的分类（摘自 GB/T 7631. 9—2014）以及空气压缩机油的标准（GB 12691—2021）详见本章电子资源。

## 二、气体压缩机油

压缩机除了压缩空气外，尚需压缩各种烃类气体、惰性气体和化学活性气体。现基于各类压缩气体分别介绍气体压缩机用润滑油的要求。

**1. 气体压缩机油的分类**

气体压缩机油有矿物型的 DGA、DGB，以及合成型的 DGC、DGD、DGE 五类（摘自 GB/T 7631. 9—2014）详见本章电子资源。

**2. 气体压缩机油性能要求**

（1）天然气

天然气压缩机的润滑一般用矿物型压缩机油。但天然气会被油吸收，使油的黏度降低，因此选用油的黏度牌号一般要比相同型号、同等压力的空气压缩机所用油的黏度牌号要更高些。

不同天然气中乙烷以上的可凝物含量，干气在 2～3mL/$m^3$ 以内，贫气为 13～40mL/$m^3$，湿气为 40～54mL/$m^3$。

对湿气或贫气，宜在压缩机中加 3%～5% 的脂肪油。湿度大的可掺 10%～20% 脂肪油，亦有用 5%～8% 不溶的植物油无敏脂或动物脂混合油，以防凝聚物的液体冲洗油膜。

对含硫气体最好用 SAE 30 的重负荷发动机油。对发动机和压缩机在一起的设备，可用发动机所用的相同润滑油，以保护设备不被含硫气体腐蚀。

压力在 7. 5MPa 以上时，对含硫气体使用 SAE 50 或 SAE 60 的重负荷发动机油。

（2）烃类气体

这类气体能与矿物油互溶，从而降低油品的黏度。高分子烃气体在较低压力下会冷凝，因此要考虑湿度。烃类气体压缩机对润滑油的要求与天然气相同。

丙烷、丁烷、乙烯、丁二烯这些气体易与油混合，会稀释润滑油。为此，需要用黏度较大的油，以抵制气体和其冷凝液的稀释和冲洗带来的影响。

现在炼油厂一般都有乙烯三机，就是乙烯、丙烯、丙烷气的压缩机，一般采用离心机，离心机的润滑可采用汽轮机油。

当压缩纯度要求特别高的烃类气体（如丙烯）时，一般不用矿物油润滑，若采用无油润滑时，可用肥皂润滑剂或乙醇肥皂溶液，以提供必要的润滑。

当压缩高压合成用的乙烯时，为了避免润滑油被污染，影响产品性能和纯度，应采用无污染的合成油型压缩机油或液体石蜡等作为润滑油。

乙烯超高压的压缩机是一个往复机，包括气缸、活塞、框架，这个往复机非常大，不像平常那种小型的往复机，它的润滑有三个点，是三段式润滑，所用的润滑油有内部油、冷通油。乙烯装置上的高压和超高压压缩机内部油常用的有两种油品，一种是聚醚类的，另一种是白油型的，工业白油往往也被称为液体石蜡。

内部油是消耗型的，在气缸活塞阀处加入，在压缩的过程中，它随着气体被压缩，用量非常大。内部油直接与超高压的纯乙烯气接触，工作压力超过300MPa，对抗氧化性能提出了一些特殊要求。

焦炉气大部分是氢和甲烷，气体不纯净，因此，一般用离心式压缩机，如采用往复式压缩机，可选用 DAA 100 或 DAA 150 空气压缩机油。

（3）惰性气体或高纯度气体

惰性气体一般对润滑油无作用，氢、氮纯度要求不太高时也可使用与压缩干空气相同的压缩机油。

现在的氢能源、绿氢、制氢对氢气纯度要求都很高，往往采用隔膜式压缩机。输送各种高纯气体、贵重稀有气体、有毒有害气体和腐蚀性气体时推荐使用隔膜式压缩机。液压隔膜式压缩机相当于在吸入端和驱动端中间有一个液压油的系统隔膜，隔膜将润滑油与被输送和压缩的气体隔开，避免了污染。

对氩、氖、氦等稀有贵重气体，往往要求气体中绝对无水，并不带有任何油质。因此，一般用膜式压缩机，没有气缸润滑问题。

二氧化碳及一氧化碳均与矿物油有互溶性，会使油的黏度降低，如果有水，还会产生腐蚀性碳酸。因此，在保持干燥的同时，应选用更高黏度牌号的润滑油，以减少油气带出量。压缩二氧化碳介质的润滑油的黏度一般不低于 SAE 50 含添加剂的油，压力 14MPa 使用 SAE 40 的油。

压缩二氧化碳若采用螺杆式压缩机，二氧化碳与油混合会使气体污染。当该气体用来加工食品或不允许污染时，应选用液体石蜡或乙醇肥皂作为润滑剂。新型合成食品级螺杆式压缩机的润滑剂可选用聚 $\alpha$ - 烯烃合成油。聚 $\alpha$ - 烯烃油经过两次加氢，无毒，对皮肤和眼睛无刺激性，符合食品级白油规格。

若采用离心式压缩机压缩二氧化碳，可选用汽轮机油润滑。

一般压缩机油的选用主要看压缩气体类型，并且也跟机型有关系，螺杆机中压缩机油和气体势必有接触，隔膜式压缩机就不存在这个问题。

采用离心压缩机压缩氨或合成气（常含大量氨）时，系统必须保持干燥，尽可能减少油与氨气接触。因为当有水分存在时，氨与油的酸性氧化物作用会生成沉淀。选用润滑油时，最好选用专用的抗氨型汽轮机油。

（4）化学活性气体

这类气体与润滑油发生反应，应慎重选择润滑油。

压缩氯化氢、氯气、硫化氢这类酸性气体的时候，要选择专门的压缩机油，一般是聚醚类的合成油，不能使用矿物油。硫化氢压缩机的润滑系统及气缸要保持干燥，如有水分存在，则此气体腐蚀性很强。此类压缩机油还不能使用胺类抗氧剂，因为碱性的胺类抗氧剂会与酸性气体生成铵盐白色沉淀。抗氧剂一般有胺类和酚类两种，现在基本都是胺类和酚类混合型抗氧剂。普通的空气压缩机油为了提高油品的抗氧化性能，通常添加了一些碱性的胺型抗氧剂，在选用时尤其要注意。

氧气压缩机使用无油润滑压缩机或含氟合成油润滑。

一氧化二氮与二氧化硫均能与油互混，因而会降低油的黏度，故应使用黏度牌号较高的润滑油，如采用 SAE 40 或 SAE 50 的油。压缩一氧化二氮时不能用有分散剂的重负荷发动机油，因为添加剂会与可能生成的硝酸发生作用而产生大量的沉积物。当压缩二氧化硫时，建议选用抗氧防锈型汽轮机油，并应经常检查油样是否有沉渣。

**3. 气体压缩机油选用推荐**

不同压缩介质、不同工作压力该选用哪种类别的压缩机油，可参考表 3－15 的建议。

**表 3－15　各品种压缩机油适用的压缩介质**

| | | $N_2$ | $H_2$ | Ar | $NH_3$ | $CO_2$ | He | $SO_2$ | $H_2S$ | HCl | $Cl_2$ | $O_2$ | 加压空气 | CO | 烃类 |
|---|---|---|---|---|---|---|---|---|---|---|---|---|---|---|---|
| DGA（深度精制矿物油） | $<10^4$ kPa | √ | √ | √ | √ | √ | | | | | | | | | |
| | 任何压力 | | | | | | √ | √ | √ | | | | | | |
| | $<10^3$ kPa | | | | | | | | | | | | | √ | |
| DGB（特定矿物油） | $<10^3$ kPa | √ | √ | √ | √ | √ | √ | √ | √ | | | | | √ | |
| DGC（常用合成液） | 任何压力 | | | | | | | | | | | | | | √ |
| | $>10^4$ kPa | | | | √ | √ | | | | | | | | | |
| DGD（常用合成液） | 任何压力 | | | | | | | | | √ | √ | √ | √ | | |
| | $>10^3$ kPa | | | | | | | | | | | | | √ | |
| DGE（常用合成液） | $>10^4$ kPa | √ | √ | √ | | | | | | | | | | | |

除此之外，还可参考表 3－16 提供的选用原则。

**表 3－16　气体压缩机油选用原则**

| 压缩气体分类 | | 用油原则 |
|---|---|---|
| 天然气、烃类混合气体 | | 选用黏度较大的油 |
| 高纯气体 | | 无油润滑或合成油 |
| 惰性气体 | | 用膜式压缩机，无须润滑 |
| 活性气体 | $Cl_2$、HCl | 无油润滑 |
| | $H_2S$ | 抗氧防锈型汽轮机油 |
| | $O_2$ | 无油润滑 |
| | $N_2O$、$SO_2$ | 高黏度油 |

## 三、冷冻机油

压缩式制冷是目前最常用的制冷方法。其原理是利用液态制冷剂汽化时吸收周围介质热量的特性使温度降低，然后通过制冷压缩机压缩，以及冷凝、节流膨胀，将气态制冷剂复原为液体再重新汽化，如此循环往复，达到控制和维持低温的目的。制冷循环的方式如图 3－6 所示。

制冷压缩机是压缩式制冷工艺最主要的设备，这种设备的种类很多，最主要的有活塞式、离心式和螺杆式三种。冷冻机油是制冷压缩装置的专用润滑油，是制冷系统中决定和影响制冷装置功能和效果的至关重要的组成部分。

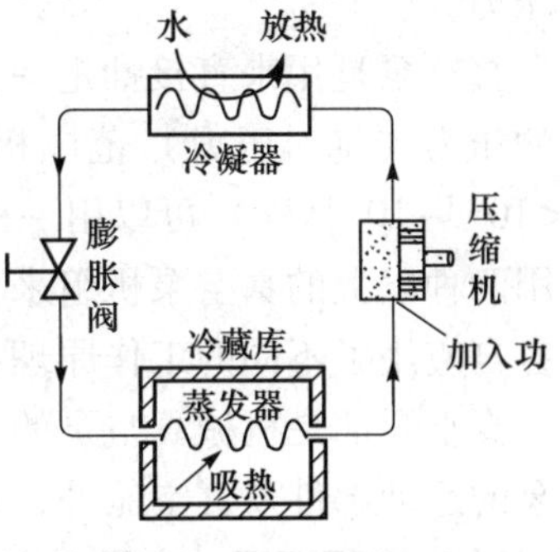

图 3－6　制冷循环

### 1. 冷冻机油的分类

DR 系列的压缩机油应用于制冷压缩机（冷冻机）的润滑，GB/T 7631. 9—2014 中冷冻机油有 DRA、DRB、DRC、DRD、DRE、DRF、DRG 七类，见本章电子资源。

### 2. 制冷压缩机润滑条件及对润滑油的性能要求

在不同类型的制冷压缩机中，活塞式制冷压缩机油所处的工作条件最苛刻。活塞式制冷压缩机平均气缸壁温度虽然只有 70℃左右，但其排出口温度可达 150℃或更高。工作温度高，润滑油就容易氧化变质。另外，当少量冷冻机油进入蒸发系统时，在低温条件下又很容易失去流动性。

半封闭式和全封闭式制冷电动机和压缩机封闭在同一个机壳内。由于电动机与冷冻机油经常接触，若油中水含量较高，则会破坏电动机的绝缘性。对全封闭式的制冷压缩机用的冷冻机油来说，还要求使用 10～15 年不换油。

制冷系统所用的制冷剂种类很多，常用的有氨、氟利昂、二氧化碳、二氧化硫、卤化烃等。

氨与油的互溶性很差，但易溶于水。当冷冻机油中存在水分时，冷冻机油经过压缩机使用后会引起乳化现象，从而使润滑条件恶化。

大部分氟利昂制冷剂与油的互溶性很好，其溶解度随温度升高而降低，随着压力增加而增大。冷冻机油溶解氟利昂后，会降低油的黏度，还会降低油的凝点。氟利昂溶解水的能力是很小的，若冷冻机油中含有水，则会在低温的节流装置处或蒸发器中析出水而冻结成冰，使节流装置和蒸发器发生冰塞现象，造成制冷能力降低。另外，冷冻机油中存在水时，还会引起氟利昂对金属的强烈腐蚀。

二氧化碳制冷剂对冷冻机油的要求与氨相似。

根据冷冻机油的工作条件，冷冻机油应具有下列性能：①适宜的黏度和黏温性能。②具有优良的低温流动性及较低的絮凝点。③干燥，不含水或含水量小，一般要求在 40μg/g 以下。④抗氧化安定性和化学安定性好。⑤具有一定的抗泡性。⑥与材料适应性及绝缘性好。

## 四、真空泵油

“真空”是指压力低于101.3kPa的气体状态，即在一个给定的空间内保持压力低于大气压力。

真空泵是用来直接抽走一个特定容器内气体的真空获得设备。目前真空技术发展所涉及的压力（绝对压力）范围极广，达$10^{-16}$～100kPa。低真空（$10^{-1}$～$10^{2}$kPa）和中真空（<$10^{-4}$～$10^{-1}$kPa）可以用一种真空泵获得，高真空（<$10^{-8}$～$10^{-4}$kPa）以上的状态必须应用两种以上的真空泵机组来获得。不同的压力范围应用不同类型的真空泵，各类真空泵又各自应用了不同的工作原理，因而也就具有各种不同的结构形式和适用范围。

真空泵油是机械真空泵的专用润滑油。除粗真空条件可以使用空气压缩机油来润滑真空泵的运动部件及真空舱外，在低、中、高真空条件下均应采用相应的真空泵油。

**1. 真空泵润滑特点及对润滑油的性能要求**

旋片式真空泵的工作原理是用机械方法使泵的工作室不断增大或缩小，当工作室的容积变得最小时，即与真空泵的入气管连通，于是气体就进入逐渐变大的工作室空间；当工作室的容积达到最大时，即与入气管分开，并随容积的变小把吸入工作室的气体压缩。压缩气体压强大于大气压时，排气阀打开，把压缩气体通过油层排出。泵腔内容积不断膨胀与压缩，完成吸气和排气过程，使容器内气体逐渐排出达到需要的真空度。其工作过程见图3－7。

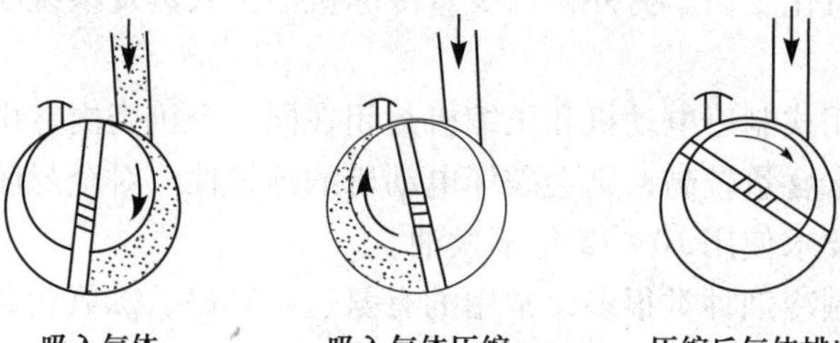


图3－7　旋片真空泵吸气过程

当真空泵运行时，随着泵腔内转子的旋转，转子上两个纵向槽中的滑片或偏心轮上的滑阀环，紧贴着定子的内壁滑动，转子、滑片与定子内壁必然依靠油品的润滑性避免摩擦副的擦伤，利用油品隔离大气，并带走因摩擦产生的热量。因此，真空泵油在泵体内担负着润滑、密封和冷却的作用。由于真空泵油直接进入泵体内腔，在真空泵运行时，随着气体压强的逐渐降低，泵温的逐渐升高，油品中饱和蒸气压高的分子组分就会蒸发到真空的空间，既影响真空泵极限压强的达到，又可向真空系统返流扩散，污染真空系统，并直接影响达到极限真空的条件。尤其是高速滑片式真空泵的问世，真空泵转速由一般滑片泵的300～500r/min提高到1000～3000r/min，使泵腔内摩擦副之间油分子的内摩擦增大，油品的温升更高，特别是泵腔内摩擦副表面的温度更高，这时，不稳定的油品可引起胶体黏附于摩擦表面，使油品受热变质，甚至产生轻微热解，生成低分子化合物污染真空系统。为此，对真空泵油提出以下几点严格的要求：

①具有适宜的黏度，在低温下能使真空泵迅速启动，在高温下能具有良好的密封性，在泵内具有较低的温升。②油品的饱和蒸气压要尽量低，在泵的最高工作温度下，仍具有足够低的饱和蒸气压（低于泵铭牌的极限压强）。③不含有轻质的易挥发组分，降低使用过程中真空泵的返油率。④具有优良的热稳定性与氧化安定性。⑤具有良好的水分离性及抗泡性。

**2. 真空泵油的分类**

真空泵油分为 DVA、DVB、DVC、DVD、DVE、DVF 六类（摘自 GB/T 7631. 9—2014），详见本章电子资源。

# 第六节　其他类型润滑油

GB/T 7631. 1—2008 中，L 类的润滑剂、工业用油和有关产品被分为 18 大类别，前四节基本按照润滑油需求量的多少先后介绍了内燃机油（E 组）、液压油（H 组）、齿轮油（C 组）、绝缘液体（N 组），第五节介绍了压缩机油（D 组），本节将按照字母顺序介绍其他 12 种润滑油。

## 一、全损耗系统油（A 组）

全损耗系统用油是一种通用润滑油，仅用来润滑纺织机、缝纫机、各种车床、矿山机械以及小型轧钢机等工作温度在 50 ~ 60℃以下的各种轻负载机械。这类油使用范围最广，但用量最小，使用条件不苛刻。我国过去的一种油品叫机械油，即属此类用油。全损耗系统用油在润滑油分组中属于 A 组，主要用于一次性润滑和某些要求较低和换油期较短的普通机械手工给油装置，主要采用油浴、油环、油轮润滑方式。这种油品使用一般精制的矿物基础油，不加或加少量添加剂制成，其规格中只有一般理化指标要求，对抗磨性及安定性等均未提出要求，国外已较少生产这个品种。

GB/T 7631. 13—2012 是全损耗系统油的分类标准。我国将 L 类 A 组产品划分为 AB、AC、AN 和 AY 四个品种。

L – AB 油是由精制矿物油制得，并含有沥青或添加剂以改善其黏附性、极压性和抗腐蚀性，主要用于开式齿轮和绳缆表面的润滑。L – AB 油与 C 组中 L – CKJ 开式齿轮油相近，可以互用，所以我国不生产 L – AB 油。

L – AC 油用于润滑链锯的链条，其基础油可以是矿物油、合成油或动植物油，并含有适当的添加剂。

L – AN 油由精制矿物油制得，也可加入少量降凝剂，按其 40℃运动黏度的中心值分为 5 ~ 150 十个黏度等级。它主要用于轻载、老式、普通机械的全损耗润滑系统或换油周期较短的油浴式润滑系统，不适用于循环润滑系统。

L – AY 油是一种未精制矿物油，其凝点低，有时为了提高附着性能还加有抽出油（精制润滑油过程中的副产品）。它适用于铁路、货车滑动轴承的润滑，分冬用、夏用和通用三个黏度等级，专供铁道部门使用。

对全损耗系统油的质量要求主要是合适的黏度，无腐蚀性，机械杂质少等。为保证机械的安全运转，还要求具有较高的闪点。

## 二、脱模剂（B组）

GB/T 7631.1—2008 中，B 组产品为脱模剂。脱模剂是用在两个彼此易于粘着的物体表面的界面涂层，它可使物体表面易于脱离、光滑及洁净。生活中或食品加工业烤蛋糕、制作冰激凌等需要脱模，工业生产中塑料模具、金属加工件、混凝土制品等的制备也需要脱模。烤蛋糕只需在模具里刷一层食用油，而混凝土模具中喷刷、涂抹一层矿物油即能起到脱模作用，往往这样的脱模油利用再生废油即可。

我国建材行业用于水泥构件脱模的油品多是一些废机油，没有任何技术指标要求，涂抹方式是手工操作。国外建材行业制瓦生产线用的脱模油一般都是专门生产调配的，油泵喷涂。混凝土脱模油是一种用量大，一次性使用的油品，所以在保证使用性能要求的情况下，原料价格越低越好，配方越简单越好，出于安全考虑，其指标主要考虑闪点。脱模油也没有国家分类标准和质量要求。

## 三、轴承油（F组）

锭子（或主轴）、轴承、联轴器用润滑油，可合称为轴承油。轴承分为滑动轴承及滚动轴承两种。滑动轴承通常以油来润滑，少部分高速滚动轴承也使用润滑油。

**1. 滑动轴承润滑条件及对润滑油的性能要求**

按润滑方法不同，滑动轴承可分为液体静压润滑轴承和液体动压润滑轴承。液体静压润滑是靠润滑系统的油泵压力，使油进入润滑点。这种方法常用在轧钢机轴承、磨床主轴、机床导轨、内燃机曲轴、连杆轴承等的润滑上。液体动压润滑是靠轴的转动，使润滑油产生油楔力形成流体动压油膜，特别适用于单机运转。油膜轴承是一种液体动压润滑的滑动轴承，主要用于大型高速轧机的轧辊。

滑动轴承的液体静压润滑和动压润滑，从理论上讲均容易形成流体润滑。

一般来说，对轴承油的要求主要有：①合适的黏度和良好的黏温性能。②良好的抗氧化安定性。③良好的防锈性。④良好的润滑性。⑤抗乳化性好，不易乳化或混入油中的水能迅速分离。

**2. 轴承油的分类**

GB/T 7631.4—1989 将 F 组主轴、轴承和有关离合器润滑剂分为 FC 和 FD 两个品种，都由深度精制矿物油制得。详见本章电子资源。

FC 油是 R&O 型油（“R” 表示防锈，“O” 表示抗氧），不要求有极压抗磨性，根据其40℃运动黏度的中心值分为 2、3、5、7、10、15、22、32、46、68、100 十一个黏度等级，主要用于对抗磨要求不高的锭子（纺织机械）、滑动轴承、滚动轴承的润滑。

FD 油（常称为主轴油）是 R&O、AW（抗磨）、EP（极压）型油，根据其40℃运动黏度的中心值分为 2、3、5、7、10、15、22 七个黏度等级，主要用于高速、轻载、高温的滑动轴承、滚动轴承（如精密机床主轴轴承等）和锭子的润滑。

一般轴承油用的比较多的是 2、3、5、7、10、15 这样黏度小的油品，22、32、46、68、100 这些轴承油产品基本很少生产，如果客户在设备上有这个需求，就用相应的油品替代，如果需要46、68的FC油，就用汽轮机油顶替。如果要求的是有抗磨性FD油，就用抗磨液压油代替。

## 四、导轨油（G组）

机床刀架在工作时时停时走、速度不均匀的现象称为机床爬行，会严重影响工件的加工质量和粗糙度，也缩短机床及刀具的使用寿命，而对数控机床来说，则使控制系统无法发挥作用。导轨油是防止机床导轨爬行的专用润滑油。

**1. 导轨油的使用要求**

除一般工业润滑油要求的抗氧化安定性和良好的防锈性外，导轨油还必须具备：①有良好的抗磨性。②良好的黏滑特性（静动摩擦系数差值小）。

**2. 导轨油的分类**

目前我国导轨油分类最新标准是GB/T 7631. 11—2014，详见本章电子资源。

每个品种的导轨油按照40℃运动黏度分为32、46、68、100、150、220、320等牌号。

导轨油命名可用完整的形式表示，如ISO－L－GA 150，或以简化的形式表示，如L－GA 150。

## 五、金属切削液（M组）

金属切削加工是使用刀具（或磨料）切入工件材料，加工或预定几何形状、尺寸精度和表面质量的加工方法。金属切（磨）削液是为了提高金属切削加工效果，而在加工过程中注入工件与刀具（或磨具）之间的润滑冷却液体。

**1. 金属切削加工润滑条件及特点**

在金属切削时，切刀与工件之间的几何关系复杂，不同加工过程有很大差异，切屑以很大的压力及相当快的速度沿刀具流出，而使加工表面不但产生塑性变形，还以相当大的弹性变形力作用于刀具上。金属发生塑性变形，切屑与前刀面以及工件与后刀面的摩擦，都会使切削过程产生大量的热。切削时所耗能量，仅有1%～3%以残余应力形式贮存于切屑和工件中，而97%以上的能量都转化成热量。由于切削区很小，热量集中，故切屑与刀具界面的温度极高。切削时最高温度能达800℃，磨削时可达1200℃。刀具在高温下，硬度和强度都会大幅度下降，促使使用寿命缩短。使用切削液的摩擦条件非常的苛刻，很难取得像一般润滑油那样很好的液体润滑。切削液组成中，矿物基础油仅被使用为媒介，重要的是一些添加剂，如脂肪和极压剂，通过这些添加剂才能生产适合于每种切削过程的切削液。

**2. 切削液的分类**

按组成和性能特点不同，我国等效采用ISO 6743. 7—1986国际标准，制定了GB 7631. 5—1989润滑剂和有关产品（L类）的分类第5部分：M组（金属加工）标准。

切削液的主要作用是润滑和冷却，主要起润滑作用的切削液有MHA、MHB、MHC、MHD、MHE、MHF、MHG、MHH八种，主要起冷却作用的切削液分为MAA、MAB、MAC、MAD、MAE、MAF、MAG、MAH、MAI九种。

GB 7631. 5—1989详见本章电子资源。

## 六、气动工具（P组）

**1. 气动工具工作特点及对润滑剂的要求**

气动马达也称为风动马达，是指将压缩空气的压力能转换为旋转机械能的装置。气动工具主要是利用压缩空气带动气动马达而对外输出动能工作的一种工具。

目前，气动马达、气动工具已在矿山、冶金、汽车、机械、电子等行业得到越来越广泛的应用。为了保持气动马达、气动工具的良好工作状态，提高其使用寿命，必须在工作时对其滑动部分进行合理有效的润滑。一般来说，气动工具润滑剂的要求主要有：

① 具有良好的润滑作用，有助于工具的维护、保修。

② 良好的防湿作用，能清除工具表面的水分，而且能渗透到工具内部清除其水分。

③ 良好的防锈作用，在工具表面可形成有效的防锈薄膜。

**2. 气动工具用润滑剂的分类**

气动工具用润滑剂在L类（润滑剂和有关产品）中属于P组产品。按组成和性能特点不同，我国等效采用ISO 6743. 11—1990国际标准，制定了GB/T 7631. 16—1999气动工具润滑剂标准。冲击式气动工具油分为PAA、PAB、PAC、PAD、PAE五种，回转式气动工具油分为PBA、PBB、PBC、PBD四种。

气动工具用润滑剂的分类GB/T 7631. 16—1999详见本章电子资源。

## 七、热传导液（Q组）

在工业生产中，常见的热载体有无机热载体（水及蒸汽、熔盐、液态金属、气体）和有机热载体，热传导液（油）即是以液相或气相进行热量传递的有机热载体，包括矿物油型和合成型的产品。

水及蒸汽是最常用的热载体，廉价且稳定，但100℃以上蒸气压迅速升高，一般在200℃以下使用。熔盐和液态金属能耐高温，但投资昂贵，不宜广泛使用，现分别在400~550℃和500~800℃的范围内使用。在400℃以下，热传导液（油）是比较理想的热载体。与直接加热和蒸汽加热等传统的加热方式相比，热传导液（油）加热具有节约能耗、加热均匀、控温精度高、操作压力低和安全便利等优点，因此，热传导液在化学化工、石油加工、石油化工、化纤、纺织、轻工、建材、冶金、粮油食品加工等行业的多种加热系统中被广泛应用。

**1. 热传导液（油）传热系统工作原理**

在加热器和用热器之间用循环的热传导液（油）传递热量的装置称作热传导液（油）传热系统。热传导液（油）传热有两种基本方式，一种是在初馏点或沸点温度以下液相传热，另一种是在沸点温度以上气相传热。所有热传导油和大部分热传导液为液相传热介质，最高使用温度分别为320℃和350℃。少数热传导液为气/液相传热介质，最高使用温度可达400℃。液相传热蒸气压低，安全性好，使用更为广泛，而气相传热能满足更高的温度和控温精度要求，但不能完全被液相系统取代。图3-8（a）、（b）为基本的液相和气相传热系统，其组成有加热器、用热器、循环管线和其他辅助设备。

加热器的热源可以是燃料油、燃料气、电或煤，气相系统中的加热器实际上是一个蒸发器。液相系统需采用泵送强制循环，而气相系统多利用温差自然循环，也可采用泵送强制循环。液相系统还需配置有效的膨胀槽，以容纳热传导液（油）的受热膨胀量。膨胀槽有氮封和非氮封两种形式。达到同样的传热效果，气相系统的填装量比液相系统少得多。目前，这两种类型的装置在国内均被广泛采用。

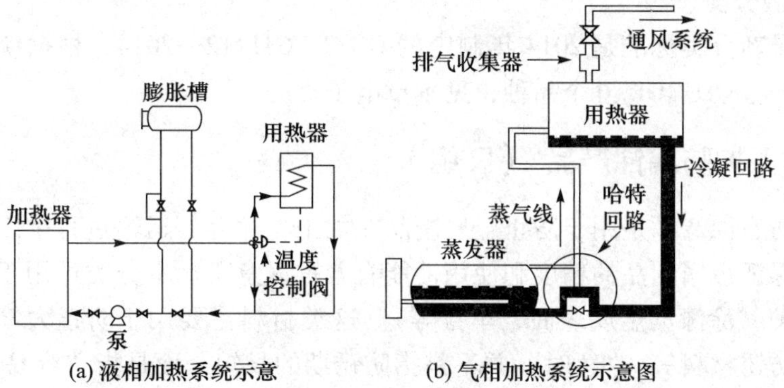


图 3-8 热传导液（油）传热系统工作原理图

导热油属于烃类有机物，属于有机热载体，即有机换热介质，跟润滑并不沾边，但因为矿物基导热油的基础原料均来自窄馏分段的精制润滑油基础料，所以国家还是把导热油的产品划归到了石化产品润滑剂系列的分类中（L类）。

**2. 热传导液（油）的使用要求**

热传导液（油）必须具备优良的使用性能，才能广泛满足工业领域的需要。主要使用要求如下：

（1）热稳定性

热稳定性是热传导液（油）区别于其他产品的最重要的使用性能，用以表示在某一特定温度下热传导液（油）因受热发生裂解进而聚合的程度。目前，国外尚无统一的热传导液（油）热稳定性评定方法，多采用在预计的最高使用温度下隔绝空气，静态或动态加热（500~1000h）的方法，并通过试验前后样品馏程、黏度、酸值、残炭等指标的变化来确定产品的热稳定性。

（2）氧化安定性

氧化安定性是指热传导液（油）在高温下因接触空气等外来污染物而老化的程度。膨胀槽是整个系统唯一可能接触空气的部位。对膨胀槽不采用氮气封闭的装置，热传导液（油）的氧化安定性显得更为重要。对热传导液（油）的氧化安定性的测定国内外多采用润滑油的氧化试验方法，如润滑油老化特性测定法（DIN51352）、热处理油氧化安定性测定法（SH/T 0219）等。

（3）其他使用性能

为适应加热系统启动时冷循环和低温环境的需要，热传导液（油）应具有较好的低温流动性，通常的控制指标为倾点和低温黏度。作为热载体，热传导液（油）应具有优良的传热性能。日常产品控制指标是密度和黏度。液相使用的热传导液（油）应能在常压或低压下保持液相运行，热损耗较小，控制指标为初馏点。气相使用的热传导液应具有较高的汽化潜热。热传导液（油）还应具有较好的安全性，如对设备无腐蚀，具有较高的闪点、燃点和自燃点，遇泄漏时危险性较小。

导热油的倾点一般都在零上，不需特别控制即容易达到，导热油的常规控制指标是运动黏度、酸值、残炭、闪点。

**3. 热传导液分类**

热传导液最新分类标准是2014年制定的GB/T 7631. 12—2014，根据使用温度不同分为QA、QB、QC、QD、QE五个品种，见本章电子资源。

## 八、暂时保护防腐蚀产品 （R组）

暂时保护防腐蚀产品是用于防止金属制品在加工、储存、运输过程中因受环境大气影响的锈蚀，对保证金属制品的精度和使用性能有着重大意义。本分类适用于裸露金属和有涂层金属的防护（涂漆的金属表面、车身等）。这类材料主要用于防止大气腐蚀，产品有防锈油、水基防锈材料等。“暂时”并不是指防锈期的长短，而是指“容易去除”。

GB/T 7631. 6—1989暂时保护防腐蚀产品分为十八类，见本章电子资源。

## 九、汽轮机油 （T组）

GB/T 7631. 1—2008中，T组产品为汽轮机油，又称透平油或涡轮机油。涡轮机是利用流体冲击叶轮转动而产生动力的原动机，主要应用在电力工业、大型化肥厂、炼油厂、石油化工厂、钢铁厂、大型船舶及军舰上，尤其在发电厂和化工厂应用广泛。涡轮机根据推动叶轮旋转的流体不同分为蒸汽轮机、燃气轮机、水轮机以及航空上的涡轮发动机等。

按字面意思理解，涡轮机油的应用范围远大于汽轮机油，但实际应用上这两个名词经常混为一谈，涡轮机油即汽轮机油，包括蒸汽轮机油、燃气轮机油、水轮机油、联合循环燃/汽轮机油等，有矿物油型，也有合成型。有抗氨型、防锈型、抗氧化性汽轮机油等等，因此对汽轮机油的分类很有必要进行统一的规范。

**1. 涡轮机油作用**

涡轮机油主要是作为涡轮机的主机和辅机中主轴的润滑油，随着涡轮机的工作温度和压力不断提高，装机容量不断增加，使得油温也越来越高，这对涡轮机油的要求更为苛刻。涡轮机油在机组中有以下几个方面的作用：

① 润滑作用。在涡轮机组的滑动轴承中，涡轮机油充满其轴径和轴瓦之间，形成流体润滑膜，起润滑作用。

② 调速作用。用于涡轮机调速系统的涡轮机油，作为液压介质能传递压力。

③ 散热冷却作用。涡轮机高速运行时，在油路系统中不断循环流动的油，能带走轴承内摩擦产生的大量热能。

**2. 涡轮机油性能要求**

（1）黏度和黏温性能

油品黏度是保证机组正常润滑的一个重要因素。涡轮机油既要满足轴承润滑和冷却的要求，又要满足压力较大的减速齿轮润滑和冷却的要求。涡轮机通常采用40℃运动黏度在32～68$mm^2/s$范围的中等黏度润滑油。使用黏度一般根据轴承进口油温确定，涡轮机轴承出口油温一般在 40～50℃，VG32 涡轮机油在进口温度 45℃使用，如果进口温度达到 50℃，需用 VG46 涡轮机油，进口温度 50℃以上，可采用 VG68。

在机组运行中，油温从轴承进口到排出一般会有 14～33℃的温升，其中齿轮变速箱的机组温升较大。有些燃气轮机的轴承会处于 250℃的环境温度下，这种情况下的涡轮机油会和一些热空气混合，并以高温冲刷轴承金属表面，因此要求油品有良好的黏温性能，以保证黏度的稳定性，保持足够的润滑油膜。

（2）抗乳化性

涡轮机油在使用过程中易与水接触，如果油的抗乳化性能不好，水进入油中受到机械的搅动后便会形成稳定的乳浊液。形成乳浊液后，油水不易分离，使润滑油的润滑作用和防锈作用降低，并使润滑油的循环和过滤效率下降。要防止上述问题的产生，必须使润滑油具有良好的抗乳化性能。涡轮机油的抗乳化性能与油品的精制深度有关。基础油精制深度越高，胶质、沥青、环烷酸和多环芳香烃含量越少，油品抗乳化性能越好。但深度精制会破坏油品天然抗氧化成分，使抗氧化性能降低。有效解决的办法是加入深精制的基础油，提高抗乳化性能，然后再加入抗氧化成分，提高涡轮机油的抗氧化安定性能。此外，还可以加破乳化剂，提高涡轮机油的抗乳化性。在使用上则要求汽轮机各部件的密封装置完好，不能使油中混入水分、杂质。

（3）防锈性

由于机组运行中蒸汽和冷凝水渗入油系统，不仅会促进油品乳化，也会引起油系统产生腐蚀，严重时可引起调速系统失灵、机组振动、过量磨损等不良后果，所以涡轮机油必须有良好的防锈性。汽轮机的减速器和润滑系统中，有很多钢制零件。钢制零件遇到水后容易发生锈蚀。在润滑油中，只要有 0.1% 的水分就足以使零件生锈。因此，要防止零件受锈蚀，必须避免与水分接触。但是，在汽轮机润滑系统中工作的润滑油，经常接触水，要想完全排除涡轮机油中的水分是十分困难的。比较好的防锈办法是在润滑油中加入防锈添加剂。

（4）抗氧化性

蒸汽轮机轴承温度一般在 50～85℃，油出口平均温度为 60℃左右；燃气轮机轴承温度在 100℃左右，特别是有些燃机的轴承工作于 250℃的环境温度下，这种情况下的涡轮机油会和一些热空气混合，并以高温冲刷轴承金属表面。在这样的温度下，易氧化变质，而且涡轮机油用量大，更换不方便，使用时间长达 10～15 年，国外甚至达 20 年以上，每年补充消耗的油量为循环量的 5%～10%。受空气和水分的影响，涡轮机油会氧化生成酸性物质或其他氧化物而溶于油中或以沉淀析出。当酸性物质积累过多时，会腐蚀金属零件，并形成盐类而加速润滑油的继续氧化及降低润滑油的抗乳化性能。氧化沉淀的形成，会迅速污染润滑系统和降低润滑冷却器的效率，这些不溶物也会生成漆膜，导致控制系统阀芯堵塞，造成控制失灵，或者附着在轴瓦上造成轴瓦温度升高以及异常磨损。因此，汽轮机油要求有较好的抗氧化安定性和较低的氧化沉淀生成性。燃气汽轮机中润滑油的使用温度更高，要求润滑油有更好的氧化安定性和热稳定性，以及更低的氧化沉淀生成性。

（5）抗泡性和空气释放性

油品在运行中可能有空气进入，会产生泡沫。若泡沫过多或不易消失会影响油的正常润滑和循环，所以油品应具有良好的抗泡沫性能。由于油中含有的空气会增加油的可压缩性，影响调节系统的灵敏度，引起机组振动，且在运行中受温度、压力、金属催化剂的影响，会加速油品的老化，缩短油的使用寿命，因此油品应具有良好的空气释放性。

（6）清洁度

汽轮机润滑油系统的清洁程度是影响机组安全与经济运行的重要因素。引起油质劣化的主要原因是水分和金属微粒对其造成污染。同时，由于空气的混入，加速了油品氧化，产生二次污染物。随着300MW、600MW及以上大容量汽轮机组的相继使用，在电力生产过程中，对油品清洁度的要求相应提高。合理有效地控制汽轮油污染，是汽轮机安全与经济运行面临的一项重大技术问题。

**3. 汽轮机油分类**

国际标准化组织于1988年制定了涡轮机油的分类标准ISO 6743/5，2006年做了修订，修订后的涡轮机油分类增加了燃气轮机、联合循环汽轮机油等的分类。我国在1992年等效采用1988版分类标准制定了我国汽轮油分类标准GB/T 7631. 10—1992，2013年，我国根据ISO 6743/5：2006进行修订，目前我国汽轮机油分类最新的国家标准是GB/T 7631. 10—2013，组别代号T，一般应用于涡轮机，其他应用、产品类型和性能等。

蒸汽轮机油分为TSA、TSE、TSD。

燃气轮机油分为TGA、TGB、TGCH、TGCE、TGD、TGE、TGF、TGSB、TGSE。

抗燃汽轮机油为TCD。

水轮机油分为THA、THCH、THCE、THE。

GB/T 7631. 10—2013具体内容见本章电子资源。

## 十、热处理用淬火液（U组）

**1. 热处理工作过程及对淬火液的使用要求**

钢铁材料高温加热后再冷却，原子的组合状态会发生变化，从而使材料的强度、塑性、柔软性、耐磨性等产生差异。热处理是根据工艺要求，将材料加热到适宜温度后保温，随后采用不同方法冷却，以改变其内部组织，获得所要求的力学性能。整个过程包括奥氏体化、淬火和回火三个主要步骤，其中关键步骤是淬火工艺。

淬火是将金属零件加热到相变温度以上，保温后在淬火介质中急剧冷却的热处理方法，目的是提高零件硬度和耐磨性。工件淬火后，硬度很高，但内部组织很不稳定，尤其是存在很大内应力，造成工件强度、韧性降低，影响使用寿命。因此，需要随后进行回火，以减小或消除内应力，提高塑性和韧性，改善工件力学性能。

热处理用淬火液是金属零件进行热处理时常用的冷却介质。

为保证淬火后零件达到一定的力学性能及合格的金相组织，表面光亮，操作安全可靠，油品携带损失小，热处理用淬火液应具有以下性能：

① 良好的冷却性。

② 闪点和燃点高。

③ 热氧化安定性良好。

④ 黏度低。

⑤ 水分含量低。

⑥ 淬火后工件表面光亮性好。

**2. 热处理用淬火液的分类**

热处理用淬火液是 L 类（润滑剂和有关产品）中 U 组（热处理）产品。GB/T 7631. 14—1998（等同于 ISO 6743. 14—1994）规定了这类产品的详细分类，按用途不同，该分类方法将热处理介质分成热处理油、热处理水基液、热处理熔融盐、热处理气体等类型。

热处理油分为 UHA、UHB、UHC、UHD、UHE、UHF、UHG、UHH、UHV、UHK。

热处理水基液分为 UAA、UAB、UAC、UAD、UAE、UAK。

热处理熔融盐分为 USA、USB、USK。

热处理气体分为 UGA、UGB、UGC、UGD。

热处理用淬火液分类标准 GB/T 7631. 14—1998 见本章电子资源。

每一种淬火液又依据 GB/T 3141《工业液体润滑剂 ISO 黏度分类》分为多个级别。

## 十一、其他应用场合（Y 组）

GB/T 7631. 1—2008 中，Y 组产品的应用场合为“其他应用场合”，2017 年，我国制定了 GB/T 7631. 18—2017《润滑剂、工业润滑油和有关产品（L 类）的分类第 18 部分——Y 组（其他应用）》的分类标准。该标准于 2018 年 5 月 1 日实施，规定了用于其他用途的、用量相对较少的润滑剂的详细分类，比如白油、填充橡胶和增塑塑料的橡胶油、脱除煤气中苯和萘的冲洗油、纤维软化的处理油、涂抹在颗粒肥料上防止黏结的油、涂抹在水泥颗粒表面抑制灰尘的油等等，每类产品遵照 GB/T 3141—1994 按 40℃运动黏度划分牌号。

Y 组产品详细分类（GB/T 7631. 18—2017）有 22 个品种，详见本章电子资源。

这里简单介绍一些白油和橡胶填充油的知识。

**1. 白油**

在石油产品应用的领域，我们经常见到或听到“白油”这个名字，而且它有个庞大的家族，如工业白油、食品级白油、粗白油、轻白油、化妆品级白油、医药级白油、食品机械专用白油、PS 专用白油等等，常常作为溶剂使用。之所以叫白油，是因为油中几乎不含极性物质，基本没有芳烃、N、S、双键等，而只有烷烃和环烷烃这种饱和物质，只由 C、H 和单键构成。

不同级别和应用领域的白油关键是纯度不同，杂质含量按如下顺序逐渐降低：

粗白油 >> 工业级白油 >> 化妆品级白油 >> 食品医药级白油。

粗白油的芳烃含量要求 $<15\%$，N 含量要求 $<500\mu g/g$，比基础油的标准还低，一般做白油精细加工的原材料。

工业白油对 N 和芳烃含量没有约定，但大体上 N 含量在 $10\mu g/g$ 左右，芳烃大约 1%~3%，很多加氢程度高的Ⅱ类或Ⅲ类基础油，其实也可看成工业白油。

化妆品级白油标准比食品级白油的要求要松一些，但在 2015 年国内更新的行业标准里，大幅度提高了化妆品级白油的性能要求，基本和食品级白油要求相同，尤其是在芳烃、重金属含量方面。

食品医药级白油是白油中技术要求最高的顶级产品，是一种高度精炼的产品，其芳烃含量基本都会下降到0.5%以下甚至不含芳烃，而N、S等物质含量为0。

食品级白油适用于食品上光、脱模、消泡和水果、蔬菜、禽蛋的保鲜以及作为食品机械、手术器械的防锈剂、润滑剂，谷物储存的防尘剂和食品级塑料、树脂的增塑剂等。

食品级白油由石油的润滑油馏分经脱蜡、化学精制或加氢精制而制得，做为白油中的顶级产品，其质量指标有着严格的国家标准，GB 4853—2008规定了食品级白油的技术要求、试验方法、标志、包装、贮运、交货验收、采样。根据黏度，食品级白油分为1号、2号、3号、4号、5号五个牌号。

有人认为白油属于2.0版本的基础油，因为很多白油的原料就是加氢基础油，加氢基础油饱和度很高，S、N元素很少，生产上很容易得到食品级白油。

不同级别白油的关键指标是芳烃及非烃含量，关键的工艺就是加氢，有一段加氢、两段加氢、三段加氢。加氢工艺的复杂程度不同、加氢条件的苛刻程度也有很大不同，这取决于采用什么样的原料，想生产出哪种级别的白油，原料越差，产品精细度越高，工艺就越复杂苛刻。白油的原料有裂化尾油、加氢馏分油、轻脱油等等。

白油的需求非常广泛，有很多的黏度需求，因此白油生产的原料必须要满足很宽的黏度范围，这就决定了白油黏度范围远远超过那些加氢的二类油、三类油，而且白油黏度受到下游客户的需求影响，其黏度分类会更细，细到它可以完全不按照ISO的分类方法去分类，而可以“任性、独闯天涯”地自行制造黏度标准。

VI并不是白油的关键指标，很多终端应用对VI都不关注，这也造就了白油的生产过程相对于加氢基础油的生产要简单得多。简单意味着门槛就低，门槛低参与的人就多，参与的人多，市场就乱。因此市场上白油生产商的数量远远高于加氢基础油的生产商。

轻白油是以石油馏分、合成油馏分为原料，经加氢精制及精密分馏得到的轻质白油，适用于专用设备校验、金属加工、日用化学品等行业。不妨认为轻白油是部分工业白油与部分化妆品级白油的综合，2015年，我国专门制定了轻白油的行业标准NB/SH/T 0913—2015。按照芳烃含量、颜色、硫含量、溴指数的不同，将轻质白油产品分为轻质白油（Ⅰ）和轻质白油（Ⅱ）。按照馏程、闪点及黏度的不同，各有14个牌号。

除掉了芳烃，白油中的烃类基本就是烷烃和环烷烃，根据环烷烃含量又可分为石蜡基白油和环烷基白油，一般认为环烷烃含量在40%以上为环烷基白油，在35%以下则为石蜡基白油。

石蜡基白油倾点高、黏度低、溶解性差，而环烷基因为环烷组分高，倾点低、黏度大，溶解性好。因为石蜡基的影响力很大，应用范围最广，所以目前大部分的白油都是石蜡基。市场上环烷基白油似乎并不常见，大部分的环烷基白油，其名字在应用市场上根本就不叫白油，而是叫其他的商品名字，如环烷基橡胶油、玻璃胶用油、油墨用油等等。

食品级白油标准和轻白油标准见本章电子资源。

**2. 橡胶填充油**

橡胶填充油是一种石油软化剂，广泛应用于橡胶工业，可以改善橡胶的塑性，降低橡胶的黏度和混炼温度，降低橡胶的生产成本，是橡胶加工过程的第三大原料，使用量仅次于炭黑和生胶，可以有效弥补天然橡胶产量不足和供应不稳定的状况。

橡胶填充油按照烃类的组成不同，可以分为环烷基橡胶填充油、石蜡基橡胶填充油和芳香基橡胶填充油三种类型。橡胶填充油的种类不同，其油品的密度、含水量、颜色、黏度、芳烃碳型含量等性能参数也不相同，因此不同种类的橡胶填充油生产的橡胶产品的性能和用途也各不相同。橡胶油中芳烃含量高，则与橡胶的相容性较好，但环保往往不过关。橡胶油中烷烃含量高，虽然环保性能够达标，但溶解性又不好，因此含环烷烃成分较多的橡胶油在这个领域比较受欢迎。

除了白油、橡胶油，其他应用中的其他油品，如印刷行业的油墨用油等，也是用的溶解性。至于为什么把这类油也列入“润滑剂、工业油和有关产品”中，是因为它们的原料和生产工艺有颇多类似之处。

## 十二、汽缸油

GB/T 7631. 1—2008 中，Z 组产品为汽缸油。汽缸油用于蒸汽机汽缸，汽缸油除受压力和温度影响外，还受冷凝水的冲洗影响，因为缸内蒸汽做功膨胀，压力下降，温度必然随之降低，部分蒸气就会冷凝。冷凝水能从摩擦表面上洗刷润滑油而引起干摩擦和磨损，过热蒸汽的温度可高达 300～400℃，有时高达 450℃，油在工作过程中很容易高温分解。此外汽缸中还会渗漏进空气，汽缸油便与空气接触，发生氧化作用。

**1. 汽缸油使用要求**

① 较高的黏度，汽缸油的黏度要足以在汽缸的高温下保持牢固的油膜，起防咬黏合密封作用。

② 良好的润滑性，汽缸油应在高热的汽缸表面有良好的润滑性，有抵抗水汽冲洗的作用。

③ 挥发性低、闪点高，要保证油在高温下不致因挥发而影响润滑和密封作用。

④ 热氧化安定性好，在高温与氧接触情况下，油应不易氧化变质、结焦及生成积炭。

⑤ 抗乳化性好，汽缸油中常易混入冷凝水，故应有较好的抗乳化性，凝结水能从油中分离，不发生乳化。

**2. 汽缸油的分类**

目前尚无 Z 组汽缸油的详细分类。1994 年，我国颁布 GB/T 447—94 蒸汽汽缸油标准，汽缸油分为矿物型及合成型两大类。矿物型汽缸油按 40℃运动黏度分为 680 号、1000 号、1500 号三种，合成型汽缸油按 40℃运动黏度仅有 1500 号。1500 号汽缸油 40℃运动黏度≤$1650mm^2/s$。

680 号矿油型汽缸油用于蒸汽压力在 1. 6MPa 以下、蒸汽温度在 200℃以下的饱和蒸汽、蒸汽泵、蒸汽锤和牵引机等设备。1000 号矿物油型汽缸油用于蒸汽压力在 2. 94MPa 以下、过热蒸汽温度低于 300℃的蒸汽机械。1500 号矿物油型汽缸油用于蒸汽压力在 3. 92MPa 以下、过热蒸汽温度 320～420℃的蒸汽机。

合成过热气缸油能用于蒸汽压力为 4. 0MPa，温度在 420℃的过热蒸汽机上。

# 第七节　固态润滑剂——润滑脂

## 一、润滑脂的组成与使用要求

润滑脂是润滑油加上稠化剂组成的具有可塑性胶体结构的固体或半固体的润滑剂，润滑脂用于一般润滑油容易流失的摩擦表面，以及需要长期工作而又无法定期加油和换油的摩擦部位。因绝大多数润滑油都是基础油和添加剂共同组成的，润滑脂由三部分组成：液体润滑剂（又称为基础油），约占润滑脂总量的 70%~90%；稠化剂，约占 10%~20%；添加剂，约占 0%~5%。润滑脂中所用添加剂与润滑油中所用的基本相同，但要注意选择那些不破坏润滑脂胶体结构的添加剂。其中还可加入石墨或二硫化钼一类固体粉末，来提高其减摩和耐磨耐压的性能。

作为润滑脂主要组分的稠化剂是脂肪酸金属皂，如脂肪酸钠、钙、铝、锌、铅、钡、锂、锶等金属皂类。这些皂类是在润滑脂制造釜中、在润滑油存在下，由脂肪酸和金属氢氧化物进行皂化反应而制得的，其中脂肪酸原料通常为 $C_{14}$~$C_{18}$ 酸的动物脂肪和植物油脂。非皂基稠化剂主要有无机稠化剂和有机稠化剂两类。具有代表性的无机稠化剂有表面处理的膨润土和高纯度的二氧化硅；有机稠化剂如芳基脲、阴丹士林和酞青铜。

润滑脂属于固－液胶体分散体系，固态稠化剂以纤维状结构的形式形成分散相，分散到液态润滑油中。细微的纤维通过彼此间的吸附力搭成庞大的网络结构，包裹住全部液体润滑剂，如同一块海绵体浸满了液体一样，基础油在网中，在润滑部件静止时处于半固体状态。然而，当润滑部件产生负载时，金属皂纤维网状结构中的油被挤出起润滑作用；不在被润滑部件上的润滑脂保持半固体状态，并作为严密的密封剂；当润滑部件停止运动时，液态的润滑脂又凝结成固态并恢复其网状结构。

根据润滑脂特有的结构特点，润滑脂的使用要求主要有：

①硬度（锥入度）变化小。②良好的耐热性和防水性。③良好的氧化稳定性。④油分离性小。⑤高负载能力及耐磨性。

润滑脂金属皂纤维形成的网状结构，如图 3－9 所示。

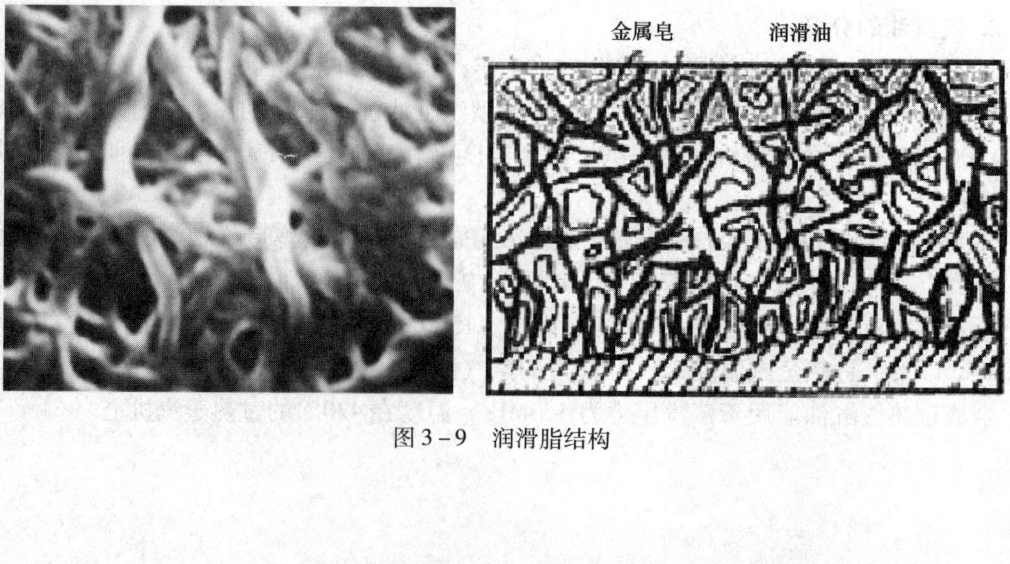


图 3－9　润滑脂结构

## 二、润滑脂的特点

与润滑油相比润滑脂较突出的优缺点如下。

**1. 优点**

① 由于润滑脂不会轻易散落或流出来，所以润滑脂可长时间不需要重新补给。例如密封轴承在更换轴承之前不需要再补给润滑脂，即使润滑时间间隔比较长，也可以将它作为自动润滑系统使用。

② 润滑脂自身可用于密封，防止水和灰尘进入，很容易在润滑部位形成密封结构。

③ 因为润滑脂工作温度范围较大，所以使用一种类型的润滑脂就可以满足相对大范围的温度条件。

④ 它能够给低速旋转、高载荷、冲击负载的滑动部件提供良好的润滑效果。

⑤ 在长时间运转的润滑部件上仍然具有油膜，防锈和防腐效果好。

**2. 缺点**

① 润滑脂处理有点困难，如加注、更换和清洗。

② 一旦水、灰尘或其他异物混到润滑脂中，很难将它们从润滑脂中清除。

③ 润滑脂流动性差，散热性不好，不易于带走润滑部件在工作时产生的热量。

④ 润滑脂不能用于特别快速的旋转设备。

⑤ 润滑脂黏滞性强，启动力矩大，动力能源消耗大。

## 三、润滑脂的分类

**1. 一般分类**

润滑脂是将增稠剂（金属皂或非金属皂）加到矿物油或合成油中做成固体或半固体状态的，润滑脂的命名或以其增稠剂所基于的皂类来命名，如锂皂润滑脂、钠皂润滑脂等；或以其基础油来命名，如硅润滑脂、二酯润滑脂等；有时按用途或形状命名如杯状润滑脂、纤维状润滑脂等。润滑脂的类型和特性见表 3－17。

**表 3－17　润滑脂的类型和特性**

| 项目 | 钙皂脂 | 钠皂脂 | 铝皂脂 | 锂皂脂 | | 无皂润滑脂 |
|---|---|---|---|---|---|---|
| | | | | 矿物油 | 合成油 | |
| 普通名称 | 杯状润滑脂（杯酯） | 纤维状润滑脂 | 铝皂润滑脂 | 锂皂润滑脂（全能润滑脂） | 高和低温润滑脂 | 耐热润滑脂 |
| 外观 | 像黄油 | 像纤维 | 半固体 | 像黄油 | 像黄油 | 像黄油 |
| 滴点/℃ | 85 | 160 或更高 | 85 | 175 或更高 | 200 或更高 | 250 或更高 |
| 工作温度范围/℃ | －10～70 | －10～125 | －10～80 | －20～120 | －50～180 | －10～200 |
| 抗水性 | 好 | 差 | 好 | 好 | 好 | 好 |
| 特性 | 抗水性好<br>成本低 | 耐热性好<br>成本低 | 黏度好 | 良好的抗水性、耐热性和稳定性 | | |
| 应用 | 普通平轴承<br>水泵轴承 | 普通或耐高温<br>滚动轴承 | 车底盘敞式<br>齿轮 | 全能 | 高或低温<br>滚动轴承 | 超高温轴承 |

一般说来，铝皂润滑脂剪切安定性差，钠皂润滑脂遇水乳化，钙皂润滑脂不耐高温，锂皂性能优异，非皂类脂优于皂脂。

**2. 按应用的条件分类**

我国等效采用国际标准 ISO 6743. 9—1987《润滑剂、工业润滑油和有关产品（L 类）的分类—第 9 部分：X 组（润滑脂）》制定 GB/T 7631. 8—1990 润滑脂国家标准。

GB/T 7631. 8—1990 将每一种润滑脂用一组（5 个）大写字母和一组数字组成的代号来表示，每个字母及其在该构成中的书写顺序都有其特定的含义。

各字母、数字必须采用表 3-18 所列的书写顺序。

**表 3-18　润滑脂标记的字母顺序**

| L | X（字母 1） | 字母 2 | 字母 3 | 字母 4 | 字母 5 | 稠度等级 |
|---|---|---|---|---|---|---|
| 润滑剂类 | 润滑脂组别 | 最低温度 | 最高温度 | 水污染（抗水性、防锈性） | 极压性 | 稠度号 |

润滑脂标记中各字母含义见表 3-19。

**表 3-19　润滑脂标记中各字母含义**

| 字母序号 | 1（组别） | 2（最低的操作温度/℃） | | | | | 3（最高的操作温度/℃） | | | | | | |
|---|---|---|---|---|---|---|---|---|---|---|---|---|---|
| 代号 | X | A | B | C | D | E | A | B | C | D | E | F | G |
| 含义 | 润滑脂 | 0 | -20 | -30 | -40 | <-40 | 60 | 90 | 120 | 140 | 160 | 180 | >180 |
| | 4（抗水性能和防锈水平） | | | | | | | | | 5 | | | |
| 档号 | A | B | C | D | E | F | G | H | I | A | | B | |
| 环境条件① | L | L | L | M | M | M | H | H | H | 非极压 | | 极压 | |
| 防锈性能② | L | M | H | L | M | H | L | M | H | | | | |

注 ① L 表示干燥环境，M 表示静态潮湿环境，H 表示水洗。

② L 表示不防锈，M 表示在淡水存在下的防锈性，H 表示在盐水存在下的防锈性。

润滑脂的稠度分为 9 个等级，各个等级的锥入度范围见表 3-20（GB/T 7631. 1 附录 A）。

**表 3-20　润滑脂稠度等级（GB/T 7631. 1 附录 A）**

| 稠度等级 | 工作锥入度/0. 1mm | 稠度等级 | 工作锥入度/0. 1mm | 稠度等级 | 工作锥入度/0. 1mm |
|---|---|---|---|---|---|
| 000 | 445~475 | 1 | 310~340 | 4 | 175~205 |
| 00 | 400~430 | 2 | 265~295 | 5 | 130~160 |
| 0 | 355~385 | 3 | 220~250 | 6 | 85~115 |

注：工作锥入度是指试样在润滑脂工作器中经过 60 次往复工作后测定的锥入度。测定工作锥入度有两重意义：表示润滑脂的流动性；按工作锥入度范围来划分润滑脂的牌号。

例如某润滑脂的工业分类代号为 L-XBDGB0，表明该润滑脂使用在下述操作条件：最低操作温度为-20℃；最高操作温度为 140℃；环境条件为经受水洗防锈性，不需要防腐；负荷条件为高负荷；稠度等级为 0（60 次工作锥入度 355~385）。

## 四、润滑脂的性能指标及试验方法

通过不同的试验，可以测定润滑脂的不同技术指标，这些技术指标可以在一定程度上预示润滑脂的实际工作性能，因此这些技术指标也成为润滑脂选用的重要参考。润滑脂的主要技术指标如下。

**1. 锥入度**

锥入度是在规定质量、时间和温度的条件下，标准锥体利用自重刺入润滑脂样品的深度，单位为0.1mm；锥入度反映润滑脂的软硬程度，是设备润滑选择润滑脂的重要指标之一。

**2. 滴点**

滴点是指润滑脂从固态变成液态的温度点，单位为℃；是用以反映润滑脂高温使用性能的指标之一，但是滴点并不能单独决定润滑脂的使用温度，不同种类基础油的抗氧化能力的差异，稠化剂类型对基础油的氧化催化作用和抗氧化添加剂的选择也是润滑脂使用温度的决定因素。选择润滑脂时，应使润滑脂的工作温度低于滴点20～30℃。

**3. 低温相似黏度和低温转矩**

低温相似黏度用以反映润滑脂低温流动性能，是选择低温润滑脂要参考的重要指标。国际单位为Pa·s，常用单位为mPa·s。在相同温度下，黏度数值越小则低温性能越好。

低温转矩是指低温条件下，装填润滑脂的标准开式204滚珠轴承在1r/min转速下转动时为阻滞轴承外环所需要的力矩。测量得到的力矩有启动力矩和转动力矩两种，国际单位为N·m，常用单位为mN·m，用以反映润滑脂低温状态下的工作能力。同理，力矩越小，润滑脂的低温性能越佳。

**4. 润滑脂的常温压力分油和高温钢网分油**

常温压力分油：指常温下润滑脂在一定压力和时间时析出基础油量的多少，单位%（质），用以反映润滑脂常温条件下的胶体安定性能。

高温钢网分油：指在高温条件下，其自重将润滑脂中的基础油压出量的多少，单位%（质），用以反映润滑脂高温条件下的胶体安定性能。

有研究表明，润滑脂胶体安定性差，可以导致润滑脂在运转过程中分油流失，从而影响轴承的运转寿命。

**5. 延长工作锥入度**

延长工作锥入度是指润滑脂在工作器中经过10万次剪切之后的锥入度测定值，单位0.1mm；一般情况下润滑脂经剪切会变稀。其与60次工作锥入度的差值反映润滑脂的剪切安定性。

研究证明，剪切安定性差的润滑脂在高速长期运转轴承中的流失严重，会影响到润滑脂的使用寿命。

**6. 润滑脂四球机试验**

四球机试验原理如图1－2所示，将试验头下方的三个标准钢球固定作为承重部件，并将润滑脂填充在承重球固定杯内、上方的标准钢球通过传动装置施加负荷，在设定的温度、转速和负荷下进行运转，通过钢球的运转状态来确定润滑脂的润滑、极压性能。

最大无卡咬负荷（PB）：在一定温度、转速下，钢球在润滑状态下不发生卡咬的最大负荷，此指标测量值越高，说明润滑脂润滑性能越好。

烧结负荷（PD）：在一定温度、转速下逐级增大负荷，当上方钢球和下方钢球因负荷过重而发生高温烧结，设备不得不停止运转的负荷即烧结负荷，烧结负荷越高，说明润滑脂的极压润滑性能越好。

磨迹（d）：在一定温度、转速、负荷和运转时间下，承重钢球表面因摩擦导致磨损斑痕直径的大小即磨迹，磨迹越小，说明润滑脂的抗磨损能力、润滑性越好。

**7. 抗氧化性**

润滑脂在贮存和使用过程中抵抗空气（氧气）的作用而保持其性质不发生永久性变化的性能，叫氧化安定性。润滑脂氧化导致酸性物质的产生，对金属产生腐蚀。常用的氧化试验方法有氧弹法，即 SH/T 0325。它是将一定量的润滑脂装入充有氧压的氧弹中，在 99℃温度下经受氧化，在规定的时间后（一般为 100h）由相应的氧气压力降来确定润滑脂的氧化安定性。

**8. 防腐蚀性能**

腐蚀性试验是检查润滑脂对金属是否产生腐蚀的指标。抗腐蚀性能对防护性润滑脂尤为重要。测定润滑脂腐蚀性能常用的方法有 GB/T 7326 铜片腐蚀试验法，GB/T 0331 润滑脂腐蚀试验法（T3 铜片、45# 钢片）。它们都是将试验金属片插入润滑脂中，在规定的时间、温度后取出金属片，观察金属片颜色的变化，并与标准色板比较，判断润滑脂的腐蚀级别或合格与否。

**9. 防锈性能**

防锈性能是用来评价润滑脂在有水或水蒸气存在的条件下对轴承的防护性，对于在潮湿环境中使用的润滑脂有重要的意义。常用的方法有 GB/T 5218 轴承静态防锈试验：将润滑脂装入轴承，并将轴承置于 52℃，相对湿度为 100% 的烘箱中，48h 后观察轴承是否有腐蚀点，以判断润滑脂的防锈性能级别。近年来又引进国外常用的动态防锈试验即 Emcor 试验法：将轴承装置后一半浸入蒸馏水或海水中，运转 8h，停 16h，连续 7 天后观察轴承的锈蚀情况，以确定润滑脂的防锈性能级别。这种方法比静态防锈试验条件更苛刻，用于评价对抗水、抗海水要求严格的润滑脂。

**10. 防蒸发性能**

润滑脂蒸发试验：一定时间温度下，润滑脂蒸发损失量用质量百分数表示，润滑脂蒸发是衡量润滑脂高温性能的重要参数，润滑脂在使用过程中因为蒸发变干，会导致润滑失效，直至设备损坏。

**11. 抗水性能**

抗水淋试验：在一定温度下，以一定的水流量直接冲刷装有润滑脂的运转中的轴承，考察一定时间后润滑脂被冲掉的量，用质量百分数表示。抗水性能对露天使用润滑脂的运行设备非常重要。

**12. 使用寿命**

润滑脂高温轴承寿命试验：通过直接测定在一定温度、转速和负荷下，装填测试润滑脂的标准轴承的实际运转寿命来评价润滑脂的性能，轴承寿命是润滑脂综合性能的体现。

## 五、润滑脂技术要求

本章电子资源中提供了钙基润滑脂技术要求和试验方法（GB/T 491—2008）和汽车通用锂基润滑脂技术要求和试验方法（GB/T 5671—2014）。

钙基润滑脂可以用于润滑中小电机、水泵、拖拉机、汽车、冶金、纺织机械等中转速、中负荷的滚动和滑动轴承，钙基润滑脂主要应用于压缩杯内，因而又有“杯脂”之称。锂基润滑脂用于飞机、汽车、坦克、机床和各种机械设备的轴承润滑。

钙基润滑脂一般是在100℃以下，优点是价格便宜，制作工艺简单，缺点是滴点较低；锂基润滑脂通常在160℃以上，甚至200℃以上，属于高温脂，优点是耐温性、使用范围广，缺点是价格昂贵，氢氧化锂原料相对于钙来讲贵很多。

## 本章电子资源清单

1. 内燃机油黏度分级标准（GB/T 14906—2018）
2. 内燃机油分类标准（GB 7631. 17—2003）
3. 汽油机油标准（GB 11121—2006）
4. 柴油机油标准（GB 11122—2006）
5. 欧标机油分类（ACEA—2016、ACEA—2021）
6. GB/T 7631. 2—2003 中液压油各组产品的组成、特性和主要应用
7. 几种液压油的技术要求和试验方法（GB 11118. 1—2011）
8. 工业设备及工程机械常用液压油的选用
9. 液压油的国际标准
10. 液压油 OEM 标准
11. 液压油的新技术与需求展望
12. 普通车辆齿轮油（GL－3）的技术要求和试验方法（SH 0350—1992）
13. 中负荷车辆齿轮油（GL－4）的技术要求和试验方法（Q/SH PRD 0116—2022）
14. 重负荷车辆齿轮油（GL－5）的技术要求和试验方法（GB 13895—2018）
15. 我国车用齿轮油质量等级选择建议
16. 工业齿轮油分类标准（GB 7631. 7—1995）
17. 工业闭式齿轮油（GB 5903—2011）
18. 我国普通开式齿轮油技术要求（SH/T 0363—92）
19. 工业齿轮油的国外标准简介
20. 润滑剂和有关产品（L 类）的分类第 15 部分:N 组（绝缘液体）（GB 7631. 15—1998）
21. 电工流体变压器和开关用的未使用过的矿物绝缘油变压器油（通用）技术要求和试验方法（GB 2536—2011）
22. 变压器油质量标准（摘自 GB/T 7595—2017）
23. 断路器油、电缆油和电容器油
24. 压缩机油分类（含空气压缩机油、气体压缩机油、制冷压缩机油、真空泵油，摘自 GB/T 7631. 9—2014）
25. 空气压缩机油标准（GB/T 12691—2021）
26. GB/T 7631. 13—2012 润滑剂、工业用油和有关产品（L 类）的分类　第 13 部分：A 组（全损耗系统）

27. 轴承油的分类（GB/T 7631.4—1989）
28. 导轨油分类（GB/T 7631.11—2014）
29. 金属加工润滑剂的分类（GB/T 7631.5—1989）
30. 气动工具用润滑剂的分类（GB/T 7631.16—1999）
31. 热传导液的分类（GB/T 7631.12—2014）
32. 暂时保护防腐蚀产品的分类（GB/T 7631.6—1989）
33. 汽轮机油的分类（GB/T 7631.10—2013）
34. 热处理用淬火液的分类（GB/T 7631.14—1998）
35. Y 组产品详细分类（GB/T 7631.18—2017）
36. 食品级白油标准（GB 4853—2008）
37. 轻白油标准（NB SH T 0913—2015）
38. 蒸汽气缸油标准（GB/T 447—1994）
39. 润滑剂和有关产品（L 类）的分类第 8 部分:X 组（润滑脂）（GB/T 7631.8—1990）
40. 钙基润滑脂技术要求和试验方法（GB/T 491—2008）
41. 汽车通用锂基润滑脂技术要求和试验方法（GB/T 5671—2014）

## 本章内容梳理

克服重重困难，你已经学习了 18 大类，2000 多种工业油、润滑剂及相关产品，回顾这些知识，你可以按字母顺序，从 A 到 Z，一口气列出 18 大类润滑剂的名称和代号。每一大类产品按应用场合或质量等级的详细分类也可用简表归纳罗列，每一种详细分类又可按黏度划分一系列标号，构成琳琅满目的润滑油市场。

难以置信吧？你真的已经了解了 2000 多种石油产品！在很多人眼中，你已经是位头头是道的“油博士”了。可我们还要明白，当我们学习的知识越多越会感到自身的不足，润滑油的王国浩瀚无边，我们需要无止境地终生学习。

## 本章习题

### 一、填空题

1. 变压器油的击穿电压越________，介质损耗因数越________，则电气性能越好。

2. GB 2536—2011 中，变压器油分为通用级别和特殊用途两类，通用级别根据抗氧剂的加入量分为__________、__________、__________三种。

3. 用量最大的三类润滑油是________、________、________，用量最大的三类燃料油指的是________、________、________。

4. 压缩机油属于润滑剂（L 类）的 D 组，包括________、________、________和________。

5. 天然气或烃类气体压缩机所用的压缩机油的黏度牌号一般要比相同型号、同等压力的空气压缩机所用油的黏度牌号要更________些。（低、高）

6. 我国过去有一种润滑油品叫机械油，在新的国家分类标准中属于________。
7. 在现在使用的国家标准中，电器绝缘油分为________、________、________。
8. 热处理用________是金属零件进行热处理时常用的冷却介质，在现在使用的国家标准中可将其分成________、________、________、________等类型。
9. ________是由水蒸气驱动作旋转运动的原动机，润滑它的油品称为________，分组代号为________。
10. ________是防止机床导轨爬行的专用润滑油，分组代号为________。锭子（或主轴）、轴承、联轴器用润滑油，可合称为________，分组代号为________。
11. 金属切削液在 GB/T 7631.1—2008 中的分组代号为________。N 组油品是________，R 组油品是________。
12. 润滑脂由________、________、________三部分组成。
13. 润滑脂低温相似黏度越________则低温性能越好。（小、大）
14. 润滑脂低温流动性能用________表示，单位为________。润滑脂低温状态下的工作能力用________表示，单位为________。
15. 评定润滑脂的润滑、极压性能需要做________试验。
16. 最大无卡咬负荷越________，说明润滑脂润滑性能越好。烧结负荷越________，说明润滑脂的极压润滑性能越好。磨迹越________，说明润滑脂的抗磨损能力、润滑性越好。
17. 润滑脂在贮存和使用过程中抵抗空气（氧气）的作用而保持其性质不发生永久性变化的性能，叫________。
18. 防锈性能是用来评价润滑脂在有________或水蒸气的条件下对轴承的防护性。

**二、单项选择题**

1. 以下（　　）属于低灰分机油。

A. A3/B4　　B. A5/B5　　C. A7/B7　　D. C6

2. 以下（　　）属于商用车柴油机油。

A. A5/B5　　B. C6　　C. E6　　D. A7/B7

3. 以下哪种油不是车辆齿轮油？（　　）

A. GL－4　　B. GF－4　　C. CLC　　D. MT－1

4. 润滑脂是根据（　　）大小来分牌号的。

A. 熔点　　B. 相似黏度　　C. 锥入度　　D. 软化点

5. 润滑脂是根据（　　）高低来确定最高使用温度的。

A. 滴点　　B. 针入度　　C. 锥入度　　D. 软化点

6. 选择润滑脂时，应使润滑脂的工作温度低于滴点（　　）℃

A. 5～10　　B. 20～30　　C. 40～50　　D. 65～70

7. 润滑脂与润滑油相比，润滑脂的缺点是（　　）。

A. 适用的温度范围较窄　　B. 密封性能差

C. 清除杂质难　　D. 黏附力小

8. 滴点越低的润滑脂在高温润滑部件上使用容易出现（　　）。

A. 乳化现象　B. 油皂分离现象　C. 水分挥发现象　D. 润滑脂变硬

9. 反映润滑脂的剪切安定性的指标是（　　）。

A. 10 万次剪切之后的锥入度

B. 60 次工作锥入度

C. 10 万次剪切之后的锥入度与 60 次工作锥入度的差值

D. 高温钢网分油

10. 反映润滑脂软硬程度的指标是（　）。

A. 滴点　B. 锥入度　C. 低温相似黏度　D. 软化点

11. 以下（　　）不属于车用油。

A. 车辆齿轮油　B. 液力传动油　C. 自动变速箱油　D. 断路开关油

12. 以下（　　）属于工业油。

A. 车辆齿轮油　B. 液力传动油　C. 自动变速箱油　D. 液压油

13. 以下内燃机油中，（　　）标准要求最高。

A. 国标　B. 美标　C. 欧标　D. 厂标（OEM 标）

## 三、多项选择题

1. API 的 S 系列机油是（　　）标准？

A. 汽油机油　B. 柴油机油　C. 北美　D. 欧洲

2. API 的 C 系列机油是（　　）标准？

A. 汽油机油　B. 柴油机油　C. 北美　D. 欧洲

3. ACEA 的 A 系列机油是（　　）标准？

A. 汽油机油　B. 柴油机油　C. 北美

D. 欧洲　E. 商用车　F. 乘用车

4. ACEA 的 B 系列机油是（　　）标准？

A. 汽油机油　B. 柴油机油　C. 北美

D. 欧洲　E. 商用车　F. 乘用车

5. ACEA 的 E 系列机油是（　　）标准？

A. 汽油机油　B. 柴油机油　C. 北美

D. 欧洲　E. 商用车　F. 乘用车

6. 如果你有一辆带有颗粒捕捉器的国六车型，需要选择以下（　　）机油：

A. 自我声明是低灰配方的 SP 机油

B. ACEA 的 C 系列，例如 C2、C3、C5 标准的机油

C. 按照 API 选质量等级，按 SAE 选黏度等级

D. 按照 GB/T 28772—2012 选质量等级，按照 GB/T 14906—2018 选黏度等级

7. 三大添加剂是什么？（　　）

A. 清净分散剂　B. 黏度指数改进剂　C. 抗氧抗腐剂

D. 防锈剂　E. 消泡剂

8. 机油按润滑的发动机种类不同可分为：（　　）

A. 汽油机油　B. 柴油机油　C. 摩托车油　D. 天然气发动机油

9. 润滑油评测包括：（ ）

A. 模拟评定　B. 台架试验　C. 行车试验或工业试用　D. 不用试验

10. 以下机油哪些是单级油？（ ）

A. 0W　B. 0W/20　C. 40　D. 50

11. 车辆齿轮油分类标准 GB/T 28767—2012 中，车辆齿轮油有哪些？（ ）

A. GL－3　B. GL－4　C. GL－5　D. GL－6

E. MT－1

12. 以下哪些属于闭式工业齿轮油？（ ）

A. CKC　B. CKB　C. CKH　D. CKJ

13. 以下哪些属于开式工业齿轮油？（ ）

A. CKC　B. CKB　C. CKH　D. CKJ

14. 压缩机油包括什么？（ ）

A. 空气压缩机油　B. 气体压缩机油　C. 冷冻压缩机油　D. 真空泵油

15. 压缩机油包括哪些系列？（ ）

A. DA　B. DG　C. DR　D. DV

16. 以下哪种油属于蒸汽轮机油？（ ）

A. TSA　B. TSB　C. TGA　D. TGB

17. 以下哪种油属于燃气轮机油？（ ）

A. TSA　B. TSB　C. TGA　D. TGB

18. 以下哪种油属于热处理油？（ ）

A. UHA　B. UHB　C. UAA　D. USA

19. 下列哪些是冲击式气动工具油？（ ）

A. PAA　B. PAB　C. PBA　D. PBB

20. 下列哪些是回转式气动工具油？（ ）

A. PAA　B. PAB　C. PBA　D. PBB

21. 首先要求润滑性加工工艺的金属切削液该选用哪些？（ ）

A. MHE　B. MHF　C. MAE　D. MAF

22. 首先要求冷却性加工工艺的金属切削液该选用哪些？（ ）

A. MHE　B. MHF　C. MAE　D. MAF

23. 变压器油有什么使用要求？（ ）

A. 适宜的黏度和良好的黏温性能　B. 良好的流动性　C. 良好的抗氧抗腐性　D. 良好的电气性能

24. 内燃机油有什么使用要求？（ ）

A. 适宜的黏度和良好的黏温性能　B. 良好的流动性　C. 良好的抗氧抗腐性　D. 良好的电气性能

25. 汽油机油的换油指标有很多，其中包括：（ ）

A. 酸值　　B. 闪点　　C. 水分　　D. 黏度变化率

26. 以下（　）属于其他类 Y 组润滑剂。

A. 工业白油　　B. 橡胶填充油　　C. 印刷油墨用油　　D. 船用油

**四、问答题**

1. 根据内燃机的工作特点说明内燃机油的使用要求。

2. 举例说明什么是多级油？什么是通用油？什么是多级通用油？它们各自的优点是什么？

3. 目前我国在用的汽油机油品种有哪些？

4. 汽油机油需通过的台架评定主要有哪几种？各自评定的内容是什么？

5. 目前我国在用的柴油机油品种有哪些？

6. 内燃机油使用过程中有哪些注意事项？

7. 根据液压油的工作过程说明液压油的使用要求。

8. 根据齿轮的分类、工作特点说明齿轮油的使用要求。

9. 简要叙述我国液压油的分类以及应用场合。

10. 简要叙述我国齿轮油的分类以及应用场合。

11. 简要叙述电器绝缘油的分类以及使用要求。

获取更多知识详情请扫描二维码

# 第四章

# 基础油原料生产

## 第一节 减压蒸馏

### 一、燃料－润滑油型常减压装置总流程简介

矿物润滑油由石油加工而成，但润滑油组分仅存在于沸点高于350℃的常压重油中。为满足不同润滑油对黏度的要求，需要从常压重油中截取一定馏分范围的润滑油基础油原料，因此必须借助减压蒸馏工艺。

常减压蒸馏是原油的一次加工，在炼油厂加工总流程中有重要作用，常被称为“龙头”装置。现代炼油厂的常减压装置多是初馏塔－常压塔－减压塔的三段汽化或初馏塔－常压塔－减压塔－第二减压塔四段汽化。

初馏塔或者闪蒸塔的主要作用是将原油在换热升温过程中已经汽化的轻质油及时蒸出，使其不进入常压塔，以降低加热炉的负荷和原油换热系统的操作压力降，从而节约装置能耗和操作费用；此外原油中的气体烃和水在其中被除去而使常压分馏塔操作稳定。初馏塔和闪蒸塔的差别在于前者塔顶出产品，后者不出产品，塔顶油气进入常压塔中上部。因而前者有冷凝和回流设施，而后者无。

常压塔设置3~4条侧线，生产汽油、溶剂油、煤油（或喷气燃料）、轻柴油、重柴油等产品或者调和组分。为了调整各侧线产品的闪点和馏程范围，各侧线设有汽提塔。

燃料型常减压装置的减压塔侧线作为催化裂化或加氢裂化原料，分馏精度要求不高，故只需根据热回收和全塔负荷均匀考虑，设2~3条侧线，且不设汽提塔，如图4－1所示。

燃料－润滑油型常减压装置的初馏塔和常压塔与燃料型常减压装置一样，生产各种轻、重燃料油，减压塔侧线和塔底渣油作为生产各种润滑油的原料，减压系统较燃料型常减压蒸馏复杂，润滑油型减压塔以湿式操作为主，如图4－2所示。塔顶二级或三级抽真空，设有4~5个侧线。每个侧线对黏度、馏分宽度、油品颜色和残炭都有指标要求。减压塔各侧线一般都有汽提塔以保证产品的闪点和馏分符合指标要求。减压炉出口最高温度不大于400℃，并且炉管采用逐级扩径尽量避免油品受热分解而使润滑油品质下降。为使最重润滑油侧线的颜色和残炭尽可能改善，在最重润滑油侧线与进料段间需要设置1~2个洗涤段，以加强洗涤效果。减压炉管注汽和塔底注汽，降低减压塔内油气分压，以提高拔出率。

### 二、减压原理

减压蒸馏是利用在减压塔塔顶抽真空的方法，将蒸馏塔内气体（不凝气和水蒸气）抽

出，使油品在低于101.3kPa（1个大气压）下进行蒸馏。这样可以使油品在较低的温度下汽化，不致使油品产生严重分解。

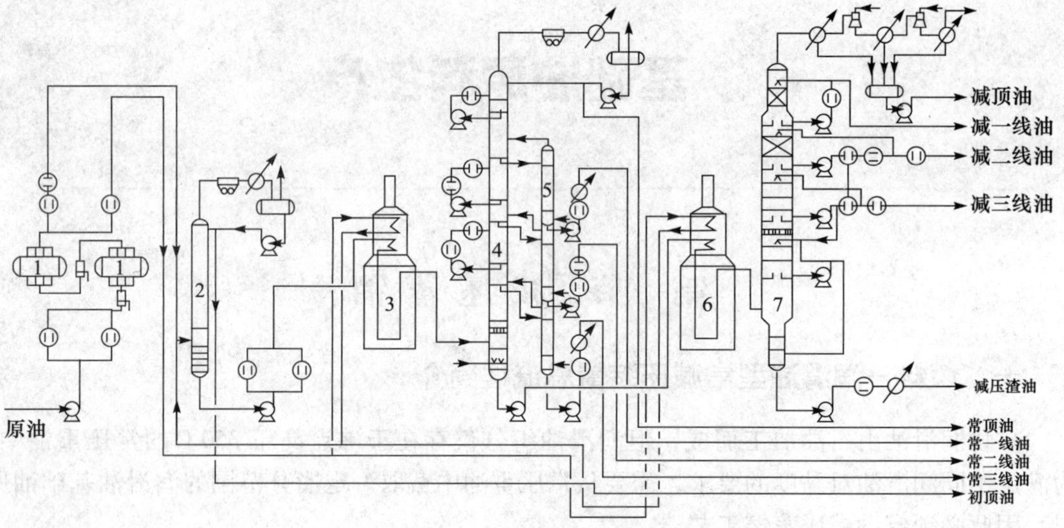


图4-1　原油常减压装置工艺流程（燃料型）

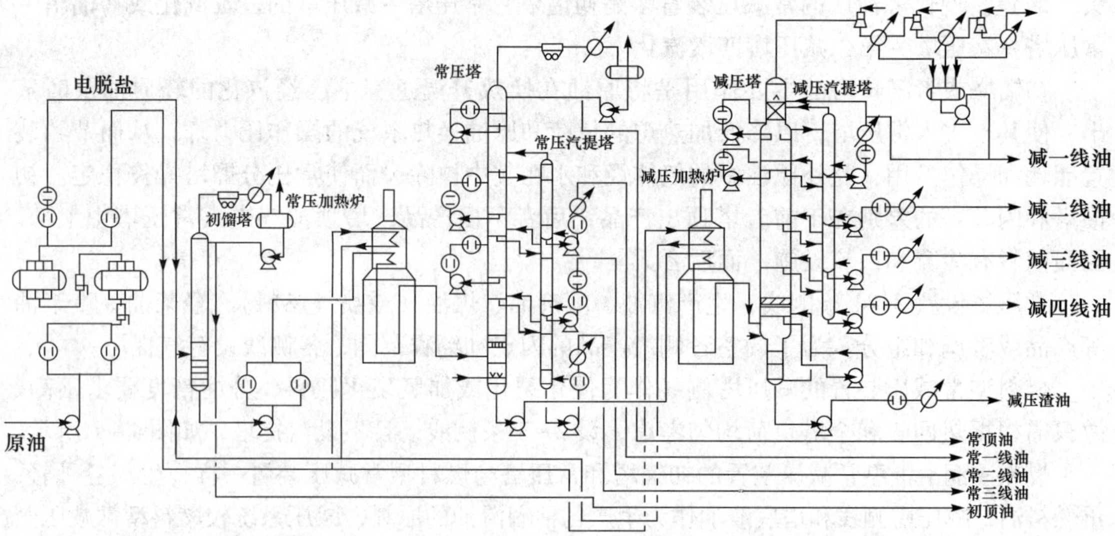


图4-2　原油常减压装置工艺流程（燃料-润滑油型）

减压塔内的实际压力称为残压。大气压减去残压为真空度。真空度越高，塔内残压越低，油品的汽化温度就越低。一般湿式减压蒸馏塔内残压在4.0~5.3kPa（30~40mmHg），干式减压蒸馏塔内残压可达1.33kPa（10mmHg）。

**1. 抽真空系统流程**

减压塔顶抽真空冷凝系统包括塔顶冷凝器、蒸汽喷射抽空器、中间冷凝器和受液罐等，目前各炼油厂大都采用间接冷凝冷却流程，图4-3为水间接冷凝式抽真空系统。

为了使塔内形成真空，必须将塔内不断产生的不凝气和吹入的水蒸气连续抽走。抽出后首先进入冷凝器，水蒸气和油气被冷凝后排入水封罐。不凝气则由一级喷射器从冷凝器中抽出，从而使冷凝器中形成真空。

一级喷射器利用高压水蒸气产生的局部真空将不凝气抽出，排入中间冷凝器，其中的水蒸气被冷凝，不凝气再用二级喷射器抽出排入大气或进入后冷器。

抽真空系统所用的冷凝器有水冷式和空冷式。水冷式又分为直接冷凝器和间接冷凝器两种。直接冷凝器中，冷却水与减压塔塔顶馏出物直接接触，会产生大量的含油含硫污水，目前各炼油厂均已不采用。但它冷却最终温度比间冷式低一些，塔内真空度比间冷式稍高。

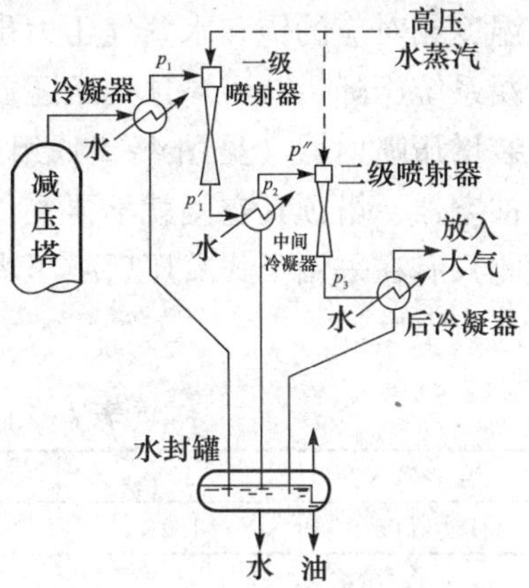

图 4-3　水间接冷凝式抽真空系统

水冷间接冷凝器均用浮头式管壳冷凝器。气体走壳程，冷却水走管程，可以减少炼油厂含油含硫污水，并便于操作，但冷却最终温度较高，特别是夏季因水温高，真空度受到较大限制，比直冷式设备多，占地面积大，对水质要求高。

空冷器也是间接冷凝器，由翅片管束和风机组成。它既可以减少装置用水量，消除含油含硫污水，又可保持较高的真空度。目前全国各炼油厂都在逐步改为空冷式。

空冷包括干空冷和湿空冷。湿空冷与干空冷的不同点就是向空冷器翅片管侧喷洒雾状水，依靠水对空气的增湿作用和在翅片管上的蒸发，降低空气入口温度，强化传热效果，最终达到降低油品出口温度，从而使空冷器具有更高效率和更大的适应性。

不管直接冷凝器，还是间接冷凝器，都在真空下操作，为了能使冷却水顺利排出，防止外界空气倒吸入塔，冷凝器下部应装一根长管（俗称大气腿）。这根管子的长度必须保证 101.3kPa 的水头高度，即 10.33m 水柱高。

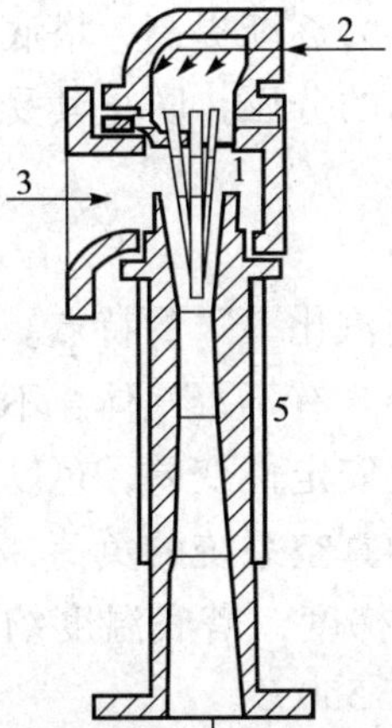

图 4-4　蒸汽喷射抽空器

1—喷管；2—蒸汽入口；3—气体入口；4—混合气出口；5—扩张器

**2. 蒸汽喷射器**

蒸汽喷射器（如图 4-4 所示）的基本工作原理是利用高压水蒸气喷射时形成的抽力，将系统中气体抽出，造成真空。

一般使用 0.8~1.3MPa 过热的水蒸气作为工作介质，自上部经喷嘴高速（达 1000~1400m/s）喷出。由于喷嘴上端截面积大，蒸汽速度低而压力高，下端截面积缩小，蒸汽流速增大。根据能量守恒定理，动能增加，静压能必然降低，这样在蒸汽喷射器的喉管部分形成了负压，于是冷凝器中的不凝气就被抽吸出来。混合气进入扩张管后，由于扩张管截面积扩大，混合气速度降低，压力又复增高，即可将混合气排入大气。

使用一级喷射器可抽至残压为 9.99kPa（75mmHg），二级喷射器可抽至残压为 5.3kPa（40mmHg）。

在用水冷时，蒸汽喷射器的抽空能力，受冷凝器所用冷却水的温度限制，当系统残压等于该温度下冷却水的饱和蒸气压（水饱和蒸气压见表 4-1）时，塔顶残压就不能再降低了。即与该系统温度相对应的饱和水蒸气压力是这种类型抽空装置所能达到的极限残压，再加上管线及冷凝系统压降，减压塔顶残压还要更高些。因此，如果要求更高的真空度，可在冷凝器前安装增压喷射器（见图4-5）组成三级抽空系统。因为塔内气体不经冷凝而直接进入辅助抽空器，塔顶真空度就不再受冷却水温度限制。但是辅助抽空器负荷大，蒸汽耗量多，因此只有在采用干式减压后减压塔塔顶负荷大幅度下降的情况下，才适宜用三级抽空来产生高真空度。

**表4-1　水的饱和蒸气压与温度的对应关系**

| 温度/℃ | 10 | 20 | 30 | 40 | 50 |
|---|---|---|---|---|---|
| 压力/kPa | 1.2 | 2.3 | 4.2 | 7.4 | 12.3 |

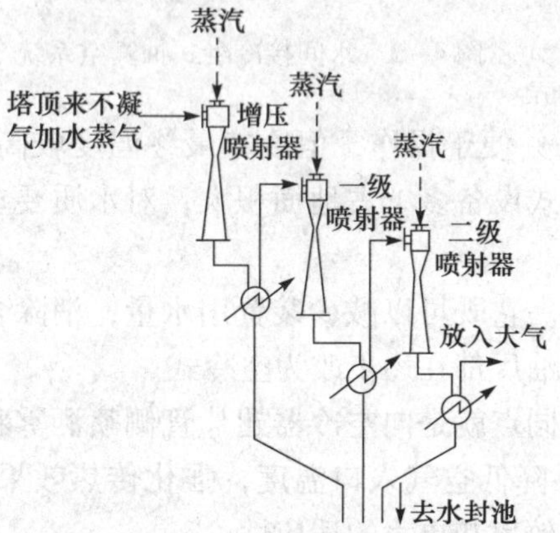


图4-5　增压喷射抽空器

## 三、润滑油减压蒸馏工艺特点

润滑油减压蒸馏工艺特点可概括为“高真空、低炉温、窄馏分、浅颜色。”

**1. 高真空**

一方面，高真空是减压蒸馏操作的关键，减压塔的真空度高，塔内不同馏分间的相对挥发度大，有利于油品的汽化及分馏，有利于提高馏分油的收率。另一方面，真空度高，还可以适当降低减压炉温度、减少油品裂解，改善馏分油质量。

减压蒸馏塔塔顶的抽空器是产生真空的动力设备，冷凝器将减压塔塔顶油气混合物冷凝的温度越低，真空系统才越可能产生较高的真空。

减压蒸馏塔典型的顶压在8~10.67kPa（60~80mmHg），向下压力逐渐提高，塔底压力在13.3~18.7kPa（100~140mmHg），注入过热蒸汽有利于降低油的分压，防止其受热分解。

**2. 低炉温**

为了提高减压馏分的质量和收率，要求减压炉具有“低炉温、高汽化率”的特点。当油品加热温度过高时就会发生裂解和缩合反应，而这些反应产物中会含有不凝气体、不饱和烃和胶质、沥青质等，这些物质混入馏分油中就会使馏分油的氧化安定性变差，色度变深，残炭值升高，而且反应生成的裂解气进入减压塔，会增加塔顶抽真空系统的负荷，影响真空度。减压炉出口温度一般在395℃，蒸馏塔形成一定的温度梯度，塔底温度约为360℃，塔顶温度约为140℃，集中在减压蒸馏塔底的渣油沸点可高于550℃。

**3. 窄馏分**

减压蒸馏是润滑油生产的第一道工序，分出的基础油馏分的质量直接影响到后续工序的质量，如果基础油的馏分比较宽，在后续的溶剂精制时，不但需要用较多的溶剂去除沸点较高的非理想组分，而且也往往会使沸点较低的理想组分在溶剂精制时被除去，使精制油收率降低。溶剂脱蜡时，在同一温度下会有结构不同、分子大小不等的各种固体烃同时析出，因而得不到均一的固体烃结晶，导致脱蜡过滤速度减慢影响加工能力，也降低去蜡油的收率。反之分割的馏分越窄，去蜡油收率越高，蜡的含油率也相应降低，加快过滤速度，增加处理能力，降低装置能耗。

为了实现窄馏分，首先要保证减压塔的平稳操作，在较高真空度下，调整各侧线的物料收率，保证塔内回流的流速均匀分布。其次要稳定汽提塔的液位，并在汽提塔塔底吹入适当的过热蒸汽，将油品中较轻组分蒸发出来，可以提高馏出油的初馏点，使馏分油头部变重，可适当增加塔底的吹气量以保证塔内有足够回流油，充分发挥塔板作用。

**4. 浅颜色**

生产中对减压馏分油的色度应严格控制。因为颜色深就意味着油中硫、氮、氧的含量高，会给后续工序的加氢补充精制或白土精制带来较大困难，不仅加大氢气或白土的消耗量，也增加装置的能耗。

## 四、湿式减压与干式减压

按照减压蒸馏过程是否借助水蒸气的分压作用，将润滑油减压蒸馏分为湿式减压工艺和干式减压工艺（见图4-6）。目前国内外大多数润滑油生产厂仍采用湿式工艺。蒸馏过程中吹入水蒸气起到稀释剂作用，由于水分子量小、冷凝温度高、来源广、经济安全，又与油品有很好的分离性，因此水蒸气是很好的稀释剂。在深度减压和吹水蒸气的条件下，可大大降低蒸馏温度，使被分离的渣油尽可能地缓解分解。

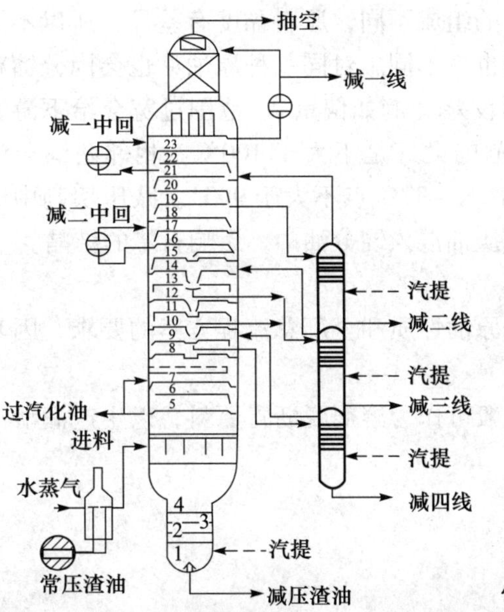


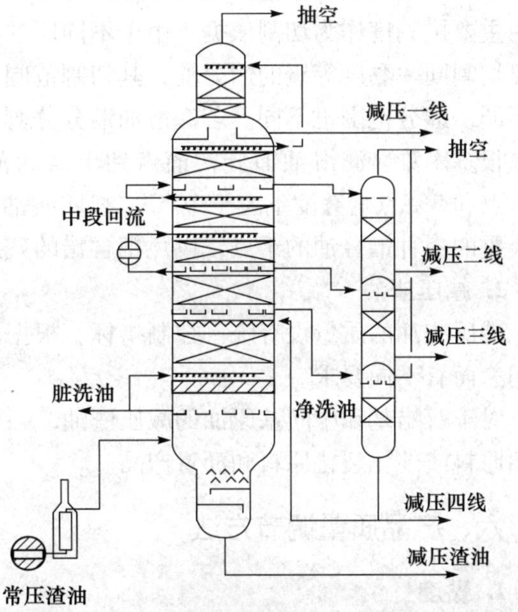


图4-6 润滑油减压蒸馏方式

润滑油干式减压蒸馏是新开发的工艺，其特点是加热炉和减压塔塔底不吹水蒸气，塔内件多采用填料，利用高真空和适当的炉温来获得减压馏分油。

目前国内干式减压蒸馏有两种类型：

（1）全填料型干式减压蒸馏

干式减压蒸馏在减压塔内全部采用填料，同时采用塔顶三级抽真空设备及大直径的低速转油线等措施，取得了显著效果。全填料型干式减压蒸馏主要问题有：

填料需要合金钢材，如1Cr13合金钢或Cr18Ni9钢、1Cr18Ni9Ti钢，造价高；填料腐蚀严重，特别是处理含硫量高的原油；填料腐蚀后生成的FeS接触空气后易自燃，检修时易引起火灾，并烧坏填料。

（2）混合型干式减压蒸馏

混合型干式减压塔采用塔板与填料混合结构，可以克服填料昂贵、腐蚀及检修时填料自燃等缺点，用于生产润滑油料时，效果显著。

与湿式减压相比，干式减压技术设计及操作难度较大，故不如湿式减压应用广泛。

润滑油型减压蒸馏比燃料型减压蒸馏流程复杂，控制严格，本章电子资源中给出了兰州石化$5\times10^6$t常减压装置减压系统流程图，请与图4－2的示意流程图对比读图。

## 五、润滑油减压蒸馏产品质量控制要求

**1. 减压蜡油（馏分油）**

减压蜡油生产润滑油基础原料时，应控制馏分范围、黏度、比色、残炭等指标。这是根据基础油（中性油）标准和下游加工工序要求而确定的。润滑油馏分切割范围一般为实沸点320～525℃，可以生产75、100、250、500、750等型号润滑油基础油的原料。在生产中主要按黏度作为切割依据。由于不同原油的组成不同，原料黏度有差异，所以不同原油要切割同一黏度等级的馏分油，其切割范围也就不同。对同一种原油，也会因分馏精确度不同，馏分范围也不同。若润滑油馏分分割较差（例如偏重）、范围过宽会给下游工序带来很多困难。润滑油馏分初馏点到干点的范围最好是不大于100℃。相邻两馏分油的95%点和5%点重叠度不大于10℃。减四线油2%～97%点不大于90℃。减压切割中应限制最重的一种馏分油的干点，以免把含蜡的残渣油混入馏分油中，影响石蜡的结晶。

**2. 减压渣油**

减压渣油的质量没有统一控制指标，根据原油性质和全厂总流程方案的要求，因其不同用途而有不同要求。

对于石蜡基和中间基原油的减压渣油，一般可作为溶剂脱沥青原料，以生产润滑油基础油原料或催化裂化原料和沥青产品。

## 六、产品质量调节方法

**1. 黏度**

在使用润滑油时，润滑油的黏度比、黏温性能等都以黏度为基础。减压侧线馏分油在各后续装置加工最终形成成品润滑油过程中，黏度自始至终是各装置加工深度的一个主要考核指标。从减压塔生产的侧线馏分油也用黏度来控制。

依据黏度与油品的化学组成的关系，黏度的影响因素与调节方法如下：

① 各侧线油馏出量小，各中段回流量大，塔内回流油多，则各侧线油黏度小。各侧

线油馏出量大，中段回流量小，则各侧线油黏度大。

② 上一侧线馏出量过大，使下层塔板内回流量减少，下一侧线轻组分减少，其产品黏度升高。因此调节某一侧线馏出量时，应考虑可能对下一侧线产生的影响。

③ 侧线馏出温度高，产品黏度高。可在一定范围内调节中段回流量，中段回流量的调节要以保证热平衡，即全塔操作平稳为前提，改变馏出口温度主要是通过调整侧线馏出量来调节，馏出量大，馏出温度升高，产品黏度大。

④ 真空度高，重质馏分才能汽化，馏出油黏度升高；若真空度下降，馏出油黏度降低，为获得同样黏度的油品就必须提高馏出口温度。所以在真空度发生变化时，为得到相同黏度的侧线油，应调整馏出口温度。

⑤ 塔底吹汽量增大，减压炉出口温度升高，都将使塔内油品汽化量升高，重质馏分油汽化量增加，这样容易造成靠下面的侧线油黏度升高，塔上部侧线，由于汽化量增大，内回流增多，改善了塔的分馏效果，黏度有可能不会上升。

⑥ 有的减压塔侧线馏出口有两个，可通过改变上下馏出口位置，调节黏度。如黏度偏大，可改开上面馏出口；黏度低，则改开下馏出口。

**2. 闪点**

馏分油的闪点由其轻组分含量决定，闪点低表明油品中易挥发的轻组分含量较高，即馏程中初馏点及10%点温度偏低，通常说馏程头部轻。调节方法如下：

① 若有侧线汽提塔吹入过热蒸汽的装置，可以加大吹汽量，使本侧线不需要的轻组分经汽提塔返回塔内，这样就使馏程头部加重，闪点提高。

② 提高该侧线馏出温度，使油品中的轻组分向上一侧线挥发，提高馏出温度时也会使干点升高，即馏程尾部变重，因此采取这种调节手段必须在保证干点合格的前提下进行。

③ 适当提高塔顶温度，可以使产品闪点有所提高。

**3. 残炭**

重质润滑油料残炭高的原因及调节方法如下：

① 减压炉出口温度高，会造成残炭高，必须稳定减压炉出口温度。

② 过热蒸汽吹入量过大，温度过高，也会使残炭值升高，必须控制好过热蒸汽的温度和压力。

③ 减压塔底液面高，上升气相容易携带重质油，影响最低减压侧线的残炭，应控制好塔底液面。

④ 原料油性质变化会影响产品残炭。如原料油变重，残炭值升高。真空度变化、侧线拔出量变化都会影响最低减压侧线的残炭。当对残炭要求严格时，可通过降低出口温度，减小汽提蒸汽量，减少侧线采出量或者在进料段采用洗油等方式减小产品的残炭值。

**4. 比色**

可以采取下列措施降低馏分油的比色：

① 加强加热炉的管理是改善馏分油颜色的重要环节。为了改善馏分油的比色，降低油品在加热炉中的裂解，可以采用降低油品汽化点的压力来降低油品的泡点温度，使油品的泡点温度低于裂解温度。由于汽化过程是一个渐次过程，正确的处理方法是逐级扩大炉管直径。随着压力逐渐减小，油品的汽化率不断增加。汽化段吸收的热量基本上等于汽化

率增加所需要的潜热，也就是实现了在低于裂解温度情况下的等温汽化。

② 改进洗涤段操作，提高馏分油质量。国外有的炼油厂把脏洗涤油和净洗涤油打入加热炉入口，实现了过汽化油循环，不仅可避免降低润滑油料收率，还可以实现在较低的闪蒸温度下操作，为改善馏分油的质量、提高收率创造了条件。

③ 降低馏分油的出装置温度，加强储存管理。生产实践表明，当馏分油的出装置温度比较高，储罐又较脏时，油品的质量劣化特别是比色变深的速度加快，其主要是油品储存温度偏高产生氧化所致。所以确定馏分油合理的出装置温度，加强储存管理也是改善馏分油比色的有效途径。

④ 减压塔采用新型进料结构，降低雾沫夹带，是改善馏分油颜色的关键。对于润滑油型减压塔，不仅要求其各侧线之间有一定的分离精度，也要求各侧线产品特别是较重的侧线产品少夹带有害的物质（胶质、沥青质等）。目前国内最低减压侧线润滑油料质量普遍较差，突出表现在其比色偏大，其主要原因可能是塔进料段雾沫夹带严重，将渣油中的一些胶质携带到馏分油中。而胶质染色能力极强，比如在无色汽油中只要加入 0.005%（质）的胶质，汽油就被染成草黄色；所以油品的颜色主要是胶质的存在造成的。

## 第二节　丙烷脱沥青

原油经常减压蒸馏后剩下的残渣中，含有一部分高黏度的高分子烃类，这部分烃类是宝贵的高黏度润滑油（如航空发动机润滑油、过热汽缸油等）组分。但是，残渣油集中了原油所含的胶质、沥青质的绝大部分，这些物质是润滑油的不理想组分，而且在溶剂精制中不能完全除去，还会影响脱蜡过程的进行，因此生产残渣润滑油时，在进行精制和脱蜡等加工过程之前，必须先将渣油中的胶质、沥青质脱除。脱沥青过程同时还将某些大分子烃类，以及含有硫、氮的化合物，甚至还含有 Ni、V 等金属的有机化合物进行脱除。

工业上重质油脱沥青是用萃取的方法从减压渣油中溶解提取油分，除去胶质和沥青质，在制取脱沥青油的同时又生产石油沥青。利用丙烷、丁烷等烃类作为萃取溶剂，萃取物脱沥青油可通过溶剂精制、溶剂脱蜡和加氢精制（或白土精制）制取高黏度润滑油基础油（残渣润滑油或光亮油），也可作为催化裂化和加氢裂化的原料。萃余物脱油沥青可做道路沥青或其他用途。

重质润滑油的溶剂脱沥青过程起源于 20 世纪 30 年代，第一套润滑油丙烷脱沥青装置建立于 1934 年，萃取过程在混合器、沉降罐内完成。之后建立的装置则改用逆流萃取操作。萃取塔以往采用填料塔，近年来则多采用转盘塔。中国的第一套丙烷脱沥青装置于 1958 年在兰州炼油厂建成投产。

现今溶剂脱沥青不仅是润滑油加工过程中的一个重要手段，而且作为渣油加工的一种方法用以生产裂化原料或加氢脱硫原料也日益受到重视。随着重质油深加工的需要，为了减少渣油中胶质、沥青质在裂化过程中的积炭以及渣油中重金属杂质对催化剂的污染，溶剂脱沥青也是重油催化裂化很重要的预处理工艺，有利于催化装置的原料优化、长周期运行和炼油厂经济效益的提高。

## 一、萃取原理及萃取溶剂

### 1. 萃取原理

萃取是一种广泛应用的单元操作，分为固液萃取（浸取）和液液萃取，液液萃取又称溶剂萃取，在石油炼制工业亦称抽提，操作示意图如图 4-7 所示。

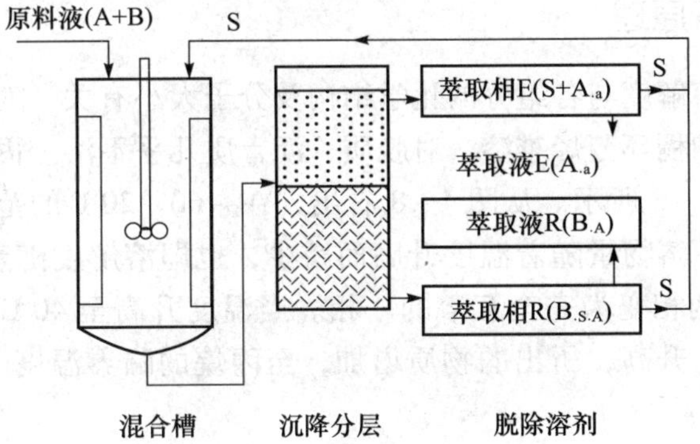


图 4-7 萃取操作示意图

把被分离的原料溶液称为原溶液，原溶液中需被萃取的组分称为溶质 A，其余称稀释剂 B，为萃取 A 而加入的溶剂 S 称为萃取剂。原溶液和萃取剂充分混合后，由于溶解度、密度的不同，分成两相，萃取出溶质 A 含溶剂 S 较多的一相称为提取相或萃取相，主含稀释剂的一相称为提余相或萃余相。

以下情况适合采用萃取操作：

① 混合物的相对挥发度小或形成恒沸物，用一般精馏方法不能分离或很不经济。

② 混合物浓度很稀，采用精馏方法必须将大量稀释剂 B 汽化，能耗过大。

③ 混合液含热敏性物质，采用萃取方法精制可避免物料受热破坏。

润滑油基础油加工过程中的溶剂脱沥青、溶剂精制都是以萃取原理为基础进行生产的。

### 2. 萃取溶剂的要求

选择合适的溶剂是萃取过程的关键因素，理想萃取溶剂应具备以下性质：

① 溶解性强，对被萃取组分（溶质）的溶解能力要足够大。

② 选择性好，即溶剂对溶质和稀释剂的溶解度差别要大。

③ 有较好的稳定性、化学安定性、热安定性、抗氧化安定性，不易变质，对设备腐蚀小。

④ 毒性小，来源容易，价廉。

⑤ 工作条件下黏度小，与所处理原料的密度差大，萃取过程中易于提取液和提余液的传质、分离。

⑥ 与所处理原料的沸点差要大，以便用蒸发、汽提等手段从提取相和提余相中回收溶剂，较大的沸点差容易分离，但沸点过高，回收成本高，溶剂沸点过低，则回收需要在高压下进行，也会使回收成本提高。

以上各项中，选择性和溶解能力为溶剂最重要的性质。

炼油厂溶剂脱沥青装置广泛采用的溶剂是一些低分子烃类，例如丙烷、丁烷、戊烷，以及它们的混合物等。随着溶剂相对分子质量的增大，溶剂对减压渣油中油分的溶解度增大，选择性变差，因此当以生产润滑油料为主要目的时，通常选用选择性好的丙烷作溶剂，当以生产催化裂化原料为目的时，选用溶解度大的丁烷或戊烷作溶剂。

## 二、丙烷脱沥青原理

丙烷对各类烃的溶解度与各组分的化学结构及分子大小有关：对分子较小的烷烃、环烷烃易溶，对大分子的稠环芳烃难溶，对胶质、沥青质几乎不溶。丙烷－渣油体系在不同温度下溶解关系如图4－8所示。从图4－8看出，在－60～20℃的范围内，丙烷和渣油呈两相状态，分离出的不溶物量随着温度升高而减少，也即溶解度随着温度的升高而升高。在20～40℃范围内，两相变为完全互溶的一相。当温度升高至40℃后，又开始有不溶物析出，而且随着温度的升高，析出的物质增加，至丙烷的临界温度（96.84℃）时，油全部析出。

第一个两相区温度范围内不适宜脱沥青操作，丙烷脱沥青是在40～97℃的第二个两相区进行操作的。在第二个两相区内，液体丙烷随着温度的升高，其溶解能力逐渐降低，当温度升高到临界温度且压力为临界压力时，液体丙烷对油的溶解能力最小。利用丙烷这一特性，将丙烷和渣油按一定比例在萃取塔内逆流混合接触进行萃取，从而将润滑油组分与胶质、沥青质分开，以生产重质润滑油料或催化裂化原料，同时得到沥青。利用丙烷的这种性质，还可将液体丙烷与萃取出的脱沥青油分离，以达到回收丙烷的目的。

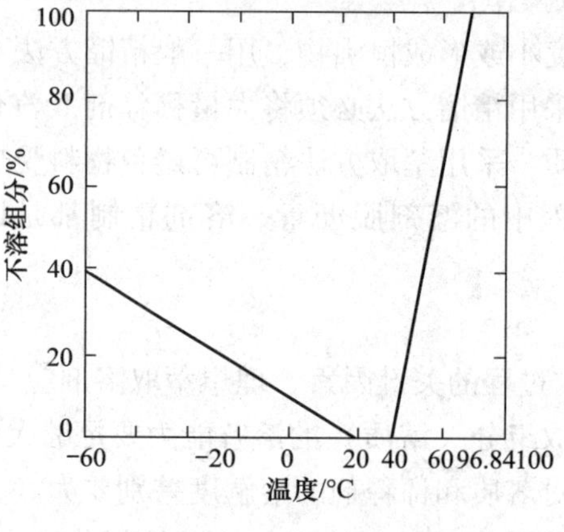


图4－8　在不同温度下不溶于丙烷的馏分溶剂比＝2:1（体）

## 三、丙烷脱沥青工艺流程

溶剂脱沥青方法尽管名目繁多，但其原理基本相同，只是目的产品、溶剂回收方法或流程不同而已。典型的丙烷二次萃取脱沥青工艺流程由溶剂萃取和溶剂回收两部分构成，工艺流程如图4－9所示。

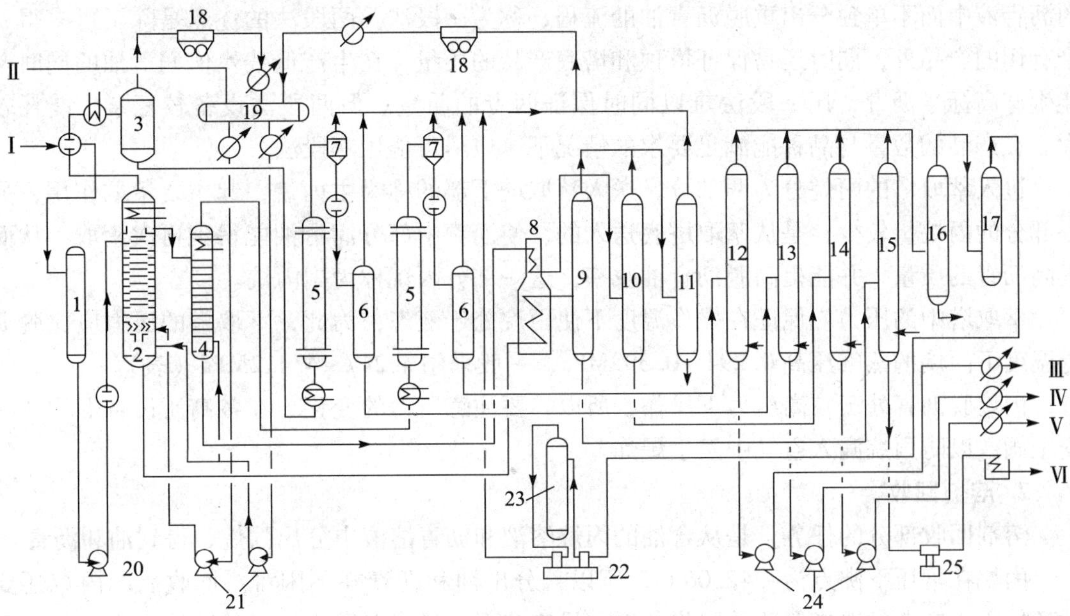


图4-9　丙烷脱沥青工艺流程图（两段萃取）

Ⅰ—减压渣油；Ⅱ—丙烷；Ⅲ—重脱沥青油；Ⅳ—轻脱沥青油；Ⅴ—脱残沥青油；Ⅵ—沥青
1—原料油缓冲罐；2—萃取塔；3—临界回收塔；4—二次萃取塔；5—升膜蒸发塔；6—闪蒸罐；
7—旋风分离器；8—沥青加热炉；9—残脱沥青油蒸发塔；10—沥青蒸发塔；11—泡沫分离器；
12—重脱沥青油汽提塔；13—轻脱沥青油汽提塔；14—残脱沥青油汽提塔；15—沥青汽提塔；
16—混合冷凝冷却器；17—丙烷气体中间罐；18—空气冷却器；19—丙烷中间罐；20—原料泵；
21—丙烷泵；22—丙烷压缩机；23—分丁烷罐；24—成品泵；25—沥青泵

**1. 萃取**

萃取的任务是把丙烷溶剂和渣油充分接触，将渣油的润滑油组分溶解出来，使之与胶质、沥青质分离。

萃取过程是在萃取塔内进行的，萃取塔底部为沥青沉降段，中部为萃取段，上部为沉降段。减压渣油与萃取塔塔顶的轻脱沥青油丙烷溶液换热后，经原料油缓冲罐1，进入萃取塔2的上部，丙烷中间罐19中的丙烷分两路经过冷却器冷却，一路冷却至40℃，用丙烷泵21升压后送入萃取塔底部，另一路送入二次萃取塔下部。

在萃取段内，丙烷与渣油的比例为（3~4）∶1（质），温度为45~65℃，在此条件下，液态丙烷的相对密度为0.4左右，渣油的相对密度在0.9~1.0之间，两者密度差较大，在塔内作逆向接触流动，并在转盘搅拌下进行萃取，胶质、沥青质沉降于萃取塔的底部。

溶解了润滑油的丙烷从萃取段出来，由于其中会溶解一部分胶质、沥青质，为了保证产品质量，减少丙烷溶液中胶质、沥青质的含量，在萃取塔上部设有一个沉降段，其中装有翅片管，用水蒸气加热，温度升高，丙烷溶解能力降低，胶质、沥青质以及重质油就会沉降出来。这些沉降物落入沉降段和萃取段之间的集油箱中，此物料称为二段脱沥青油。

将二段脱沥青油送入二次萃取塔4中，再次用丙烷萃取，塔顶出来的称重脱沥青油相，塔底出来的称为残脱沥青油相。

这种从萃取塔中得到两个含油物流的流程称两段法；如果把沉降出来的物质压到下部

的沥青液中而不单独分出重脱沥青油的流程，称为一段法。两段法的优点是除了可多得一个有用的产品外，同时还易保证塔顶和塔底产品的质量，在生产低残炭值润滑油的同时又能生产高标号沥青，用一段法难以同时保证两者的质量。但两段法设备较复杂，能耗较大。在产品的数量与品种能满足要求的情况下，应尽可能用一段法。

进入萃取塔的丙烷分为两部分，送入萃取塔下部的称为主丙烷，起主要萃取作用，另一部分的丙烷量较少，是从萃取塔底送入的，使沥青中部分润滑油能得到再次萃取，从而提高沥青的质量，并能提高脱沥青油收率，这一部分丙烷称为副丙烷。

萃取塔中的压力应保证在操作温度下使丙烷处于液态，为此，萃取塔的压力应比脱沥青温度下丙烷的蒸气压高 0.294～0.392MPa，一般采用 4.217～4.412MPa（表）。

丙烷脱沥青处于较高压力下操作，所以，要注意压力的变化，在各高压设备上均装有安全阀，以防丙烷漏入空气中发生爆炸。

**2. 溶剂回收**

溶剂回收部分的任务，是从含油的丙烷溶液和沥青溶液中分出丙烷，得到油和沥青。

丙烷在常压下沸点为 -42.06℃，所以，分出油和沥青并不困难。回收后的丙烷还要循环使用，应考虑选择合适的回收条件，尽量使丙烷呈液态回收，或使蒸馏出来的气态丙烷能用冷却水冷凝成液体，减少对丙烷气的压缩，节省动力。丙烷在不同压力下的沸点如表 4-2 所示。炼油厂中冷却水的最低温度为 25℃左右，水冷后，丙烷所能达到的最低温度为 36～40℃。由表 4-2 看出，丙烷的压力不应小于 1.373MPa，一般取 1.96MPa，但在此压力下不能蒸出所有的丙烷，剩下的丙烷，就要在压力较低并用蒸汽汽提的情况下进行回收，回收的低压丙烷气用压缩机压缩后，再冷凝成液体，循环使用。

**表 4-2 丙烷在不同压力下的沸点**

| 压力/MPa | 0.98 | 1.08 | 1.176 | 1.275 | 1.373 | 1.47 | 1.57 | 3.92 |
|---|---|---|---|---|---|---|---|---|
| 沸点/℃ | 26.93 | 30.78 | 34.48 | 37.95 | 41.22 | 44.31 | 47.24 | 94 |

基于不同的物流，两段萃取的丙烷脱沥青装置溶剂回收由五部分组成，即轻脱沥青油溶剂回收、重脱沥青油溶剂回收、残脱沥青油溶剂回收、沥青溶剂回收、带水溶剂回收。

（1）轻脱沥青油溶剂回收

气体的液化与温度、压力有关，任何气体均存在某一温度值，当温度高于此值时，无论加多大的压力也不能使之成为液体，此温度称为临界温度。丙烷的临界温度为 96.84℃。在临界温度下的饱和蒸气压称为临界压力。丙烷的临界压力是 4.119MP。从图 4-8 中第二个两相区看出，液体丙烷随着温度的升高，其溶解能力逐渐降低，当温度升高到临界温度且压力为临界压力时，油全部从液体丙烷中析出。

从轻脱沥青油相中回收溶剂是利用丙烷在临界点对轻脱油的溶解能力最小的特性，将丙烷与轻脱油分离，这就是临界回收方法。由于丙烷与润滑油的沸点差很大，原则上也可以用蒸发回收，即通过加热使丙烷汽化来达到与轻脱油分离的目的，但临界回收比蒸发回收可节约 50% 的蒸汽，还可节省冷却水，并减少冷却面积，大大减少回收丙烷的能耗。

如图 4-9 所示，从萃取塔 2 顶部出来的轻脱沥青油丙烷溶液，经加热，温度升高到接近丙烷的临界状态（96.84℃，4.12MPa）进入临界回收塔 3，从而将轻脱沥青油液中的大部分丙烷（约占总量的75%以上）分离出来并以液体状态回收，临界回收塔分出的丙烷，经冷却至40℃后，回到丙烷中间罐19循环使用。

从临界塔3底出来的轻脱沥青油，仍含有相当多的丙烷，经加热至100℃左右，进入升膜蒸发塔5，丙烷汽化，然后进入旋风分离器7进行气液分离，旋风分离器底的轻脱沥青油中仍含有丙烷，经加热后，又进入闪蒸罐6，再次蒸出丙烷。闪蒸罐底含有微量丙烷的轻脱沥青油进入轻脱沥青油汽提塔13，用蒸汽汽提出丙烷，轻脱沥青油经冷却后送出装置，作为润滑油料或催化裂化原料。

采用升膜蒸发和旋风分离法与过去的罐式蒸发（用重沸器加热蒸发）相比有很多优点，如传热系数高、设备体积小、节省钢材、节约占地面积等。

（2）重脱沥青油溶剂回收

从萃取塔集油箱出来的二段脱沥青油，进入二次萃取塔4中再次进行萃取，塔顶出来的是重脱沥青油丙烷溶液，经加热器、升膜蒸发塔5加热汽化，进入旋风分离器7，分出丙烷，重脱沥青油再经加热至155℃，进入闪蒸罐6，再次蒸出部分丙烷，闪蒸罐底含有微量丙烷的重脱沥青油进入重脱沥青油汽提塔12，用蒸汽汽提丙烷。重脱沥青油经冷却后送出装置，作为润滑油调和组分或催化裂化原料。

（3）残脱沥青油溶剂回收

从二次萃取塔底部出来的残脱沥青油丙烷溶液，进入加热炉8的对流室加热到180℃后，进入残脱沥青油蒸发塔10中蒸发出大部分丙烷，塔底含有微量丙烷的残脱沥青油进入残脱沥青油汽提塔14，用蒸汽汽提出丙烷。残脱沥青油冷却后送出装置。

当二段萃取不开时，即无残脱沥青油。

（4）沥青溶剂回收

从沥青溶液中回收丙烷，需要加热到比较高的温度，由于沥青黏度很高，如果温度不够高，丙烷蒸发时会形成大量泡沫。此外，沥青软化点较高，为了输送方便，也需要加热至较高的温度。

在图4-9中，萃取塔底部的沥青丙烷溶液送至加热炉8的辐射室，加热至230～280℃后进入沥青蒸发塔9中，蒸出大部分丙烷，塔底含有微量丙烷的沥青进入沥青汽提塔15，用蒸汽汽提出丙烷，沥青冷却后送出装置。

从蒸发塔9、10出来的丙烷气进泡沫分离塔11切除沥青沫后与从闪蒸罐6、旋风分离器7来的丙烷汇合，冷凝冷却后，进入丙烷中间罐19中，循环使用。

（5）带水溶剂回收

自各汽提塔顶来的丙烷、水混合蒸气，进入混合冷凝器16的下部，与直接喷入的水接触，进行冷凝冷却，塔底污水排入下水道，顶部的丙烷气进入丙烷气体缓冲罐17，然后用压缩机将丙烷压缩至2.16MPa，经冷凝冷却后进入丙烷中间罐19中循环使用。

直接冷凝因排污水量太大，有些炼油厂已改成间冷式，同时还可以节约新鲜水用量。有些炼油厂，在丙烷一段压缩机出口中间冷却器后装有丁烷分离罐，切出的丁烷凝液，不排入下水道，而是加热汽化后供加热炉燃烧用。

按操作压力范围，丙烷脱沥青装置的溶剂回收又可分为高压丙烷回收循环系统、中压丙烷回收系统和低压丙烷回收系统。高压丙烷回收循环系统有临界沉降塔、临界丙烷冷却器、丙烷增压泵；中压丙烷回收系统的设备有蒸发塔（器）、中压丙烷冷却器、丙烷罐等；低压丙烷回收系统的设备有汽提塔、低压丙烷冷却器、丙烷压缩机。

图 4－10 所示的丙烷脱沥青装置流程采用一段萃取，沉降塔独立于萃取塔单独设置，没有采用升膜蒸发器，流程得到极大简化。

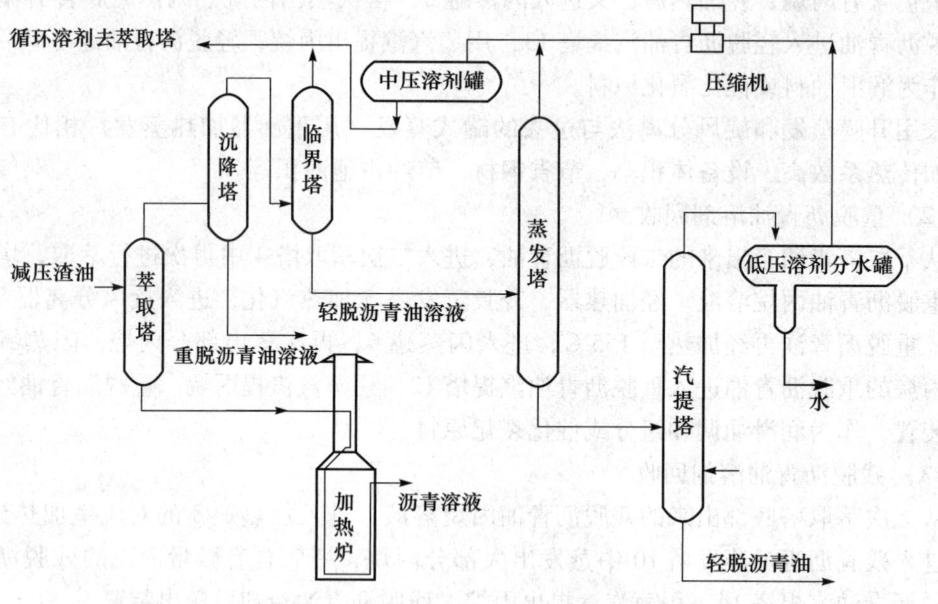


图 4－10　丙烷脱沥青工艺流程图（一段萃取）

原料减压渣油与液体丙烷混合后进入萃取塔，在塔内由于相对密度的差异，萃取相（即脱沥青油溶液）逐渐上升至塔顶，萃余相（即脱油沥青溶液）逐渐沉降至塔底。萃取塔顶脱沥青油溶液经换热后进入沉降塔，在沉降塔内，轻、重脱沥青油溶液同样依据相对密度的差异分离，轻脱沥青油溶液从沉降塔顶经加热后进入临界回收塔，临界回收又可分为两类：

（1）低－高压萃取－临界回收操作工艺

增压泵用于输送轻脱沥青油溶液，升压后进入临界塔，且萃取塔操作压力低于临界回收塔操作压力的工艺，称为低－高压萃取－临界回收操作工艺。这种工艺的优越性是萃取塔可以在较低的压力下操作，从而降低萃取塔的造价和原料泵、溶剂（增压）泵的扬程及电耗，增压泵增压的不是丙烷液体，而是含有大量的脱沥青油的丙烷－脱沥青油溶液，这种溶液的摩擦系数比溶剂液体小得多，从而使增压泵及其机械密封的使用寿命大大延长。此工艺尤其适用于老装置的改造。

（2）高－低压萃取－临界回收操作工艺

增压泵用于临界溶剂升压后进入萃取塔，且萃取塔操作压力高于临界塔操作压力的工艺称为高－低压萃取－临界回收操作工艺。20 世纪 70 年代以后，丙烷溶剂脱沥青装置采用了临界回收工艺，首先采用的就是这种高－低压萃取－临界回收工艺。此工艺的特点是：在高于临界压力的条件下进行萃取操作，然后降压升温至临界状态进行溶剂回收，回收的丙烷经冷却降温后返回溶剂罐。后来有些装置引进了增压泵，将临界丙烷增压后直接送进萃取塔，以降低动力消耗。目前国内的大部分炼油厂采用的就是这种流程，如燕山石化、锦西石化、大连石化、荆门石化、茂名石化、独山子石化等企业。其中有些老装置由于萃取塔原设计压力低或有某种缺陷，操作压力不易高于临界压力，使临界塔被迫降压而采用所谓的“亚临界”操作，如燕山石化、锦西石化等企业。

临界回收塔顶的临界丙烷经换热、冷却后与溶剂罐来的经溶剂泵输送的新鲜丙烷汇合进入萃取塔；临界塔底的轻脱沥青油溶液通过轻脱沥青油溶液蒸发塔、汽提塔后，轻脱沥青油送出装置。

从沉降塔底出来的重脱沥青油溶液经加热后，通过重脱沥青油溶液蒸发塔、汽提塔后，重脱沥青油送出装置。

从萃取塔底出来的沥青溶液进入加热炉加热后，通过沥青溶液蒸发塔、汽提塔后，脱油沥青送出装置。

将沥青蒸发塔顶出来的溶剂引进重脱沥青油蒸发塔进行换热，从轻、重脱沥青油蒸发塔顶出来的中压溶剂经空冷器、溶剂后冷却器冷凝冷却后，返回中压溶剂罐循环使用。

轻、重脱沥青油汽提塔和沥青汽提塔顶出来的溶剂气体，经冷却并在溶剂分水罐内分离水后进入压缩机压缩，经冷却后返回溶剂罐循环使用。

## 四、丙烷脱沥青过程影响因素

**1. 萃取过程**

丙烷脱沥青是利用在一定的温度、压力下，液体丙烷对减压渣油中的润滑油组分（含蜡）有相当大的溶解能力，而对胶质和沥青质几乎不溶这一特性，将丙烷和渣油按一定比例在萃取塔内逆流混合接触进行萃取，从而将润滑油组分与胶质、沥青质分开的过程。

萃取方式、原料油（组成和性质）、溶剂（丙烷的纯度和用量）、操作条件（萃取温度、萃取压力以及萃取塔的搅拌情况）等都对萃取过程的操作结果有重要影响。

（1）萃取方式

萃取方式有一次萃取、多次萃取和逆流萃取等几种。

逆流萃取是在塔中进行的，溶剂和渣油在塔中逆向流动，在接触时，油溶于溶剂。逆流萃取是连续过程，由于油的相对密度比溶剂丙烷大得多，溶剂从下部进入，渣油从上部进入，溶剂从下向上升，沥青从上向下沉降，两者在逆向流动中相互接触，为了增大接触面积，改善萃取效果，常采用填料塔或转盘塔。

同样的条件下逆流萃取比多次萃取和一次萃取效果好。获得同样质量精制油时，采用逆流萃取可以使用最低的溶剂比并得到最大的精制油收率。

丙烷脱沥青装置以及糠醛精制装置采用的均是逆流萃取方式。

（2）原料油组成和性质

一般情况下，在正常生产时，原料油的组成、性质不会被当作调整操作的参数来用。但是原料油的组成、性质与萃取效果有着密切的关系。当原料油的组成、性质发生变化时，有关的操作参数须及时做必要的调整。

渣油中油分含量多时，为使胶质、沥青质分离出来，需要较大的溶剂比，脱沥青油收率也高，相应黏度较低。原料较重，含胶质、沥青质较多，含油量较少时，就采用较小的溶剂比。

当产品脱沥青油要求很低的残炭值时，需要降低溶剂比或减少溶剂的溶解度，以免润滑油组分的化学结构接近于胶质，所以，必须提高萃取温度，以提高丙烷的选择性，才能保证脱沥青油的质量。

原料油的组成、性质不仅取决于原油性质，而且与减压蒸馏的拔出深度有关，拔出越深，渣油越重，油分含量越低。

（3）萃取溶剂

① 溶剂纯度对操作的影响。

溶剂的组成直接影响脱沥青的效果。乙烷、丙烷、丁烷等烃随着分子的增大，对渣油的溶解能力也增大，而选择性下降。所以，丙烷溶剂中乙烷含量高时，由于其选择性强，溶解能力差，使润滑油料收率明显降低，且黏度减小，并导致中压丙烷系统压力升高，对操作不利。当丙烷溶剂中丁烷含量高时，增大了高分子极性芳烃在溶剂中的溶解度，选择性降低，使脱沥青油的收率、残炭、黏度都有所提高，同时还溶解了相当多的重金属、胶质、沥青质，使脱沥青油的质量变坏。溶剂中丙烯含量高时，由于丙烯的溶解能力和选择性与丙烷相比均较差，且蒸气压高，在生产中虽能得到合格的脱沥青油，但其黏度、收率均较低，质量波动也较大。

一般工业丙烷来源于催化裂化气体分馏装置，丙烷中会含有其他烃类，由于各种烃类的基本性质不同而影响萃取操作及效果。因此，对溶剂的其他组分含量要加以限制。如以生产重质润滑油为主的丙烷脱沥青装置，为了保证脱沥青油的质量与收率，应降低溶剂比，减少溶剂消耗，对丙烷溶剂的要求是：丙烷含量不小于80%，$C_2$ 含量不大于2%，$C_4$ 含量不大于4%，丙烯含量也要尽量低。保证丙烷溶剂纯度有利于提高脱沥青油的质量和收率，减少溶剂消耗。

② 丙烷带水对操作的影响。

丙烷带水首先容易引起丙烷泵密封的泄漏；其次，由于水的密度大且不溶于丙烷，水随沥青从萃取塔底流出，经沥青加热炉加热后进入沥青蒸发塔。在该塔的温度、压力下，水仍呈液体状态，经减压进沥青汽提塔后水汽化，引起沥青发泡，若带水严重，就会引起突沸，造成事故。因此，应防止丙烷带水，丙烷罐应定期切水。

③ 溶剂比大小对操作的影响。

丙烷用量通常以溶剂比来表示。溶剂比为溶剂量与原料油量之比，有体积比和质量比之分，工业上多用体积比。溶剂比的大小对脱沥青过程的经济性、脱沥青油的收率、质量以及过程的能耗等都有重要影响。

在较低温度下（20～40℃范围）丙烷对渣油有较大的溶解度。当少量丙烷加入渣油中时，丙烷就会全部溶入，这时只是降低了渣油的黏度，而无沥青析出。继续加入丙烷，渣油中油分的浓度就不断降低，这部分油分仍能溶解胶质和沥青质，故胶质和沥青质仍不会析出。当丙烷增加到一定量时，渣油中油分的浓度更低了，不能溶解渣油中的全部胶质、沥青质，于是胶质和沥青质就从溶液中分离出来。此时溶液分成两层，上层为溶有脱沥青油的丙烷层，下层为黏度较大的溶有丙烷的沥青层。此时分出的沥青软化点较低，因为胶质、沥青质黏度极大，溶剂不能将其中的油完全溶解分出，所得到的脱沥青油中也还含有少量胶质、沥青质，再继续增加丙烷达到渣油体积的3～4倍时，沥青层中的油分更多地溶于丙烷，沥青层黏度增大，软化点升高。与此同时脱沥青油中的胶质、沥青质也进一步分离出来。对制取裂化原料来说还需进一步使胶质、沥青质分离完全，溶剂比要达到7～9。溶剂比再加大时，丙烷层中的胶质、沥青质不会继续分出，而由于丙烷量的增加，溶进丙烷层中的胶质、沥青质增多，使脱沥青油残炭反而升高。溶剂比与脱沥青油的收率及残炭的关系见图4－11。丙烷用量大小关系到装置设备大小和能耗，因此确定丙烷用量的原则应该是，在满足产品质量和收率的要求下，尽量降低溶剂比。

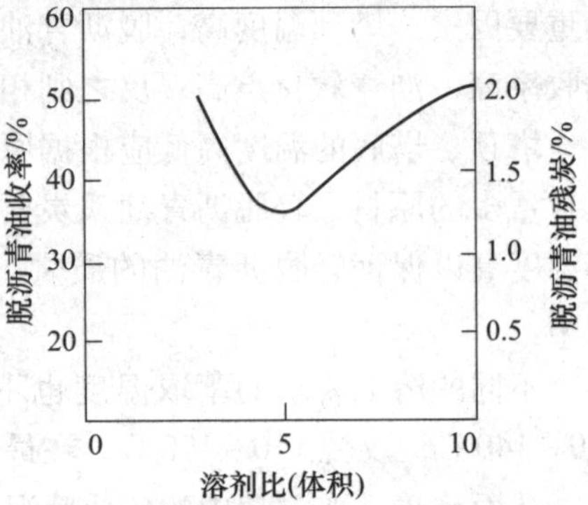


图4－11　溶剂比与脱沥青油收率及残炭的关系

在一定温度下，对于不同的原料和产品，都应有一个适宜的溶剂比。一般来说，较重的原料溶剂比小一些，较轻的原料溶剂比大些，生产残炭低的脱沥青油溶剂比小些，生产残炭高的脱沥青油溶剂比大些。丙烷脱沥青装置使用的溶剂比一般为（6～8）:1。

由于减压渣油黏度大，在塔内分散能力差，不利于提高萃取效率。为改善原料的分散能力，以提高脱沥青油收率，在原料进塔前，将丙烷按一定比例打入减压渣油内对原料进行预稀释（这部分丙烷称为预稀释丙烷），以降低黏度和改善混合效果，提高脱沥青油收率。

预稀释部分溶剂的量一般为原料量的0.5～1.0倍。

（4）萃取温度

溶剂脱沥青最重要与最敏感的因素是温度。因为工业上溶剂脱沥青过程都是在第二个两相区温度范围内靠近临界点温度条件下进行的，溶剂的溶解度随温度变化会发生非常大的变化，所以在溶剂脱沥青过程中，调节温度对调整产品质量、收率以及操作都是一个很重要的手段。

在实际生产中，用同一原料生产不同产品时，经常只调控操作温度就能达到要求。

温度较低时，溶剂对油有较大的溶解度。随着温度升高，溶剂选择性提高，脱沥青油质量提高，但收率下降。这就要在二者之间选择一个平衡点。

在溶剂脱沥青装置中，多采用塔式逆流萃取设备，高温原料从塔上部进入，低温溶剂从塔下部进入，塔顶部采用加热盘管加热。抽提塔内各点的温度以塔顶温度最高，塔底温度最低，自上而下形成一定的温度降，称为温度梯度。在塔下部已溶解于溶剂的物质，在上升过程中，随着温度的升高又部分逐步析出，这就形成了类似分馏塔的内回流，有利于改善萃取的分离效率。一般温度梯度越大，所形成的内回流也越多，萃取分离效率越好。但也和分馏塔一样，过大的内回流会影响到萃取塔的生产能力，甚至产生液泛而破坏操作。

萃取塔顶部温度提高，溶剂的密度减小、溶解能力下降、选择性加强。脱沥青油中的胶质、沥青质少，残炭值低，但收率降低。萃取塔底部温度较低时，溶剂溶解能力强，沥青中大量重组分油被溶解，因而沥青中含油量减少，软化点高，脱沥青油收率高。可见，适宜的温度梯度是保证产品质量和收率的重要条件，温度梯度通常为20℃左右。顶部温度可通过改变顶部加热盘管蒸汽量来调节，而底部温度由溶剂进塔温度决定。

塔顶温度是调节轻脱沥青油质量的关键，塔底温度是调节脱沥青油收率和沥青软化点的重要因素。塔顶温度高，脱沥青油残炭低，黏度低，其收率也低；塔底温度低，脱沥青油收率高，沥青软化点高；反之则相反。

塔顶、塔底的温度高低应根据原料性质、脱沥青油及沥青质量要求而定。胶质、沥青质含量多的原料，轻脱沥青油残炭要求不大于0.7%时，塔顶、塔底温度都相应高些，顶部温度高以保证轻脱沥青油的质量，底部温度高主要考虑减少油品的黏度，以保证萃取效率。

不同的溶剂要求的萃取温度也不同，常用溶剂的萃取温度为：丙烷50~90℃；丁烷100~140℃；戊烷150~190℃。在最高允许温度以下，采用较高的温度可以降低渣油的黏度，从而改善萃取过程中的传质状况。

渣油入塔温度高，通常在120~150℃之间。渣油入塔温度受到两个方面的限制：①入塔温度高，可降低原料黏度，有利于分散，提高萃取效率；但同时提高了塔中上部温度，降低了丙烷的溶解度，脱沥青油收率下降。②入塔温度低，增大了渣油黏度，不利于分散，降低了萃取效率。因此，在实际生产中，应通过试验总结出萃取效率最高的渣油入塔温度。一般来说，黏度大的渣油入塔温度高些，黏度低的渣油入塔温度低些。

（5）萃取压力

正常的萃取操作一般在固定压力下进行，操作压力不作为调节手段。但在选择操作压力时必须注意两个因素：①保证萃取操作是在液相区内进行，对某种溶剂和某个操作温度都有一个最低限压力，此最低限压力由体系的相平衡关系确定，操作压力应高于此最低限压力。②在近临界溶剂萃取或超临界溶剂萃取的条件下，压力对溶剂的密度有较大的影响，因而对溶剂的溶解能力的影响也大。

（6）萃取塔转盘转速

从理论上讲，随着转速的增加，液滴直径变小，传质速度提高，因而萃取效率增加，但设备处理能力下降；当转速增加到一定限度，液滴过小沉降不下来时，就会形成液泛，造成塔顶冒黑油。

（7）萃取塔界面高度

界面过高会使塔内的温度升高，减小塔内的温度梯度，降低萃取效果，此外，副丙烷易走短路，从塔底跑出，使实际溶剂比降低，从而使脱沥青油收率下降。严重时可能使脱沥青油中携带沥青，致使塔顶冒黑油。界面过低，则会使部分脱沥青油和丙烷随沥青从塔底跑出，降低了脱沥青油的收率，同时增大了沥青加热炉的加热负荷及中压丙烷冷凝冷却负荷。

**2. 溶剂回收过程**

（1）临界塔操作

临界回收塔的压力，不仅关系到整个装置的平稳操作和安全生产，而且直接影响临界回收的效果。压力偏高，增加设备负荷；压力偏低，达不到临界条件，油和丙烷部分互溶，使轻油液带丙烷量大，临界回收丙烷中带油严重，既增加了轻油蒸发塔的回收负荷，还造成临界空冷器油垢增厚，甚至部分堵塞，使后部冷却器的出口温度达不到规定的要求。必须严格控制临界回收塔压力在相应的临界压力下。临界回收塔压力由萃取塔压控进行控制，通过调节临界回收塔顶去冷却器的丙烷量，控制压力在指标范围内。

临界回收塔的温度也是保证溶剂临界回收的条件之一。温度偏高能耗增加，压力波动，易冲塔。温度偏低，达不到丙烷的临界状态，油与丙烷互溶，使轻油液中含丙烷，丙烷中含油，严重时，会堵塞空冷器造成生产事故。

稳定萃取塔各部的操作，确保临界回收塔进料量平稳，控制好轻脱沥青油从萃取塔去临界回收塔温度，保证进料温度平稳，都对临界回收塔的平稳操作有重要意义。

（2）蒸发塔操作

轻脱沥青油溶液经临界过程后还含少量丙烷，它与重脱沥青油溶液、残脱沥青油溶液、沥青溶液三个物流要经过蒸发及汽提过程回收出其中的丙烷，才能得到轻、重脱沥青油和半沥青产品，汽提丙烷经压缩机提压后与蒸发丙烷一起经冷凝、冷却后供循环使用。

蒸发过程是利用脱沥青油（沥青）与丙烷的沸点不同，在一定压力下，丙烷与脱沥青油（沥青）的沸点差很大，通过加热并控制温度、压力，使溶剂汽化，与脱沥青油（沥青）分离。汽提是通过从塔底通入水蒸气，降低丙烷气的分压，使溶剂与脱沥青油（沥青）完全分离的工艺过程。

蒸发塔的进料温度要控制在溶液的泡点温度以上，轻脱油溶液一般为130℃左右，重脱油溶液为185℃左右，沥青溶液要加热到220～250℃，防止发生泡沫。进料温度低，丙烷蒸发不充分，增加汽提塔和压缩机的负荷；温度过高，不但能耗增加，而且使塔内丙烷气速过大，造成塔顶带油。

蒸发塔液面的高低既影响丙烷蒸发程度和汽提系统的负荷，又影响安全生产。液面过高易发生淹塔，造成塔顶带油，降低冷却器的冷却效果。液面过低，丙烷蒸发不充分，从塔底窜入汽提塔，造成超压事故。一般液面控制在50%～60%为好。

（3）汽提塔操作

汽提塔液面的高低对产品闪点、丙烷消耗和环保有很大影响，一般要求控制在60%～70%，过高易造成淹塔，使塔顶丙烷把油带到丙烷气中间罐，加大油品损失，反之，液面过低，产品中携带丙烷量增加，产品闪点低，丙烷消耗大，同时，易造成产品泵抽空。

汽提塔顶来的丙烷和水蒸气的混合物，温度较高，并夹带极少量的油和沥青，到丙烷冷凝冷却器（图4－9中的设备16）与重脱油液换热，并分离冷凝水、油和沥青，这样可避免水击，少带或不带油、沥青的丙烷气到丙烷气中间罐（图4－9中的设备17），丙烷气中间罐主要起稳定缓冲作用，以便脱除剩余的冷凝水、微量的油和沥青。若丙烷气中间罐液面太低，丙烷气会窜入下水井，不但造成丙烷消耗大，而且威胁装置的安全生产；反之，液面过高，丙烷携带冷凝水、油和沥青量增加，从而影响压缩机的安全运行。

## 五、丙烷脱沥青装置操作条件、产品质量和物料平衡

表4－3为我国第一套丙烷脱沥青装置的主要操作条件、产品质量和物料平衡情况。

**表 4-3　我国第一套丙烷脱沥青装置的主要操作条件、产品质量和物料平衡表**

| 项目 | 指标范围 | 项目 | 指标范围 |
|---|---|---|---|
| 进料 | 新疆、青海混合减压渣油 | 沉降塔顶温度/℃ | 78～86 |
| 进料相对密度（$d_4^{20}$） | 0.9450 | 临界回收塔温度/℃ | 93～94 |
| 原料处理能力/(Mt/a) | 0.30 | 萃取塔中温度/℃ | 67～73 |
| 工艺类型 | 萃取、沉降－冷分离，准临界回收 | 萃取塔底温度/℃ | 61～67 |
| 萃取塔内件 | 转盘 8 段 | 轻脱沥青油残炭值/%（质） | <0.9 |
| 丙烷纯度/%（体） | 96 | 轻脱沥青油收率/%（质） | 30.48 |
| 丙烷进料比/(体) | (6.5～7.1)∶1 | 重脱沥青油残炭值/%（质） | 1.3～2.3 |
| 萃取塔压力/MPa | 4.35 | 重脱沥青油收率/%（质） | 12.85 |
| 临界回收塔压力/MPa | 4.20 | 脱油沥青软化点/℃ | 62～63 |
| 萃取塔顶温度/℃ | 72～78 | 脱油沥青收率/%（质） | 56.1 |

丙烷脱沥青装置溶剂回收系统的主要操作条件如表 4－4 所示。

**表 4-4　丙烷脱沥青装置其他部分主要操作条件**

| 设备 | 进料温度/℃ | 顶部温度/℃ | 底部温度/℃ | 压力/MPa（表） | 出口温度/℃ |
|---|---|---|---|---|---|
| 沥青蒸发塔 | 235～250 | 230～240 | 230～250 | 1.8～2.0 | |
| 沥青汽提塔 | 230～250 | 200～220 | 220～240 | 0.05～0.1 | |
| 轻脱沥青油汽提塔 | 140～160 | 130～150 | 140～150 | 0.05～0.1 | |
| 重脱沥青油汽提塔 | 150～160 | 130～150 | 140～150 | 0.05～0.1 | |
| 热丙烷气换热塔 | 230～240 | 60～90 | 约 150 | 1.8～2.0 | |
| 沥青液加热炉 | 35～55 | | | | 235～250 |

## 六、丙烷脱沥青装置的主要设备

### 1. 转盘萃取塔

转盘萃取塔的结构如图 4－12 所示，塔中部为萃取段，由转盘、固定环、稳流栅板和驱动装置组成；上部为脱沥青油沉降段，设有加热盘管；下部为沥青沉降段。转盘的驱动装置可采用在转动轴下部的水轮借助溶剂丙烷来驱动（该部分丙烷称为支丙烷），或将转动轴伸出塔底用变速马达来驱动。由于塔底出轴处的密封泄漏和变速马达防爆问题不好解决，国内仍采用水力驱动方式。在丙烷萃取过程中，丙烷溶剂作为连续相由萃取段下部入塔，原料渣油作为分散相由萃取段上部入塔，进行逆相萃取，塔内各层之间的液体由于转盘旋转产生离心力，使重的液体沿转盘顶向塔壁流动，轻的液体向塔中心流动，形成横向层流，这种横向流动对因相对密度差而产生的上下流动形成一种剪切应力，使液滴分散成细小微粒，增加了两相的接触表面积，从而加快了传质过程，提高了萃取效率。据报道，水力驱动会形成流体的强烈搅动，产生返混，如密封问题能解决，最好还是采用萃取塔外马达驱动。

### 2. 沉降器

沉降分离器是一上部带有加热盘管的空壳塔，不设相间接触构件。这样的塔，在操作中基本上无温度梯度，无萃取功能，实际上实施脱沥青油宽馏分的冷分馏功能，使来自萃

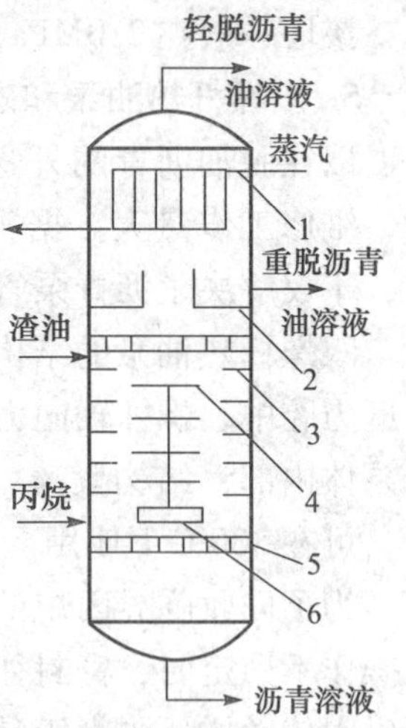


图4－12　转盘塔示意图

1—翅片管加热器；2—集油箱；3—固定环；4—转盘；5—稳流格栅板；6—驱动水轮

取塔顶的脱沥青油在这里通过冷分馏一分为二，分为轻脱沥青油丙烷溶液和重脱沥青油丙烷溶液。

有些装置在沉降塔下部注入少量丙烷，并设少量挡板，此时，沉降塔实际上成为脱沥青油的二段萃取－沉降塔了。早期的丙烷脱沥青装置沉降塔置于萃取塔之上，如图4－9所示。

沉降塔的操作温度由于冷分馏的需要，较萃取塔温度高5～10℃，操作压力稍稍低于萃取塔压力。

**3. 静态混合器**

由于减压渣油的黏度很大，100℃运动黏度往往高达100～300mm²/s，而预稀释溶剂比只有（0.5～1）:1，混合后混合物温度在80℃左右，温度低，黏度仍然不是很小，很难保证渣油与溶剂混合均匀。

使用静态混合器可使物料混合均匀，其结构如图4－13所示。

静态混合器实际上是一种管道萃取器。一般由单孔道左、右扭转的螺旋片组焊而成，混合过程是由一系列安装在空心管道中的不同规格的混合单元进行的。由于混合单元的作用，使流体时而左旋，时而右旋，不断改变流动方向，不仅将中心流体推向周边，而且将周边流体推向中心，从而造成良好的径向混合效果。与此同时，流体自身的旋转作用在相邻组件连接处的接口上亦会发生，这种完善的径向环流混合作用，使物料可以混合均匀。

原料在混合器内与溶剂进行多级混合后进入萃取塔，在塔内实现两相分离。

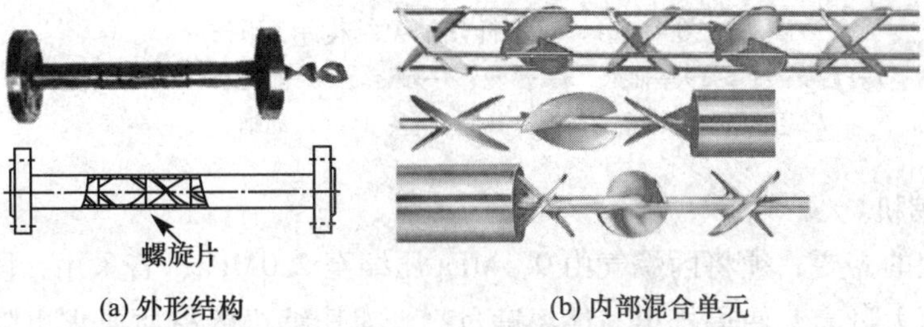


图4－13　预稀释静态混合器

**4. 蒸发器和蒸发塔**

蒸发器一般用于脱沥青油中丙烷的蒸发，蒸发所需热源由水蒸气通过卧式管束来供给。

从沥青液中回收丙烷，一般不用蒸发器：这是因为，一则蒸发空间小，沥青易发泡，蒸发丙烷携带沥青比较严重；二则沥青液必须加热至相当高的温度（230～250℃）才能防止起泡沫，此时，蒸汽加热已经无能为力，必须由火焰加热的管式炉来供热。所以，从沥青液蒸出丙烷往往使用如图4－9中设备9、10所示结构的蒸发塔。为取出丙烷蒸气的过剩热量，往往在该塔上部设洗涤－换热段，向顶层塔板送入重脱沥青－丙烷溶液，以脱除丙烷蒸气夹带的沥青微粒，并回收其过剩热量。

该塔一般在2.0MPa，235～250℃下操作。

**5. 双螺杆热油泵和磁力传动丙烷增压泵的应用**

以往脱油沥青的外送泵大都采用蒸汽往复泵，效率低，能耗大，泄漏严重，管路振动，维修工作量大。据报道，换用双螺杆型热油泵后，运行平稳，无脉动，密封性能良好，不仅解决了沥青泵管路振动及泄漏沥青的问题，而且节约了能源。

双螺杆热油泵的结构示意如图4－14所示，该泵采用双吸式结构，螺杆的两端处于同一压力腔中，螺杆轴向力可自行平衡。该泵属于内装式结构，两端轴承与同步齿轮均安装于泵体内部，结构紧凑，刚性好，而且只有一个轴伸，泄漏点少。轴承选用耐热材料制造，可在300℃下使用。

为了回收临界丙烷的势能，需要设置低扬程的丙烷增压泵。具有机械密封的丙烷泵，在操作不稳定时，密封往往失效，引起丙烷的严重泄漏，对装置的安全构成严重威胁。采用磁力传动增压泵由于是全封闭无密封结构，可消除这种潜在的危险。

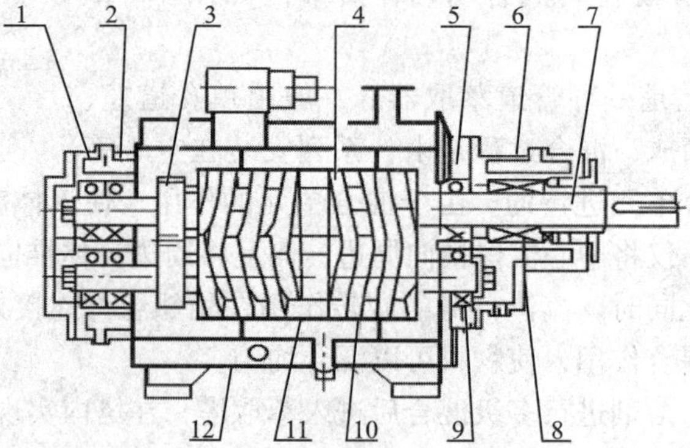


图4－14　双螺杆热油泵结构示意图

1—后支架；2，9—轴承；3—齿轮；4—螺套；5—前支架；6—密封盒；7—主动轴；8—密封轴套；10—衬套；11—从动轴；12—泵体

**6. 丙烷压缩机**

由于工艺上的需要，须将丙烷气由0.1MPa压缩至2.0MPa，若采用一段压缩，则压缩比太大，出口压力过高，使得排出气体温度过高，对压缩机的材质要求也随之提高，同时使压缩机效率降低。若采用多级压缩，虽然能提高压缩机的工作效率，但设备结构复杂，制造成本高，同时故障率也随之增多。考虑到压缩机的经济性（包括制造成本、运行成本），丙烷压缩机采用两级压缩。

同其他多级压缩机一样，在两级压缩间设中间冷却器用于冷却一段出口温度，以降低二段入口温度，提高压缩机的效率；此外中间冷却器底部装有一切液阀，用来及时切除水及丁烷液体，以防中间冷却器振动等。

切记压缩机不能抽液体，因为液体是不可压缩的，当压缩机抽入液体时，液体被压，此时压力急剧上升，产生高压，会将气缸打碎，造成事故。因此在压缩机运行过程中，应严禁带水。为避免压缩机带水，一般在压缩机入口前的容器上装有高液位自动停车的自动保护机构。

## 七、装置安全生产

从安全角度考虑，丙烷脱沥青装置有以下特点：

（1）压力高

萃取及临界回收系统操作压力高达4.2MPa，且装置内液体丙烷藏量达300t以上。

（2）易燃易爆

丙烷在常温常压下，呈气体状态，当与空气混合比例达到2.4%~9.5%（体）时即可形成爆炸性气体，遇到火源就会发生爆炸事故。

如果出现大量丙烷泄漏，为防止出现燃烧爆炸等更严重事故，应按如下原则处理：

① 停止进料和丙烷循环，关闭各部返回量，停止各部加热，加热炉熄火。

② 立即将外泄丙烷的设备从系统中切除。

③ 立即将该设备通过火炬线泄压。

④ 外漏丙烷的设备存有液体时，能外送的尽量外送。

⑤ 根据事故情况处理原料油线、沥青线，以防凝线。

⑥ 注意在事故处理过程中要避免铁器撞击，以防打火花，必要时装置周围禁止车辆通行，禁止一切用火。

（3）高、低压节流阀多

装置生产过程中由高压到中压，由中压到低压的压差均为2.0MPa，一旦调节阀或副线阀开度过大，就会发生高压串低压的危险，若安全阀失灵或超过设备强度，就会造成设备爆炸事故。

（4）油品黏度大，易凝固

尤其是沥青，一旦凝固难以处理。

### 本章内容梳理

要想得到黏度适宜的基础油，必须对润滑油原料分割得足够精细，润滑油型减压蒸馏比燃料型减压蒸馏要求严格，其工艺目标是实现窄馏分，避免油品分解，控制侧线的馏程、闪点、黏度、残碳、比色合格。

减压渣油中不同组分在非极性溶剂丙烷中的溶解度顺序为：烷烃>环烷烃>轻质芳烃>重质芳烃>胶质>沥青质。粗略认为油分可溶于丙烷，沥青不溶于丙烷，利用大量液态丙烷将油分提出，剩余沥青，这是丙烷脱沥青的本质。物质在临界状态时对其他任何物质均不溶解，丙烷的临界状态（96.84℃、4.25MPa）在生产上容易实现，临界状态回收液态丙烷可大大降低能耗，这是丙烷脱沥青装置的特色。

丙烷脱沥青两段萃取工艺要弄清楚两个系统、三个压力区、四股物流。

两个系统：萃取系统、溶剂回收系统。

三个压力区：

4.2MPa以上的高压区，包括萃取系统和临界回收部分。

2~2.2MPa的中压区，是溶剂回收部分的蒸发区域，目的是得到高纯度的中压丙烷蒸气。

常压操作的低压区，包括汽提区域和低压丙烷气的升压部分。

四股物流：

轻脱沥青油相，离开第一萃取塔塔顶后经临界回收、蒸发、汽提，逐步分出丙烷，得到轻脱沥青油。

重脱沥青油相，离开第二萃取塔塔顶后经蒸发、汽提分出丙烷，得到重脱沥青油。

残脱沥青油相，离开第二萃取塔塔底后经沥青加热炉、蒸发、除沫、汽提分出丙烷，得到残脱沥青油。

沥青相，离开第一萃取塔塔底后经沥青加热炉、蒸发、除沫、汽提分出丙烷，得到氧化沥青的原料。

## 本章电子资源

中国石油兰州石化公司 $5\times10^6$t 常减压装置减压系统工艺流程。

## 本章习题

**一、填空题**

1. 燃料－润滑油型常减压装置比燃料型常减压装置流程________。

2. 减压塔塔顶残压的极限是____________，再加上管线及冷凝系统压降。

3. 润滑油减压蒸馏工艺特点可概括为________、________、________、________。

4. 目前，国内外大多数润滑油生产厂仍采用________工艺。蒸馏过程中吹入________起到间接降压作用。

5. 干式减压塔内填料腐蚀后生成的________接触空气后易自燃，检修时易引起火灾，并烧坏填料。

6. 一般干式减压蒸馏塔内残压比湿式减压蒸馏塔内残压________，塔顶采用________级抽真空系统。

7. 减压塔抽真空系统的冷凝器在真空下操作，冷凝器下部安装的长管俗称________。这根管子的长度必须保证________ m 水柱高。

8. 丙烷脱沥青装置静态混合器放置在________内。

9. 丙烷脱沥青装置沉降器操作温度比萃取塔________。

10. 丙烷脱沥青装置萃取塔顶部温度比底部温度________。

**二、判断题**

1. 丙烷脱沥青的原料是常压渣油。（　　）

2. 丙烷脱沥青是利用丙烷对渣油中不同组分溶解能力不同的特点，分离减压渣油不同组分的过程。（　　）

3. 主丙烷是临界回收后返回丙烷罐的丙烷。（　　）

4. 预稀释丙烷的作用是稀释原料。（　　）

5. 支丙烷的主要作用是驱动萃取塔转盘转动，所以支丙烷决定了沥青的质量。（　　）

6. 丙烷罐内因为有水积聚，所以既有液面，又有界面存在。（　　）

7. 萃取塔内自上而下形成的温度降，称温降。（　　）

8. 丙烷脱沥青装置的萃取系统操作状况，直接决定装置各产品的质量。（　　）

9. 丙烷脱沥青装置溶剂回收系统的作用是通过临界回收、蒸发回收、汽提回收方法，回收各产品中的丙烷。（　　）

10. 丙烷脱沥青装置临界回收系统是利用丙烷的临界特性分离回收轻脱油－丙烷溶液中的丙烷的设施。（　　）

11. 丙烷脱沥青装置轻脱油蒸发回收系统包括轻脱油汽提塔、轻脱油蒸发塔（器）、轻脱油加热器。（　　）

12. 丙烷脱沥青装置沥青蒸发回收系统有沥青蒸发塔、加热炉。（　　）

13. 丙烷脱沥青装置轻脱油汽提回收系统有轻脱油汽提塔。（　　）

14. 丙烷脱沥青装置重脱油汽提回收是通过在汽提塔吹入过热蒸汽，加热重脱油从而回收其中的丙烷。（　　）

15. 丙烷脱沥青装置的高压系统是指以临界压力为控制点的系统，系统包含萃取系统、蒸发回收系统等。（　　）

16. 丙烷脱沥青装置的中压系统包含轻脱油临界回收系统、沥青蒸发回收系统等。（　　）

17. 丙烷脱沥青装置的低压系统包含汽提回收系统、低压丙烷回收循环系统。（　　）

18. 萃取塔底部温度较低时，溶剂溶解能力强，沥青中大量重组分油被溶解，因而沥青中含油量减少，软化点高，脱沥青油收率高。（　　）

19. 萃取的任务是把丙烷溶剂和原料油充分接触而将原料油的润滑油组分溶解出来，使之与胶质、沥青质分离。（　　）

20. 丙烷脱沥青装置的旋风分离器分离的是气固混合物（　　）。

**三、单项选择题**

1. 溶剂丙烷中 $C_4$ 含量高则丙烷的（　　）。

A. 选择性差　　B. 选择性好　　C. 溶解能力差　　D. 纯度高

2. 丙烷的临界压力是（　　）。

A. 丙烷在临界温度时的压力　　B. 丙烷的最高压力

C. 丙烷在临界温度下的饱和压力　　D. 丙烷成为液态的最低压力

3. 对于性质较轻的原料，为保证（　　）应控制较大的副丙烷流量。

A. 萃取塔的萃取效率　　B. 沥青质量

C. 渣油的温度　　D. 渣油的流量

4. 减压渣油是原油经过蒸馏后的产物，所以（　　）。

A. 减压渣油黏度小于原油　　B. 减压渣油密度小于原油

C. 减压渣油密度大于原油　　D. 减压渣油密度小于柴油

5. 通过控制（　　），满足下道工序润滑油生产的质量要求。

A. 轻脱油收率　　B. 轻脱油残炭　　C. 沥青收率　　D. 沥青密度

6. 装置得脱油沥青产品可用于（　　）。

A. 齿轮油的生产　　B. 燃料重油的生产

C. 沥青调和生产　　D. 催化裂化生产

7. 丙烷脱沥青临界回收是利用丙烷（　　）分离脱沥青油中不同组分。

A. 对渣油的溶解能力　　B. 对渣油的溶解度

C. 在不同条件下的溶解度特性　　D. 临界条件下的溶解特性

8. 进入萃取塔下部作为萃取溶剂的丙烷是（　　）。

A. 高压丙烷　　B. 中压丙烷　　C. 副丙烷　　D. 主丙烷

9. 调节萃取塔底部温度，控制沥青产品质量的丙烷是（　　）。

A. 主丙烷　　B. 支丙烷　　C. 副丙烷　　D. 预稀释丙烷

10. 预稀释丙烷的作用是稀释原料，所以预稀释丙烷（　　）。

A. 从萃取塔中部进入　　B. 与萃取塔原料合并进入

C. 从萃取塔底界面层下进入　　D. 从萃取塔下部进入

11. 支丙烷的主要作用是（　　）。

A. 提供萃取塔溶剂　　B. 提高轻脱油质量

C. 驱动萃取塔转盘转动　　D. 稀释原料

12. 萃取塔界面是（　　）的分界面。

A. 气液两相　　B. 液液两相　　C. 液固两相　　D. 气固两相

13. 正常生产中，（　　）的作用是利用丙烷的特性，分离减压渣油中的不同组分。

A. 萃取系统　　B. 临界系统　　C. 蒸发系统　　D. 回收系统

14. 正常生产中，丙烷脱沥青装置的产品质量由（　　）的操作条件决定。

A. 汽提系统　　B. 萃取系统　　C. 临界系统　　D. 蒸发系统

15. 丙烷脱沥青装置物料离开萃取塔顶部的状态是（　　）。

A. 气态　　B. 液态　　C. 气液共沸物　　D. 无法确定

16. 临界回收可以（　　）。

A. 减少装置能源消耗　　B. 改变轻脱油的收率

C. 改变沥青的收率　　D. 改变装置产品的质量

17. 丙烷脱沥青装置的萃取系统包括（　　）等设备。

A. 原料泵　　B. 临界塔　　C. 萃取塔　　D. 加热炉

18. 丙烷脱沥青装置的临界回收系统有（　　）。

A. 脱沥青油沉降塔　　B. 丙烷泵

C. 丙烷罐　　D. 临界沉降塔

19. 轻脱油回收系统是利用临界、蒸发、汽提的方法分离回收（　　）中丙烷的设施。

A. 渣油　　B. 重脱油　　C. 沥青　　D. 轻脱油

20. 重脱油回收系统是利用蒸发、汽提的方法，分离回收（　　）中丙烷的设施。

A. 渣油　　B. 重脱油　　C. 沥青　　D. 轻脱油

21. 丙烷脱沥青装置物料离开汽提顶部的状态是（　　）。

A. 气态　　B. 液态　　C. 气液共沸物

22. 润滑油型减压炉出口最高温度控制不大于（　　）。

A. 300℃　　B. 400℃　　C. 380℃　　D. 420℃

23. 润滑油型的减压蒸馏塔一般设有（　　）个侧线。

A. 2～3　　B. 1～2　　C. 4～5　　D. 7～8

24. 脱沥青过程目的是（　　）。

A. 除去蜡　　B. 降低减压渣油的黏度

C. 除去油分　　D. 除去胶状－沥青状物质

25. 渣油中油分含量多时，为使胶质、沥青质分离出来，需要（　　）溶剂比。

A. 较小的　　B. 较大的　　C. 不变　　D. 都不对

26. 萃取塔塔顶温度是调节（　　）质量的关键。

A. 沥青　　B. 重脱沥青油溶剂回收

C. 残脱沥青油　　D. 轻脱沥青油

27. 塔底温度是调节（　　）和沥青软化点的重要因素。

A. 沥青收率　　B. 轻脱沥青油收率

C. 重脱沥青油收率　　D. 轻脱沥青油收率

28. 丙烷脱沥青装置生产过程中由高压到中压，由中压到低压的压差均为（　　）左右。

A. 4.2MPa　　B. 2MPa　　C. 0.1MPa　　D. 10MPa

29. 丙烷脱沥青装置将丙烷气由 0.1MPa 压缩至 2.0MPa，采用（　　）压缩。

A. 一段　　B. 两段　　C. 三段　　D. 多段

30. 丙烷脱沥青装置中蒸发器和蒸发塔的操作压力大约是（　　）。

A. 4.2MPa　　B. 2MPa　　C. 0.1MPa　　D. 10MPa

## 四、问答题

1. 与燃料型减压蒸馏相比，润滑油型减压蒸馏有什么特点？

2. 润滑油型减压蜡油要控制哪些质量指标？为什么？

3. 减压蜡油黏度不合格时应如何调节？

4. 减压蜡油闪点不合格时应如何调节？

5. 减压渣油中不同组分在非极性溶剂丙烷中的溶解度顺序是什么？简单叙述丙烷脱沥青的原理及临界回收丙烷的原理。

6. 丙烷脱沥青装置萃取塔上、下进料分别是什么？塔内的连续相和分散相分别是什么？提取相和提余相从哪里离开萃取塔？提取相和提余相的组成分别是什么？

7. 分析温度变化对丙烷脱沥青装置萃取塔顶部和底部的影响。

8. 分析原料轻重发生变化时溶剂比该如何变化，分析溶剂比变化对塔顶和塔底物料的影响。

9. 画出两段萃取的丙烷脱沥青装置工艺流程图，简要叙述萃取系统和溶剂回收系统的任务、三个压力区的压力范围、包括哪些区域或设备、目的是什么？分别叙述从轻脱沥青油相、重脱沥青油相、残脱沥青油相、沥青相中回收溶剂的流程。

10. 从安全角度考虑，丙烷脱沥青装置有什么特点？

获取更多知识详情请扫描二维码

# 第五章

# 物理法生产基础油

## 第一节　溶剂精制

从常减压装置分馏出的减压侧线馏分和丙烷脱沥青装置制取的残渣润滑油原料（脱沥青油）都会含有一些对油品使用性能有影响的非理想物质（主要是胶质，沥青质，多环短侧链的芳香烃，多环和杂环化合物，以及某些硫、氮、氧化合物）。这些物质的存在会使油品的黏度指数降低，抗氧化安定性变差，使用过程中氧化后容易生成较多的沉淀和酸性物质，进而堵塞油路和腐蚀金属设备，并使油的颜色变差。

从润滑油原料中脱除大部分多环短侧链芳烃和胶质、沥青质等物质，使其黏温性质、抗氧化安定性、残炭值、色度等性质得以改善，符合产品规格标准的过程称为润滑油精制。润滑油精制常用的方法有：酸碱精制、溶剂精制、吸附精制、加氢精制。

酸碱精制因精制油收率低，且产生大量难以处理的酸渣，已基本被淘汰。

目前，溶剂精制仍是我国基础油加工的重要步骤。国内多采用较为传统的常减压蒸馏 - 溶剂精制 - 酮苯脱蜡 - 白土或加氢补充精制生产工艺组合来生产Ⅰ类基础油。此外，有些炼油厂采用溶剂精制 - 加氢处理 - 溶剂脱蜡工艺组合来生产Ⅱ类基础油。溶剂精制可以大幅提高润滑油基础油的黏温性能、抗氧化安定性，改善基础油颜色，降低基础油残炭值和酸值等。即便是在目前工艺技术较先进的润滑油生产工艺组合中，作为脱除润滑油原料中非理想组分手段的溶剂精制工艺往往也占有一席之地，如：溶剂精制 - 加氢处理 - 异构脱蜡工艺组合等。

烃类在常用极性溶剂中的溶解顺序大致为：烷烃 < 环烷烃 < 少环芳香烃 < 多环芳香烃 < 胶质。溶剂精制就是利用一些极性溶剂的选择性溶解能力，萃取出润滑油中有害的非理想物质，而将少环长侧链的环烷烃、芳香烃及液态烷烃留在精制液中，然后分别将精制液和抽出液中的溶剂蒸出，得到精制油和抽出油。

润滑油基础油的黏温性能、抗氧化安定性等主要性能除受原料油性质制约外，还主要取决于溶剂精制的深度。溶剂精制工艺具有无废渣、溶剂能循环使用、精制深度可以调节等优点，故直到现在仍是润滑油原料精制的主要手段，但它是物理萃取过程，不能改变烃类的结构。只有原料中含有较多理想的烃类时，用溶剂精制方法生产润滑油基础油才是经济的。该工艺的主要缺点是对原油质量依赖性很大，只有石蜡基原油才能生产出合格的Ⅰ类基础油，无法生产黏度指数高、倾点低的Ⅱ类及Ⅲ类基础油。用溶剂精制方法生产的基础油含有一定量的芳烃，对氧化产物及添加剂的溶解能力强，可调制一些工业润滑油以及某些小跨度的多级内燃机油。

## 一、溶剂精制原理及萃取溶剂要求

### 1. 溶剂精制原理

润滑油溶剂精制是一个物理抽提分离的过程，利用溶剂（如糠醛、苯酚、*N*－甲基吡咯烷酮）对润滑油非理想组分（多环短侧链的芳烃和环烷烃、胶质、硫和氮的化合物）的溶解能力强，而对理想组分（链烷烃和少环长侧链的烃类）的溶解能力弱的特点，在抽提塔中低于临界溶解温度条件下，与原料逆流接触，极性强的润滑油非理想组分扩散到溶剂相中，与溶解有少部分溶剂的油相分层，从而使润滑油的理想组分与非理想组分分开。

为了便于理解溶剂精制的原理，我们用一个简单的实验来说明。如图 5－1 所示，将一定量的润滑油原料装入大烧杯里，设法使温度保持恒定，再缓慢向大烧杯内加入选择性溶剂（例如糠醛）。加入少量溶剂时，溶剂能溶解在油里，继续加入溶剂，玻璃杯内的混合物分成两层（即两相）。底层（重相）为油溶解在溶剂中的饱和溶液（以含溶剂为主，并溶有大量的非理想组分，称为提取相）；上层（轻相）是溶剂溶解在油中的饱和溶液（以含理想组分的润滑油为主，并溶有少量的溶剂及少量的非理想组分，称为提余相），两者之间有一个较明显的分界面。在一定的条件下将两者分开，分别将提取相（抽出液）和提余相（精制液）中的溶剂蒸出，就分别得到抽出油和精制油。

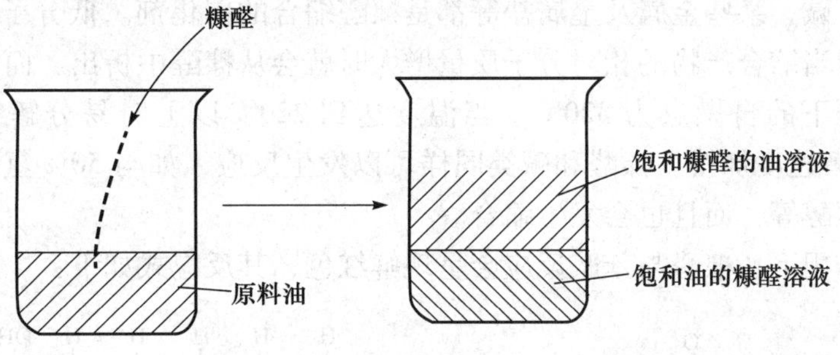


图 5－1　润滑油与溶剂分相条件

抽提又称溶剂萃取或液液萃取，润滑油原料通过溶剂萃取抽提，除去了非理想组分，使润滑油实现了精制，黏温性能、抗氧化安定性及油品的颜色等得到改善，明显降低油品的酸值和残炭。但溶剂精制对原料组成要求严格，要求原料为低硫、高石蜡基原油。

溶剂精制装置主要由萃取（溶剂抽提）和溶剂回收两部分组成。萃取是核心工艺，产品的各项指标与萃取效果直接相关，影响萃取系统操作最关键的因素是萃取溶剂。

### 2. 萃取溶剂

溶剂精制与丙烷脱沥青装置的核心工艺都是萃取，对萃取溶剂的要求也大致相同，最主要的要求有两个：其一，溶剂应具有适当的选择性；其二，溶剂应具有一定的溶解能力。如果溶剂的选择性好，而溶解能力很差，理想组分虽然几乎不溶于溶剂，但在单位溶剂中能溶解的非理想组分的量也不多，为了把原料中大部分非理想组分除去，就不得不使用大量溶剂，这对工业装置的操作和能耗是非常不利的。反之，溶剂的选择性较差而溶解能力较强，理想组分和非理想组分的分离效果就比较差，被抽出液带走的理想组分增多，会使润滑油的收率降低。

用于润滑油精制的溶剂有多种，工业上最广泛采用的是糠醛、苯酚和 *N*－甲基吡咯烷酮（NMP）。

（1）糠醛（$C_5H_4O_2$）

糠醛，是呋喃2位上的氢原子被醛基取代的衍生物，又称2－呋喃甲醛，是呋喃环系最重要的衍生物，工业上由谷糠、玉米芯等农副产品用稀硫酸加压水解制得。纯糠醛在常温下是无色透明的液体，有苦杏仁味，具有中等毒性，对皮肤有刺激性。

糠醛能和水部分互溶，在40℃时糠醛在水中的溶解度为6.8%，而水在糠醛中的溶解度为6.4%；当温度高于121℃时，糠醛与水能完全互溶。糠醛与水能形成共沸物，共沸物在常压下的沸点是97.45℃，共沸物中糠醛质量百分数为35%。

糠醛的化学性质较为活泼，在空气中易被氧化而使颜色变深，通常先呈黄色，继而逐渐变为褐色，特别是在光和热的作用下，会加快其氧化速度。糠醛氧化生成的糠酸会对生产装置的管线设备等产生腐蚀。氧化反应式如下：

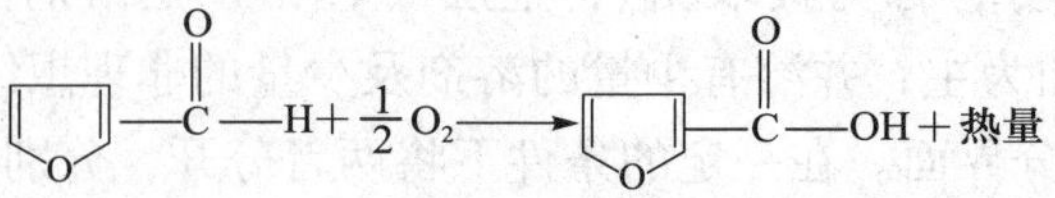


被氧化的糠醛还会逐渐缩合成树脂状物质，而且缩合反应可在热和催化剂的作用下加速发生，而酸、碱、某些金属及金属盐等都是糠醛缩合的催化剂。低分子的糠醛缩合产物可溶于糠醛，但当缩合产物的相对分子质量增大时就会从糠醛中析出，而成为焦。

糠醛在常压下的自燃点为320℃。当温度达到220℃以上时易分解结焦，当温度在230℃以上时分解速度加快。糠醛和碱类同样可以发生反应，如与50%氢氧化钠的水溶液作用可以生成糠醇等，而且也会发生缩合。

在乙酸的作用下，糠醛与苯胺反应会呈现鲜红色，其反应式如下：

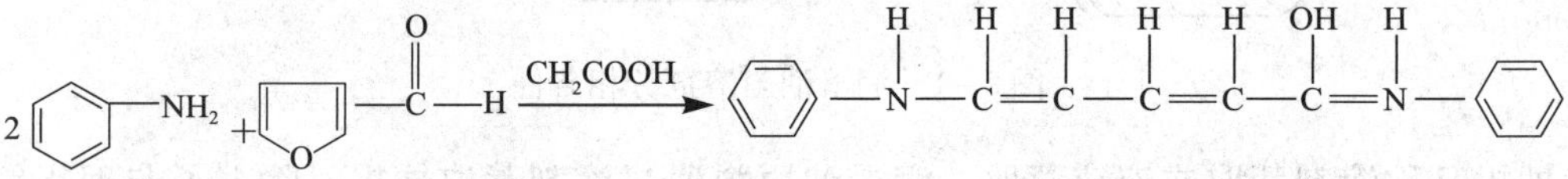


在生产过程中，可用乙酸苯胺试纸来检验空气中有无糠醛，也可用来检查油品内是否含有糠醛以及有关设备是否有糠醛泄漏。

糠醛作为溶剂，具有很强的选择性和中等的溶解能力，能溶于乙醇和乙醚中。在润滑油馏分中，非理想组分的多环短侧链烃最易溶于糠醛，而石蜡基烃则溶解得很少，沥青质、胶质也很难溶解，对润滑油的理想组分（少环长侧链的烃类），即使在提高温度的情况下，也很少溶解。

（2）苯酚（$C_6H_6O$）

苯酚简称为酚，俗名为石炭酸，对烃类具有中等的选择性和较强的溶解能力，有特殊的气味。苯酚在常温下能形成无色的针状或菱形结晶。

苯酚微溶于水，在40℃时，苯酚在水中的溶解度为9.6%，水在苯酚中的溶解度为33.2%。若温度高于68℃时，可与水完全互溶。苯酚能与水形成共沸物，常压下的共沸点是99.6℃，共沸物中的苯酚含量为9.2%。苯酚水共沸物在40℃冷凝后不会分层。

苯酚呈弱酸性，可与碱的水溶液作用生成易于水解的酚盐。苯酚易被氧化，在空气中及光的作用下，能被氧化而首先变成玫瑰色，继而变为棕红色。苯酚具有较强的毒性，生产过程中应注意安全防护。酚对碳素钢有腐蚀性，特别是对铜、铝制设备的腐蚀尤为严重，因而苯酚精制装置设备要采用合金钢材料。

（3）*N*－甲基吡咯烷酮（$C_5H_9NO$）

*N*－甲基吡咯烷酮简称 NMP，无色，毒性比糠醛和酚低，对皮肤无刺激作用，稍有氨味，具有优良的选择性和较强的溶解能力。能与水以任何比例混溶，几乎与所有溶剂（乙醇、乙醛、酮、芳香烃等）完全混溶。在溶剂中含适量水分可以调节其溶解能力和选择性，有利于提高精制油收率。

*N*－甲基吡咯烷酮在溶解能力和热稳定性方面都比糠醛、苯酚强。*N*－甲基吡咯烷酮较强的溶解能力会使溶剂精制过程中的溶剂循环量大大减少，各种能耗也会随之降低；另外，由于其热稳定性相对较好，溶剂损失会减少；加之它毒性小，对环境的污染较少，而且适应的原料范围较宽，因此，近年来在国外逐渐被广泛采用。但由于其价格偏高，在国内应用得较少。

表 5－1、表 5－2 为糠醛、苯酚、*N*－甲基吡咯烷酮的理化性质和综合性能比较。由表中的数据可以看出，三种溶剂在使用性能上各有高低，难以绝对地说哪一种溶剂最好或最差，选用溶剂时须结合具体情况综合考虑。一般来说，糠醛适于处理馏分重的原料，苯酚适用于处理馏分轻的原料，而 *N*－甲基吡咯烷酮对原料的适应性是三种溶剂中最好的。

苯酚毒性大，适用原料范围窄，加之 NMP 的工艺流程和苯酚十分相似，因此苯酚精制大多改造为 NMP 精制而被取代。在北美，采用 NMP 精制工艺装置的数量和处理能力居首，糠醛精制次之。

世界上第一套溶剂精制装置是 1909 年投入使用的。直到 20 世纪 30 年代，由于溶剂回收方法的进步，加之克服了原先采用酸碱化学精制收率低、大量残渣难于处理而污染环境等缺陷，溶剂精制在炼油工业开始得到广泛使用，所使用的溶剂也逐步集中为糠醛和苯酚。20 世纪 70 年代开发出 *N*－甲基吡咯烷酮（NMP）溶剂，由于其具有较好的溶解能力和选择性，且毒性低、安全性高，因而获得了较快的发展。

**表 5－1　糠醛、苯酚、*N*－甲基吡咯烷酮的主要理化性质**

| 性质 | 糠醛 | 苯酚 | NMP |
|---|---|---|---|
| 结构式 | 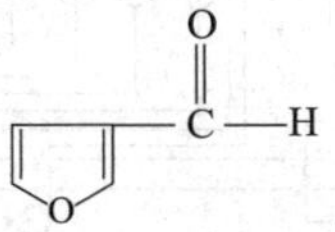 | 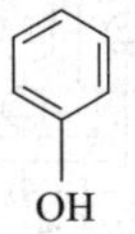 | 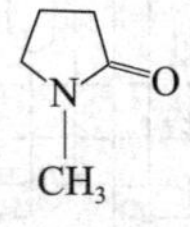 |
| 相对分子质量 | 96.03 | 94.11 | 99.13 |
| 相对密度（25℃） | 1.159 | 1.071 | 1.029 |
| 沸点/℃ | 161.7 | 181.2 | 201.7 |
| 闪点/℃ | 60 | 79.5 | 95（闭杯） |
| 黏度（50℃）/($10^{-3}$Pa·s) | 1.15 | 3.24 | 1.01 |
| 常压蒸发潜热/(kJ/kg) | 446.3 | 478.6 | 482.6 |

续表

| 性质 | | 糠醛 | 苯酚 | NMP |
|---|---|---|---|---|
| 与水的共沸物 | | 糠醛 35%、水 65%<br>共沸点：97.45℃ | 酚 9.2%、水 90.8%<br>共沸点：99.6℃ | 无共沸物 |
| 和水互溶度（40°C）/%（质） | 溶剂在水中 | 6.8 | 9.6 | 完全互溶 |
| | 水在溶剂中 | 6.4 | 33.2 | 完全互溶 |

**表 5-2　糠醛、苯酚、NMP 综合性能比较**

| 性能 | NMP | 苯酚 | 糠醛 | 性能 | NMP | 苯酚 | 糠醛 |
|---|---|---|---|---|---|---|---|
| 溶解能力 | 优 | 良 | 可 | 精制油颜色 | 优 | 可 | 良 |
| 选择性 | 良 | 可 | 优 | 精制油收率 | 优 | 可 | 良 |
| 安定性 | 优 | 良 | 可 | 毒性 | 低 | 高 | 中 |
| 萃取温度 | 低 | 中 | 高 | 生物降解度 | 可 | 可 | 可 |

注：优 > 良 > 可。

我国第一套溶剂精制装置于 20 世纪 50 年代中期建成并投入使用。至今，国内各炼油厂已陆续建起了糠醛、苯酚和 *N*-甲基吡咯烷酮精制等各类装置共 30 多套。中国石油和中国石化两大集团公司中各炼油厂投入运行的溶剂精制装置有糠醛精制 23 套，苯酚精制和 *N*-甲基吡咯烷酮精制各 1 套。

我国是 NMP 的进口国，NMP 精制尚未得到大力发展。我国是糠醛的出口国，充足的来源和低廉的价格使其成为精制溶剂的首选，加之工业实践经验较多，因此国内的溶剂精制装置主要以糠醛精制为主。

## 二、糠醛精制

### （一）工艺流程

糠醛精制工艺流程如图 5-2 所示。

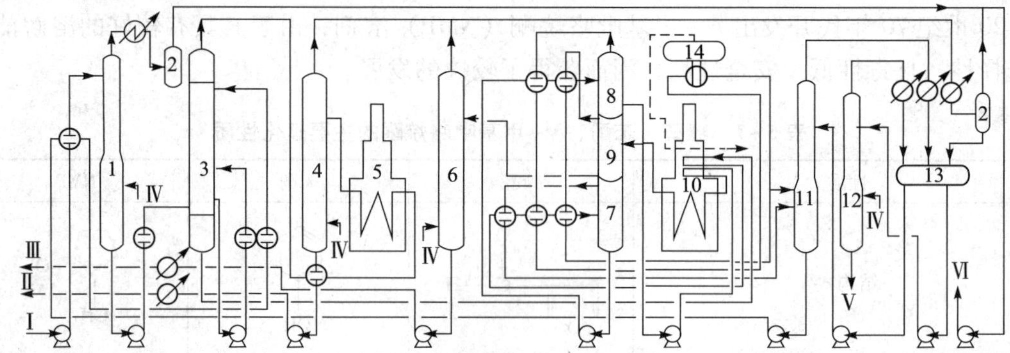


图 5-2　糠醛精制工艺原则流程图

Ⅰ—原料油；Ⅱ—精制油；Ⅲ—抽出油；Ⅳ—汽提蒸汽；Ⅴ—污水；Ⅵ—尾气；

1—脱气塔；2—真空罐；3—抽提塔；4—精制液蒸发汽提塔；5—精制液加热炉；

6—抽出液蒸发汽提塔；7—抽出液一次蒸发塔；8—抽出液二次蒸发塔；9—抽出液三次蒸发塔；

10—抽出液加热炉；11—糠醛干燥塔；12—脱水塔；13—水溶液分离罐；14—蒸汽发生器

从罐区来的原料油，换热后进入原料脱气塔上部，脱气塔顶部抽真空，下部吹入汽提蒸汽，通过降低原料油中所溶解的氧气分压，使其尽可能完全蒸发出来。经过原料脱气塔脱气处理后的原料油，由脱气塔的塔底抽出换热到一定温度后，从抽提塔的中下部进入抽提塔。由干燥塔底部经泵抽出的糠醛，换热至一定温度后由抽提塔上部进入。原料油和糠醛在抽提塔内经过充分的逆流接触后，含有少量糠醛的精制液从塔顶自压进入精制液回收系统；含有大量糠醛的抽出液则由塔底自压进入抽出液回收系统。为了降低糠醛对润滑油组分的溶解能力，提高其选择性，抽提塔的下部抽出一定量的抽出液冷却后再返回塔内，控制抽提塔底部温度，以提高精制油收率。

由抽提塔上部出来的精制液先后经过换热、加热炉加热至208~218℃后，进入精制液汽提塔。精制液汽提塔在减压下操作，塔下部吹入过热蒸汽，蒸出的溶剂和水蒸气经冷凝冷却进入水溶液分离罐，利用双塔回收原理回收其中的糠醛。塔底得到的精制油经换热及冷却后，送至精制油罐。

由抽提塔塔底出来的抽出液，经过依次与抽出液低、中、高压各蒸发塔顶出来的糠醛蒸气换热后，先进入低压蒸发塔（一次蒸发塔）蒸出部分溶剂，低压蒸发塔底的抽出液经与高压蒸发塔塔顶蒸气换热后进入中压蒸发塔，蒸出另一部分溶剂。中压蒸发塔底抽出液再经加热炉进一步加热后进入高压蒸发塔。高压蒸发塔底脱除了大部分溶剂的抽出液自压进入抽出液汽提塔。抽出液汽提塔下部吹入蒸汽，通过蒸发、汽提，脱除其中残留的溶剂，塔底得到抽出油。

糠醛精制整个工艺由脱气系统、抽提系统、溶剂回收系统以及抽真空系统四部分组成，下面详细介绍各系统的工艺目的、工艺流程及操作控制。

### （二）糠醛精制各系统单元操作

#### 1. 脱气系统

当原料罐不用惰性气体保护时，原料油中会溶入（50~100）$\times 10^{-6}$的氧气。由于糠醛的化学稳定性较差，原料中的氧气会使糠醛氧化产生糠酸。在生产过程中，糠酸一方面容易进一步缩合生成胶质，另一方面也会造成设备的腐蚀。所以糠醛溶剂精制装置一般都在工艺流程的前端设有脱气系统。

脱气塔的基本操作主要涉及进料温度、吹汽、塔顶塔底温度、液面、真空度等条件。

进料温度主要取决于原料罐的温度和换热效果，脱气塔真空度一般在600mmHg（0.08MPa），在此压力下水的沸点为47℃左右，为了使塔顶汽不冷凝下来，同时不造成原料泵抽空，进料温度应控制在80℃以上，进料温度过高，能耗上升。可通过调节原料进装置温度、糠醛干燥塔底温度及换热器换热效果来保证进料温度。

吹汽的目的是为了降低氧气分压，由于原料中一般会溶入（50~100）$\times 10^{-6}$的氧气（一般轻质油品到重质油品氧含量逐渐降低），在不吹汽情况下已可将大部分氧气脱除，若吹入0.5%的蒸汽则可脱除99%以上的氧气。吹气量过大使能耗上升，脱气效果并不因此好转，未被脱出的少量空气仍会使糠醛氧化，因此可以将少量稀释后的碱性缓蚀剂打入醛水分离罐内使溶剂呈中性。

脱气塔顶温度可通过吹汽量和进料温度来调节。

脱气塔液面在正常状况下控制在30%~50%。塔液面超过正常范围或长时间仪表显示不变时，需及时查明仪表问题，到现场看浮球是否被卡，一次表与二次表是否一致；液面高报时，要及时减少原料进料量，甚至切换泵，查明原因处理后恢复正常；液面低报时要调大原料进料量，并检查原料温度、液位等是否符合规定要求，如不符合进行处理。

正常状况下控制脱气塔顶真空度>0.066MPa，保证脱气塔塔顶真空罐的水封，根据水封罐内水的温度每星期进行换水。控制吹汽在0.5%范围内，保证塔顶冷却器冷却效果，以免影响到真空度。

脱气塔在66～80kPa的真空度下，同时塔底控制在110～116℃，塔顶在85～88℃操作时，并再往塔内吹入少量蒸汽进行汽提，可以脱除氧气达99%以上。

**2. 抽提系统**

抽提系统是溶剂精制装置的核心工艺，抽提效果直接决定了精制油的质量。工业上一般在抽提塔内进行逆流连续操作，抽提溶剂和被分离的密度大的液相物料从上部进入抽提塔，密度小的从下部进入抽提塔，两者在抽提塔内进行逆流连续操作。抽提塔可以是板式塔也可以是填料塔，糠醛精制的萃取是在转盘抽提塔内进行的。

原料油自脱气塔底抽出，经过换热到适当温度后进入转盘塔的中下部，循环的糠醛溶剂经换热到操作温度进入转盘塔的上部，借糠醛和原料油的密度差，进行逆流接触。因此，塔的顶部与底部间有一温度梯度（上高下低），此温度梯度除由进塔糠醛溶剂与原料油间的温差形成外，还可以通过将塔内部分物料抽出冷却后再返回塔内加以调节。温度是影响溶剂抽提过程最灵敏最重要的因素之一，在溶剂比一定的情况下，一般是保持较高塔顶温度和适宜的塔底温度，使溶剂有足够的溶解能力和较好的选择性，这样不仅使精制液（提余相）中的理想组分最多，而且使抽出液（提取相）中带走的理想组分也最少，获得质量好、收率高的基础油。一般来说，塔顶温度控制在溶剂与油的临界互溶温度以下20℃左右。

转盘抽提塔在一定压力下操作，含少量糠醛的精制液与含大量糠醛的抽出液分别从塔顶和塔底自压排出，进入各自的溶剂回收系统。

萃取效果受以下因素影响：

（1）原料组成和性质

原料组成和性质对抽提塔的处理能力、精制油的质量和收率有很大的影响。原料的性质是由组成润滑油原料的各种烃类和非烃类化合物的种类及其含量所决定的。

溶剂精制的原料有减压馏分，也有减压渣油脱沥青后轻重不同的脱沥青油，不同的油料在不同的时间段送入溶剂精制装置，因此抽提塔有多种轻重不同的进料，精制后产生多种轻重不同的精制油。

抽提系统要求减压馏分原料要足够窄，对其黏度、色度、残炭、水分均有所要求，因此上游工艺润滑油减压蒸馏要求高真空、低炉温、窄馏分、浅颜色。

工业生产中，残渣润滑油原料总会含有一定数量的沥青质，在减压分割不好的情况下，馏分润滑油原料也会夹带一些沥青质。沥青质几乎不溶于选择性溶剂中，它的密度介于溶剂和原料之间。当沥青质进入萃取塔内后，便积聚在界面层处。这样，当被分散成细小液滴的原料或溶剂通过界面层就特别困难。同时细小液滴的表面被沥青质所污染，不容易凝聚成大的液滴，不利于提取相和提余相的分层。如果沥青质含量过大，萃取塔便无法维持正常操作。

为了充分发挥萃取塔的能力，对原料中沥青质的含量应予以严格控制，丙烷脱沥青装置通过控制脱沥青油的残炭值来控制原料中沥青的含量。

（2）溶剂比

在操作过程中，溶剂比的大小取决于溶剂的性质、原料油性质以及产品要求与萃取的方法。

当溶剂比增加时，溶剂量增加，非理想组分的溶解量增加，精制油的黏度指数提高；同时，溶剂量增加，对理想组分的溶解量也会增加，精制油收率降低。

一般精制重质润滑油原料时，采用较大的溶剂比，精制轻质润滑油原料时，采用较小的溶剂比，使用糠醛溶剂时，轻质油用130%~250%，中质油用250%~300%，重质油用350%~600%。溶剂比过大，处理量会降低，同时，回收系统的负荷增加，操作费用也就增加。适宜的溶剂比应根据溶剂、原料性质和产品质量的要求，通过实验来确定。

加大溶剂量、提高反应温度都能提高润滑油在极性溶剂中的溶解度，因此，提高溶剂比和提高温度都能提高精制深度，对于某一油品要求达到一定深度时，在一定的范围内可用较低温度，较大溶剂比；也可以用较高温度，较小溶剂比。

（3）萃取塔界面

在萃取塔内，互不溶解的精制液和抽出液在塔内分成两层，并形成一个分界面。界面过高，不但有可能使抽出液进入精制液系统而影响产品质量，塔顶还会带出较多的溶剂而使精制液汽提塔的负荷增加。界面控制过低，说明溶剂太少，必然缩短油品精制时间，不能较完全地将非理想组分提取出来，影响油品质量。

在生产中，适宜的界面应控制在塔的上中部。在正常情况下，界面位置很容易判断。当塔超负荷而发生“液泛”后，界面就混乱了（混浊不易分清），这时精制液中含抽出液量增加，萃取效果变坏，萃取过程不能正常进行，精制油质量和收率都会下降。界面分层是否清楚，是判断萃取过程在塔内是否正常进行的条件之一。

（4）萃取塔循环回流

为加强分离效果，调节塔顶温度，从而提高精制油质量或降低溶剂比。塔顶精制液经冷却降温进入沉降罐，沉入罐底的糠醛及中间组分经换热升温返回萃取塔。

塔底部分抽出液经冷却后循环回萃取塔，用以降低塔底温度，将理想组分和中间组分置换出去，提高塔底流体中非理想组分浓度，从而提高分离精确度和精制油收率。但循环量过大会影响精制油的质量以及萃取塔的处理能力。

有些装置为简化流程，并不一定都采用循环回流。

（5）萃取温度

以图5-1溶剂精制原理中的实验为例，若将界面分明的混合物继续加热到一定温度后，混合物的界面消失，由两相变为一相，此点温度称为该原料在该溶剂中的临界溶解温度。不同的溶剂、原料以及不同的混合比例，其临界溶解温度也各不相同。

图5-3是糠醛与NMP和一种润滑油馏分的临界溶解度温度曲线。由图可知，糠醛的临界溶解温度高于NMP，这表明糠醛的溶解能力低于NMP，含水后临界溶解温度升高，说明含水后溶解能力降低。无论糠醛或NMP，使用量不同即溶剂比不同，临界溶解温度的

数值也不一样。

图5－4表明，在温度较低时，升高萃取温度，油在溶剂中的溶解度增大，提取物增多，精制油收率下降，质量提高（黏度指数增高）。

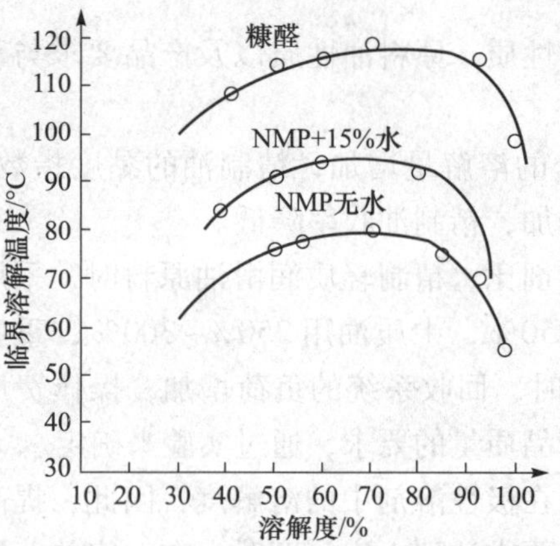


图5－3　不同溶剂与润滑油的临界互溶温度曲线

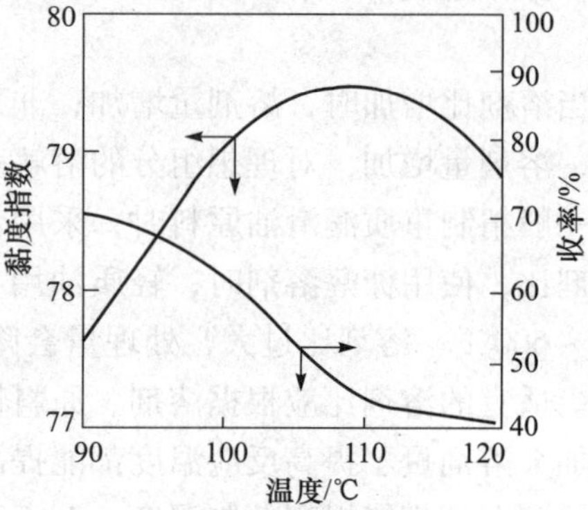


图5－4　温度对溶剂萃取效果的影响

随着温度进一步增高，溶剂选择性变差的影响逐渐增大，当达到一定值后，再增加温度不仅油品收率降低，而且因选择性明显变差，高Ⅵ的理想组分溶解于糠醛中被带出塔底，精制油质量（黏度指数）也将下降。可见溶剂存在最佳萃取温度。原料、溶剂不同，最佳萃取温度也不相同，一般低于临界溶解温度约20℃，其值由实验确定。

在实际的工业生产装置上，常在萃取塔上采用上高下低的操作温度分布来平衡溶剂的溶解能力和选择性对萃取的影响，即在塔内沿塔高形成一定的温度梯度。塔顶油经过萃取段的精制，芳烃等非理想组分已经很少，采用较高的塔顶温度可以保证精制深度；塔底溶剂中已经溶解了很多芳烃等非理想组分，采用较低的温度可以保证精制油收率。温度梯度形成后，在塔顶溶剂中溶解的中间组分和理想组分，当溶剂沿塔高下降时，随温度的下降溶解度降低而逐渐析出，返回分散的油相中，形成内回流。在萃取塔内存在一定的内回流有利于提高传质效率，改变温度梯度，改变内回流量。适当调整温度梯度可以使用较小的溶剂比，在保证精制油质量的前提下获得较高的精制油收率。

**3. 溶剂回收系统**

经过萃取得到的油品只是半成品，因为从萃取塔顶溢出的精制液和从塔底抽出的抽出液中都含有溶剂。只有对溶剂进行回收，才能得到成品精制油和副产品抽出油。如果溶剂回收不完全，不但影响油品的质量，而且造成溶剂的跑损。回收的溶剂可循环使用。回收过程的实质是加热－蒸发－冷凝的过程，其设备主要是炉、塔和换热器。

选择性溶剂的沸点，一般均比润滑油的沸点低，它们之间的沸点相差很大。当从润滑油中蒸出溶剂时，实际上润滑油几乎是不挥发的。加热精制液或抽出液，使溶剂汽化，通过蒸发塔就能将溶剂从精制液和抽出液中分离出来，但是不能像丙烷脱沥青装置从提取相中临界回收丙烷一样采取临界回收法，因为糠醛、苯酚、NMP这三种溶剂的临界温度接近或超过400℃，而当温度超过350℃时，润滑油就会分解。为了避免润滑油的分解，回收溶剂时加热温度不可太高，因而润滑油中总会残存百分之几的溶剂，这部分溶剂在生产上使用水蒸气在汽提塔中将它除去。采用水蒸气汽提之后，溶剂的回收过程变得复杂了。因为所有的溶剂或多或少地都能与水互相溶解，而且许多溶剂还能与水形成共沸物，这样一来，回收系统就必须增添辅助设备来使溶剂脱水。

精制液和抽出液在组成上的差别很大，因此，从精制液和抽出液中回收溶剂，其流程有很大的不同。

（1）提余相中回收溶剂

润滑油溶剂精制萃取塔的提余相又称精制液，主要由润滑油组成，溶剂含量较少，最多不超过30%，一般只有10%~15%。因此，从精制液中回收溶剂的任务比较容易完成，一般只用一段汽提或带闪蒸的两段汽提方式，主要设备是一个加热炉（或水蒸气加热器）和一个汽提塔，如图5－5所示。

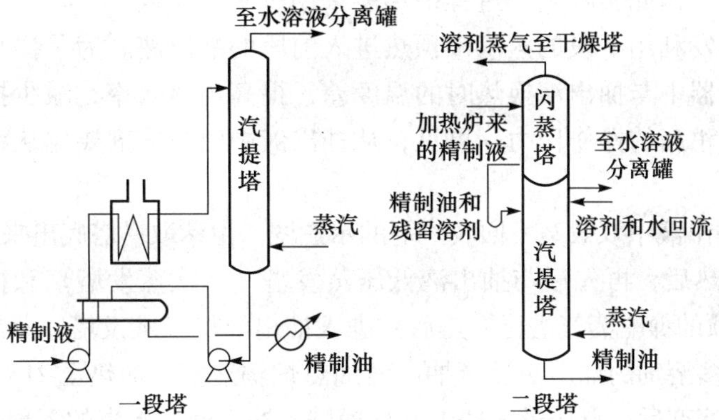


图5－5　从精制液中回收溶剂示意图

精制液经过精制液加热炉的加热后，其中所含溶剂大部分汽化，进入精制液汽提塔后，精制油、溶剂蒸气分离，油中残存的溶剂再用水蒸气汽提出来（见图5－5中的一段塔）。为了在回收时得到最大量的溶剂，减少水蒸气的消耗，往往采用二段蒸发，加热后的精制液在第一段（闪蒸段）中蒸出所含的大部分溶剂，残存于精制油中的溶剂再于第二段（汽提段）中用水蒸气汽提出来（见图5－5中的二段塔）。精制液汽提塔设立闪蒸段有以下优点：①降低汽提段负荷。②闪蒸出的溶剂蒸气直接到溶剂干燥塔，可回收利用这部分热量，减少废液蒸发塔至糠醛干燥塔的气相返还，使废液系统的热量更多地供给发汽系统。③如闪蒸效果好可相应降低精制液加热炉的出口温度，从而降低精制液加热炉的负荷，节约能源。④可减少湿溶剂量，降低溶剂干燥塔的负荷。

溶剂蒸发后得到的精制油，温度比较高，为了回收这部分热量，用精制油和进入加热炉前的精制液换热，以提高精制液进入加热炉的温度。这样可减少燃料油和冷却水的消耗。

精制液蒸发所需的热量，是由精制液加热炉供给的。加热炉的出口温度，主要根据溶剂的沸点和蒸发量的大小来决定。温度太低，溶剂蒸发不完全，使成品油含溶剂量增大，既造成溶剂的损失加大，又影响成品油的质量。溶剂的沸点越高、蒸发量越大，要求的温度就越高，但要考虑温度太高溶剂和油品是否会发生分解、结焦。因为超过220℃糠醛会分解，糠醛精制装置精制液加热炉的出口温度在215℃左右为宜。而苯酚精制装置精制液加热炉的出口温度则可控制在280~290℃之间。

（2）提取相中回收溶剂

润滑油溶剂精制萃取塔的提取相又称抽出液，在抽出液中，抽出油的含量很少而溶剂的含量却很大，溶剂含量约占85%，要想从含这么多溶剂的溶液中一次就把绝大部分溶剂蒸发出来是不可能的。同时，使全部溶剂蒸出需要很多的热量，如果这部分热量不回收，燃料和冷却水的消耗必然增大。因此，回收抽出液中的溶剂，一般均采用多段蒸发。目的是回收热量，节能降耗。

在常压下将1kg 100℃的水蒸发为100℃的蒸汽需要热量2257kJ。如果只蒸发0.5kg然后利用蒸发的水蒸气加热剩余的水，就可以节省一半的热能。这样热量就被重复使用了一次。如果分成三次、四次或更多次，热量的利用次数就更多。多于一次的利用过程称多效蒸发。从理论上讲，可以分成很多段，但是随段数增多，每段之间的传热温差将减小，需要的传热面积增大，因此实际生产过程中不能采用过多的段数。

抽出液多效蒸发利用下段的蒸汽来预热进入前段的抽出液。为了提高溶剂蒸气冷凝的温度，加大在换热器中与抽出液换热时的温度差，提高传热效率，减少换热面积，在下一段应保持比前一段稍高的操作压力。可见，从抽出液中回收溶剂要比从精制液中回收溶剂复杂些。

图5-6是从抽出液中双效蒸发回收溶剂的示意图。由萃取塔塔底出来的抽出液，在抽出液加热炉对流室预热后，再先后与抽出液低压蒸发塔（一次蒸发塔）和抽出液高压蒸发塔（二次蒸发塔）塔顶的糠醛蒸气进行换热后，进入抽出液低压蒸发塔，蒸出部分溶剂。低压蒸发塔底仍含有较多溶剂的抽出液送至抽出液加热炉辐射室，加热至215℃后进入高压蒸发塔，蒸发出大部分溶剂后，自压进入抽出液汽提塔。抽出液汽提塔的下部吹入蒸汽，通过蒸发、汽提，蒸出的溶剂和水蒸气到水溶液分离罐，塔底得到脱除残留溶剂的抽出油。

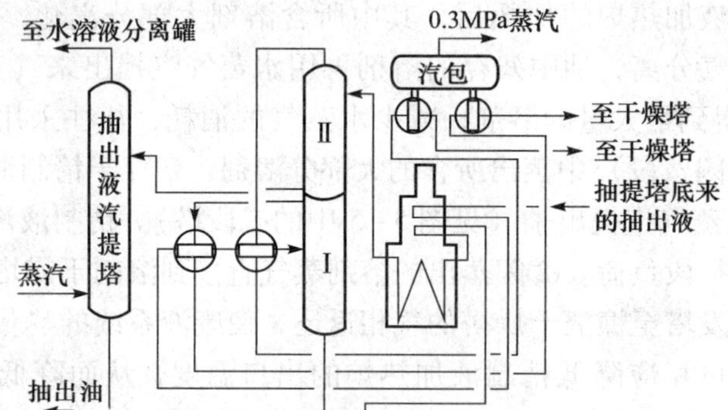


图5-6 抽出液双效蒸发回收溶剂

Ⅰ—低压蒸发塔；Ⅱ—高压蒸发塔

从低压蒸发塔和高压蒸发塔塔顶蒸出的糠醛蒸气与抽出液换热后，仍可回收一定热能，引入蒸汽发生系统可产生0.3MPa的低压蒸汽。蒸汽发生系统在糠醛精制装置中可起到如下作用：

① 取走装置多余热量并加以回收，达到节能的效果。

② 自发蒸汽可以作为精制液、抽出液汽提塔、脱气塔、脱水塔的汽提蒸汽，节省中

压蒸汽耗量。

图5-7为抽出液三效蒸发回收溶剂示意图，其原理与双效蒸发相似，由压力不同的三个蒸发塔、汽提塔、加热炉等部分组成。蒸发塔Ⅰ、Ⅱ、Ⅲ的压力依次增高，三个蒸发塔顶蒸出的溶剂蒸气，其温度、压力依次升高，先后与蒸发塔进料换热，利用冷凝潜热作为前面各蒸发塔进料的热源。这就是通常所说的“四塔三效”抽出液回收流程。

部分装置在汽提塔前设有独立的减压闪蒸塔，在闪蒸塔内先闪蒸出进料中的大部分溶剂，直接送至糠醛干燥塔；闪蒸塔底部的抽出液再送至抽出液汽提塔，脱除其中残留的溶剂。这样可有效地减少抽出液汽提塔和水回收系统的负荷。这也就是通常所说的“五塔三效”。

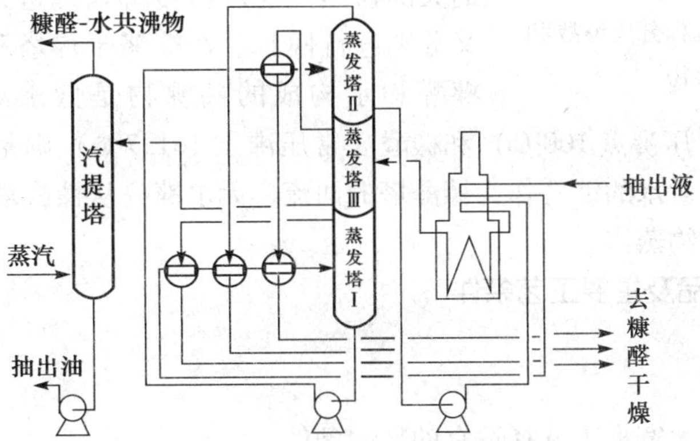


图5-7　抽出液三效蒸发回收溶剂

另外，在回收系统全部回收溶剂后，还有大部分热量需要回收。为了充分利用这部分热量，在高温糠醛蒸气进入糠醛干燥塔前设置了蒸汽发生系统，这样可有效地降低装置的能耗。两效蒸发的高压蒸发塔以及三效蒸发的中压蒸发塔顶的高温糠醛气经与蒸汽发生器中的软化水进行换热，产生的低压蒸汽经由加热炉对流室的加热后，作装置各塔的汽提蒸汽，多余的蒸汽可并入低压蒸汽管网。

据计算，采用双效蒸发时，回收溶剂的加热炉负荷仅为单效蒸发时的61%左右，采用三效蒸发时的加热炉负荷可进一步降低到单效蒸发的41%。也就是说，双效蒸发比单效蒸发节能30%~40%，三效蒸发比单效蒸发节能50%~60%，三效蒸发比双效蒸发节能30%~35%，但基于消费比的考虑，并不是蒸发的次数越多越好。目前，国内广泛采用双效和三效蒸发。

（3）从糠醛和水的共沸物中回收糠醛的方法

在糠醛回收过程中，糠醛与水形成共沸物，其常压下的共沸点是97.45℃，共沸物中的糠醛质量浓度为35%。当糠醛含量小于35%的混合物进行蒸馏时可以分成水和共沸物，而大于35%时可以分成共沸物和糠醛。共沸物蒸汽冷凝成液体后，由于在冷凝的温度下（40℃），水在糠醛中的溶解度是6.4%（质），而糠醛在水中的溶解度是6.8%（质），因此糠醛和水形成的共沸物蒸汽一旦冷凝成液体，必然会分成两层，上层是糠醛溶解在水中的饱和溶液，而下层则是水溶解在糠醛中的饱和溶液。换句话说，上层是含少量糠醛的水，下层是含少量水的糠醛。

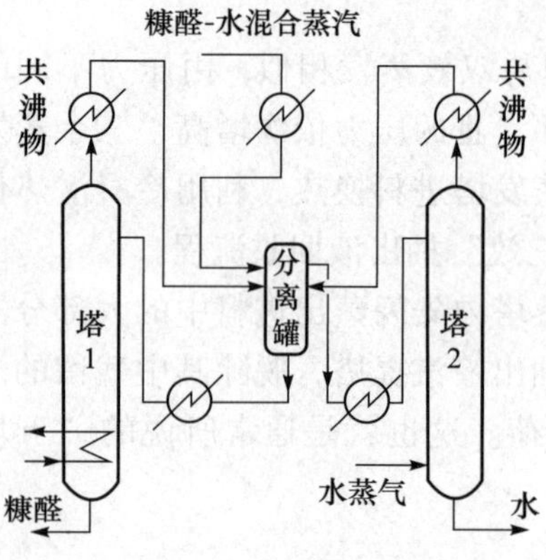


图5-8 双塔分馏流程分离糠醛和水的共沸物

从糠醛和水形成的共沸物中回收糠醛的方法称为双塔分馏，图5-8是双塔分馏流程示意图。将下层含少量水的糠醛送入糠醛干燥塔（图5-8塔1），用间接蒸汽加热，溶解于糠醛中的水和部分糠醛以共沸物的形式从塔顶溢出，于是塔底便得到了无水的糠醛。上层含少量糠醛的水，送入糠醛脱水塔（图5-8塔2）直接用水蒸气汽提，糠醛和水以共沸物蒸汽的形式从塔顶溢出，塔底剩下的便是基本上不含糠醛的水。

从糠醛干燥塔和糠醛脱水塔塔顶出来的糠醛和水的共沸物蒸汽经冷凝冷却后，进入储罐并分成两层，又分别进行回收。在糠醛干燥塔和糠醛脱水塔塔内，糠醛和水构成的共沸物是低沸点组分（常压沸点97.45℃），而水（常压沸点100℃）和糠醛（常压沸点161.7℃）则是高沸点组分。有的生产装置，将含有少量水的糠醛作为糠醛塔的回流，无水糠醛从糠醛塔的侧线抽出，塔顶溢出糠醛和水的共沸物蒸汽。

### （三）原料、产品及主要工艺条件

**1. 原料要求**

（1）原料要求

馏分要窄，馏分太宽难于选择适宜的精制条件。

黏度适宜。

初馏点与闪点合适。若初馏点或闪点过低，原料中的轻组分较多，生产过程中易导致汽提塔塔顶携带严重，影响平稳操作，降低收率。

酸值低。酸值过高会导致糠醛氧化分解乃至结焦，甚至造成对设备腐蚀。

沥青质含量要低。沥青质含量过高，影响产品质量，并容易导致抽提塔液泛。

残炭值小，颜色要浅。

含水不能过多。原料含水会降低糠醛的溶解能力，致使抽提效果变差。原料含水过多会影响精制液、抽出液系统的操作。

反序加工时，要求原料中的丁酮、甲苯含量要少。脱蜡深度应适宜。脱蜡深度过深，油品的黏温性能变差，影响产品质量。

（2）糠醛的质量指标

纯度≥98.5%。

水分≤0.2%。

酸度≤0.016mg KOH/g。

**2. 产品性质要求**

溶剂精制工艺主要是利用溶剂对润滑油馏分中非理想组分溶解度大，而对其理想组分溶解度小的特点，使溶剂与润滑油原料在萃取抽提塔内接触，将原料中的非理想组分与理想组分分开，从而改善润滑油的黏温特性和色度，降低残炭值，提高油品的抗氧化性能。除VI值外，在装置日常操作中衡量产品的质量指标还有水分、中和值、碱氮、苯胺点、黏度、色度、残炭值等。

表5-3为某糠醛精制装置原料及产品规格。

**表5-3　原料及产品规格**

| 项目名称 | 原料质量指标 | | | | | 产品质量指标 | | |
|---|---|---|---|---|---|---|---|---|
| | 比色/号≤ | 50℃黏度/($mm^2/s$) | 100℃黏度/($mm^2/s$) | 残炭/%≤ | 水分/%≤ | 比色/号≤ | 残碳/%≤ | 含醛/%≤ |
| HVI 75 | 2.0 | 7~8 | | | 0.06 | 0.5 | | 无 |
| HVI 150 | 2.5 | 12.5~13.5 | | | 0.06 | 1.0 | | 无 |
| HVI 200 | 3.0 | 16~18 | | | 0.06 | 1.0 | | 无 |
| HVI 350 | 4.0 | | 6.3~7.3 | 0.1 | 0.06 | 2.0 | 0.05 | 无 |
| HVI 400 | 4.5 | | 7.5~8.5 | 0.1 | 0.06 | 2.5 | 0.05 | 无 |
| HVI 500 | 5.5 | | 8.8~9.8 | 0.2 | 0.06 | 3.0 | 0.1 | 无 |
| HVI 650 | 6.5 | | 11.0~13.0 | 0.5 | 0.06 | 4.0 | 0.2 | 无 |
| HVI 150BS | 6.5 | | ≥25 | 0.95 | 0.06 | 5.0 | 0.5 | 无 |

### 3. 工艺参数运行指标

表5-4为某糠醛精制装置工艺参数运行指标。

**表5-4　工艺参数运行指标**

| 名称 | 项目 | 指标 | | | |
|---|---|---|---|---|---|
| | | HVI 75<br>HVI 150<br>HVI 200 | HVI 350<br>HVI 400<br>HVI 500 | HVI 650 | HVI 150BS |
| 脱气塔 | 顶温/℃ | 55 | | | |
| | 真空度/kPa | 60 | | | |
| | 吹气量/(kg/h) | ≤400 | | | |
| 萃取塔 | 溶剂比（质） | (2.0~2.5)：1 | (2.5~2.8)：1 | ≥3.0：1 | (4.0~4.5)：1 |
| | 顶温/℃ | 110~120 | 115~125 | 120~130 | 140~150 |
| | 底温/℃ | 70~80 | 75~85 | 80~90 | 100~110 |
| | 界面/% | 10~80 | | | |
| | 底压力/MPa | ≤0.85 | | | |
| | 原料温度/℃ | 65~85 | | | |
| 精制液汽提塔 | 顶温/℃ | 130~140 | | | |
| | 底温/℃ | 195 | | | |
| | 真空度/kPa | ≥53 | | | |
| | 吹气量/(kg/h) | ≤700 | | | |
| 抽出液一次蒸发塔 | 顶温/℃ | 155 | | | |
| | 顶压力/kPa | ≤80 | | | |
| 抽出液二次蒸发塔 | 顶温/℃ | 200 | | | |
| | 顶压力/kPa | ≤200 | | | |
| 抽出液汽提塔 | 顶温/℃ | ≤185 | | | |
| | 底温/℃ | ≥150 | | | |

续表

| 名称 | 项目 | 指标 | | | |
|---|---|---|---|---|---|
| | | HVI 75<br>HVI 150<br>HVI 200 | HVI 350<br>HVI 400<br>HVI 500 | HVI 650 | HVI 150BS |
| 抽出液汽提塔 | 真空度/kPa | ≥53 | | | |
| | 吹气量/(kg/h) | ≤800 | | | |
| 糠醛干燥塔 | 顶温/℃ | 100 | | | |
| | 底温/℃ | 150 | | | |
| | 中部压力/kPa | ≤80 | | | |
| 脱水塔 | 顶温/℃ | >80 | | | |
| | 吹气量/(kg/h) | ≤1200 | | | |
| 加热炉 | 炉－101/℃ | 208～218 | | | |
| | 炉－102/℃ | 210～218 | | | |
| | 过热蒸汽/℃ | 220 | | | |

（四）主要设备及特殊工艺

糠醛精制装置的主要设备有萃取塔、蒸发塔和汽提塔等，萃取塔可采用转盘塔，也可采用填料塔。精制液、抽出液回收系统以及糠醛干燥、水溶液回收系统大多使用板式塔，个别装置的糠醛干燥、水溶液回收系统采用填料塔。

在此不再展开，有兴趣的读者可参阅本章电子资料。

（五）防腐与节能

**1. 装置的腐蚀与防腐蚀**

糠醛精制装置的腐蚀原因有：

① 糠醛氧化能生成糠酸，糠酸呈酸性，对设备有腐蚀作用，易造成设备、管线泄漏。

② 原料中酸性物质的腐蚀。

解决方法：

① 要尽量避免糠醛与空气、光线、酸、碱等直接接触，以避免糠醛氧化生成糠酸。

② 要开好原料脱气塔，避免原料中的空气氧化糠醛。

③ 加注碱性缓蚀剂。

**2. 装置的节能降耗**

通过以下途径来降低糠醛精制装置的综合能耗：

① 提高热回收率，如抽出液系统采用三效蒸发。

② 降低溶剂比，采用较低的溶剂比可以降低溶剂回收系统的负荷，降低能耗。溶剂比的确定原则是在产品质量合格稳定的前提下控制指标下限。

③ 降低蒸汽消耗，如汽提塔采用干式蒸馏，脱水塔塔底采用再沸器，增加低压蒸汽发生系统等。

④ 降低电耗，如机泵叶轮切削，电机调速等。

通过以下途径来降低糠醛精制装置的糠醛消耗：

① 控制好精制油和抽出油含醛量。

② 控制好加热炉出口温度。

③ 控制好脱水塔排水不能含醛，排水不正常时不能外放。

## 三、酚精制

溶剂采用糠醛的润滑油精制称为糠醛精制，采用苯酚则称为酚精制或酚精炼。其原理和糠醛精制基本相似，不同的是从苯酚与水蒸气的共沸物中回收苯酚不能用双塔回收。因为在40℃时，苯酚在水中的溶解度为9.6%，而酚水共沸物中含苯酚9.2%，共沸物冷凝冷却后不再分层，故不能用双塔回收法。若把苯酚－水共沸物的蒸气通入润滑油原料中，使它们充分接触，并保持一定的温度，就会发现出来的蒸气中的苯酚含量减少了，而水蒸气的数量则几乎不变。可见，苯酚蒸气能溶解于原料油中，而水蒸气几乎不能溶解。

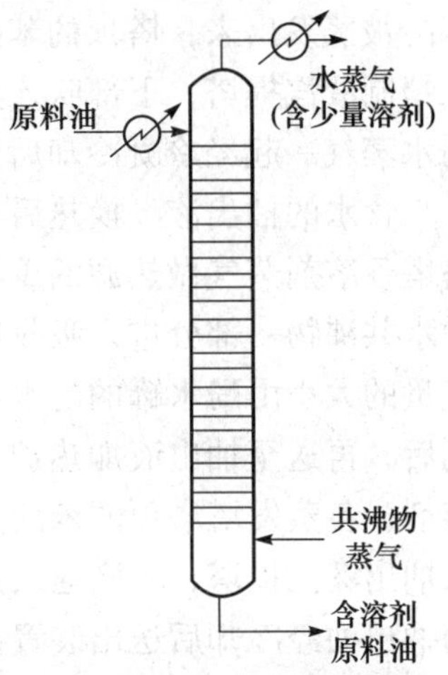

图5－9　从苯酚－水共沸物中回收苯酚示意图

苯酚在润滑油中的溶解度随温度的升高而减少，因此，降低原料油的温度对苯酚蒸气的吸收是有利的。

苯酚－水共沸物蒸气中苯酚的吸收过程是在吸收塔内进行的，其回收溶剂的示意图如图5－9所示。原料油经冷却器冷却，从吸收塔上部进入，共沸物蒸气从吸收塔下部进入，上升蒸气与下降的液体在塔盘上密切接触。塔内必须维持高于100℃的温度（一般在110℃左右），以避免蒸气凝结，含溶剂的原料油从塔底抽出，水蒸气经塔顶冷凝后排出装置。

图5－10为苯酚精制工艺原则流程示意图。干燥塔来的苯酚蒸气由吸收塔下部进入塔内，装置外来的原料油经换热后送至吸收塔上部进入塔内。原料和共沸物蒸气逆流接触，苯酚被原料吸收，水蒸气由塔顶逸出，经冷凝冷却排入污水系统。

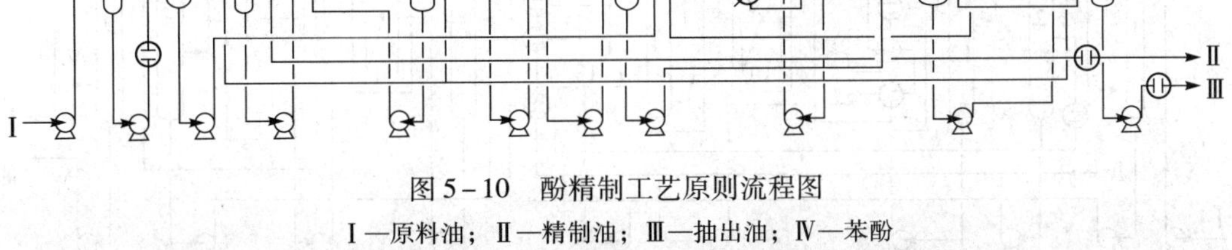

图5－10　酚精制工艺原则流程图

Ⅰ—原料油；Ⅱ—精制油；Ⅲ—抽出油；Ⅳ—苯酚

1—吸收塔；2—抽提塔；3—精制液蒸发塔；4—精制液汽提塔；5—抽出液一级蒸发塔；6—抽出液二级蒸发塔；7—抽出液干燥塔；8—抽出液汽提塔；9—精制液罐；10—精制液加热炉；11—抽出液加热炉；12—酚罐；13—酚水罐；14—水封罐

原料油由吸收塔底抽出并换热到60～90℃后，进入抽提塔下部。苯酚经过换热到75～120℃左右，由泵送至抽提塔上部，原料油与苯酚形成逆流流动进行抽提。溶解了酚的理想组分（精制液）不断上升，而溶解了非理想组分的酚继续向下沉降，在塔内分成两相。含有少量苯酚（10%~15%）的精制液从抽提塔顶自压进入精制液回收系统，回收其中的苯酚；含少量抽出油（5%~10%）及水的抽出液从抽提塔底自压进入抽出液回收系统，回收其中苯酚。

精制液经过换热，在精制液加热炉加热至280~290℃后，进入精制液蒸发塔，大部分苯酚被蒸发出来，塔顶的苯酚蒸气经换热、冷凝冷却后至酚罐；含有少量苯酚的精制液进入精制液汽提塔，下部吹入蒸汽，脱除残余的苯酚。塔顶带酚水蒸气与抽出液汽提塔顶的酚水蒸气一起经冷凝冷却后至水封罐。塔底精制油经换热、冷却后出装置。

含水的抽出液经换热后自干燥塔的中部进入抽出液干燥塔。干燥塔底以来自一级蒸发塔塔顶溶剂蒸气做热源的重沸器进行加热，塔顶以酚水做回流控制塔顶温度。塔顶蒸出的酚水共沸物一部分进入吸收塔，另一部分经冷凝冷却后至酚水罐。去吸收塔酚水共沸物蒸气量的大小由酚水罐的酚水量决定。经换热后的抽出液进入抽出液一级蒸发塔蒸出部分溶剂后，再送至抽出液加热炉，加热至260~270℃后，进入抽出液二级蒸发塔，蒸出大部分溶剂，各蒸发塔塔顶的苯酚蒸气经过换热冷凝后进入苯酚罐。含有少量苯酚的抽出液再进入抽出液汽提塔，塔底通入蒸汽，通过蒸发、汽提，脱除抽出液中的残余溶剂，塔底得到的抽出油经冷却后送出装置。

## 四、*N*-甲基吡咯烷酮（NMP）精制工艺

图5-11为*N*-甲基吡咯烷酮精制工艺原则流程示意图。外来原料油进入吸收塔上部，吸收塔下部是由蒸汽喷射器和干燥塔顶来的NMP与水的混合蒸气。吸收塔塔底出来的吸收了NMP蒸气后的原料油再经过换热，温度达到60~95℃，进入抽提塔下部；由溶剂罐来的NMP，经过换热温度达到70~120℃用泵打入抽提塔上部。在抽提塔内，原料油与NMP形成逆流流动接触，进行抽提。通过塔底部分抽出液的冷循环，在塔内形成上高下低的温度梯度，以改善抽提分离效果。抽提塔底部也可通入少量湿溶剂，以使中间组分较多

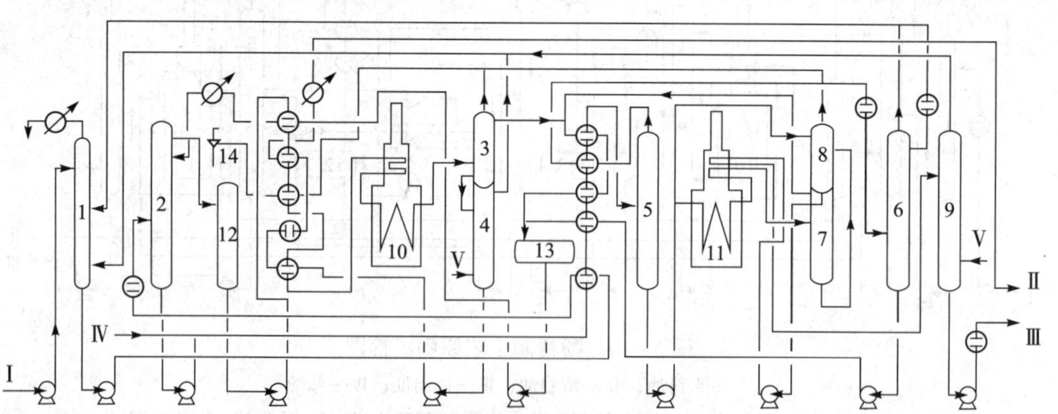


图5-11　*N*-甲基吡咯烷酮精制工艺原则流程图

Ⅰ—原料油；Ⅱ—精制油；Ⅲ—抽出油；Ⅳ—湿溶剂；Ⅴ—汽提蒸汽；

1—吸收塔；2—抽提塔；3—精制液蒸发塔；4—精制液汽提塔；5—抽出液一级蒸发塔；6—抽出液干燥塔；7—抽出液二级蒸发塔；8—抽出液减压蒸发塔；9—抽出油汽提塔；10—精制液加热炉；11—抽出液加热炉；12—精制液罐；13—循环溶剂罐；14—真空泵

析出，保证精制油收率。含有少量 NMP 的精制液由抽提塔顶自压进入精制液罐；含有大量 NMP 的抽出液由抽提塔底抽出进入抽出液回收系统，回收其中的 NMP。

精制液自精制液罐抽出，换热后至精制液加热炉，加热温度到 270～280℃后，先进入精制液蒸发塔，蒸出大部分溶剂，再进入精制液汽提塔，脱除其中残余的溶剂，在塔底得到精制油，经换热、冷却后送出装置。

抽出液溶剂回收采用三级蒸发一级汽提流程。抽出液先后与吸收塔底原料油、干燥塔底回收溶剂、一级蒸发塔塔顶和二级蒸发塔塔顶回收溶剂换热后进入抽出液一级蒸发塔，蒸出约 50% 的溶剂。一级蒸发塔底液再经过抽出液炉加热至 290～300℃，进入抽出液二级蒸发塔，蒸出大部分溶剂后，自压进入抽出液减压蒸发塔。闪蒸出部分溶剂后，送至抽出液汽提塔脱除残余溶剂，塔底得到抽出油。两塔蒸出的溶剂蒸气经换热、冷凝冷却后直接进入循环溶剂罐，供抽提塔循环使用。

在溶剂回收过程中，水主要集中在一级蒸发塔塔顶蒸出的溶剂中。一级蒸发塔塔顶回收溶剂经换热后，以气液两相进入干燥塔的中下部。从各汽提塔和干燥塔顶出来含有 5%～10% NMP 的水蒸气，小部分馏出物经冷凝后作为回流，控制塔顶温度，大部分不经冷凝直接进入吸收塔底部，其中溶剂被原料油吸收，残余的水蒸气从吸收塔塔顶排出，经过冷凝后排入污水系统。干燥塔塔底溶剂进入 NMP 溶剂罐循环使用。

本章电子资源中提供了兰州石化公司炼油厂酚精炼装置工艺流程图，NMP 精制装置萃取系统及溶剂回收系统流程图。学习了润滑油溶剂精制的相关知识后，这三张流程图给你呈现真正的炼油厂中润滑油溶剂精制的工艺流程，你会发现，基础知识打牢了，复杂的生产过程也是容易理解的。

## 五、溶剂精制装置的防护

**1. 主要污染物**

溶剂精制装置所使用的溶剂如糠醛、苯酚和 *N*－甲基吡咯烷酮以及所处理的油料若发生泄漏，会对环境产生一定的污染。

糠醛属中等毒类，对人的皮肤黏膜和呼吸道有刺激作用，而且对神经系统具有麻醉作用。糠醛液体易经皮肤吸收，严重时会引起神经系统损害、呼吸中枢麻痹并导致死亡。接触低浓度糠醛时间较长的，也会出现黏膜刺激、头痛、口舌麻木、呼吸困难等现象。生产装置中糠醛最高允许浓度为 $10mg/m^3$。

苯酚属高毒类，对各种细胞有直接损害。较高浓度的苯酚对皮肤和黏膜有强烈腐蚀作用并能灼伤皮肤。溅入眼中会造成永久性灼伤，导致视力减退，甚至失明。苯酚能经皮肤和黏膜吸收，可产生头痛、无力、视力模糊等症状，严重时因呼吸、循环系统衰竭导致死亡。生产装置中苯酚最高允许浓度为 $5mg/m^3$。

*N*－甲基吡咯烷酮毒性较低，对皮肤、眼睛、呼吸道有一定的刺激作用。慢性作用可致中枢神经系统机能障碍，引起呼吸器官、肾脏、血管系统的病变。生产装置中最高允许浓度 $100mg/m^3$。

另外装置运行过程中产生的污染物主要有：

① 加热炉正常燃烧产生的烟气中含有一定量的硫化物（$SO_x$）、氮化物（$NO_x$）以及

大量 $CO_2$，会对大气环境产生不利影响。而若操作控制不正常，造成加热炉冒黑烟，则污染更甚。

② 瓦斯罐切割产生的残液。

③ 装置开、停工以及检、维修过程产生的含油、含溶剂污水以及含溶剂废气。

④ 水溶液汽提塔塔底排出的废水。

⑤ 抽真空系统外排的含有溶剂的不凝气。

⑥ 各取样口所排放的溶剂、油，设备润滑、冷却产生的废油、废水。

⑦ 设备检修时所清理的油泥。

**2. 防治方法**

对于操作人员来说，做好巡回检查工作，及时发现和处理“跑、冒、滴、漏”现象，做好平稳操作，确保各系统物料平衡，减少各种物料损失等，都是环保的基础。

对于装置中溶剂容易泄漏的设备（溶剂泵、换热器、冷却器、溶剂干燥塔等处）加强检查，发现问题及时处理。

若发生大量溶剂泄漏，采取如下应急措施：

① 立即穿戴使用有效的防护器具，对泄漏部位进行有效隔离，禁止人员穿行。联系医疗救护部门现场救护。

② 迅速切断泄漏部位物料，防止其大量扩散。

③ 在条件允许的情况下用蒸汽稀释有毒气体，泄漏部位下风处不准人员停留。

④ 机泵、冷却器和换热器泄漏时，应及时切除，吹扫干净后，再进行处理。

⑤ 身体接触溶剂后现场应采取如下应急处理：

糠醛：用肥皂水和清水彻底冲洗；若进入眼睛，要用流动清水或生理盐水冲洗；若吸入糠醛气，要迅速脱离现场到空气新鲜处，尽量保持呼吸畅通；呼吸困难或呼吸停止时，要立即采取输氧、人工呼吸等急救措施；进入口腔、食道时，要饮足量温水，并催吐。

苯酚：苯酚精制装置应常备浸有聚乙烯乙二醇与酒精混合液的棉花。皮肤沾染苯酚后，要立刻脱除被污染衣服，用浸有聚乙烯乙二醇与酒精混合液的棉花，抹去皮肤上的污染物，至少抹 10 ~15min，再用清水冲洗干净；若进入眼睛，应立即用流动清水冲洗 15min 以上；快速脱离中毒现场，静卧、保温。

*N*－甲基吡咯烷酮：皮肤沾染 *N*－甲基吡咯烷酮后，要立刻脱除被污染衣服，用大量水冲洗干净；进入眼睛，应立即用流动清水冲洗 15min 以上。

在上述就地采取措施的基础上，应尽快就医。

在装置正常运行的各个环节中，也要切实执行有关的环保制度、排放标准及法规。

① 搞好平稳操作，避免超温超压，防止糠醛氧化分解结焦，降低酸值。加热炉操作中的各个环节要注意调节控制，做好平稳操作，确保其燃烧完全，严防加热炉冒黑烟。为避免加热炉不正常燃烧，防止熄火和闪爆等情况的发生，瓦斯残液要及时排放，并按照有关规定排放至规定地点。

② 装置开、停工及检、维修过程中，尽量减少排放含溶剂、含油污水，排放前需与污水处理单位联系。脱水塔回收不合格，严禁排放，应该转回水溶液分离罐，调整脱水塔的操作，待合格后再排放。

③ 按时巡检，发现有带油、泄漏情况要立即报告及时处理。装置若使用水环真空泵抽真空，应尽量减少真空泵排水所含醛和油的量。

④ 停工吹扫要注意塔、容器、管线用蒸汽吹扫后，使溶剂经冷凝冷却后送至水溶液分离罐。

⑤ 停工检修时设备、管线内残存的物料要排到相应的容器中，不得随意排放。

⑥ 设备内清理出的淤泥、焦粉等废物由环保部门统一安排处理。特别是焦粉，要注意防止其自燃。

⑦ 装置运行过程中各取样口所排放的溶剂、油，设备润滑产生的废油，应倒入污油罐，统一进行处理。

⑧为降低噪声的危害，除了装置内应采用低噪声设备和降噪措施，装置停工扫线、开工试压排放，要将现场有效隔离，禁止人员穿行，操作人员佩戴耳塞。

污染事故发生时注意以下几点：

① 及时将现场情况上报车间及环保部门。

② 将发生泄漏的机泵或换热器切换或甩掉，并联系相关部门处理；泄漏溶剂应及时回收处理。

③ 若污染物已洒落地面，应及时处理干净。

# 第二节　溶剂脱蜡脱油

## 一、润滑油脱蜡概述

所有的润滑油产品，不管应用目的如何，有一个共同的使用要求，就是在使用温度下必须能够保持较好的流动性。为了保证润滑油的低温流动性能，如凝点、低温泵送性能等，除极少数由所谓低凝原油（多为环烷基）所得馏分外，绝大多数润滑油料皆需进行脱蜡。一般说来，影响低温流动性的常见原因是油料中所含的长碳链正构烷烃、异构烷烃以及长侧链的环状烃类组分的凝点较高，且与油料中其他烃类组分的互溶度较低，故在一定的较低温度下可先后自油中逐渐析出，形成结晶，并联结成为结晶网，从而阻碍油的流动，以致使油出现构造凝固，这些固体结晶统称为蜡。油料含蜡量的测定是条件性的，习惯上，常以加入一定的溶剂并在特定溶剂比条件下在 −18℃ 析出的蜡晶量作为油料的含蜡量。因此，为了保证润滑油的低温流动性能或凝点，只能根据对基础油的质量要求，设法将油料中的蜡组分减少到一定程度，以达到使产品低温流动性能或凝点合格的目的，这便是脱蜡工艺过程的实质。

**1. 脱蜡方法**

迄今为止，在润滑油基础油的工业生产中，主要采用两类不同的脱蜡工艺方法：一是用物理分离方法将蜡组分从油料中脱除，得到合格的脱蜡油，同时获得副产蜡（实际为蜡产品的原料）；二是用各种化学转化方法，让油料中蜡组分改变化学结构，使其转化为非蜡组分，从而达到降低润滑油凝点的目的。显然，这将损失掉蜡产品。

（1）物理脱蜡方法

利用各种物理分离方法进行脱蜡的工艺技术主要包括下列几种：

① 冷榨脱蜡。即直接将油料冷却至所需的低温，使蜡析出结晶，再用压滤等方法使蜡与油分离，得到脱蜡油和粗蜡。这种工艺方法难以保证脱蜡油与蜡的分离精确度，脱蜡油的收率不高，且蜡内含油较多。由于低温下油的黏度增大，对于较高黏度的油料，这种方法无法应用。又因所用的冷冻结晶和压滤设备效率不高，难以进行连续生产，其技术经济性大受影响，因此，在现代的润滑油基础油生产中，这种工艺方法已很少应用。

② 溶剂脱蜡。即在大量选择性溶剂的存在下，将油料溶液进行冷冻、结晶，采用过滤设备使蜡与油分离，从而取得脱蜡油和粗蜡。这种方法与前述冷榨脱蜡的本质区别，主要在于大量溶剂将油料溶解后，降低了油溶液在低温下的黏度，改善了蜡的结晶条件，使蜡晶与脱蜡油易于过滤分离，从而可较好地保证脱蜡油的收率，且减少粗蜡的含油量。当然，溶剂的引入，也带来对溶剂选择性和溶解能力等方面的性能要求。这种工艺可以适用于各种不同黏度的油料（对于较高黏度油料可适当加大溶剂比），并且可用连续化生产的冷却结晶和油、蜡分离的过滤设备，大量溶剂也可以有效地回收利用，工艺的技术经济性较好。因此，现代的润滑油基础油，绝大部分都是用这种工艺方法进行脱蜡的，目前国内的溶剂脱蜡装置大都是采用甲乙基酮－甲苯混合溶剂作为脱蜡溶剂，因此又称为酮苯脱蜡。

③ 吸附脱蜡。即利用活性炭或分子筛等吸附剂将油料中的蜡烃组分（主要是其中具有正构烷烃结构的烃类）选择性地吸附分离而达到脱蜡的目的。

这种方法只能对某些较轻质的低黏度油料有一定效果，另外大量吸附剂的回收利用也有许多不便，故迄今为止在工业上仅有应用5Å分子筛（其孔径为0.5nm）进行航空煤油的脱蜡，以同时改善喷气式燃料质量并获得洗涤剂原料的报道，另还可使用3Å（0.3nm）或4Å（0.4nm）分子筛进行轻质馏分或烃类气体的脱水干燥等。但对润滑油脱蜡则尚未见得到大规模的推广与应用。

④ 尿素脱蜡。这种工艺在某些低黏度低倾点润滑油，如喷气式航空润滑油、柴油等的脱蜡过程中得到较广泛的应用，原理是利用尿素与某些蜡烃组分（主要是正构烷烃和带有较长的正构烷基侧链的烃类）形成固态的络合物，再经固－液分离得到脱蜡油，同时从分出的络合物中回收尿素并获得粗蜡。这种工艺方法也仅适于某些较轻质的低黏度油料，同时其工艺也不简单，往往须加入溶剂以溶解尿素，稀释反应介质以保证反应和过滤速度，导致其技术经济性也不够理想。

⑤ 生物脱蜡。某些细菌以油中的蜡烃为食物进行发酵、繁殖，通过生物转化将蜡转化成蛋白质而浮于油的表面，再经离心沉降可将油中的蜡分离出去。此方法可同时得到脱蜡油和生物蛋白饲料。这种方法也只适于某些轻质的低黏度油料（如变压器油），且工艺设备效率也不高，故迄今应用范围也很有限。

（2）化学脱蜡方法

化学脱蜡方法实质上是通过化学反应让蜡烃发生化学结构的转变，蜡不再是蜡，从而使润滑油凝点降低。这些过程都要用催化剂，都要借助于氢气参与，因此又称为临氢降凝。

20 世纪 60 年代，国外开始相继开发润滑油催化脱蜡技术，采用分子筛催化剂将蜡组分裂化，所使用的催化剂有丝光沸石（BP 法）和 ZSM－5 沸石（MLDW 法）等，其孔径分别为0.7nm和0.5nm，只能允许润滑油馏分中的正构烷烃和少侧链烷烃进入沸石孔道。并与催化剂密切接触，进而发生选择性裂化，达到降低润滑油基础油凝点的目的。

异构脱蜡采用以SAPO分子筛或ZSM为载体的贵金属催化剂，将正构烷烃异构成低凝点异构烷烃。

催化脱蜡和异构脱蜡工艺都可以生产低凝点基础油，前者把蜡烃分子“打断”，让部分润滑油变成了燃料油，基础油收率损失。后者把高凝点蜡烃转化为低凝点的异构烷烃，润滑油组分没有明显损失却有效降低了凝点，是脱蜡方法中先进的工艺。本书第六章将详细介绍基础油加氢工艺，其中包括催化脱蜡和异构脱蜡。

全加氢是基础油加工的未来方向，借助于临氢降凝可生产出优质的Ⅱ、Ⅱ⁺、Ⅲ、Ⅲ⁺基础油。然而，由于中国润滑油市场的多样化、多层次以及Ⅰ类基础油在添加剂和氧化产物中的良好溶解性，未来对高黏度指数Ⅰ类基础油的需求将长期存在。加之石蜡在工业应用广泛，特别是微晶蜡具有柔韧性、低硬度以及良好的塑性流动等独特的物理和化学性质，使它在化学、轻工业、日化、制药、食品、军事、电子、冶金等行业领域上的应用日益增加。溶剂脱蜡是生产Ⅰ类基础油和石蜡的一道重要工序，在基础油加工领域仍大有市场。

目前，国内很多老牌炼油厂仍采用传统“老三套”技术生产Ⅰ类基础油。“老三套”指溶剂精制、溶剂脱蜡、白土补充精制。

“老三套”工艺有正序，也有反序。正序是指蒸馏减压侧线或脱沥青油分别经“糠醛精制－酮苯脱蜡－白土补充精制”加工生产；反序是指基础油原料经“酮苯脱蜡－糠醛精制－白土补充精制”加工生产。

酮苯脱蜡是“老三套”中流程最复杂、操作难度最大的一个装置。

**2. 溶剂脱蜡工艺过程**

典型溶剂脱蜡装置主要由结晶、冷冻、真空过滤、溶剂回收及安全保护等系统构成。各系统之间的关联如图5－12所示。

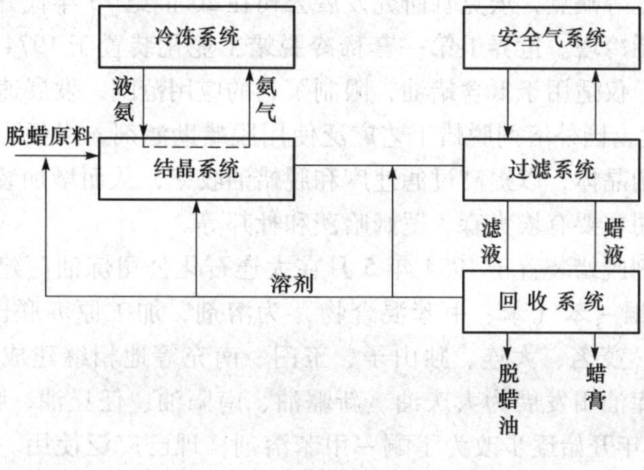


图5－12　溶剂脱蜡工艺原理流程图

各过程的主要任务如下：

① 结晶系统利用溶剂对油和蜡具有选择溶解性以及冰点低、黏度小的特点，将原料

油与溶剂以一定比例混合，送到换冷套管和氨冷套管中，通过一定的冷却程序使蜡形成良好的晶体析出，为过滤准备良好的条件并输送到过滤机进料罐。

② 冷冻系统利用液氨在低温下的挥发性，让液氨在氨蒸发器中汽化，取走原料油、溶剂、安全气中的热量，使被冷物质冷却到所需要的温度，氨气经氨压缩机压缩，冷却冷凝及节流降温后变为低温液氨，供循环使用。

③ 真空过滤系统把已经形成良好结晶的原料油与溶剂的混合物送入由真空泵提供过滤动力的真空过滤机内，使油、蜡分离。过滤后的滤液与蜡液分别进入各自的溶剂回收单元。对于脱蜡－脱油联合装置，脱蜡以后的蜡液经蜡脱油以后分离成蜡和蜡下油液进入回收装置。过滤单元在酮苯脱蜡－脱油过程中起着承上启下的重要作用。

④ 安全气系统的作用是防爆，在过滤系统和溶剂罐使用安全气封闭。

⑤ 溶剂回收系统是将经过滤后的滤液和蜡液中含有的大量溶剂进行回收。利用油、蜡与溶剂之间的沸点差，通过多效蒸发，使溶剂与油、蜡分离后循环使用，同时保证溶剂的闪点合格。

利用酮苯混合溶剂对原料中油与蜡组分的选择性溶解、稀释，经结晶、过滤、溶剂回收工序得到脱蜡油和粗蜡，粗蜡中仍带有很多油分，不仅很难生产出合格的蜡产品，也严重造成基础油损失，现代酮苯脱蜡装置基本都发展为酮苯脱蜡脱油装置，脱蜡段主要是利用脱蜡油和蜡的凝固点不同以及溶剂对二者的溶解度的差别来分离，以此来脱除油中的蜡，降低润滑油的凝点；脱油段则是对蜡膏中的油通过升温提高溶剂溶油性来脱除蜡中的油，从而生产出低含油量的石蜡。

**3. 溶剂脱蜡脱油工艺的发展历程**

1927 年，美国印第安炼油公司建立了世界上第一套溶剂脱蜡装置，使用的溶剂是丙酮与苯的混合物，蜡的分离采用了回转式过滤机。后续改进以丁酮代替丙酮，甲苯代替苯，这就是德士古溶剂脱蜡过程的专利，是现代使用较广泛的脱蜡工艺。

为了克服酮苯脱蜡工艺中套管结晶器内的冷却速度不均匀、结晶破裂、形成二次晶核、晶粒尺寸分布宽等缺点，埃克森研究发展公司在 20 世纪 70 年代开发了一种稀冷脱蜡工艺，关键设备是稀冷塔。世界上第一套稀冷脱蜡工业化装置于 1974 年投产。该工艺的主要缺点是能耗大，仅适用于低含蜡油，限制了它的应用范围，发展速度较慢。

20 世纪 90 年代，国外溶剂脱蜡工艺广泛使用脱蜡助滤剂，以便形成大小均匀、坚实并具有高度离散性的晶体，以提高过滤速度和脱蜡油收率，从而增加装置的经济效益。国外生产助滤剂的公司主要有埃克森、罗姆哈茨和杜邦等。

我国第一套溶剂脱蜡装置于 1954 年 5 月在大连石化公司炼油厂建成投产，设计能力 $2 \times 10^4$t/a，采用丙酮－苯（苯、甲苯混合物）为溶剂，加工原苏联巴库油。后来上海、兰州、锦西、北京、茂名、大连、独山子、玉门、南充等地相继建成多套润滑油脱蜡装置，加工油品从巴库油田发展为大庆油、新疆油、南阳油、任丘油、临商油、印尼油等。脱蜡溶剂已从 1977 年开始逐步改为丁酮－甲苯溶剂，现已广泛使用。在工艺技术上开发了多点稀释、稀释点后移、多效蒸发、溶剂干燥、蜡膏冷量利用、稀冷脱蜡、滤液循环等新工艺。1971 年 6 月我国第一套酮苯脱蜡脱油联合装置在北京燕山石化建成投产，年加工能力 $18 \times 10^4$t，到 1977 年 8 月将蜡膏等温稀释、间接换热升温脱油工艺改为高温稀释、直接加热升温脱油工艺。近年来又开发了两段逆流新工艺。由于这些工艺的改进和操作水平的提高，使脱蜡脱油装置的溶剂比、能耗明显降低。

总之，自溶剂脱蜡工艺出现以来，经过多种改进，所用溶剂主要是丁酮－甲苯溶剂。酮苯脱蜡装置的滤液全循环和多段过滤生产高质量石蜡等方面尚需做进一步工作，以达到世界先进水平。

## 二、工艺原理

酮苯脱蜡－脱油联合装置以蒸馏装置的减二、减三、减四、减五线以及丙烷脱沥青油或者它们经溶剂精制后的精制油为原料，以丁酮、甲苯为溶剂，经过原料的冷却、结晶、过滤、回收等工艺过程，生产具有较好低温流动性的脱蜡油。装置的主要副产品是石蜡和介于油、蜡之间的蜡下油。对重质原料的蜡进一步脱油，可以生产地蜡。

酮苯脱蜡－脱油联合装置是润滑油生产的重要环节，整个过程中物料经物理变化进行分离，没有化学变化。

丙烷脱沥青装置将原料渣油看成油分和沥青两个组分，利用油分在丙烷中溶解度大、沥青几乎不溶于丙烷将它们分开。糠醛精制装置将原料油看成理想组分和非理想组分两部分，利用糠醛对非理想组分溶解度大对理想组分溶解度小将它们分开。

酮苯脱蜡也可将原料看成油和蜡两个组分，利用丁酮－甲苯混合溶剂对润滑油料中的油、蜡有不同的溶解度（溶油多溶蜡少），将原料油与溶剂混合降温，使蜡结晶析出，采用真空过滤的方法把油、蜡分离，从而获得所需凝点的润滑油料及蜡膏。

脱蜡所得的蜡膏中含有油分，造成脱蜡油收率低，也造成蜡指标不合格，为此需要把蜡膏中的油脱掉，称为酮苯脱油。

酮苯脱油的原理是利用酮苯混合溶剂对油、蜡有不同的溶解度和油在溶剂中的溶解度随温度升高而增大的原理，将脱蜡蜡膏与溶剂混合后升温，使蜡膏中的油溶解在溶剂中，而蜡膏中的蜡仍保持在蜡晶体中。采用真空过滤的方法使油、蜡进一步分离，从而获得所需低含油量的脱油蜡。

利用酮苯溶剂脱蜡脱油，其根本的原理是利用蜡与油在溶剂中的饱和度以及熔点（或凝点）的关系，蜡之所以能从油液中析出，有两个必要的条件：

其一，蜡过饱和于油液，蜡在油以及溶剂中都有一定的溶解度，常温时蜡是溶于油中的，一般情况下，溶解度随温度升高而增大，随温度降低而减小，随着温度的降低，蜡在油中的溶解度下降，当某温度下此溶解度低于原本油中蜡的百分含量时，必然有一部分蜡不被油溶解，被析出来成为过饱和状态。当油蜡体系中加入了溶剂，溶剂对油的溶解性强，对蜡的溶解性弱，很大一部分油转移到溶剂中，能够溶解蜡的油少了，蜡也会过饱和于油。

其二，当体系温度低于蜡的凝固点，蜡就会结晶析出。因为蜡常温常压单独存在时为固态，从固态转化为液体的温度叫熔点，熔点是蜡非常重要的一项指标。而当它从液态转为固态的温度是凝固点，就像油品的凝固点一样。

脱蜡过程加入溶剂并降温，降低蜡在油液中的溶解度，当溶解度低于体系中蜡的浓度时，蜡就被“孤立”出来，成为一个单独的液相，这就是过饱和。过饱和状态的油蜡体系，温度稍微低于液蜡的凝点，蜡就会开始结晶析出。

从以上蜡从油液中结晶析出的两个必要条件分析，溶剂的选择性溶解以及温度的降低是两个关键因素。同样的道理，当蜡膏中含有油和低熔点的地蜡时，加入酮苯溶剂并适当升温，温度升高，油与蜡在溶剂中的溶解度增大，且油的溶解度大于蜡的溶解度，低熔点地蜡的溶解度大于高熔点石蜡的溶解度，控制好溶剂用量及温度，就能让蜡膏中的油和低熔点地蜡转移到液相溶剂中，与高熔点蜡形成液、固两相，通过过滤、溶剂回收，就可得到蜡下油和石蜡，脱油级数增加，还可得到低熔点的地蜡。

研究蜡组分在油料溶液中冷却结晶的基本规律，涉及蜡在油及溶剂中的溶解度、蜡晶形成的晶形和粒度，以及它们对脱蜡效果的影响，而所有这些又与蜡组分的化学结构有密切关联。

**1. 蜡的种类、晶形、化学结构以及蜡在油中的分布**

从石油中得到的蜡称为石油蜡。石油蜡按轻重又分为液体石蜡（$C_{16}$~$C_{20}$的正构烷烃，可用作软膏和化妆品的基质）、石蜡和微晶蜡，石蜡按含油量和精制程度等又分为粗石蜡、半精炼石蜡和全精炼石蜡等。石蜡的结晶形状为“片状”，典型结构如图5－13所示；当它从熔融状态或溶剂中结晶时，它可以形成完整的晶体，并且这种晶粒很大。这种类型的晶体主要分布在常减压蒸馏的常四线至减三线脱蜡原料油的蜡晶中。一般原料越轻，石蜡的片状结晶晶体就越大。微晶蜡的结晶形状为“针形”，典型结构如图5－14所示；微晶蜡从熔融蜡结晶出来时，形成小的不规则的晶体，这种结晶颗粒较小，多分布在减四线至残渣脱蜡原料油的蜡结晶中。

图5－13　石蜡的结晶形状示意图

图5－14　微晶蜡的结晶形状示意图

在润滑油料的蜡组分中，除正构烷烃外，异构烷烃和烷基环状烃也已成为重要的组分。同一馏分或同等相对分子质量的蜡组分中，正构烷烃和正构烷基环状烃的熔点较异构烷烃和异构烷基环状烃的熔点高。而随着馏分变重，大分子蜡烃的熔点增大。

随着馏分沸点范围升高，正构烷烃所占份额锐减，而异构烷烃，尤其是烷基环状烃逐渐成为蜡烃中的主要组分，其中烷基芳烃也可占有相当大的份额。如在300~350℃以下的轻柴油馏分脱出的蜡中绝大部分是正构烷烃，而在300~350℃以上的润滑油馏分脱出的蜡中，异构烷和烷基环状烃的含量将随着馏分沸点升高而逐渐增多，在中、高黏度的润滑油料中异构烷和烷基环状烃已成为蜡中的主要成分。

烃类的溶解度和它的熔点呈反比。熔点高的先析出，熔点低的后析出，产生许多单晶。这些单晶在极性物质丁酮的作用下，彼此吸引，会产生聚集结晶。如果原料油中含有表面活性剂物质，还会生成树枝状结晶，结晶形状的大小随原料而异。

**2. 脱蜡溶剂**

润滑油溶剂脱蜡工艺是在大量稀释溶剂存在下进行冷冻结晶和蜡、油的过滤分离过程。溶剂类型与组成是影响脱蜡过程的重要因素。

（1）溶剂的作用

① 稀释作用

溶剂的基本作用是为了降低油料的黏度，即起稀释作用。

润滑油料在脱蜡的低温下黏度陡升的幅度是很大的，例如一个较低黏度的油料在50℃下的黏度为10$mm^2/s$，当温度降到0℃时其黏度升至200$mm^2/s$，而降到-10℃时其黏度已达450$mm^2/s$。在如此高的黏度下，蜡晶很难生长成足够的粒度，而将高黏度脱蜡油过滤分离也很困难。因此，必须选用大量黏度很低的溶剂将油料溶解稀释，以便于冷却、结晶、过滤脱蜡。

② 选择性溶解。为达顺利地冷却、结晶、过滤的目的，一方面，要求溶剂对于脱蜡油应具有良好的溶解能力，这样可使用不致过多的溶剂或过大的溶剂比，能够提高工艺过程装置设备的效率，减少成本，节省能耗。另一方面，要求溶剂必须尽量少溶解蜡组分，否则溶在脱蜡油溶液中的蜡组分增多，导致由脱蜡油溶液回收蒸出溶剂后所得脱蜡油中蜡含量增多，达不到要求的凝点。

这样，为了获得具有一定凝点的脱蜡油，必须将油料溶液冷却至比凝点低得多的温度，才能得到符合凝点要求的脱蜡油产品。这个脱蜡冷却温度与脱蜡油凝点的差值称为脱蜡温差，即脱蜡温差=脱蜡油的凝固点-脱蜡温度（脱蜡温度常以滤机进料罐温度表示）。

溶剂对蜡的溶解度越大，要得到同一凝固点的油，就需要降到更低的温度（即脱蜡温差越大），这就需要增加冷冻费用。显然，这种由于溶剂导致的脱蜡温差越小越好。溶剂对蜡的溶解度要远小于对油的溶解度，这样溶剂和油形成的混合物对蜡的溶解度才能远低于单纯油对蜡的溶解度，达到降低蜡溶解度的目的。即要求溶剂具有只溶解脱蜡油而尽量少溶解石蜡的选择性。

③ 改善结晶。降低脱蜡原料油的黏度，可以减少分子的扩散阻力，从而改善蜡的结晶。同时，如果溶剂中有极性组分存在，将有助于蜡的晶粒集结成大颗粒的稍微紧密的聚结体。

（2）溶剂要求

① 具有良好的选择性溶解性能，即在脱蜡的条件下能充分溶解原料中的油，而对蜡的溶解度很小。

② 具有良好的低温输送性能，黏度小、冰点低、沸点适中。

③ 容易做到油、蜡分离，可以循环使用。

④ 不影响产品质量，与其他物料不发生化学反应。

⑤ 毒性和腐蚀性较小，成本低。

（3）溶剂组成

满足以上所有要求的理想溶剂是不存在的。但使用混合溶剂能基本满足生产要求，目前工业上使用最广泛的溶剂是酮苯混合溶剂，故常称酮苯脱蜡。其中的酮类是极性溶剂，有较好的选择性，但对油的溶解能力较低。常用的酮类溶剂有丙酮、甲基乙基酮（简称丁酮）、甲基异丁基酮（简称戊酮），酮类溶剂随相对分子质量增大，油溶性提高。苯类是非极性溶剂，对油有较好的溶解能力，但选择性欠佳。常用的苯类溶剂有苯、甲苯。将两种溶剂按一定的比例混合后使用，其中的酮类充当蜡的沉降剂，苯类充当油的溶解剂。使用混合溶剂进行脱蜡，还可根据不同的原料油性质，灵活地调变溶剂的配比组成，以适应不同的脱蜡要求。工业常用的脱蜡溶剂及其主要性质，见表5-5。

**表5-5 常用脱蜡溶剂的性质**

| 项目 | | 丙酮 | 甲基乙基酮 | 苯 | 甲苯 |
|---|---|---|---|---|---|
| 分子式 | | $(CH_3)_2CO$ | $CH_3COC_2H_5$ | $C_6H_6$ | $C_6H_5CH_3$ |
| 相对分子质量 | | 58.05 | 72.06 | 78.05 | 92.06 |
| 密度（20℃）/($g/cm^3$) | | 0.7915 | 0.8054 | 0.8790 | 0.8670 |
| 沸点/℃ | | 56.1 | 79.6 | 80.1 | 110.6 |
| 熔点/℃ | | -95.5 | -86.4 | 5.53 | -94.99 |
| 临界温度/℃ | | 235 | 262.5 | 288.5 | 320.6 |
| 临界压力/MPa | | 4.7 | 4.1 | 4.87 | 4.16 |
| 黏度（20℃）/($mm^2/s$) | | 0.14 | 0.53 | 0.735 | 0.68 |
| 闪点/℃ | | -16 | -7 | -12 | 8.5 |
| 蒸发潜热/(kJ/kg) | | 521.2 | 443.6 | 395.7 | 362.4 |
| 比热容（20℃）/[kJ/(kg·K)] | | 2.150 | 2.297 | 1.700 | 1.666 |
| 溶解度（10℃）/% | 溶剂在水中 | 无限大 | 22.6 | 0.175 | 0.037 |
| | 水在溶剂中 | 无限大 | 9.9 | 0.041 | 0.034 |
| 爆炸极限/%（体） | | 2.15~12.4 | 1.97~10.1 | 1.4~8.0 | 6.3~6.75 |

蜡在酮类溶剂中的溶解度极小，因此它是蜡的沉淀剂，油在酮类溶剂中的溶解度也较小，蜡在酮类溶剂中的溶解度随酮类相对分子质量增大而增大，油在酮类溶剂中的溶解度也随酮类相对分子质量增大而增大，溶剂的选择性随酮类相对分子质量增大而增强，因此使用相对分子质量较大的酮类溶剂时可减少苯类溶剂的用量，进而可降低脱蜡温差，减少冷冻负荷，减少过滤面积，提高处理量。另外相对分子质量较大的酮类溶剂蒸气压较高，也可减少因惰性气体携带引起的损失。

但应注意，酮类溶剂随相对分子质量的增大黏度增大，会使脱蜡过滤速度下降。

综合而言，甲基乙基酮（丁酮）与丙酮和甲基异丁基酮（戊酮）相比有更好的使用性能。

苯的结晶点较高，在低温脱蜡时常会有苯的结晶析出，使脱蜡油的收率降低。在低温下，甲苯对油的溶解能力比苯强，对蜡的溶解能力比苯差，即它的选择性比苯强。此外，甲苯的毒性比苯的小，因此，甲苯基本取代了苯作溶剂。

目前，工业上已广泛使用丁酮-甲苯混合溶剂。丁酮在丁酮-甲苯混合溶剂中主要起到沉降的作用，它对于油和蜡的溶解度都比较低，特别是在50℃以下对熔点为58℃以上的蜡几乎不溶解，因此在套管结晶过程中有利于蜡晶的扩大析出。甲苯在溶剂中起到溶解作用，它能与油完全溶解，而对蜡也有一定的溶解度，因此能把油充分稀释，同时造成脱蜡温差。

混合溶剂中丁酮的比例称为酮比，确定酮比的主要因素是脱蜡温差和去蜡油收率。随着酮比的上升，脱蜡温差下降而去蜡油的收率也下降。企业应根据经济效益和生产实践情况来调整酮比。

当酮比增加时，混合溶剂对油的溶解能力下降，丁酮含量超过某一限度时，就会出现对油不能完全溶解的现象，这时原料油和溶剂的混合物中，除了蜡+溶剂相（固相）和油+溶剂相（液相）以外，将出现第二液相。在第二液相中，较重的油单独存在，内部会有较大量的溶剂，由于套管结晶器中的刮刀搅动和停留时间的限制，第二液相不会形成整体，而是以“油豆”形式存在的，当过滤机的蜡饼大量出现油豆时，将使蜡中的含油量骤增，而使脱蜡油收率骤减。出现第二液相的现象俗称“酮比过敏”。

酮比过敏，将对脱蜡－脱油生产带来下列严重影响：

① 使去蜡油收率大幅度下降。由于较重的去蜡油以油豆形式析出，这部分去蜡油将带入到蜡系统中去，减少了去蜡油的收率。

② 使过滤机严重失效。从实践中发现，当出现酮比过敏现象时，过滤机滤布上挂不住蜡，造成滤机溢流，严重失效。

③ 含油过多使蜡质量不合格。大量的油进入脱油系统以后，使脱油的负荷增加，由于脱油系统的溶剂与脱蜡的溶剂是一致的，这部分油依然不易溶解，造成最终的石蜡产品不合格。

④ 第二液相油料含溶剂少，比石蜡更黏稠，输送过程中更容易被粘贴在设备管线的内管上，造成输送困难，严重时甚至会堵塞滤机的进料线。

酮比过敏是酮比过大造成的，所以及时调整酮比就能有效防止酮比过敏现象的发生。

酮比过小，则苯类溶剂量多，油溶性增强，也增加了蜡在溶剂中的溶解度，脱蜡温差增大。

一般生产厂用一套酮苯装置处理各种润滑油料，在处理轻质油料时希望酮比大一些，以期降低脱蜡温差，但换为较重原料时就可能不适应。如果酮比不及时调整就会出现酮比过敏现象，为了防止这种情况的出现，有些厂专门设计了调酮比的溶剂罐，以便对酮比及时调整。

根据我国由大庆原油生产润滑油基础油的经验，在酮苯脱蜡过程中一般选定的溶剂组成大致如表5－6所示。

**表5－6　大庆原油各种润滑油料酮苯脱蜡的溶剂组成**

| 脱蜡原料 | 溶剂组成/% | | |
|---|---|---|---|
| | 丁酮 | 甲苯 | 备注 |
| 75 SN | 68～70 | 32～30 | 浅度脱蜡时可用少量的苯 |
| 150～200 SN | 60～65 | 40～35 | 浅度脱蜡时可用少量的苯 |
| 500 SN | 55～60 | 45～40 | |
| 650 SN | 50～55 | 50～45 | |
| 150 BS | 45～50 | 55～50 | |

注：SN为石蜡基型中性油原料，BS为光亮油原料。

**3. 蜡、油、溶剂的溶解情况**

（1）蜡在油中的溶解度

一般来说，随着温度降低，蜡在油料中的溶解度明显下降；随着蜡烃相对分子质量的升高，蜡在油料中的溶解度下降；随着蜡烃熔点的升高，蜡在油料中的溶解度降低。在同等相对分子质量的范围内，正构烷烃和具有正构烷基长侧链的环状烃的熔点较高，异构烷烃和具有异构烷基长侧链的环状烃的熔点较低。

（2）蜡、油在溶剂中的溶解度

溶剂脱蜡是利用蜡在混合溶剂中的溶解度小而油在其中的溶解度大进行冷冻结晶分离的。酮类溶剂含量少时，蜡在溶剂中的溶解度增大，造成脱蜡温差增大。苯类溶剂含量少时，容易形成第二相，均对脱蜡过滤过程不利。

**4. 蜡的结晶过程**

（1）单晶晶型

在润滑油脱蜡过程中，随着油料溶液被冷却，蜡在油中的溶解度下降，致使其中的蜡组分含量超过该温度下的溶解度而析出并同时立即结晶后，其晶体结构和形状对脱蜡工艺效果有着极其显著的影响。因此，研究蜡的晶体结构和晶型有重要的实用意义。

在所有各种不同馏分以及渣油油料中，结晶初期形成不同晶型和特性的两种基本单晶体。其一是石蜡的单晶，在低于蜡的熔点以下大约 -20℃以内的较高温度下析出并在此温度下呈稳定状态，晶型细长、粒度较大，这种晶型有柔性或可塑性，在挤压下可并合在一起。其二是微晶蜡的单晶，在比上述温度区域更低的温度下析出并在此温度下呈稳定状态，这种晶型有硬性、脆性，在挤压下不能并合在一起。

低沸点馏分的油料生成石蜡单晶的概率大，而随着沸点的升高，油料生成石蜡单晶的机会减少，尤其是随着脱蜡温度的降低，油料生成微晶蜡单晶的机会增多。

单晶从油液中刚分离出来还很脆弱，很容易就会被再次“融化”，单晶只有顺利长大成复合晶型，才能达到过滤要求。

（2）复合晶型

在脱蜡过程中，油料溶液中还可或多或少地存在各种表面活性剂（包括原油中原有的以及外加的）和极性溶剂，这些带有各种极性基团的化合物对蜡晶表面带来各种影响而引起晶型的复杂化，形成复合的晶型，其主要形态有两种，即树枝状晶型和聚集状晶型。它们都是以上述两种单晶晶型（尤以后者占绝大多数）为基础而形成的。

当油料溶液内存在很少量（如1%左右）的某些表面活性物质，未被精制分离完全的胶质、沥青质类组分（它们主要是带有烷基侧链的，并可含有氧、硫等杂原子的多环烃类和非烃类），以及外加的某些降凝剂或脱蜡助滤剂时，这些表面活性物质就能被吸附于蜡晶表面，形成保护层，从而阻碍新析出的蜡继续在该表面上沉积而妨碍其生长，或者浓集于新发生的蜡晶晶核周围而阻碍其形成和发育。因此，已出现的蜡晶的某些尖端、边缘以及某些由于各种原因尚未被表面活性物质覆盖的地点就会成为结晶中心而迅速生长出许多具有前述某一晶型的单晶连生体。这种过程会断续地进行，从而使蜡晶的外形呈多枝状、羽毛状或球状，可统称为“树枝状”复合晶型，其显微镜下放大照片如图 5-15（a）所示。当油料溶液中含有极少的表面活性物质，其浓度尚不足以产生树枝状晶型，同时由于油料是较高沸程，即黏度较大，或是由于骤然加入了大量极性溶剂而降低了蜡组分在油料溶液中的溶解度，导致生成大量的微粒蜡晶，由于静电引力或斥力等原因发生聚集现象，形成各种聚集状复合晶型。其典型的显微镜下的放大照片如图 5-15（b）所示。

(a) 树枝状蜡晶复合晶型　　(b) 聚集状蜡晶复合晶型　　(c) 球形聚集状复合晶型

图 5-15　极性基团化合物对蜡晶晶形的影响

在稀释冷冻脱蜡的条件下，可很有规则聚集而成为一层层包裹很紧密、外观似洋葱那样的球形聚集状晶型，如图 5-15（c）所示。这种晶型不仅粒度较大，且晶粒内外含油很少，因此可以达到非常良好的脱蜡效果。不仅过滤速度很快，且脱蜡油收率也较高。

无论是树枝状晶型，还是聚集状晶型，均可阻碍蜡单晶的自由生长延长，并阻碍其连结成晶网，使生成的蜡单晶聚集体互不连结在一起，因而也可在更低温度下保持油料溶液的流动性，在脱蜡过程中使蜡与油料溶液较易过滤分离，从而大大提高脱蜡效率。

某些降凝剂以及脱蜡助滤剂的作用机理实质上与形成树枝状复合晶型或聚集状复合晶型有关。一般在溶剂脱蜡过程中，较常能见到的还是聚集状复合晶型，在稀释冷冻脱蜡时易形成球形复合晶型。

（3）蜡晶的生长与粒度

在脱蜡过程中，当油料溶液被冷却到其温度低于其中所含蜡组分的溶解饱和温度，而开始析出蜡晶时，无论蜡组分是按何种晶型结构结晶或固化的，蜡晶晶粒皆是按一定规律以一定速度不断生长而达到一定的粒度。蜡晶粒度对脱蜡工艺效果同样具有显著影响。

一般说来，为了使蜡、油易于有效地快速分离，要求蜡晶既要紧密而互不连结，又要粒度尽量粗大均匀，这样才能保证过滤时在过滤表面上形成的沉积滤层是多孔隙的、易于渗透的，才能保持较高的过滤速度，提高脱蜡装置处理量或减少昂贵的过滤设备投入，同时也可保证蜡饼中含油较少，从而提高脱蜡油收率。

由不同油料分出的具有不同化学组成的蜡组分，对蜡晶粒度是有一定影响的。由较低沸点或较低黏度的馏分油料分出的、含正构烷烃较多的蜡晶晶核，较易生成较大粒度的蜡晶，而由较高沸点馏分尤其是由渣油等较高黏度油料分出的、含正构烷烃较少而含长侧链烷基环状烃和异构烷烃较多的蜡晶晶核，则较易生成较小粒度的蜡晶。且当在某些表面活性剂或极性溶剂存在下生成的树枝状复合蜡晶，尤其是聚集状复合蜡晶，则又有助于较大粒度蜡晶的生成。

关于蜡晶的生长机理可简要分析如下：当油料溶液被冷却至开始析出蜡晶时，首先析出微小的单晶晶核。继续析出的蜡将有两种途径可走：第一生成新的、更多的晶核；第二扩散至已有晶核或正在生长的晶粒表面上，并在表面上沉积，使蜡晶生长（体积增大），粒度增大。

如果蜡按第一种途径析出较多，则将造成晶粒数目较多，而每个晶粒粒度较小，显然这是不利于脱蜡工艺过程的。而如果蜡按第二种途径析出较多，则蜡的晶粒数目较少，而每个晶粒的粒度将较大，这是脱蜡工艺过程所希望的。

如果用 $i$ 表示形成晶核的数目，$v$ 表示蜡组分自油料中析出的速度，每个晶粒的平均生长速度则为 $v/i$，蜡晶粒度的大小取决于 $v/i$ 的大小，除了与蜡晶晶核数目或冷却速度呈反比、与原料的含蜡量及脱蜡温度呈正比外，蜡晶粒度的大小还与蜡分子的平均半径 $r$（与蜡的分子量或熔点，或油料的馏分沸点范围等相关），以及油料溶液的黏度 $\eta$ 和蜡分子达到邻近晶核或晶粒的平均扩散距离 $\delta$ 等呈反比关系，而最后两项参数（$\eta$ 和 $\delta$）又皆与油料溶液的稀释程度，即与所加入的大量溶剂以及溶剂与油料的比例密切相关。溶剂加入量增多（溶剂稀释比增加）将对蜡晶生长的粒度有两方面互相矛盾的影响：一是黏度降低的有利影响，二是蜡分子扩散距离增大的不利影响。因此，溶剂的加入方式需要分批多次加入。

## 三、脱蜡过程影响因素

### 1. 油料

油料组成和性质是影响脱蜡工艺过程的一个基本因素。

(1) 油料馏分轻重

温度降低，油料黏度会迅猛增长，即使加入相当大量溶剂后，较高沸点范围的油料溶液的黏度仍将明显地高于较低沸点范围的油料，且较高沸点范围的油料中蜡的分子半径明显较大，由于蜡晶粒度的大小与蜡分子的平均半径 $r$ 以及油料溶液的黏度 $\eta$ 呈反比关系，其蜡晶粒度显然较难长大。

因此较轻的馏分油料所含蜡组分易于形成粒度较大的晶型。随着馏分沸点升高，相对分子质量增大，晶粒粒度逐渐变小。

(2) 油料馏分沸程宽窄

由于蜡晶生长的粒度是随沸程升高而逐渐变小的，因此，为了控制适宜的蜡晶粒度，以利于过滤分离蜡、油，显然较窄的馏分沸程范围是有利的。当然，馏分沸点范围过窄则脱蜡油料种类变多，会引起操作中频繁切换油料，并且必须设立较多的中间油罐等问题，但在可能情况下，还是以适当控制馏分尽量较窄为宜。

馏分过宽的弊病还在于高相对分子质量蜡晶混入低相对分子质量蜡晶后会使后者的粒度也跟着变小。大量的实验和实践证实，当较轻馏分中混入极少量的较大分子的蜡组分后，由于这些较大分子的高熔点蜡在油料溶液中的溶解度较小，因而在冷却时会首先析出并形成大量晶核，使得蜡晶粒度增长较慢。

馏分过宽会给选择适宜的脱蜡工艺条件带来困难，不同馏分沸点范围的油各具不同特性，要求的最佳脱蜡工艺条件互有不同。例如，油料在溶剂中的溶解度是随着油料相对分子质量增大而减少的，因此高相对分子质量、高沸点的油料需要较大的溶剂比。如果溶剂比过小，则在油料溶液中会析出油相，混入蜡饼内，一方面增加了蜡饼脱油的困难，另一方面也使脱蜡油收率有所降低，而对于较轻油料来说，溶剂比过高将会使溶剂中，也就是脱蜡油溶液中溶入较多的蜡（未析出的余留的蜡组分），这将影响脱蜡油的质量，使其凝点变高。

从这方面来看，也应控制油料的馏分沸点范围较窄为宜。

(3) 油料中胶质及表面活性物质

当油料溶液中含有少量的胶质、降凝剂、助滤剂等表面活性物质时，有助于形成较大粒度的树枝状晶型的蜡晶，而有利于蜡、油的分离。当油料溶液中含胶质量过少或过多，皆不利于这种晶型的生成。其适宜的含量视油料化学组成特性，尤其是蜡组分和胶质组分的化学结构组成特性而异。例如，某残渣油料的精制油中胶质含量经研究控制在0.5%~2.0%，才能达到满意的蜡晶晶型和粒度，得到较高的过滤速度。

(4) 油料含水量

对于油料中含水量也应予以注意控制。因水在油料及绝大多数溶剂中溶解度很小，水分稍多极易在脱蜡低温下析出微小冰粒，吸附于蜡晶表面妨碍蜡晶生长，并易堵塞滤布过滤层，造成过滤困难。

**2. 溶剂**

(1) 溶剂加入量、方式、位置与温度

在溶剂脱蜡过程中，所加入的溶剂包括：在冷却结晶过程中加入的稀释溶剂和在过滤过程中向过滤机内加入的冷洗溶剂，两者的总和与油料的比值为总溶剂比。重质油脱蜡时往往还需要加入预稀释溶剂。但加入溶剂量过大，则会让蜡分子扩散距离增大，不利于蜡晶长大。

“多点稀释”能够有效克服上述矛盾，所谓“多点稀释”是指伴随着温度下降，将所需溶剂分几次加入的工艺方式，又称为分次（或分批）加溶剂。

目前，国内大多数厂家的溶剂加入方式都是以“多点”加入的，各处溶剂的作用如下：

① 一次溶剂。加在换冷套管的第八根出口，有些厂家在第十根入口或第七根套管出口，目的是在原料冷却至冷点温度产生一定的蜡晶后，及时加入溶剂，使蜡晶能及时扩大，并及时降低输送阻力。

② 二次溶剂。它的主要作用在于降低套管的输送压力，以进一步深冷。由于现在的二次溶剂一般加入在第一台氨冷套管的出口，尚有较大量的蜡晶待析出，所以二次溶剂同样有使蜡晶便于扩大的作用。

③ 三次溶剂。加在完成冷却之后，滤机进料罐前的总线上，这时的结晶过程已经完成。加溶剂的作用是使蜡表面的油在溶剂的作用下充分混合溶解，进一步降低油剂相黏度，便于过滤。

④ 冷洗溶剂。其目的是用于过滤机的蜡饼洗涤，使蜡结晶体表面及各晶体缝隙间的油进一步溶解并进入滤液，从而降低蜡含油，提高油收率。

⑤ 预稀释溶剂。目前轻质油脱蜡都不加预稀释溶剂。一般用于重质油生产过程。对重质油料使用冷点工艺没有效果，所以采用预稀释和热处理工艺，其目的是降低输送阻力和使蜡晶扩大。

国内采用的各次溶剂比的大小有很大不同。大多数厂采用较小的一次溶剂比和较大的二次溶剂比，如某厂采用一次比为（0.3~0.5）：1，二次比为1.0：1的稀释比，而个别厂也有相反的情况。就理论而言，采用较小的一次溶剂比和较大的二次溶剂比是合理的，这是因为一次溶剂的主要作用是为了促进结晶体的扩大。过大的一次溶剂比不但会把原来已结晶好的蜡微小粒子重新溶解破坏，而且使以后析出的蜡晶体不易碰撞聚集成较大蜡晶颗粒，因此在原料的温度还不太低，套管阻力还不太大的情况下，少加入一次溶剂是有利的，但为了使套管阻力下降，就必须适当提高二次溶剂的加入量。

各次溶剂的加入温度是酮苯结晶的重要操作条件，溶剂加入点温度不宜高于加入点的原料温度，特别是对一、二次溶剂而言，在结晶初期结晶体尚未扩大，溶剂温度高于原料温度会把已经结晶的结晶核重新熔化。过低的溶剂加入温度同样不利于形成良好的结晶颗粒，因为一、二次溶剂温度太低可以造成加入点的局部冷却速度极快，产生急冷现象，能引起过滤蜡饼发松，含油量增加，严重时出现“油豆”。一、二次溶剂加入温度要比加入点的原料温度低 2 ~ 3℃。三次溶剂温度对结晶状态的影响相对较小，但也不宜与各物流冷却后的温度相差太大。三次溶剂和冷洗溶剂加入温度比原料低 1 ~ 2℃。

（2）第一次溶剂加入的位置与方式

① 轻馏分油料的冷点稀释

对于较轻的馏分油料，原料成分中正构烷烃熔点最高，在冷却过程中最容易析出。研究表明，正构烷烃在无溶剂油中结晶的初期是不带母液（即油）的，因此无溶剂下的结晶有利于使初期析出的正构烷烃不带油，在开始析出蜡晶时，宜不加任何稀释溶剂，这样可以更好保证蜡晶生长良好，便于后来的过滤分离。第一次稀释溶剂的加入点可后移到开始析出蜡晶以后的某一点，这便是所谓冷点稀释工艺。冷点工艺容易形成致密的结晶核，并成为蜡晶扩大的基础；另外，采用冷点工艺以后，降低了冷点前的冷却速度，也有利于蜡的结晶析出。

至于冷点稀释的适宜加入点因原料而异。对于馏分油料，一般应在油料被冷至低于其本身凝点 15 ~ 20℃处，一般在换冷套管的中段。实践证明冷点稀释工艺能提高过滤机的过滤效果，提高去蜡油的收率，并使脱油蜡的含油量降低。采用冷点工艺要注意控制好溶剂在加入点处的温度，一般以比原料温度低 2 ~ 3℃为宜。

② 重馏分油料的预稀释与热处理工艺

对于残渣油料，第一次稀释溶剂加在油料泵出口处，以减少由于冷却后黏度增大，增加泵送油料的阻力。同时，对于这种油料溶液，一般还需先加热到 70℃左右，而后再冷却结晶，这便是所谓“热处理”。因为原料在突然加入温度较低的溶剂以后会出现急冷现象，即在加入点温度下降较快，这时会出现原料局部结晶析出，这些结晶中心包有大量的油，继续冷却和稀释无法把这些油溶解出来，因此必须把这些蜡加热熔化（即热处理），然后在人为控制的冷却速度下，使其逐步结晶。

热处理的温度以熔化蜡为宜，在溶剂的作用下蜡的熔化温度会比正常的低，太高的热处理温度会造成热量浪费，并给以后的冷却带来困难；而太低温度控制就达不到目的，热处理的温度控制在 65 ~ 70℃为宜。

（3）溶剂中水分含量

溶剂回收汽提过程中不可避免会将水带入循环溶剂。在 −20℃左右的脱蜡低温下，水在酮苯混合溶剂中的溶解度 <0.5%，因此若溶剂含水量 >0.5%，则在脱蜡的低温下将析出冰粒。这些冰粒可能结在冷却器壁上阻碍传热，也可能混入过滤机，在过滤时堵塞滤布而降低滤速，且影响脱蜡油收率。这将增加套管冷却器的清理和滤机的温洗次数，进而影响正常操作以及套管冷却器和过滤机的使用寿命。此外，溶剂含水过多还会影响其溶解能力而降低脱蜡油收率，并会增加制冷和溶剂回收系统的负荷而增大能耗和产品成本。

在工艺流程中往往将干湿溶剂分开处理，另外还设立溶剂干燥系统。一般控制溶剂含水量<0.3%。

**3. 冷却速度控制**

冷却速度是指含蜡原料油在冷换设备中单位时间里所降低的温度数，单位以℃/h或℃/min表示。

冷却速度=温度降/冷却时间　　℃/h(℃/min)

冷却时间=冷却器容积/油料溶液体积流量　　h

冷却速度对脱蜡过程中析出蜡晶时生成新晶核的数目有显著影响，因而对蜡晶生长的粒度就具有明显作用。在脱蜡过程中开始析出蜡晶时，冷却速度显得尤其重要，对于较轻的馏分油料来说，就是控制在冷点稀释前的冷却速度，而对于残渣油料来说，则是控制在油料溶液经过热处理后进行冷却开始析出蜡晶时的冷却速度。根据经验，在这些地方，冷却速度宜控制在60~80℃/h。而在冷却结晶的后期，由于油料溶液内已形成相当多量的蜡晶，新析出的蜡分子扩散到已有蜡晶表面的距离可以缩短，蜡晶生长速度相对较快些，因此，冷却速度可以适当增快，可逐渐达到300℃/h。至于在脱蜡过程各处具体的适宜冷却速度，视油料与溶剂的性质以及其他工艺条件而异，宜通过实验确定，如我国大庆原油润滑油料中含蜡较多，蜡晶生长较易，冷却速度可偏高些。

## 四、脱蜡结晶工艺

酮苯脱蜡结晶系统是利用丁酮和甲苯混合溶剂对润滑油馏分的选择性溶解能力，使蜡在溶剂的作用下形成良好的结晶体，并在低温下扩大析出。

结晶过程的任务是：

① 控制好操作条件，保证良好的蜡结晶，使溶剂、油、蜡混合液易于过滤。

② 保证一定的处理量和尽可能高的收率，保证油的凝点和蜡的含油量合格，降低脱蜡温差。

**1. 工艺流程**

（1）典型溶剂脱蜡工艺（套管结晶工艺）

使用套管结晶器的典型酮苯脱蜡的结晶系统工艺流程如图5-16所示。该流程适应于采用冷点稀释馏分油料的脱蜡，由于油料溶液和部分溶剂首先用由过滤系统来的冷滤液和冷蜡液来进行前一阶段的冷却，以利于节能，故此图中右侧也附带绘出简明的过滤系统示意图。

油料被泵入装置后，可先经水冷降温至比油料凝点稍高的温度，然后进套管冷却结晶器，由冷滤液继续冷却并开始析出蜡晶。在这组套管冷却结晶器的适当位置加入第一次稀释溶剂（冷点稀释），而后进入氨冷套管结晶器，并在两台氨冷套管结晶器之间加入第二次稀释溶剂，在经过氨冷套管结晶器已被冷却到所要求的过滤温度后的油料溶液，再经加入第三次稀释溶剂后进入脱蜡过滤机进料罐。

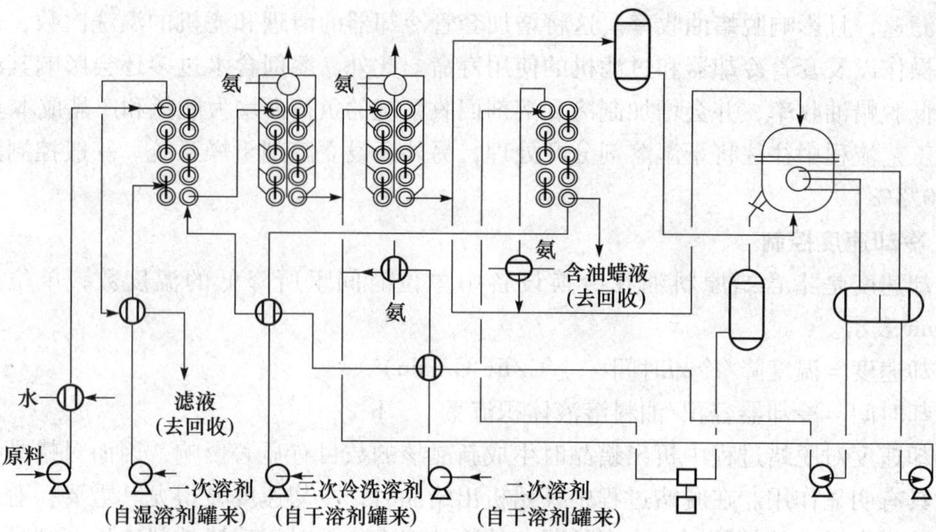


图5-16　典型一段脱蜡结晶系统流程

在一般较大型的溶剂脱蜡装置中，当使用若干台换冷和氨冷结晶器时，为了减小压降常可用多路并联。第一次稀释溶剂可用湿溶剂罐来的湿溶剂，先由冷滤液将其冷却至所要求的温度，再将其加到套管冷却结晶器的适当部位。第二次稀释溶剂用干溶剂罐来的干溶剂，也先经冷滤液将其冷却，再用氨冷至所要求的温度，加入油料溶液中。第三次稀释溶剂与冷洗溶剂一起也用干溶剂罐来的干溶剂，先经冷滤液冷却，再经套管冷却器以冷蜡液冷却，最后再用氨冷至所要求的温度分别作为第三次稀释溶剂和冷洗溶剂。

如果使用残渣油料，须在油料泵出口处加入第一次稀释溶剂，再经水汽加热至预定温度（热处理），然后再继续冷却结晶。

在氨冷结晶器上面设有液氨罐，由这里把液氨分配到各个套管中，经汽化吸热后，氨蒸气再回到罐内，被压缩机抽走。通常用控制液氨储罐的压力来控制液氨汽化温度，从而控制好油料溶液的冷却结晶温度。

（2）稀冷脱蜡工艺

由于结晶系统是溶剂脱蜡的关键环节，故改进这个环节的结晶过程对脱蜡工艺效果有重大影响。在上述常规的酮苯脱蜡工艺中，尽管采用多点稀释、冷点稀释等改进措施，在一定程度上改善了脱蜡效果，但所用套管结晶器的设备结构对进一步改进结晶过程有一定的局限性。在这种设备中，析出蜡晶是从内管的冷内壁局部处开始的，因而油料溶液中的蜡组分分子不能按熔点高低顺序（或按溶解度由小到大的顺序）均匀地扩散到已有蜡晶表面使蜡晶均匀生长。套管结晶器内的刮刀以每分钟十余转的速度低速运转，也难以形成湍流来消除这种影响蜡晶正常生长的扩散不均匀性。且刮刀与套管内壁上的蜡晶相碰撞，还会助长蜡晶破碎和新晶核的生成，使蜡晶粒度更加不匀。此外，套管结晶器的传热系数也较低，需要大的传热面积，使这种设备更加昂贵，且其维护保养费也较高。

埃克森公司在20世纪60～70年代发展起来的稀冷脱蜡工艺流程如图5-17（a）所示，该工艺的关键设备是稀冷塔，见图5-17（b）。在塔中将冷溶剂直接喷入强烈搅拌的含蜡原料油中，起稀释及冷却作用，变套管结晶器内不均匀的间接传热为稀冷塔内的均匀传热，并生成球形的晶团，因而可以提高滤速。

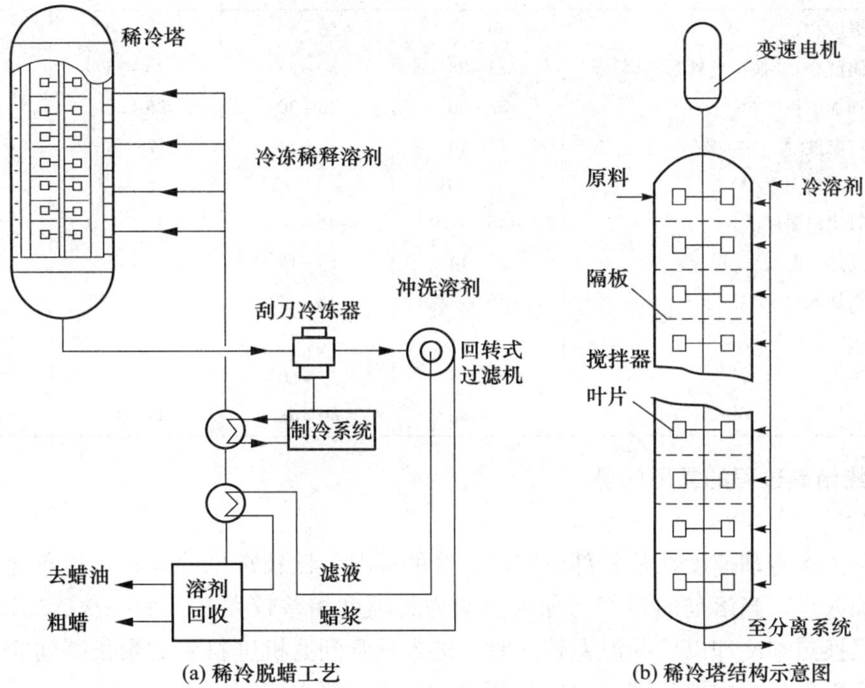


图 5-17　稀释冷冻工艺

稀冷工艺中，冷溶剂是通过喷嘴以 23~46m/s 的线速度高速喷入油中，油处在激烈的搅拌之下，靠喷射与搅拌的联合作用，冷溶剂与油在 1s 内混合均匀，虽然冷溶剂的温度很低（-30℃左右），但由于在很短的时间里就与油混合均匀，所以不会急冷。

稀冷塔是立式多段搅拌塔，段间用中间有圆孔的隔板隔开。每段都有搅拌桨及阻流挡板和冷溶剂喷入管及喷嘴。

稀冷工艺流程为：含蜡油在接近浊点的温度从塔顶进入塔内第一段，与喷入的冷溶剂混合降温，再进入第二段，继续与冷溶剂混合降温，如此一直进行到最后一段，最后从塔底流出，直接去过滤，或再通过一组套管结晶器冷却至更低温度后去过滤装置。

**2. 主要工艺条件**

典型酮苯脱蜡装置结晶系统的工艺条件见表 5-7。

**表 5-7　酮苯脱蜡装置结晶系统主要工艺条件**

| 油品名称 | 150 SN | 500 SN | 650 SN | 150 BS |
|---|---|---|---|---|
| 一次稀释溶剂比（换冷套管第八根） | 0.5~0.6 | 0.6~0.7 | 0.7~0.8 | 0.9~1.0 |
| 二次稀释溶剂比（一次氨冷套管出口） | 0.6~0.7 | 0.7~0.8 | 0.8~0.9 | 0.9~1.0 |
| 三次稀释溶剂比（二次氨冷套管出口） | 0.6~0.7 | 0.8~0.9 | 0.9~1.0 | 1.0~1.1 |
| 冷洗溶剂比 | 0.8~0.9 | 1.0~1.1 | 1.1~1.2 | 1.2~1.3 |
| 总溶剂比 | 2.5~2.9 | 3.1~3.4 | 3.5~3.9 | 4.0~4.4 |
| 原料温度/℃ | 65~70 | 70~75 | 70~75 | 70~75 |

续表

| 油品名称 | 150 SN | 500 SN | 650 SN | 150 BS |
|---|---|---|---|---|
| 水冷器出口温度/℃ | 50～55 | 55～60 | 55～60 | 55～60 |
| 原料油冷点温度/℃（换冷套管第八根） | 25～28 | 30～35 | 30～35 | 30～35 |
| 一次稀释溶剂加入温度/℃ | 22～26 | 26～30 | 26～30 | 26～30 |
| 换冷套管出口温度/℃ | 12～14 | 12～14 | 12～14 | 12～14 |
| 一次氨冷套管出口温度/℃ | －8～－10 | －3～－7 | －5～－7 | －5～－7 |
| 二次氨冷套管出口温度/℃ | －18～－20 | －15～－17 | －16～－20 | －16～－20 |
| 二次稀释溶剂加入温度/℃ | 10～14 | 10～15 | 10～15 | 10～15 |
| 三次稀释溶剂加入温度/℃ | －16～－24 | －18～－22 | －18～－22 | －18～－22 |
| 溶剂组成/% | | | | |
| 甲乙基酮 | 60～65 | 55～60 | 50～55 | 35～40 |
| 甲苯 | 35～40 | 40～45 | 45～50 | 60～65 |

**3. 脱蜡结晶过程的常见问题**

（1）急冷

急冷现象指冷却速度在某一部位突然上升的情况。比较常见的容易产生急冷现象的部位有溶剂加入点。当溶剂的温度与加入点的物料温度相差较大时，如一次、二次加入点，各流原料经换热和冷却以后的温差较大时，进入总管到滤机进料罐的聚集瞬间容易发生急冷现象。在操作过程中要特别注意这些部位，按工艺要求控制。

急冷现象出现时，蜡饼上可以看到大量的“油豆”，“油豆”颗粒较大，与溶剂酮比过高出现的过敏情况完全不同，只要把冷点温度和溶剂的冷点加入温度调整合理急冷现象就可以消除。

（2）套管结晶器上压

结晶系统经过一段时间的运行，管道的输送压力会不断升高，最后可能引起原料和一次溶剂流量下降，这两个物流的阀门开度越来越大（在使用自动控制仪表的条件下），一般称这种现象为套管上压。物流在管道中流动过程沿管径方向截面各部分的流速是不一致的，越靠近管壁流动速度越小，由于酮苯结晶过程中不断有蜡析出，而且内管壁的温度最低，就会有一部分蜡在管壁聚集；另外，刮刀作用不到的地方，如刮刀轴以及刮刀片或在个别的断轴情况都不断有蜡沉积，逐步使套管内部的流通截面越来越小，流动阻力越来越大，最后使物料流量减少。生产实践证明，原料越轻，套管就越容易上压，这是因为轻质原料的蜡结晶颗粒较大；更容易在管壁上聚聚；重质物料，特别是轻脱料，蜡的组成是异构烷烃，其结晶体为针状结晶，就不太容易在套管壁和轴上聚聚，所以不易上压。冷却深度和溶剂的加入量对套管上压也有影响。

判断套管的上压部位比较简单。首先要区别正常的提降量引起的压力上升与非正常的套管阻力，无论是原料量还是一次溶剂的增加都会引起整个物流的压力上升，通过记录各流套管的压力差，判断哪台套管上压最大，有计划地把压力最大的套管熔化一下。如果每台套管的压力差都相似，且都偏大，这说明应该化套管了，即把套管内的积蜡熔化掉。

化套管是结晶岗位经常要进行的工作，但如果不按规定进行，也可能会造成设备的严重损坏。化套管过程中应注意以下事项：

① 单台套管化套管时，不能引起憋压，对换冷套管在内管通过热溶剂或吹扫蒸汽时，则要注意外管的出入口阀门或抽出线要开一个泄压，同样外管加热时，内管也要注意泄压点。化氨冷套管时，如果在内管通热溶剂或用蒸汽扫线，应该把氨压出去以免出现危险。

② 循环化套管时，随着温度的上升，液体的体积也会不断扩大，要经常泄压，但也要求适量，以免循环不起来。

③ 循环化套管时水冷器要走侧线，开始时，循环速度要慢一些，以免冻坏设备。

**4. 结晶系统开、停工注意事项**

（1）开工注意事项

结晶系统开工初期一定要用溶剂置换，其原因是：

① 在停工扫线、开工初期的蒸汽贯通过程中，结晶系统会有大量的凝结水，必须用溶剂置换出来，否则套管进氨以后可能会冻坏设备。

② 结晶系统空管开工，将造成进料初期溶剂周转困难。

③ 溶剂置换是开工冷循环的需要。

开工冷循环指结晶系统未进料之前用溶剂进行大循环，由于循环过程中要适当降温，所以称为冷循环。冷循环的目的是：

① 把结晶系统的温度预先降低，使进料后容易较快达到所要求的温度，特别是进料后的滤液温度较低，有利于换冷套管冷点温度的建立，能使系统较早平稳下来。

② 使溶剂中的部分水在低温下游离出来。

③ 为了满足开工过程中按系统往套管放氨的需要，若没有冷循环，向套管放氨可能会引起冻凝。

开工冷循环要注意如下问题：

① 水冷器、蒸汽加热器要走侧线，以免冻坏设备。

② 套管要在进氨之前转起来。

③ 循环时各物流、各台冷却器温度不宜过低，尽量保持在0~50℃之间。

（2）停工注意事项

结晶系统停工要注意如下问题：

① 停工之前要充分化套管，把套管积蜡化掉，必要时，化套管同时蒸氨放废油。即把氨冷器在外管中的氨蒸出，把废油压出到蒸废油罐处理，脱油结晶也要在停工之前一两天内先全面化蜡。由于正式停工要求时间比较紧，而且结晶系统过长时间的化蜡会引起回收系统生产维持困难，因此提前化蜡能使结晶扫线时间缩短，为整体赢得时间。

② 结晶系统停工应先用溶剂置换，置换越充分，管线越易扫尽。

③ 扫线时，要逐流（路）进行，以防扫线过程中的溶剂互串。扫线之前先把套管抽尽，或边扫线边抽出，有利扫线进行。

④ 扫线过程中要及时把溶剂送出或平衡好液面，以防溶剂罐满。

⑤ 扫线时要及时停运套管，关水冷器阀。

⑥ 扫线到进料罐时，尽量不进过滤机，可以通过大循环线，滤机放空，把蒸汽引入其他容器中。

## 五、过滤工艺

### 1. 工艺流程

一般所有溶剂脱蜡装置的过滤系统皆是以高效、但结构相当复杂的真空转鼓过滤机为基本设备进行蜡、油分离的。为了说明问题，首先须介绍以此种过滤设备为基础的基本原理和滤机结构的简明示意图，如图 5－18 所示。

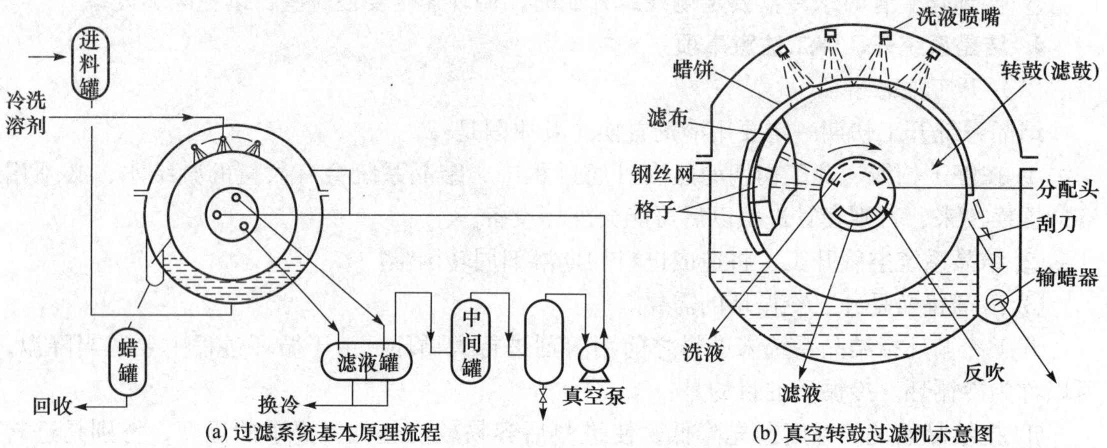


图 5－18　过滤系统原理流程图

从结晶系统来的已被冷却析出蜡晶的油料溶液进入高位的滤机进料罐后，自流流入并联的各台过滤机（图中只绘出一台作为示意）的底部，滤机内的液面或进料速度用液面自动控制仪表控制。一般液面保持在约为滤鼓直径的 1/3～1/2 高度处。由于酮、苯蒸气与空气在一起易形成爆炸性气体，滤机壳内的气相空间应充满惰性气体，如 $N_2$ 或 $N_2$ 与 $CO_2$ 的混合气，并保持滤鼓与机壳间的气体压力为 1～3kPa（表），以防空气漏入。

当惰性气中含氧量达到 5% 时，应立即排空换气。

滤机内旋转的滤鼓沿纵向被分成许多彼此隔绝的空间格子，每个格子外缘装有两层金属网作为支架，支架外面蒙敷有滤布，并以铅条钢丝压紧，使滤布紧贴在金属网上。每个格子都有管道通向中心轴部，此轴与静止不动的分配头紧贴。当某一格子转到浸入含蜡晶的油料溶液内时，该格子即与分配头的吸出滤液部分接通，即通向与真空泵吸入口相联接的管路，而在残压约为 26～54kPa 的真空度下将含蜡油料溶液中的脱蜡油液作为滤液吸出，送入滤液罐中。同时其中的蜡晶因被滤除而被挡在滤布之外。当该格子随着滤鼓转动移出液面到达上方时，又被喷下来的冷洗溶剂淋洗出其中所夹带的脱蜡油液，此时该格子又与分配头的另一吸出洗液部分接通，而将洗液送入洗液罐内。当该格子转到侧面刮刀之上时，该格子即又与分配头的惰性气体反吹部分相通，此时由真空泵出口处送来的惰性气体即经由中心轴部通过滤布被反吹入滤鼓与滤机外壳之间的空间，并进行上述惰性气体循环流动。反吹压力一般约在 30～40kPa（表）。滤布上的滤饼（即蜡饼）经反吹吹松后随着滤鼓转动即被刮刀刮下（实际刮刀距滤鼓约有 1.5～2.0mm 间隙，以免使滤布受损伤）落入输蜡器，并与再喷入的一部分冷溶剂一起随螺旋推进器被输送到滤机的一端，落入下面的蜡液罐内。最后，在滤液罐、洗液罐和蜡液罐中的冷滤液、冷洗液和冷蜡液送往结晶系统与进入装置的油料溶液和溶剂换热（换冷）后，被分别送往溶剂回收系统。

**2. 过滤过程的影响因素**

影响过滤过程的主要因素有原料组成、性质，结晶过程质量控制，过滤速度，过滤压差，过滤机液面高度，过滤机转速，温洗质量，冷洗量等。这些因素直接影响滤机油、蜡分离的效果，脱蜡油收率和脱蜡温差等。

（1）原料组成、性质及结晶过程质量控制

① 一般而言，原料越轻过滤速度越快，过滤效果越好。因为轻质原料具有较大的结晶颗粒，更易于过滤。

② 轻质原料在过滤时蜡饼的渗透性强，容易引起真空度损失，使过滤动力变小，减二线原料还容易出现蜡打卷现象，这些因素将使过滤效果变差。

③ 结晶的操作条件，如原料的冷点温度、溶剂质量和加入温度、套管的冷却速度等，直接关系到结晶颗粒的形成，对过滤效果的影响最大。

（2）过滤速度

过滤速度是指在1h内每平方米过滤面积上所流过的物流量。该物流量可以是原料的加工量、滤液量和过滤机的进料总量，即：

过滤速度＝物流量（原料或滤液或总进料量）/过滤总面积

过滤速度的单位为 $kg/(h \cdot m^2)$ 或 $m^3/(h \cdot m^2)$。过滤速度直接影响处理量大小。

（3）过滤机的压差

过滤压差指密闭压力与真空度之间的压力差，是过滤动力。在处理同一原料、密闭压力不变的情况下，过滤压差小（即真空度小）时，过滤速度就慢，在蜡饼脱离液面以后和经过冷洗区后不易被吸干，这样会增加蜡饼中的含油量，使收率下降。如果过滤压差过大（真空度过大），蜡饼会很快压紧，并使滤布小孔堵塞，同时对吸干、洗涤、抽净都不利，反吹很困难，蜡饼打循环，这样也将使蜡饼含油量增加，油收率和处理量都下降。因此过滤和真空操作是两个关系很密切的岗位，要密切配合，根据不同的原料性质保持好适当的真空度。

反吹压力也要严格控制，反吹压力太小不能使蜡饼被吹松；太大将使绕线受力过大而断线，易损坏滤布，影响平稳操作。

（4）过滤机的转速

滤机的转速快时，可以提高过滤速度，但会使抽干和冷洗时间相对缩短，使蜡饼中含油量增大，到反吹区时，滤鼓内真空小管中的滤液来不及抽净就被反吹气体吹出来使收率下降。转速太慢使过滤速度下降，影响处理能力。

（5）过滤机液面高度

转鼓表面大约有40%~50%被浸没在原料液中。

过滤机的液面过高会造成过滤负荷太大，油和溶剂过滤不完全，蜡饼洗不透，严重时造成溢流，引起蜡质量不合格和油收率明显下降，干湿溶剂不平衡，蜡罐上液面等后果，液面过高还会加快过滤失效，中、高部真空区吸不干。

过滤机液面过低使死区以后的部分（底部真空区）不挂蜡，直接抽入滤机壳内的密闭气体，破坏了过滤机的真空度，过滤动力减小，蜡的含油量上升，去蜡油的收率下降，处理能力下降。因此，保持好液面是酮苯脱蜡装置平稳操作很重要的一环。

（6）温洗质量

过滤机操作一段时间后，滤布就会被部分细小的蜡结晶或冰粒堵死，使过滤效果下降乃至全部失效，因此滤布要定期温洗。所谓温洗就是用60～70℃的热溶剂冲洗滤布，并通过真空的作用将滤布洗透。

温洗的温度和周期是温洗中要特别注意的问题。温洗温度太低则不能熔化蜡晶体，起不到温洗效果；太高则会增加溶剂的汽化，使温洗量减少，密闭压力增大，并易造成溶剂排空损失。两次相邻温洗操作的时间间隔称为温洗周期，温洗的时间和周期应根据原料性质来决定。缩短温洗周期或延长每台温洗时间就相对减少了开工时数，对设备和生产能力有不利的影响，因此要强调温洗质量。

（7）冷洗量

冷洗的作用主要是洗涤蜡饼中的油。蜡饼经过中部真空区抽吸后已接近干燥，但还有一定的油含在蜡中，这时加入部分溶剂洗涤，将使过滤效果更佳。另外，冷洗溶剂的加入使蜡饼更容易输送；冷洗溶剂加入还使密闭压力和真空度保持良好的压差，将改善蜡饼松散或分裂带来的密闭压力和真空度的波动。

冷洗量要调节适当，过滤机的冷洗量以冷洗溶剂流到反吹上部正好被吸干为宜，一般以每台滤机7～9t/h为宜。

在要求结晶岗位调好冷洗量的同时，过滤岗位要使每台过滤机的冷洗溶剂分配均匀，使冷洗溶剂真正起到冷洗作用。

**3. 过滤系统主要工艺条件**

典型酮苯脱蜡装置过滤系统主要工艺条件见表5-8。

**表5-8 过滤及真空密闭系统工艺条件**

| 油品名称 | 150 SN | 500 SN | 650 SN | 150 BS |
|---|---|---|---|---|
| 过滤机进料温度/℃ | -22～-28 | -14～-16 | -14～-16 | -14～-16 |
| 溶剂冷却温度/℃ | -16～-22 | -14～-18 | -14～-18 | -14～-18 |
| 脱蜡油凝固点/℃ | -17～-20 | -9～-10 | -9～-10 | -9～-10 |
| 脱蜡温差/℃ | 3～4 | 4～5 | 4～5 | 4～5 |
| 过滤速度（对原料）/[kg/($m^2$·h)] | 180～220 | 100～120 | 80～100 | 70～75 |
| 过滤机底部真空度/kPa | 26.7～53.4 | 26.7～40 | 26.7～40 | 26.7～40 |
| 反吹压力/kPa | 30～45 | 30～40 | 30～40 | 30～40 |
| 密闭压力/kPa | 1.8～2.0 | 1.8～2.0 | 1.8～2.0 | 1.8～2.0 |

**4. 过滤过程常见异常问题及处理方法**

过滤过程6种常见异常问题（滤机壳成负压、滤机绕线不正常及滤布损坏、蜡打卷、蜡支棚、输蜡槽堆蜡、蜡罐上液面）的原因及处理方法不再展开，感兴趣的读者可参阅本章电子资源。

## 六、溶剂回收工艺

由于工艺使用了大量溶剂，经过滤机过滤得到的滤液和蜡膏中含有溶剂，滤液中一般溶剂含量约达80%~85%，蜡液中溶剂含量也约达65%~75%，要想得到合格的产品就必须将这些溶剂分离出来。另外溶剂的回收工艺及其效果在很大程度上影响着溶剂消耗、能耗以及操作费用和生产成本，因此，溶剂回收系统也是一个不可忽视的重要环节。

溶剂回收过程的任务就是将滤液和蜡膏中所含的溶剂分离出来，实现循环使用。

溶剂回收过程主要目标是：

① 尽可能实现溶剂的完全回收，使润滑油产品闪点合格。

② 使溶剂不带油、蜡、水。

③ 在实现以上目标的同时，尽可能做到节约能源，减少物料消耗和保障安全、清洁生产。

**1. 工艺流程**

溶剂脱蜡装置中的溶剂回收原理与溶剂精制装置中的溶剂回收原理基本相同，即为了热量的经济利用，一般均采用多效蒸发方式，滤液中的溶剂回收多采用三效蒸发，换热蒸发率可达60%左右，热回收率可达70%左右。蜡液中的溶剂回收一般也可采用双效或三效蒸发，最后仅余不到10%溶剂的脱蜡油液和蜡液皆可用水蒸气汽提基本将溶剂完全回收。一般由汽提塔塔底放出的脱蜡油和蜡中含溶剂皆<0.1%。由汽提塔塔顶出来的溶剂与水的混合气被冷凝后将分为含水可达3%~4%的湿溶剂（随着甲乙酮在溶剂中含量由40%升至80%，在25℃下溶解水可达1.5%~8%）与含溶剂（主要是甲乙酮，甲苯溶解量微少）约10%的水溶液。由于甲乙酮与水可形成共沸物（沸点68.9℃、含水11%），因此溶剂与水的分离可采用双塔分馏的方式，分离出基本不含溶剂的水和含水<0.5%的干溶剂。

目前已有酮苯脱蜡装置采用惰性气体气提代替水蒸气汽提来回收脱蜡油液和蜡液中的少量残余溶剂。由汽提塔顶放出的混合气可送入吸收塔用油料将溶剂气吸收。这样一方面减少装置系统中的水分，有利于冷冻、结晶、过滤等过程，另一方面也可减少由于水分汽化冷凝造成的能耗。

酮苯脱蜡溶剂回收工艺流程如图5-19所示，溶剂回收可分为从滤液中回收溶剂、从蜡液中回收溶剂和从含水溶剂中回收溶剂三个部分。

（1）滤液中回收溶剂

从过滤过程来的滤液（溶剂+脱蜡油）先后与滤液第三蒸发塔3（低压）、滤液第二蒸发塔2（高压）塔顶蒸出的溶剂蒸气换热后进入滤液第一蒸发塔1（低压），塔顶蒸出的溶剂冷凝后进入溶剂罐13，塔底仍含有溶剂的脱蜡油进滤液加热炉11加热后进入滤液第二蒸发塔2（高压），塔顶溶剂与第一滤液蒸发塔进料换热、冷凝后进入溶剂罐13。塔底含少量溶剂的脱蜡油自压进入滤液第三蒸发塔3（低压），于低压下再蒸出一部分溶剂蒸气，溶剂蒸气与第一滤液蒸发塔进料换热、冷凝后进入溶剂罐13，塔底含微量溶剂的脱蜡油流入脱蜡油汽提塔4，汽提塔顶蒸出的带大量水蒸气的湿溶剂进入湿溶剂分水罐14，塔底得到符合质量指标的脱蜡油。

（2）蜡液中回收溶剂

从过滤岗位来的蜡液（含油蜡+溶剂）先后与蜡液第三蒸发塔7（低压）、蜡液第二蒸发塔6（高压）塔顶蒸出的溶剂蒸气换热后进入蜡液第一蒸发塔5（低压），塔顶蒸出

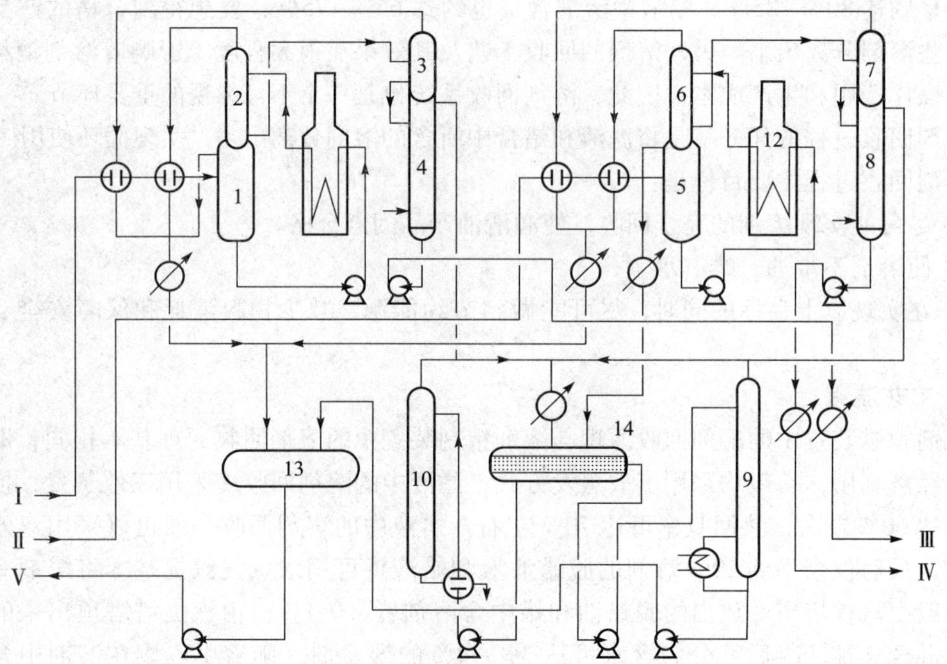


图5-19　酮苯脱蜡溶剂回收工艺流程

Ⅰ—滤液；Ⅱ—蜡液；Ⅲ—脱蜡油；Ⅳ—含油蜡；Ⅴ—溶剂；
1—滤液低压蒸发塔；2—滤液高压蒸发塔；3—滤液低压蒸发塔；4—脱蜡油汽提塔；
5—蜡液低压蒸发塔；6—蜡液高压蒸发塔；7—蜡液低压蒸发塔；8—含油蜡汽提塔；9—溶剂干燥塔；
10—酮脱水塔；11—滤液加热炉；12—蜡液加热炉；13—溶剂罐；14—湿溶剂分水罐

的溶剂冷凝后进入湿溶剂分水罐14，塔底仍含有溶剂的含油蜡进蜡液加热炉12加热后进入蜡液第二蒸发塔6（高压），塔顶溶剂与第一蜡液蒸发塔进料换热、冷凝后进入溶剂罐13，塔底含少量溶剂的含油蜡自压进入蜡液第三蒸发塔7（低压），于低压下再蒸出一部分溶剂蒸气，溶剂蒸气与第一蜡液蒸发塔进料换热、冷凝后进入溶剂罐13，塔底含微量溶剂的含油蜡流入含油蜡汽提塔8，汽提塔塔顶蒸出的带大量水蒸气的湿溶剂进入湿溶剂分水罐14，塔底得到含油蜡。

（3）含水溶剂中回收溶剂

由汽提塔塔顶出来的溶剂与水的混合气被冷凝后在湿溶剂分水罐14中分为含水可达湿溶剂与含溶剂约10%的水溶液两层。水层与酮脱水塔10塔底排出的水换热后引入酮脱水塔10上部，在塔底汽提蒸汽作用下，塔顶蒸出酮水共沸物（经冷凝后进入湿溶剂分水罐14），塔底水与进料换热后排出装置。溶剂层的湿溶剂与溶剂干燥塔9塔底溶剂换热后进入溶剂干燥塔9上部，塔顶蒸出酮水共沸物（经冷凝后进入湿溶剂分水罐14），塔底为含水<0.5%的干溶剂。

**2. 溶剂回收系统工艺条件及产品指标**

某酮苯脱蜡装置溶剂回收系统工艺条件见表5-9，脱蜡油收率见表5-10，脱蜡油性质见表5-11。

表 5-9 溶剂回收系统工艺条件

| 项目 | 滤液系统 | 含油蜡液系统 |
|---|---|---|
| 第一蒸发塔进料温度/℃ | 85~95 | 96~101 |
| 第二蒸发塔进料温度/℃ | 190~195 | 190~195 |
| 第三蒸发塔进料温度/℃ | 168~178 | 169~174 |
| 汽提塔进料温度/℃ | 160~168 | 160~170 |
| 加热炉出口温度/℃ | 190~195 | 190~195 |
| 第一蒸发塔操作压力/MPa | 0.01~0.03 | 0.03~0.05 |
| 第二蒸发塔操作压力/MPa | 0.30~0.32 | 0.26~0.28 |
| 第三蒸发塔操作压力/MPa | 0.01~0.02 | 0.01~0.02 |
| 汽提塔操作压力/MPa（表） | 0.08~0.09 | 0.08~0.09 |

表 5-10 脱蜡油收率

| 油品名称 | 150 SN | 500 SN | 650 SN | 150 BS |
|---|---|---|---|---|
| 溶剂脱蜡油收率/%（质） | 54.0 | 54.0 | 48.0 | 43.4 |

表 5-11 脱蜡油性质

| 油品名称 | 150 SN | 500 SN | 650 SN | 150 BS |
|---|---|---|---|---|
| 比色/号 | 1.5 | 2.5 | 3.5 | 7 |
| 黏度（50℃）/($mm^2/s$) | 19.63 | 60.02 | 77.5 | 277.9 |
| 黏度（100℃）/($mm^2/s$) | 5.03 | 11.01 | 13.24 | 35.0 |
| 闪点（开口）/℃ | 213 | 269 | 273 | 325 |
| 凝固点/℃ | -12 | -12 | -14 | -12 |
| 康氏残炭/%（质） | 0.008 | 0.076 | 0.13 | 0.71 |
| 酸值/(mgKOH/g) | 0.014 | 0.017 | 0.014 | 0.008 |
| 苯胺点/℃ | 100.5 | 110 | 113.5 | 129 |
| 硫含量/%（质） | 0.036 | 0.078 | 0.097 | 0.06 |
| 氮含量/(μg/g) | 107 | 383 | 458 | — |
| 黏度指数 | 98 | 97 | 97 | 103 |
| 碘值/(gI/100g) | 9.1 | 12.8 | 9.8 | 12.4 |

## 七、冷冻系统

由于润滑油溶剂脱蜡过程是在低温下实现的，原料、溶剂等物料降温过程及维持系统低温都需要冷源，液体蜡结晶为固体蜡也是放热过程，因此要在溶剂脱蜡装置设立独立的制冷系统。

冷冻系统的任务是为原料、溶剂、惰性气体降温提供冷量，使含蜡原料油中的蜡结晶出来并达到要求的分离温度，也使溶剂、惰性气体分别达到工艺过程要求的温度。我国炼油厂一般都采用氨作制冷剂。

氨的蒸发温度低，最低可达-70℃，单机两级压缩的最低蒸发温度可达-50℃。在冷凝温度低于38℃时，压力不超过1.373MPa（表）。氨的单位容积制冷量大，导热系数大，汽化潜热大，节流损失小，价格低廉，适用于大型制冷压缩，可以满足一般脱蜡以至深度脱蜡的要求。

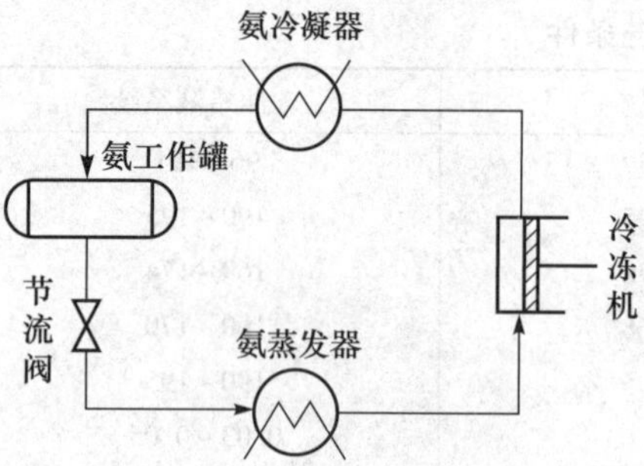

图 5－20　氨循环制冷原理

图 5－20 是氨循环制冷的原理图，由等压蒸发、压缩、等压冷凝和等焓节流四大过程组成。

等压蒸发过程是利用液氨在低温下即可在氨蒸发器内蒸发（汽化），吸收大量热量（即制冷）的性质，从氨蒸发器中被冷却物料（原料、溶剂和安全气）中吸收热量，降低它们的温度实现制冷。

制冷蒸发（汽化）形成的气氨经过冷冻机（又称制冷压缩机）压缩增压后，气氨温度高过环境温度，在氨冷凝器内空气和水即能让饱和气氨冷凝为液氨。高压饱和液氨经液氨节流阀节流减压降温后，又进入氨蒸发器循环使用，从而达到连续制冷的目的。

氨蒸气压缩制冷循环四大过程实质是一个热量的传递过程，环境温度取走氨的热量，氨又取走被冷却物料的热量，如此循环往复，从而达到连续制冷的目的。

冷冻系统是用管道将压缩机、冷凝器、膨胀阀、蒸发器连接而成的一个密封系统，关键设备是压缩机，现在一般使用螺杆式压缩机，如图 5－21 所示。

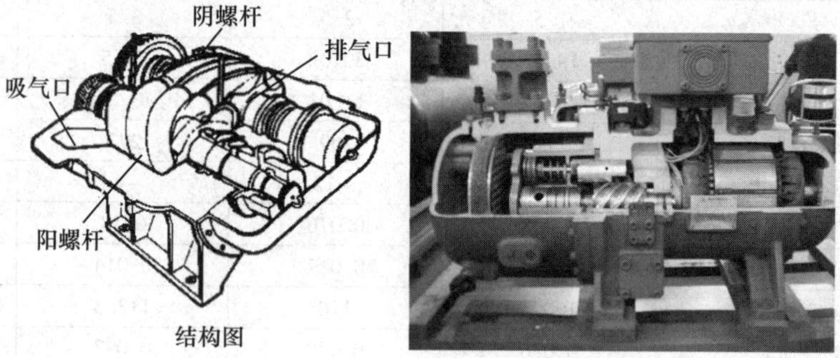

图 5－21　螺杆式制冷压缩机

脱蜡原料油和溶剂的混合物以及安全气的冷冻温度，是通过控制各蒸发器氨的液面和氨的蒸发温度来调节的。如果液面过低，说明需要的冷量超过液氨提供的冷量，这时要适当补充液氨，反之液面过高，要减少液氨的供应。当结晶系统的流量增大后，分配到套管等设备中的液氨量要适当加大；当原料和溶剂的温度升高后，也应适当增大液氨量。如果套管出口温度升高了，氨的蒸发压力又未变化，也要适当增加液氨量，由于氨的蒸发压力由温度决定，生产中不调节。因此在生产中，应该通过氨的流量控制液面，通过液面来控制各点温度。蒸发器内的液面过低，部分传热面积露在液氨的外面，使有效传热面积减少，热量传递受阻使被冷物料温度降不下来，严重时会影响产品质量和收率，另外使气氨过热形成过热氨气，氨的密度减小，造成系统的内压力升高，操作不稳定，冷冻机吸入过热氨气，会使氨的单位制冷能力降低，冷冻机制冷效率降低。蒸发器内液面控制过高，占据了蒸发空间，使蒸发器内压力上升。由于蒸发空间太小，传热能力减小，而且气氨夹带的雾状液滴多，甚至引起冷冻机抽液体，因此生产中要控制适宜的液面。保持液氨的正常循环，维持平稳操作，保证液氨在系统内发挥最大的制冷能力，降低功耗。

## 八、安全气系统（真空密闭系统）

带过滤系统的真空密闭系统典型工艺流程如图5－22所示。

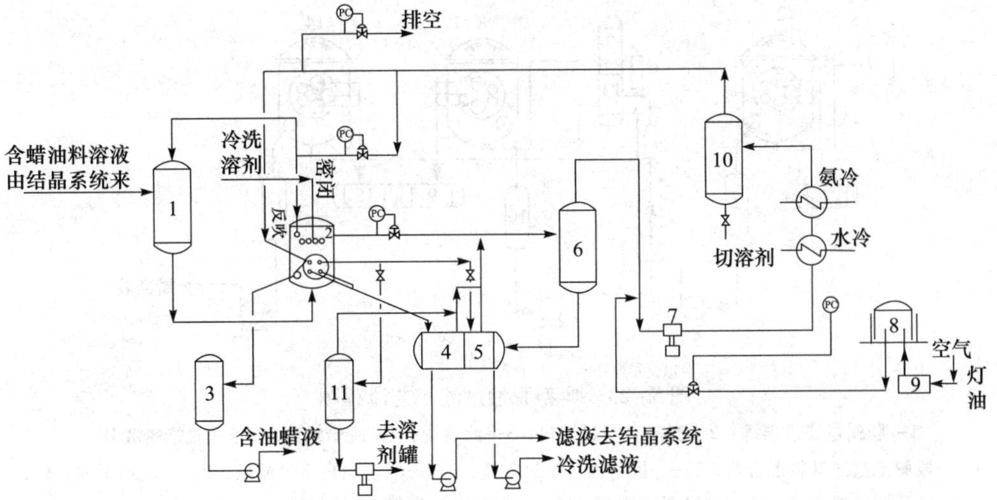


图5－22　真空密闭系统（带过滤系统）典型工艺流程图

1—进料罐；2—真空过滤机；3—含油蜡液罐；4—滤液罐；5—冷洗滤液罐；6—泡沫分离器；7—真空压缩机；8—浮顶式安全器罐；9—安全气发生机；10—安全气中间罐；11—温洗液罐

安全气系统（真空密闭系统）是为防止过滤机内由于溶剂蒸气和氧气的存在而形成爆炸性混合物，在过滤机外壳内送入安全气（经过氨冷），过滤机在安全气（即惰性气）循环密封下操作。过滤机外壳内压力保持稍高于壳外大气压力，以防止空气被抽入滤机内。过滤机中安全气的氧含量控制在5%以下。所送入的安全气是在安全气发生炉内燃烧灯油所产生，其气体组成为氮气、二氧化碳及少量的一氧化碳和其他气体，控制发生炉出口安全气中氧含量<0.5%~1.0%（体）。安全气是循环使用的，利用在真空密闭系统设置的真空压缩机建立安全气循环。该机有双重作用，即进口抽真空使过滤机滤鼓滤布内外形成压差进行过滤；所抽进安全气压缩至约0.05MPa（表）送去过滤机进行反吹，松动蜡饼，以利于刮刀刮下，同时另一股安全气经降压送入过滤机壳内的气相空间保持正压1~3kPa（表），以防空气漏入。若安全气中含氧量达5%（体）时，应立即排空置换。

## 九、脱油系统

### 1. 脱油原理

酮苯脱油利用酮苯混合溶剂对油、蜡不同的溶解度和油在溶剂中的溶解度随温度升高而增大的原理，将脱蜡蜡膏与溶剂混合后升温，使蜡膏中的油溶解在溶剂中，而蜡膏中的蜡仍保持蜡晶体。采用真空过滤的方法使油蜡进一步分离，从而获得所需低含油的蜡膏。

脱蜡蜡膏在与溶剂混合升温后，经过一段脱油真空过滤机过滤后所得到的蜡膏，与新鲜溶剂充分混合，再经过二段脱油真空过滤机进行过滤，可进一步降低蜡中的含油量。二段脱油过滤时，所得到的滤液中含溶剂量大（一般在95%以上），全部返回脱油一段作为稀释溶剂，从而降低脱蜡脱油溶剂比。

**2. 工艺流程**

典型脱油过滤工艺流程如图 5-23 所示。

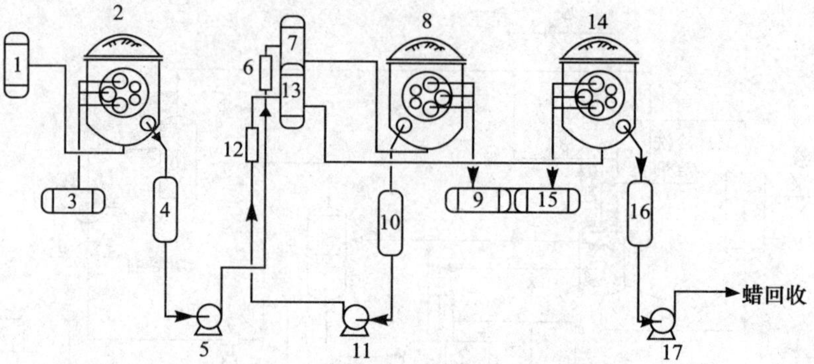


图 5-23 典型脱油过滤工艺流程图

1—脱蜡过滤进料罐；2—脱蜡真空过滤机；3—滤液罐；4—脱蜡蜡液罐；5—脱蜡蜡液泵；6—一段脱油过滤进料混合器；7—一段脱油过滤进料罐；8—一段脱油真空过滤机；9—一段蜡下油液罐；10—一段脱油蜡液罐；11—一段脱油蜡泵；12—二段脱油过滤进料混合器；13—二段脱油过滤进料罐；14—二段脱油真空过滤机；15—二段蜡下油液罐；16—二段脱油蜡液罐；17—二段脱油蜡泵

（1）一段升温脱油

含油蜡饼利用脱蜡真空过滤机内螺旋输送器推送至下蜡口，经下蜡管流入脱蜡蜡液罐。在脱蜡蜡液罐内可以注入二段脱油滤液作为浆化溶剂，也可注入新鲜溶剂，使含油蜡液略有升温后，再通过脱蜡蜡液泵抽脱蜡蜡液罐内的含油蜡液，经由夹套管线与凝结水换热后升温至 10℃左右，进入一段脱油进料混合器后送到一段脱油过滤进料罐，再自流入一段脱油真空过滤机。

（2）二段等温脱油

经冷洗后的含油蜡饼由安全气反吹，再利用一段脱油真空过滤机内的刮刀，从滤鼓上刮下，利用一段脱油真空过滤机内螺旋输送器将其推送至下蜡口，经下蜡管流入一段脱油蜡液罐。在一段脱油蜡液罐内注入新鲜溶剂，用一段脱油蜡泵抽一段脱油蜡液罐，一段脱油蜡液经二段脱油进料混合器送到二段脱油过滤进料罐后，再自流入二段脱油真空过滤机。

（3）脱油稀释、冷洗溶剂

一段脱油稀释溶剂主要是利用二段蜡下油液，即二段脱油过滤后的滤液，从二段蜡下油液罐内，由二段蜡下油液泵抽出作为全部一段脱油稀释溶剂，注入脱蜡蜡液罐内。

用脱油稀释、冷洗抽干溶剂罐送至一段蜡下油脱油稀释冷洗溶剂换热器冷却后，送至一段冷洗溶剂氨冷器和二段冷洗氨冷器内，分别送至一段脱油真空过滤机作为一段脱油冷洗，一段脱油蜡液罐作为二段脱油稀释，二段脱油真空过滤机作为二段脱油冷洗。

## 十、专用设备

**1. 套管结晶器**

结晶系统主要的设备是套管结晶器，如图 5-24 所示。它的任务是冷却含蜡原料油和溶剂的混合物。该混合物流过套管结晶器时，需要有一定的停留时间，使蜡缓慢结晶析出。

图 5-24　套管结晶器

溶剂脱蜡装置有氨制冷和换冷两种套管结晶器，其结构大致相同，其不同之处是：氨冷套管上部有一供氨蒸发罐，利于液氨的蒸发，内外管之间偏心安装。

（1）构造与技术规格

① 给冷部分。由氨蒸发罐、进入套管液氨线、从套管出来的气氨线组成。

② 换热部分。由 10～16 根套管组成，每根套管与普通的换热套管相同，由内管和外管组成。

③ 刮蜡部分。由于原料油析出的蜡易结在内管的管壁上，影响传热和蜡、油、溶剂混合物的输送。因此，套管结晶器必须有转动的刮蜡设备，如图 5-25 所示，它由刮刀、弹簧、空心轴、套管小轴、链轮等部分组成。

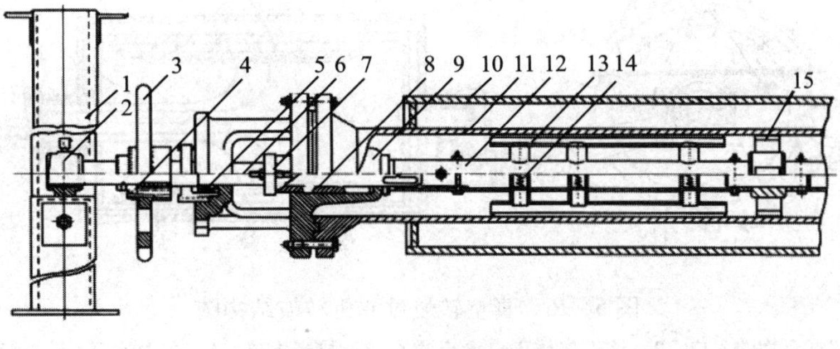


图 5-25　套管结晶器结构图

1—构架；2—滑动轴承；3—链轮；4—安全销；5—滚动轴承；6—传动轴；7—填料函压盖；8—填料；9—填料函；10—外管；11—内管；12—中心（空心）轴；13—刮刀；14—弹簧；15—中心支架

（2）工作过程

含蜡原料油和溶剂的混合物在内管中流过，冷却剂在内、外管间的环形空间流过。通过降温，蜡在内管中结晶。由于刮刀的不断搅动，促进了结晶过程中蜡分子的扩散，并使管壁不能结蜡太厚，影响传热。这样的过程保证了蜡有一定的时间在其中析出结晶并不断移出，从而完成溶剂脱蜡操作中的结晶过程。

套管结晶器技术规格见表5-12。

**表5-12 套管结晶器的技术特性**

| 项目 | 换冷套管结晶器 | 氨冷套管结晶器 |
|---|---|---|
| 换热面积/$m^2$ | 70 90 105 | 70 90 105 |
| 套管根数/根 | 8 10 12 | 8 10 12 |
| 内套管直径/mm | 219 | 219 |
| 外套管直径/mm | 273 | 273 |
| 套管有效长度/mm | 13100 | 13100 |
| 设计温度（内/外）/℃ | 65～100/-30 | -40～100/-40～100 |
| 设计压力（内/外）/MPa | 4.0/2.5 | 4.0/2.0 |
| 配套电动机功率/kW | 7.5 | 7.5 |
| 电动机转数/(r/min) | 1450 | 1450 |
| 减速机速比 | 1:11.8 | 1:11.8 |
| 刮刀转数/(r/min) | 11～13 | 11～13 |

**2. 转鼓真空过滤机**

(1) 组成

真空过滤机为一连续操作设备，包括以下四个组成部分：

① 下部壳体，实为已冷却结晶的油料溶液的容器。

② 顶盖，用法兰与下部壳体相连接，连接处要保证绝对密封。

③ 滤鼓，位于壳体内部，这是实现过滤的基本部分。

④ 自动分配装置（又称分配头）。

转鼓真空过滤机转鼓结构如图5-26所示。

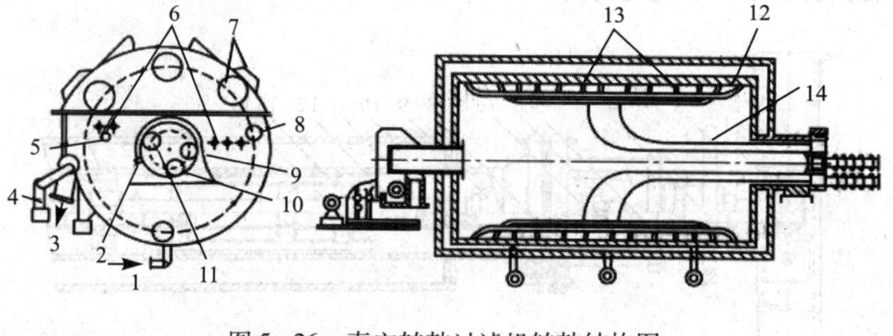


图5-26 真空转鼓过滤机转鼓结构图

1—原料与溶剂混合物的入口；2—惰性气体入口（反吹）；3—蜡膏出口；4—润滑油泵；5—液面调节器开口；6—洗涤溶剂入口；7—看窗；8—惰性气体入口（密闭）；9—滤液及冷洗液出口（高真空）；10—滤液出口（低真空）；11—冷洗液出口（冷洗真空）；12—滤鼓；13—连接短管；14—连通管

过滤机的主体是圆筒形的滤鼓，滤鼓的外壳被纵向分成若干格子，每一格子中安装两层金属网作为支架，上面敷有滤布，用铅条将滤布压在两个中间的燕尾槽中，以固定滤布，再用钢丝缠绕在滤布外面，使滤布紧贴在金属网上。在滤鼓的每个格子中，沿鼓长方向装有两排连通的短管，经连通管与分配头相连。

过滤的驱动力是靠滤机外壳与滤鼓的格子内的压差，用真空压缩机抽吸，经过分配头和连管使滤鼓表面的格子形成负压，而滤机外壳的压力为正压 1kPa（表），这样就能把滤液吸进去，而蜡饼留在滤鼓表面上。为了能连续操作，蜡饼需要不断地从滤鼓表面刮下来，因此在滤鼓的一面，沿鼓长设有刮刀，刮刀下方为收集槽，槽底有电动螺旋输送器。

随着滤鼓转动，滤液被抽走，蜡结晶聚集在滤布表面上，当蜡层离开液面后，被设于滤鼓上方的喷淋管喷出的冷溶剂（温度同过滤温度）淋洗，此称为冷洗。冷洗溶剂与残留于蜡饼中的一部分润滑油被吸入鼓中的管内，冷洗蜡饼随滤鼓转动而被吸干。吸干后，当蜡饼转到刮刀上方，即用压力为 30~40kPa（表）的安全气将蜡饼吹松，称为反吹。吹松的蜡饼被刮刀刮下由螺旋输送器送入含油蜡液罐。随着滤鼓的旋转，过滤工作循环进行。滤液与冷洗滤液分别经过连接管与分配头进入各自的真空受槽。

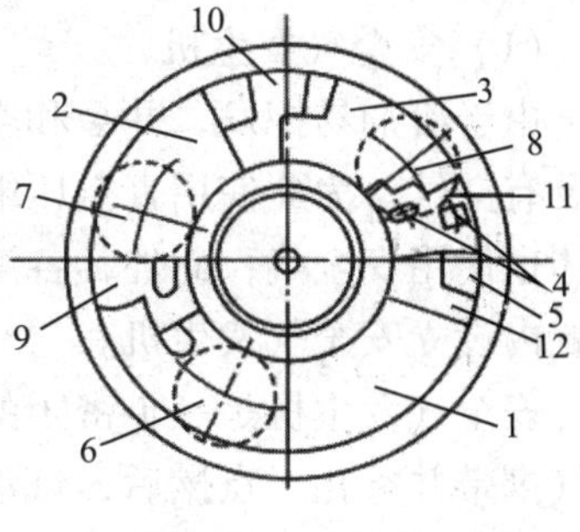


图 5-27　滤机分配头的结构示意图

1—低真空区；2—高真空区；3—冷洗真空区；4—反吹；5—死区；6—低真空抽出管；7—高真空抽出管；8—冷洗真空抽出管；9—低高真空分配桥；10—高真空冷洗真空分配桥；11—冷洗、死区分配桥；12—活动分配桥（调节死区大小用）

生产过程中，把浸在油、蜡、溶剂混合物中的部分称为低真空区，处于吸干滤液和少量淋洗溶剂的部分称为高真空区，处于大部分冷洗和反吹前的吸干残余溶剂与油部分称为冷洗真空区，刮刀至滤机底槽液面之间的区域称为死区。安装在滤机一端的分配头（如图 5-27 所示），是控制滤机中低、高、冷洗真空及反吹和死区五个部分的部件，也是控制各个过程时间长短的一个部件。分配头不随滤鼓转动，但和滤鼓轴用弹簧压紧，由于它既连真空又连反吹，所以在滤鼓轴转到不同位置时，分别与真空、反吹相连，并通过滤鼓轴上的很多连接管把真空度和反吹压力传递到滤鼓表面上，从而实现滤鼓吸滤、吹脱蜡饼（再经刮刀刮下蜡饼）。

由于分配头与滤鼓轴要求紧密相连，易磨损，因此在它们之间夹一块铜板（如图 5-28 所示）作为保护，铜比钢软，摩擦时主要损坏铜板，而分配头与滤鼓轴端面磨损很小，使关键零件得到保护。铜板也可用耐磨的聚四氟乙烯板代替。

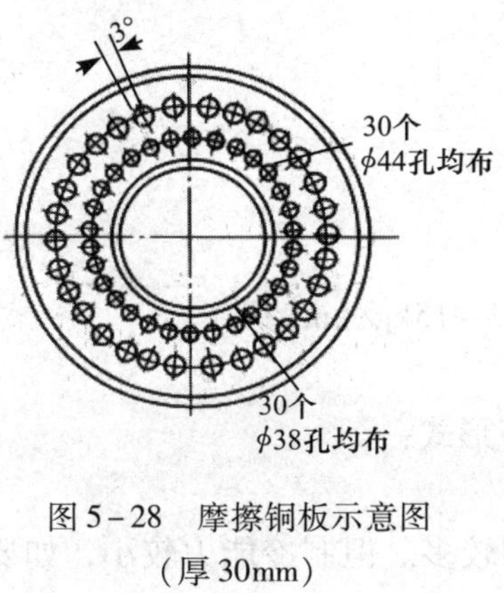


图 5-28　摩擦铜板示意图（厚 30mm）

（2）工作过程

滤机底槽的滤液穿过滤布通过真空管路及分配头的低真空区被吸入滤液罐，蜡被留在滤布上形成蜡饼。其后顺序经过高真空和冷洗真空区，蜡饼中未被吸干的油被喷淋下来的冷溶剂所溶解，通过高真空和冷洗真空区被吸入滤液罐。被吸干的蜡饼继续进入反吹区，被经过分配头吹来的惰性气吹松与滤布分开，并用刮刀将其刮入输蜡槽，然后用输蜡器送入蜡膏罐。脱掉蜡饼后的滤鼓区段又进入滤机底槽反复连续工作。

（3）技术规格

转鼓真空过滤机的技术规格见表 5-13。

表 5-13　真空过滤机技术规格

| 项目 | 技术规格 | | 项目 | 技术规格 | |
|---|---|---|---|---|---|
| 过滤面积/$m^2$ | 50 | 100 | 转鼓转数/(r/min) | 0.255～1.525 | 0.255～1.525 |
| 滤鼓尺寸/mm | $\phi$3000×5400 | $\phi$3000×10000 | 滤鼓浸没角度 | 180° | 180° |
| 浸没温度/℃ | -35～+15 | -35～+15 | 过滤区角度 | 165° | 165° |
| 真空度/kPa | 88 | 88 | 吸干及淋洗区 | 164° | 164° |
| 反吹压力/MPa | 0.04 | 0.04 | 吹脱区角度 | 12° | 12° |
| 密闭压力/MPa | 0.001 | 0.001 | | | |

**3. 其他设备**

（1）安全气发生机

由于溶剂易挥发，并会和空气形成易爆炸混合物，这就要使过滤机壳体内空间尽可能不要有空气。为此使用真空压缩机送安全气至过滤机壳体内起密封作用，过滤过程的反吹气体也使用安全气，此外，各溶剂罐也要用安全气做覆盖气以隔绝空气进入，因此需要在装置内设立安全气发生机。

安全气发生机是一个密闭的炉体，由喷嘴向炉膛内喷入灯油，由带有一定压力的压缩空气携带并雾化、点燃后，灯油与空气混合燃烧，使空气与灯油化合为 $CO_2$ 和水，调节燃烧使之生成 $CO_2$、$N_2$、$O_2$（<0.5%～1.0%）和 CO（<1.0%）的安全气，存入一浮顶气柜中，供装置使用。

燃烧 1kg 灯油约产生安全气 12$Nm^3$。

（2）真空压缩机

真空压缩机的任务是进口抽负压，使真空过滤机形成压差进行过滤，同时将所吸入的安全气从出口压出，送去真空过滤机进行反吹作业及少部分降压作滤机壳体密封气，形成安全气循环。因此，可以说真空压缩机给过滤机的正常过滤提供总动力，这个总动力就是反吹压力、真空度和密闭压力，此三者配置是否得当，将决定整个过滤效果。而且真空压缩机操作好坏，将给过滤机操作带来影响，并能影响结晶以至溶剂回收的平稳操作和溶剂的平稳循环。

真空压缩机进口真空度：　　　80kPa

真空压缩机出口压力：　　　　0.7MPa（表）

目前，国内酮苯脱蜡装置所用真空压缩机有两种：

① 往复式，L 型，多数装置都用此型号。

② 旋转滑片式压缩机。制造困难，成本高。

根据经验，每平方米过滤面积安全气循环量一般为 12～15kg/($m^2$·h)。

（3）制冷系统氨压缩机组

目前，国内酮苯脱蜡装置所采用的氨压缩机组有如下形式：

① 往复式氨压缩机：

规格上有蒸发温度为 -50～-20℃ 的机组，国内使用较多。但制冷能力较小，如要求制冷能力大的系统时，则需多台机组，造成占地面积大，维修工作量大。

② 离心式氨压缩机：

此种机组适用于大型化的制冷系统，有 -42～-20℃ 两种机组，前者单台制冷能力为

$250\times10^4$kcal/h，后者单台制冷能力 $133\times10^4$kcal/h。在国内有两个炼油厂已有 20 多年的运转历史。

③ 螺杆式氨压缩机：

近年来新设计的酮苯脱蜡装置多采用此种形式的氨压缩机，其操作比较平稳，机组系列中有多种蒸发温度，但机组需从国外引进。

所有氨冷凝系统均可采用蒸发式空冷器，以之取代水冷式氨冷凝器，可以节约大量冷却水，降低能耗，这已在各生产润滑油的炼油厂取得成功经验。

## 第三节 白土补充精制

### 一、概述

生产基础油的原料主要来自炼油厂常减压蒸馏装置、丙烷脱沥青装置，原料性质除主要决定于原油性质、减压蒸馏切割及丙烷脱沥青操作条件外，很大程度上还取决于基础油加工工艺。目前，按照物理过程加工的基础油装置主要有溶剂精制、溶剂脱蜡、白土补充精制。根据溶剂精制和溶剂脱蜡在基础油加工工序中的排列位置不同，将基础油加工分为“正序”和“反序”两种流程，其中溶剂精制－溶剂脱蜡－补充精制为正序加工流程，溶剂脱蜡－溶剂精制－补充精制为反序加工流程。

补充精制是基础油生产的最后一道工序。润滑油料在经过了溶剂精制和脱蜡后，已在黏温性、安定性、低温性等性能方面有了很大的提高，但油料中仍可能含有未被除净的硫化合物、氮化合物、环烷酸、胶质和残留的极性溶剂，还可能从加工设备中带出一些铁屑之类的机械杂质。为了将这些杂质除掉，必须通过补充精制以确保基础油的抗氧化安定性、光安定性、抗腐蚀性、抗乳化性和颜色、透光度等质量指标合格。

润滑油补充精制有四种工艺流程，分别为加氢补充精制、白土补充精制、液相脱氮－白土补充精制、液相脱氮－低温吸附精制。

加氢补充精制工艺是在缓和的条件下进行的加氢过程，以除去溶剂精制、溶剂脱蜡后残存在油品中的硫、氮、氧等杂质，基本不改变烃类结构和组成。在脱硫、脱氮、脱氧三个反应中，脱氮反应最难进行，反应条件也最苛刻，而脱硫过程相对容易得多，这不利于油品抗氧化安定性的提高。加氢补充精制对油品质量的改进主要表现在提高油品的透明度，除去油品中的残余溶剂，降低残炭、酸值，改善油品的气味及对添加剂的感受性。经过加氢后的油品，比色号较原料低半号，有时能低一号，但是加氢油的光安定性问题一直没有得到解决。

同白土补充精制工艺相比，加氢补充精制具有工艺简单、操作方便、油品收率高、没有废白土污染等优点。

白土补充精制是利用白土颗粒多孔、比表面积大（1g 白土的表面积达 150～450$m^2$）、吸附能力强的特点，将油品中胶质、沥青质、残余溶剂等杂质除去，达到改善油品安定性的目的。白土精制属于物理吸附过程，白土吸附油中各组分的能力顺序依次为胶质、沥青质 > 芳烃 > 环烷烃 > 烷烃。芳烃和环烷烃的环数越多，越容易被吸附。精制和脱蜡后的润滑油料中仍残留少量的胶质、沥青质、环烷酸、氧化物、硫化物、选择性溶剂、水分、机械杂质等，白土对它们有较强的吸附能力，而对润滑油中理想组成的吸附能力则极其微弱，借此使润滑油料得到精制。

白土补充精制工艺对油品的外观、碱氮、总氮等指标都有很大改善，精制后基础油能达到基础油质量标准的要求。白土补充精制的脱氮、脱碱氮效果都比较好，脱硫效果则不明显，基本上起到了润滑油精制保硫脱氮的作用，因此精制后油品的旋转氧弹值（润滑油氧化安定性指标）提高比较大。

总的说来，白土精制工艺的优点是：脱氮能力较强、精制前后的黏度下降少、凝固点回升较小、产品安定性好和工艺简单。缺点是：操作繁重、自动化程度低、产率低和废白土会造成污染。

液相脱氮－白土补充精制工艺中液相脱氮能脱去大量碱性氮化物，白土补充精制则进一步吸附部分胶质、沥青质、含氮化合物等，能显著提高精制油在高温苛刻条件下的氧化安定性。液相脱氮与白土补充精制的结合，既有效脱除了碱性氮化物，又大大降低了白土用量，精制油收率高。

液相脱氮－低温吸附精制是在液相脱氮过程中脱去大量碱性氮化物的基础上，利用一种高效吸附剂代替活性白土，在较低温度下（80～90℃）达到对油品精制的目的。

上述四种工艺中最常用的补充精制方法是白土补充精制和加氢补充精制。长期以来白土补充精制法占据着主要的地位。目前国内基础油的精制多数仍采用溶剂精制——白土补充精制的老工艺。虽然已建成加氢补充精制装置多套，但由于至今尚未找到不影响基础油凝固点回升的有效脱氮催化剂，装置未能充分发挥作用。针对我国原油特点，在加氢补充精制工艺尚未完全过关的情况下，为了有效地脱除碱性氮化合物，提高基础油氧化安定性，采用白土补充精制的方法还是行之有效的。

在国外，白土补充精制几乎已被加氢补充精制取代，目前在美国应用白土补充精制的生产能力只占到基础油生产能力的4%以下，主要是用于电气用油等一些特殊油品的补充精制。近几年来，国内基本解决了白土补充精制过程中劳动强度大，装置机械化、自动化水平低的问题。过滤过程中采用了自动板框过滤机，人工清扫过滤机减少。白土贮运采用了散装运输、气力输送，实现连续化作业，废除了人工搬运和装卸，解决了工人劳动强度大和白土粉尘污染等问题。国内白土补充精制和加氢补充精制两种工艺处于共存状态。白土补充精制约占基础油补充精制的60%以上。

## 二、白土吸附主要过程及原理

**1. 吸附**

吸附是一种物质的原子或分子依附于另一种物质表面上的现象。凡是具有疏松多孔结构的固体物质都具有吸附作用。在吸附过程中，能将另一种物质吸附于其表面上的物质称为吸附剂，被吸附的物质称为吸附质。

白土是一种具有多孔结构，比表面积较大、以硅铝酸盐为主体的天然矿物。天然白土经破碎、酸洗、水洗、干燥等处理后制成具有一定粒度的活性白土，活性白土是优良的吸附剂，控制白土含有少量的水，可使其表面具有一定的酸性，因而具有很强的吸附极性杂质的能力。油料与白土在较高温度下充分搅拌混合，有选择地吸附油、蜡中的极性物质

（极性物质包括含硫、氮、氧的化合物尤其是含碱性氮的化合物），而对油、蜡的理想组分则不吸附，从而达到除去油、蜡中非理想物质，提高基础油质量。

**2. 过滤**

在推动力作用下，使液－固或气－固混合物中的流体通过多孔性过滤介质，固体颗粒被过滤介质截留，从而实现固体与流体分离的操作称为过滤。白土补充精制工艺中过滤的主要作用是分离吸附后的白土与精制油，属液－固悬浮液的过滤分离。过滤操作中的悬浮液称为滤浆，所用的多孔物质称为过滤介质，通过介质孔道的液体称为滤液，被截留的物质称滤饼或滤渣，过滤过程的推动力是过滤介质两侧的压差。

**3. 白土输送**

利用气体在管内的流动以输送粉粒状固体的方法称为气力输送。气力输送按气源压力可以分为吸送式和压送式两类，当输送管中压力低于常压时称为吸送式，当输送压力大于常压时称为压送式。

白土补充精制装置中用压缩空气作为流化风，用气力输送法将白土压送至白土罐内。

白土加入量直接影响精制油品的质量、收率和装置能耗。若加入量过少，则精制过程不完全，油品杂质脱除不彻底，合格率下降；反之，则会出现白土渣夹带油品严重，加重过滤机、泵等设备的负荷以及设备磨损等负面影响。采用合理的白土下料系统，能够保证精确下料。

白土在输送过程中，输送用的风要排放掉，因此尾气依然具有较大的压力，约为0.1～0.2MPa，而且携带着大量的白土粉尘，粉尘的含量达130mg/m$^3$以上。国家标准规定要求尾气中白土的含量低于10mg/m$^3$。尾气除尘的目的是减少排污量并回收白土，对于白土尾气的除尘，方法比较多，如布袋除尘、电磁除尘、钢丝网除尘、湿法除尘等。湿法除尘即用水洗尾气法，但耗水量大，尾气中的白土不能完全回收。白土尾气除尘过程中，有的首先经过两级旋风分离后，用文氏管法除尘后再用水洗除尘，有的采用经过两级旋风分离后，再用油洗除尘，这种方法处理后尾气中白土的含量远远低于10mg/m$^3$的国家标准要求。

**4. 蒸发与汽提**

白土与油充分混合并吸附其中的不良组分后，通过蒸发将生产过程产生的轻组分以及溶解在油品中的氧除去。在一定氧浓度及温度条件下，油品容易氧化变色。氧在油中的溶解度随压力升高而呈线性增加，因此，降低蒸发压力，采用真空操作更能有效地除去氧。在相同精制条件下，白土蒸发塔蒸发压力越低，除氧越净，产品的比色越小。

经真空蒸发后，残存在油品中的微量溶剂的蒸气压很小，如不加入蒸汽则需要较高加热温度，但温度太高时将影响基础油质量，而且不利于装置节能，因此加入一定温度的过热蒸汽，降低油分压，并在汽提塔进行减压回收，则可轻易回收残余溶剂。蒸发塔中吹入过热蒸汽可降低塔中轻组分的分压，加速油品所含的残余溶剂和轻质馏分的挥发，同时起加热、搅拌、扰动作用，既防止白土沉积，又促进水分蒸发，保证油品闪点、水分、外观合格。

**5. 液相脱氮**

基础油液相脱氮的作用，是通过向油品中加入具有高选择性的脱氮剂，使之与油品中的碱性氮化物、胶质、沥青质等极性组分反应，生成络合物，再利用该络合物与油品间较大的密度差，通过沉降分离的方法，使其从油品中分离，从而达到对油品进行脱氮精制、提高油品质量的目的。

脱氮过程包括“反应”与“分离”两个主要过程，液相脱氮工艺原则流程示意如图5-29所示。

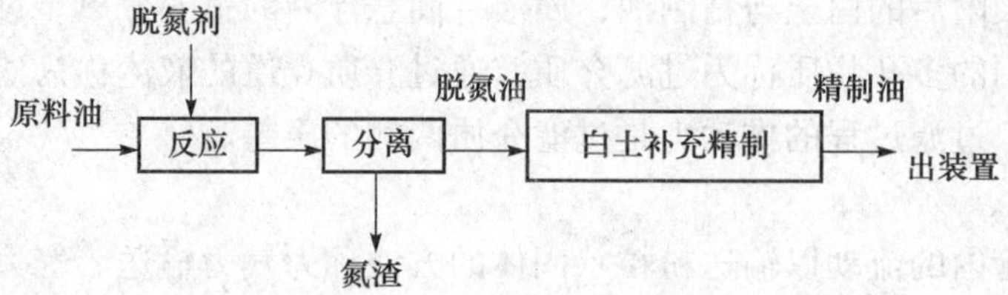


图5-29　液相脱氮原则流程示意图

对于基础油脱氮精制而言，电沉降是较为合适的沉降分离方法，电沉降是利用极性带电粒子在电场中的定向运动，使分散的络合物向电极作定向运动并聚集增大，这样，较大的络合物颗粒在重力的作用下，能更快地从油相中沉降下来，从而达到分离的目的。

在电沉降分离工艺过程中，稳定合适的电场强度是保证装置能够正常运行的必要条件。在此，高压电场是依靠相互绝缘的正、负两极，在高压电供配电系统的作用下建立的。正极、负极分别有若干块极板沿电精制沉降罐轴向间隔排布（见图5-30），在通电状态下每一个相邻的正极板与负极板之间形成一个具有一定电场强度的直流电场，其运行电压在0~20kV之间（根据所精制的油品而定），其运行的电场电流≤20mA（实际上控制≤5mA）。从高压电绝缘的角度来说，对电极、供配电设备的绝缘可靠性以及加工介质的电导率有严格的要求。否则，会导致电极系统因短路而损坏，以至使电场无法建立，沉降分离难以进行。

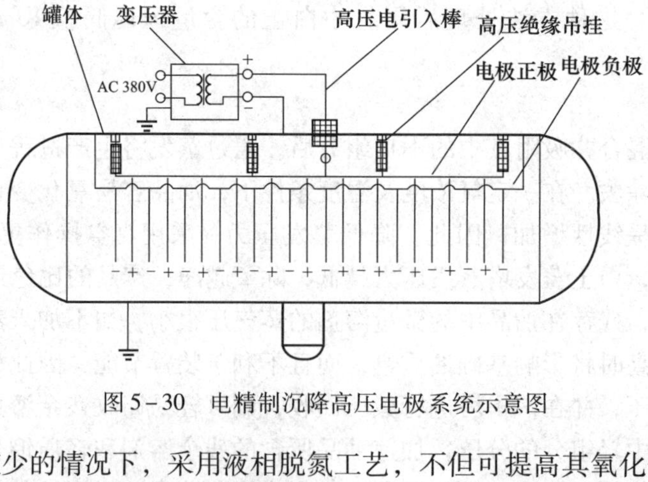


图5-30　电精制沉降高压电极系统示意图

在白土用量较少的情况下，采用液相脱氮工艺，不但可提高其氧化安定性，并达到脱色和脱碱氮的目的，还可以提高基础油的收率，这对以高氮低硫原料生产基础油的炼油厂具有重要意义。与白土补充精制工艺相比，液相脱氮工艺具有提高产品质量、降低白土用量及提高收率、减少污染等优势，是改善基础油质量、降低生产成本的有效途径之一。

## 三、白土的组成及性质

白土分为天然白土和活性白土两种。由于活性白土的吸附能力、脱色能力强，因而在工业上得到广泛应用。白土补充精制所用白土主要是活性白土。

活性白土是将天然白土（黏土矿中含蒙脱土大于8%的优质膨润土）经预热、粉碎、硫酸活化、水洗、干燥、磨细而制得的呈白色或米色粉末状结晶或无定形物质，多微孔、比表面积大。其主要成分为 $SiO_2$ 和 $Al_2O_3$，其余为 $Fe_2O_3$、CaO、MgO 等，活性白土的化学组成见表5-14，规格见表5-15。

**表5-14　白土的化学组成**

| 组成 | 水分/% | $SiO_2$/% | $Al_2O_3$/% | $Fe_2O_3$/% | CaO/% | MgO/% |
|---|---|---|---|---|---|---|
| 天然白土 | 24~30 | 54~68 | 19~25 | 1.0~1.5 | 1.0~1.5 | 1.0~2.0 |
| 活性白土 | 6~8 | 62~63 | 16~20 | 0.7~1.0 | 0.5~1.0 | 0.5~1.0 |

**表5-15　活性白土规格**

| 项目 | 脱色率/% | 游离酸/% | 活性度 | 粒度①/% | 水分/% |
|---|---|---|---|---|---|
| 质量指标 | ≥90 | <0.2 | ≥220 | ≥90 | ≤8 |

注：① 通过120目筛。

活性白土的主要性能指标为粒度、水分、活性度和脱色率。

**1. 粒度**

粒度表示白土的破碎程度、颗粒的大小。我国目前采用的白土粒度以通过120目筛的白土百分数表示，要求在90%以上。白土颗粒越粗，比表面积越小，吸附能力就越小；反之，白土颗粒越细，比表面积越大，吸附能力越强。但是颗粒过细的白土与油混合时，会呈糊状，使固液分离困难，降低精制润滑油的收率。

**2. 水分**

水分是指白土含水的质量百分数。水分的多少会影响白土的吸附性能，含水量越大，吸附能力越小，但过度干燥的白土，由于结晶水的散失，其吸附能力反而很小，甚至完全丧失活性。含水量6%~8%的白土吸附能力较好。在高温精制过程中，白土所含水分便从孔隙中溢出，此时白土具有很强的吸附性能，很容易吸附极性物质。此外，从白土中溢出的水蒸气使系统内部搅拌加强，增加接触机会，使油品与白土混合得更好。但白土含水量过多，精制时由于水汽化会引起加热炉炉管压力上升和在蒸发塔内形成大量泡沫，容易造成冲塔事故。

**3. 活性度**

活性度是判断白土对极性物质吸附能力的一项重要指标，用在20~25℃下100g白土吸收0.1mol/L NaOH溶液的体积（mL）来表示，一般要求活性度大于220。活性度与白土的化学组成、粒度、水分和表面孔隙是否清洁有关，活性度越大，吸附能力越强。

白土的吸附能力还可用脱色率（采用灯油沥青法）来表示，一般要求大于90%。它可进一步表示白土精制的效果。

## 四、白土精制过程影响因素

影响白土精制操作条件的主要因素是原料油的质量、加工后对油的品位要求及白土的性质及质量等。原料前处理精制深度不够，含溶剂太多等都会增加白土精制的难度。原料越重，黏度越大，油品质量要求越高，操作条件就越苛刻；而当白土活性高、颗粒度和含水量适当时，在同样操作条件下，精制产品好。

白土吸附过程的主要操作条件为白土用量、含水量、颗粒大小、比表面积、孔隙率、精制温度、接触时间等。上述各条件对色度指标的影响由大到小顺序是：白土用量 > 白土类型 > 吸附方法 > 吸附温度 > 吸附时间。其中白土用量、白土类型对色度的影响最为显著。

**1. 白土用量与性质**

白土用量是影响精制油质量的主要因素，白土用量增加，处理后油品颜色变浅，酸值降低，抗氧化安全性提高。但当白土用量到一定值后，继续增加用量对油品质量改善效果不明显，还会影响精制油的收率，不加抗氧剂的油品还会因精制过度而将天然的抗氧化剂，如微量酚基或硫基胶质完全除掉，使油品安定性降低。另外还会造成浪费白土、降低精制油收率、过滤机负荷大、设备磨损等弊端。因此从能耗、环境污染和成本等方面考虑，应确定适宜的白土用量。不同油品白土用量不同。如内燃机油为1%~3%，机械油为2%~4%，真空泵油为10%~15%。

白土颗粒大小影响其比表面积，进而影响其吸附能力。

白土类型的不同对色度影响的程度也很大，因为白土类型不同，它的比表面积、孔隙率也不同，而这些直接影响着吸附效果，表现出润滑油色度的大小不同。

**2. 吸附方法**

白土精制工艺有粒状白土渗滤法（包括固定床渗滤法和移动床渗滤法）和粉状白土接触法两大类。接触法投资少，消耗和操作费用高，废白土不易处理；渗滤法投资高，操作费用低，基本没有废白土污染。国外多采用渗滤法，我国广泛应用的是接触法。

**3. 吸附温度**

白土吸附油品中不良组分的速度，主要取决于所精制油品的黏度。油品黏度大，则吸附速度小；而升高精制温度，有利于降低黏度和增加不良组分的移动速度以及其与白土活性表面接触的机会。但温度过高则易出现油品裂解、装置能耗增加等不利现象。因此在实际生产过程中，所选择的加热温度以使油料的黏度尽量低，且不发生热分解，在保证油精制质量的前提下，操作温度尽量低为原则。白土精制温度一般为200~280℃。

**4. 吸附时间**

吸附时间指在精制温度下白土与油品接触的时间。为达到一定精制深度，必须使油品与白土能充分接触，保证有一定的扩散和吸附时间，适宜的接触时间一般为20~40min。吸附时间太短达不到理想吸附效果；停留时间过长，会造成油品被氧化，颜色加深，比色号下降。

吸附温度、吸附时间、搅拌速度对色度的影响结果如表5-16所示。温度高于70℃后，吸附方法对色度的影响不大，低于70℃时采用接触法的效果远好于采用渗滤法的效果。当吸附温度超过70℃后，两者差别缩小，因此若操作温度为≤60℃时，应选用接触法，若工艺允许在70℃以上进行吸附操作，也可采用渗滤法。

表 5-16　吸附温度、吸附时间、搅拌速度对色度的影响

| 吸附温度/℃ | 色度[①] | | 吸附时间/min | 色度（接触法）[②] | 搅拌速度/(r/min) | 色度[③] |
|---|---|---|---|---|---|---|
| | 渗滤法 | 接触法 | | | | |
| 40 | 1.5 | <1.5 | 10 | <1.5 | 0 | 1.5 |
| 50 | 1.5 | <1.5 | 20 | <1.5 | 100 | <1.5 |
| 60 | 1.5 | <1.5 | 30 | <1.5 | 200 | <1.5 |
| 70 | <1.5 | <1.5 | 40 | <1.5 | 300 | <1.5 |
| 80 | <1.5 | <1.5 | 50 | <1.5 | 400 | <1.5 |

注：① 白土用量为 10%（质），吸附时间为 30min。
② 白土用量为 10%（质），吸附温度为 60℃。
③ 白土用量为 10%（质），吸附温度为 60℃，停留时间为 30min。

吸附时间对油品的色度影响不大。原因是白土用量较大，能够在短时间内完成吸附，在超过 10min 以后，已达到基本饱和。

还可以看出，不搅拌时润滑油的色度要高于经过搅拌的润滑油的色度。这说明，搅拌对吸附效果是有影响的，但搅拌速度大小对油品色度的影响不明显，这可能是当搅拌速度超过某一值时（如 100r/min），已经达到了相对稳定的吸附效果。

## 五、液相脱氮-白土联合工艺流程

### 1. 液相脱氮系统装置工艺原则

液相脱氮系统装置工艺原则流程图如图 5-31 所示。

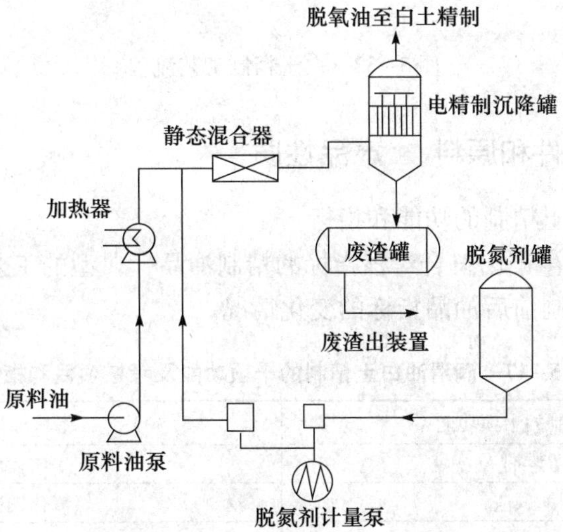


图 5-31　液相脱氮系统工艺原则流程图

原料油部分：原料油自上道工序进入白土装置原料罐区，原料油由原料泵从原料罐中抽出，先与成品油换热器换热到脱氮反应温度，再进入脱氮系统的静态混合器，与计量泵抽送来的脱氮剂充分混合、反应，最后进入电精制沉降罐。脱氮剂与基础油中的非理想组分形成络合物，在强电场的作用下，密度大的络合物及未充分反应的脱氮剂沉降至电精制沉降罐罐底，再排至废渣罐。脱氮精制后的脱氮油由电精制沉降罐顶部排出，经冷却器冷

却至 60～85℃，送至白土混合罐进行白土补充精制。

脱氮剂部分：脱氮剂由生产厂用保温车（70℃）运至白土补充精制装置，经装卸车泵抽送到脱氮剂罐储存。脱氮剂自脱氮剂罐到稳定罐，再经脱氮剂泵计量抽出，送至加料喷嘴，油与脱氮剂在静态混合器中充分混合反应。

废渣部分：废渣自电精制沉降罐底经气动阀多次少量地排入废渣罐储存，经螺杆泵抽出装入槽车运至脱氮剂生产厂处理。

**2. 白土补充精制工艺流程**

如图 5－32 所示，原料油经加热后进入混合器与白土搅拌混合约 20～30min，然后用泵送入加热炉。加热以后进入真空蒸发塔，蒸出在加热炉中裂化产生的轻组分和残余溶剂，塔底悬浮液进入中间罐。从中间罐先打入史式过滤器过滤掉绝大部分白土，然后再通过板框式过滤机脱除残余固体颗粒。经补充精制后得到符合质量要求的润滑油基础油。

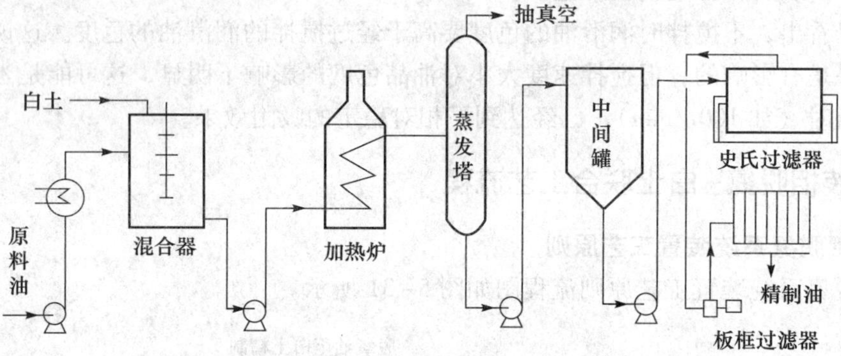


图 5－32　白土精制工艺流程

## 六、工艺操作条件和原料、产品性质

表 5－17 总结了白土精制的功能和指标。

为实现这些功能，生产出符合考核指标的精制油品，典型的工艺操作条件见表 5－18。表 5－19 给出了白土精制前后油品指标的变化情况。

**表 5－17　润滑油白土精制的十项功能及考核项目和指标**

| 润滑油白土精制的十项功能 | 考核项目及指标 |
|---|---|
| 脱除残留溶剂 | 溶剂含量：无 |
| 脱除残留酸碱渣 | 氢氧化钠试验≤2 级 |
| 脱除异常气味 | 气味：无异味 |
| 脱除染色物质（胶质、沥青质） | 比色：按各级油品要求 |
| 脱除碱氮 | 提高油品氧化安定性 |
| 脱除皂化物 | 提高油品抗乳化度 |
| 脱除残留环烷酸 | 抗乳化度 NaOH 试验 |
| 脱除腐蚀性物质（活性硫等） | 铜片腐蚀 |
| 脱除水分 | 水分检验 |
| 脱除杂质 | 杂质检验 |

**表 5-18　白土补充精制工艺操作条件及精制油收率**

| 油品名称 | 150SN | 500SN | 650SN | 150BS |
|---|---|---|---|---|
| 白土加入量/%(质) | 2~4 | 2~5 | 3~5 | 10~20 |
| 白土与原料油混合温度/℃ | 70 | 80 | 80 | 80 |
| 蒸发塔底接触温度/℃ | 190 | 210 | 210 | 265 |
| 蒸发塔真空度/kPa | 73.3 | 73.5 | 73.2 | 73.3 |
| 蒸发塔内停留时间/min | 30~40 | 30~40 | 30~40 | 30~40 |
| 第一次过滤（粗滤）温度/℃ | 160 | 160 | 160 | 160 |
| 第二次过滤（细滤）温度/℃ | 110 | 120 | 120 | 130 |
| 精制油收率/%(质) | 97~98 | 96~97 | 96~97 | 81~90 |
| 废白土渣含油/%(质) | 20~25 | 25~30 | 25~30 | 25~30 |

**表 5-19　原料油及精制油性质**

| | 原料油性质 | | | | 精制油性质 | | | |
|---|---|---|---|---|---|---|---|---|
| | 150SN | 500SN | 650SN | 150BS | 150SN | 500SN | 650SN | 150BS |
| 比色/号 | 1.5 | 2.5 | 3.5 | 7.0 | 1.0 | 2.5 | 3.5 | 5.5 |
| 黏度（50℃)/($mm^2/s$) | 19.63 | 60.02 | 77.7 | 277.9 | 19.77 | 60.04 | 77.86 | 261.9 |
| （100℃)/($mm^2/s$) | 5.03 | 11.01 | 13.24 | 35.0 | 6.09 | 10.91 | 13.36 | 33.56 |
| 闪点（开口)/℃ | 213 | 269 | 273 | 323 | 213 | 269 | 275 | 317 |
| 凝点/℃ | -12 | -12 | -14 | -12 | -12 | -12 | -14 | -12 |
| 酸值/(mgKOH/g) | 0.014 | 0.017 | 0.014 | 0.008 | 0.006 | 0.011 | 0.009 | 0.022 |
| 康氏残炭/%(质) | 0.008 | 0.076 | 0.13 | 0.71 | 0.008 | 0.065 | 0.13 | 0.57 |
| 苯胺点/℃ | 100.5 | 110 | 113.5 | 129 | 100.0 | 109.5 | 114 | 129 |
| 硫含量/%(质) | 0.036 | 0.078 | 0.097 | 0.06 | 0.014 | 0.10 | 0.062 | 0.08 |
| 氮含量/(μg/g) | 102 | 383 | 458 | | 23 | 303 | 403 | |
| 黏度指数 | 98 | 91 | 97 | 103 | 101 | 96 | 97 | 104 |
| 碘值/(mgI/100g) | 9.1 | 12.8 | 9.8 | 12.4 | 9.7 | 11.4 | 10.1 | 12.2 |

## 七、特殊设备

### 1. 过滤机

（1）史氏过滤机

史氏过滤机（如图 5-33 所示）的外形是一个卧式圆筒，由上下两半圆部分组成，上半部用支柱固定于基础上，下半部用活动铰链悬挂于上半部，可以转动打开，两半部可用螺栓加以连接，用垫片加以密封。

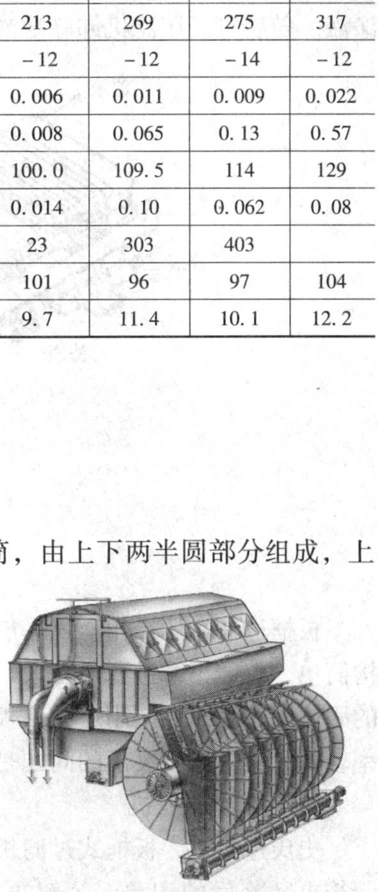

图 5-33　史氏过滤机

上半部固定有过滤元件——滤叶，滤叶主体是一个圆环，环两侧先铺设粗金属网，然后铺细金属网，最后在面上铺贴金属滤布。白土和润滑油混合物打入筒体中，充满于滤叶之间，滤液自滤叶的内表面引出，并排入收集器中，滤渣留在滤叶外表面的金属滤布上形成滤饼，当滤饼的厚度达到一定时，即停止进料，再用空气吹扫，将剩余的油从排污口排出。进而打开转筒的下部，用铲将滤叶上的白土除净。然后，将过滤机的外壳重新关闭、压紧，并送入一批新的混合物，开始下一个操作周期。

史氏过滤机的过滤表面积可有 $94m^2$、$50m^2$、$24m^2$、$18m^2$ 等规格。$94m^2$ 过滤表面积的滤机随所过滤油料的黏度及白土加入量的不同，其生产能力可达 100～400kg/($m^2$·h)。一个操作周期的时间一般是一个多小时，其中有效过滤时间约占一半。史氏过滤机的操作压力小于 0.44MPa。

史氏过滤机可用于悬浮液中含有大量固相的情况，尤其是接触法白土精制时，应用较多，但操作劳动强度大，自动化程度低，已处于被取代之势，或仅作为粗滤用，细滤则采用板框过滤机。

（2）板框过滤机

板框式过滤机（如图 5-34 所示）主要由交替排列的滤板和滤框构成一组滤室。滤板的表面有沟槽，其凸出部位用以支撑滤布。滤框和滤板的边角上有通孔，组装后构成完整的通道，能通入悬浮液、洗涤水和引出滤液。板、框两侧各有把手支托在横梁上，由压紧装置压紧板、框。板、框之间的滤布起密封垫片的作用。由供料泵将悬浮液压入滤室，在滤布上形成滤渣，直至充满滤室。滤液穿过滤布并沿滤板沟槽流至板框边角通道，集中排出。过滤完毕，可通入清洗涤水洗涤滤渣。洗涤后，有时还通入压缩空气，除去剩余的洗涤液。随后打开压滤机卸除滤渣，清洗滤布，重新压紧板、框，开始下一工作循环。

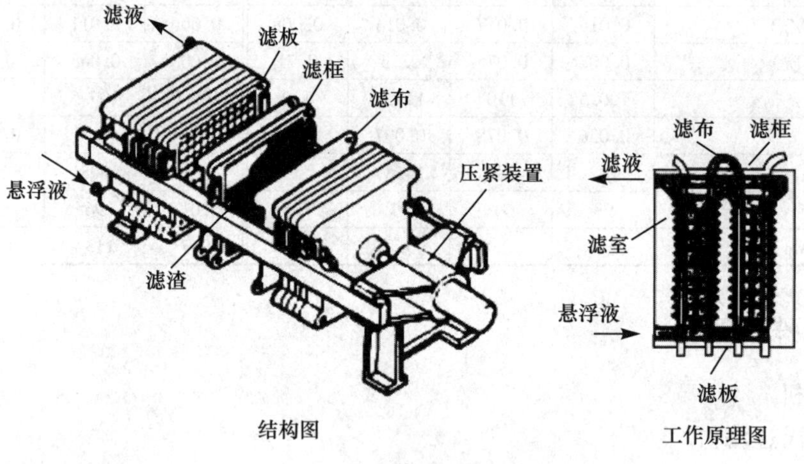


图 5-34　板框式压滤机

板框过滤机的操作压强一般为 0.3～0.5MPa，板框的材料，可用铸铁。板框过滤机结构简单，占地小，过滤面积大，过滤推动力大，制造方便，过滤效率高，可以过滤掉极小的固体颗粒，因此应用广泛。板框过滤机也存在不少缺点，如间歇操作，过滤后期过滤速率较低，其中比较突出的问题是，该机装卸时劳动强度大，劳动条件差，且又费时间。

（3）自动压滤机

史氏过滤机、板框式过滤机都需要人工卸料，这个缺点长期以来给人们留下了压滤机既笨重又落后的印象。为解决这一问题，近年来，国内外已开始生产使用自动板框压滤机。

自动压滤机的操作方式，按需要可以实现从机头夹紧到卸渣这一系列过程的全自动程序操作，也可以实现人工控制各项程序的单独动作，有利于压滤机的调整和维护。其自动控制系统已由开始的电气控制发展到目前的电子计算机控制。

自动压滤机的工作程序为：机头夹紧→过滤保压（自动补压）→卸压→机头松开→逐片拉板卸渣，同时震打滤布（自动卸料）。

**2. 白土混合罐**

立式，内设搅拌装置，转速约100r/min，操作温度为80℃。

**3. 加热炉**

圆筒式，由于炉管内流动介质为固液两相流体，要注意避免白土与油悬浮液堵塞问题，宜采用盘管式圆筒炉。同时也要考虑减少磨损，炉管内介质冷油流速宜采用1～2m/s。

**4. 换热器**

对介质为固液两相的悬浮液，一般宜采用套管式换热器。

**5. 蒸发塔**

塔底容量应能保证白土与油的接触时间为30～40min。

## 八、环保及污染治理

本装置大量的白土粉尘对肌体一般不易造成毒害，对黏膜和上呼吸道有刺激作用，经呼吸道吸入粉尘可引起肺部轻度纤维化，肺部和肺淋巴结有大量的铝沉积。

**1. 环保卫生**

① 要妥善解决含油废白土的处理问题，这是炼油厂的重要污染源之一。

② 注意改善过滤机操作间的工作环境（如加强通风，降温等）。

③ 注意白土输送过程的除尘问题。

④ 从蒸发塔顶闪蒸出的油气、残余溶剂和水分，经冷凝后从分水罐排出的含油污水量不大，可定期排入工厂含油污水系统处理。

**2. 废白土的利用**

白土补充精制过程产生大量的废白土，废白土的处理长期以来一直是困扰世界各国的难题，特别是随着社会的进步，人们环保意识的加强，国家环保立法日益严格，废白土的无害化处理愈来愈受到关注。

（1）废白土中油料的回收

废白土中含有30%以上的油料。废白土用作水泥料时，废白土成为水泥组分，其中的油料作为燃料烧掉，这确实是处理废白土的一个简便方式。废白土中的油料经回收后，可用于生产低档工业油如模具油、齿轮油等或者用作炼油厂渣油调和组分及蒸馏强化剂。除油后的废白土再用作水泥料，可以充分利用废白土的资源，创造更大的经济效益。

回收废白土中油料的方法有两种：机械挤压和碱洗。机械挤压法是在一定的压力下，将油从白土中挤压出来。碱洗方法如下：将废白土放入处理池中，加水5%搅拌并加热，当温度升至60～70℃时，加入浓度为15%的废碱液，加入量为废白土的10%，继续搅拌，待温度升至120～160℃时，陆续加入80～90℃的热水（蒸汽），废白土中的油料浮出水面，回收油料，直至收尽。

（2）废白土制水泥

在废白土的众多处理方法中，环保效果最好、经济效益最佳、处理最为彻底的方法就是将废白土用作砖、水泥的原料。

白土的种类很多，不同种类的组成不同，同类的组成也有所不同。但是白土的主要成分都是氧化硅，其次是氧化铝，还含有铁、镁、钙等的氧化物。白土的组成与典型水泥原料相似，通过与其他原料的复配可以满足水泥生产的要求。据有关文献报道，西方国家60%以上的废白土用于制砖和水泥工业。废白土用于水泥生产不仅可以解决废白土的污染问题，还可以减少水泥生产厂家的原材料消耗，降低生产成本。

## 本章电子资源清单

1. 糠醛精制装置的主要设备
2. 兰州石化酚精制装置工艺流程图
3. 兰州石化 NMP 精制装置萃取系统工艺流程图
4. 兰州石化 NMP 精制装置溶剂回收系统工艺流程图
5. 酮苯脱腊过滤系统常见异常现象及解决方法

## 本章后记

“老三套”工艺虽然老套，只能生产低品级的Ⅰ类基础油，却曾是我国基础油加工的主要工艺，由于许多炼油厂有相应的生产装置，目前也仍是国内基础油加工的主要工艺。它们各自有一些难以取代的优点，溶剂精制油的溶解性好，酮苯脱蜡可以得到石油蜡，白土补充精制保硫脱氮效果好。因此，即便基础油加工的方向是大力发展润滑油加氢，“老三套”工艺也不会完全退出舞台。

## 本章习题

**一、判断题**

1. 糠醛是一种选择性较强且溶解能力较强的溶剂。(　　)

2. 糠醛能与水互溶。(　　)

3. 润滑油原料经糠醛精制后精制油凝固点升高。(　　)

4. 根据溶液共沸物的特点用双塔回收溶剂的方法叫双塔回收法。(　　)

5. 糠醛精制装置中，控制好萃取塔的界面，是保证萃取塔的物料平衡的关键。(　　)

6. 糠醛精制装置中糠醛不平衡时，会造成萃取塔界面波动，使产品质量变差。(　　)

7. 糠醛精制装置中，脱气塔真空度过低时，会造成脱气效果变差。(　　)

8. 在正常操作中，糠醛精制装置萃取塔塔底温度升高，精制油收率增加。(　　)

9. 糠醛精制装置萃取塔界面控制不好，会直接影响精制油的产品质量。(　　)

10. 糠醛精制装置萃取塔界面过低时，精制段缩短，产品质量变差。(　　)

11. 糠醛精制装置中，在原料和萃取温度不变时，溶剂比变化与精制油质量无关。

(　　)

12. 糠醛精制装置中，在原料和萃取温度不变时，溶剂比增加，精制油收率提高。(　　)

13. 糠醛精制装置中，控制好萃取塔的温度梯度是为了减少非理想组分的损失。(　　)

14. 糠醛精制装置精制液汽提塔汽提段直径小的目的是增加塔内汽提段的线速度，将精制液中的糠醛汽提上去。(　　)

15. 糠醛精制装置糠醛干燥塔带水严重时，会造成糠醛干燥塔塔顶压力升高。(　　)

16. 氨与空气混合，只能燃烧不能发生爆炸。(　　)

17. 酮类相对分子质量越大，对油的溶解能力越弱。(　　)

18. 含正构烷烃多的润滑油馏分，其熔点较低。(　　)

19. 石油蜡按结晶形状分为粗晶石蜡和微晶石蜡。(　　)

20. 同一种原油，馏分越轻，石蜡生成的片状结晶越大。(　　)

21. 从油或溶剂中结晶出的地蜡形状为细小的针状。(　　)

22. 酮苯脱蜡装置中质、重质润滑油脱蜡时，加入溶剂稀释的目的是降低油的黏度，使蜡生成大颗粒和有规则的结晶。(　　)

23. 酮苯脱蜡装置脱油稀释溶剂的作用是溶解蜡中油，经过滤得到含油较少的石蜡。(　　)

24. 酮苯脱蜡的目的是降低脱蜡油的倾点，以满足润滑油的低温流动性。(　　)

25. 酮苯脱油是利用蜡在溶剂中的溶解度随温度升高而增大的特性。(　　)

26. 润滑油原料脱蜡的目的是降低油品的凝固点。(　　)

27. 酮苯脱蜡装置冷冻系统的目的是为结晶系统提供冷量。(　　)

28. 酮苯脱蜡装置在正常生产中，冷却速度是一定值，与处理量变化无关。(　　)

29. 对酮苯装置而言，结晶过程就是通过不断对润滑油物料降温，并且加入稀释溶剂使油蜡分离的过程。(　　)

30. 酮苯脱蜡装置结晶系统的目的是在低温下使蜡结晶析出。(　　)

31. 酮苯脱蜡装置的过滤系统在正常情况（气体循环总量不变）下，密闭压力和真空度呈反比关系。(　　)

32. 在正常情况下，酮苯脱蜡装置汽提塔塔顶回收溶剂可以直接加入结晶系统。(　　)

33. 酮苯脱蜡装置中，为确保脱蜡温度下溶剂不致冻凝，使输送阻力加大，脱蜡溶剂必须具有较低的熔点。(　　)

34. 一般情况下，酮苯脱蜡溶剂的选择性随温度的提高而变好。(　　)

35. 酮苯脱蜡装置冷冻系统吹扫结束可以直接排空。(　　)

36. 酮苯装置中，进行脱油操作是为了降低精蜡含油，得到相应熔点的蜡。(　　)

37. 酮苯脱蜡装置的去蜡油可制作润滑油的基础油。(　　)

38. 酮苯脱蜡装置的蜡下油是制作润滑油基础油的原料。(　　)

39. 脱油蜡是经过脱油结晶、蜡回收后得到的合格产品。(　　)

40. 酮苯脱蜡装置换热套管停车前，要用溶剂置换。(　　)

41. 从节能角度讲，脱蜡生产中要求脱蜡温差越大越好，这样可以节约大量能量。（ ）

42. 酮苯脱蜡装置脱油过滤机进料温度称为脱蜡温度。（ ）

43. 酮苯脱蜡装置冷点原料温度通常比冷点溶剂温度低。（ ）

44. 酮苯脱蜡生产中，酮比越高，越有利于油收率的提高。（ ）

45. 酮苯脱蜡溶剂中丁酮与甲苯的体积含量之比叫酮比。（ ）

46. 酮苯脱蜡装置过滤速度与冷却速度无关。（ ）

47. 酮苯脱蜡装置预稀释是加在原料－溶剂换热器前的一次溶剂。（ ）

48. 酮苯脱蜡装置温洗是指用蒸汽融化堵塞滤布孔隙上的蜡颗粒。（ ）

49. 在北方炼油厂的酮苯脱蜡装置，在冬季蒸汽泵停车之前需要置换物料，否则会使泵凝死。（ ）

50. 酮苯装置换热器停用时，要注意防止设备凝死，应立即抽净处理。（ ）

51. 酮苯脱蜡装置氨冷套管投用前，如果没检查氨气出口是否畅通，会造成安全阀跳。（ ）

52. 酮苯装置冷洗溶剂可以起到溶解蜡饼中的油，降低蜡含油的作用。（ ）

53. 酮苯装置滤机温洗的目的是提高过滤效果。（ ）

54. 酮苯装置为防止蜡膏泵凝死，启动时烧毁电机，备用泵切换时要盘车 3～5 圈。（ ）

55. 在一般情况下，润滑油所能正常工作的最低温度应比凝点低。（ ）

56. 酮苯装置冷点稀释的作用是降低溶液黏度，使蜡的结晶松散。（ ）

57. 酮苯装置溶剂回收采用三效蒸发，主要作用是提高回收溶剂的质量（纯度）。（ ）

58. 酮苯装置氨冷套管停车时，必须将套管中的废油压出并蒸氨，以便于循环利用。（ ）

59. 酮苯装置对同一种原料，若提高溶剂比，则脱蜡温差增大，油收率变小。（ ）

60. 正常生产中，酮苯装置冷点温度选择的依据是原料的相对密度。（ ）

61. 酮苯装置结晶系统的关键控制指标是溶剂冷点温度。（ ）

62. 酮苯装置加工重质油料采用预稀释和热处理工艺。（ ）

63. 酮苯装置溶剂比变大，脱蜡、脱油效果变好，有利于生产。（ ）

64. 酮苯脱蜡工艺对于轻质原料采用较小的一次溶剂比和较大的二次溶剂比是合理的。（ ）

65. 酮苯脱蜡装置选用的是乙苯、苯混合物。（ ）

66. 经过溶剂精制和溶剂脱蜡的减压馏分油都可作为润滑油白土补充精制的原料。（ ）

67. 润滑油白土补充精制的产品只有减二、三线基础油。（ ）

68. 脱氮－白土精制工艺使用的主要化工原料是脱氮剂、白土、滤纸、滤布。（ ）

69. 白土的活性与其化学组成、物理特性、活化方法有密切关系。（ ）

70. 活性白土的主要成分为 $SiO_2$，其余的成分为 $K_2O$、$Al_2O_3$。（ ）

71. 活性度指标是用每 100g 白土试样与 0.1mol/L 氢氧化钠溶液中和时消耗的氢氧化钠溶液的体积（mL）表示。（　　）

72. 脱氮后的油品再用白土补充精制，可除去基础油中微量的“脱氮残渣”，并进一步脱除含氮化合物及其胶质，进一步提高基础油质量。（　　）

73. 白土补充精制装置中，原料和白土性质确定后，一般白土用量越大，产品质量越好；因此，可无限加大白土用量来提高油品质量。（　　）

74. 白土补充精制装置中，接触时间一般指在接触温度下白土与油品的接触时间，即白土与油在蒸发塔内的时间。（　　）

75. 废白土是引起尘肺病的原因之一。（　　）

**二、单选题**

1. 润滑油的理想组分为（　　）。

A. 少环短侧链的烃类　　B. 少环长侧链的烃类

C. 多环短侧链的烃类　　D. 多环长侧链的烃类

2. 糠醛精制的目的是将润滑油馏分中的（　　）除去。

A. 烷烃

B. 环烷烃

C. 少环长侧链的烃类

D. 多环短侧链的芳烃和环烷烃、硫和氮的化合物

3. 蒸发是利用各组分的（　　）不同。

A. 临界溶解温度　　B. 溶解度　　C. 组成　　D. 沸点

4. 溶剂精制中加热炉使用的燃料油是（　　）。

A. 汽油　　B. 柴油　　C. 重油　　D. 石脑油

5. 目前溶剂精制常用的溶剂有（　　）种。

A. 2　　B. 3　　C. 4　　D. 5

6. 糠醛的密度为（　　）。

A. $0.8\times10^3kg/m^3$　　B. $1.0\times10^3kg/m^3$

C. $1.159\times10^3kg/m^3$　　D. $1.65\times10^3kg/m^3$

7. 糠醛装置打碱是为了（　　）。

A. 降低系统的酸度　　B. 提高系统的酸度

C. 提高糠醛质量　　D. 降低装置能耗

8. 糠醛精制装置抽余油的外放条件是（　　）。

A. 精制油各项质量指标合格　　B. 精制油不含醛

C. 精制油比色合格　　D. 检查抽余油不含醛

9. 温度升高糠醛的选择性（　　）。

A. 提高　　B. 变差　　C. 不变　　D. 无法确定

10. 温度升高糠醛的溶解能力（　　）。

A. 增大　　B. 减弱　　C. 不变　　D. 无法确定

11. 糠醛精制过程中，要求糠醛的纯度应大于（　　）。

A. 95%　　B. 96%　　C. 98.5%　　D. 99%

12. 在常压下，糠醛与水的共沸物中含醛为（　　）。

A. 35%　　B. 65%　　C. 45%　　D. 55%

13. 糠醛与水形成共沸物，在常压下的沸点为（　　）℃。

A. 94.45　　B. 95.45　　C. 96.45　　D. 97.45

14. 糠醛精制装置原料脱气塔顶抽真空，塔底吹蒸汽是为了在（　　）的温度下将油品中微量的氧除去。

A. 较低　　B. 不变　　C. 较高　　D. 无关

15. 糠醛精制装置原料脱气的目的是（　　）。

A. 防止糠醛带水　　B. 除去油品中的水分

C. 除去油品中微量的硫　　D. 除去油品中微量的氧

16. 糠醛精制装置萃取塔塔顶的温度是根据（　　）来确定的。

A. 共沸物的沸点　　B. 原料的沸点

C. 糠醛的沸点　　D. 油品的临界溶解温度

17. 白土补充精制装置中，影响脱色最显著的因素是（　　）。

A. 白土的用量和类型　　B. 吸附方法

C. 吸附温度　　D. 吸附时间

18. 糠醛精制装置萃取塔降低界面时，应（　　）。

A. 提高塔底抽出液量　　B. 降低精液炉两组进料流量

C. 提高精液炉两组进料流量　　D. 降低塔底抽出液量

19. 糠醛精制装置萃取塔保持温度梯度的作用是（　　）。

A. 提高精制油质量　　B. 保证精制油质量的同时提高收率

C. 提高抽出油收率　　D. 提高塔底温度

20. 糠醛精制装置萃取塔塔底循环的作用是（　　）。

A. 提高精制油质量　　B. 提高抽出液质量

C. 提高塔顶温度　　D. 提高萃取塔的分离效果

21. 糠醛精制装置萃取塔的溶剂比是根据（　　）来确定的。

A. 原料的性质　　B. 加工量大小

C. 产品的收率　　D. 装置能耗水平

22. 糠醛精制装置在生产中（　　），溶剂比增加。

A. 同时提高原料、糠醛进塔量　　B. 提高进塔糠醛量

C. 提高进塔原料量　　D. 同时降低原料、糠醛进塔量

23. 糠醛精制装置萃取塔的萃取方式为（　　）。

A. 一次萃取　　B. 二次萃取

C. 多次顺流萃取　　D. 多次逆流萃取

24. 糠醛精制装置糠醛干燥塔塔顶温度是根据（　　）来确定的。

A. 糠醛的沸点　　B. 油品的临界溶解温度

C. 共沸物的恒沸点　　D. 水的沸点

25. 糠醛精制装置水溶液汽提塔塔顶温度是根据（　　）确定的。

A. 水的沸点　　　　　　　　B. 醛的沸点

C. 共沸物的沸点　　　　　　D. 油品的沸点

**三、填空题**

1. __________是基础油生产的最后一道工序。

2. 在脱硫、脱氮、脱氧三个润滑油加氢反应中，__________反应最难进行，反应条件也最为苛刻，而__________过程相对容易得多，这不利于油品抗氧化安定性的提高。

3. 白土吸附油中各组分的能力顺序依次为________________。

4. __________与白土补充精制的结合，既有效脱除了碱性氮化物，又大大降低了白土用量，精制油收率高。

5. 工业上常用的补充精制方法有__________和__________两种。

6. 液相脱氮－__________是在液相脱氮过程中脱去大量碱性氮化物的基础上，利用一种高效吸附剂代替活性白土，在较低温度下（80～90℃）达到对油品精制的目的。

7. __________是一种物质的原子或分子依附于另一种物质表面上的现象。

8. 白土补充精制工艺中__________的主要作用是分离吸附后的白土与精制油。

9. 白土补充精制装置中用__________作为流化风，用__________法将白土送至白土罐内。

10. 基础油液相脱氮的作用，是通过向油品中加入具有高选择性的__________，使之与油品中的____________________等极性组分反应，生成和脱氮剂的__________，再利用该络合物与油品间较大的密度差，通过__________的方法，使其从油品中分离，从而达到对油品进行脱氮精制、提高油品质量的目的。

获取更多知识详情请扫描二维码

# 第六章

# 加氢法生产基础油

## 第一节　润滑油加氢的形式

传统的"老三套"工艺，通过物理分离方式把油中的非理想组分（多环芳烃、极性物等）除去，并不能改变油料中既有的烃化物结构，仅能生产Ⅰ类基础油。"老三套"工艺所产润滑油的质量、收率取决于原料中理想组分的含量和性质，只有在原料中含有较多性质比较理想的烃类组分时，生产润滑油才是经济的。

随着机械、汽车制造业的高速发展以及环保和节能要求越来越严格，对润滑油基础油的质量提出了新的标准，单纯用传统物理方法生产基础油已经满足不了新的需求，必须要靠大幅度提高油品质量才能满足发动机及工业领域对润滑油更高的性能要求。

在氢压和催化剂存在下将润滑油中不理想的烃类结构通过化学反应转变为理想的烃类结构，这就是润滑油加氢技术。

从反应类型看，润滑油中的烃类和非烃类在氢压和催化剂的存在下可以发生各种反应，例如多环芳烃加氢，继而开环变成少环化合物，裂化反应，异构化反应，含硫、含氮、含氧化合物的脱硫、脱氮、脱氧反应等等。

从加工目的看，润滑油加氢有加氢补充精制、加氢处理、催化脱蜡、异构脱蜡、加氢后精制等几种形式。

### 一、加氢补充精制

溶剂精制、溶剂脱蜡后的加氢补充精制，目的是除去经过溶剂精制的润滑油料中残存的溶剂，脱除S、O及烯烃，改善油品颜色及安定性，并保持烃类结构不变。为了避免发生裂化反应，所用的条件比较缓和，温度（210～300℃）及压力较低（2～4MPa）、空速较大（1.0～2.5$h^{-1}$）、氢油比较小（50～150$Nm^3/m^3$）。与白土补充精制相比，此过程的收率高，且没有废渣。润滑油加氢补充精制的催化剂有Fe-Mo、Co-Mo、Ni-Mo等系列催化剂，载体均为中性$Al_2O_3$。原料油和氢经加热后，通过固定床反应器，反应产物分离出气体，经提取去掉轻组分，再滤去微量催化剂粉末，即得到成品基础油。

### 二、加氢处理

一般来说，石蜡基原油的重馏分中含有较多的少环长侧链的烃类化合物，只需借助溶剂精制除去少量多环芳烃及胶质，即可得到黏度指数较高的润滑油料。但是对于环烷基原油及部分中间基原油，其润滑油馏分中不仅含有较多的多环芳烃，而且还含有较多的多环环烷烃。对于这样的原料，如果用溶剂精制方法，为达到要求的黏度指数，则需要精制程度很深，精制油收率也很低；如果采用缓和的加氢补充精制也得不到高黏度指数的润滑油料，为此必须采用加氢处理的方法以改变其分子结构。

加氢处理依反应苛刻程度不同，又可称为加氢改质或加氢裂化。加氢处理其实就是深度加氢精制，是在比加氢补充精制苛刻得多的条件下进行的精制过程。该过程压力一般在15~20MPa，温度接近400℃，采用较大的氢油比和较小的空间速度（例如0.5$h^{-1}$）。

在这种条件下，烃类结构发生很大的改变，其中所含的硫、氧、氮等非烃化合物转化成易于除去的硫化氢、水和氨，使不安定的烯烃和某些稠环芳香烃饱和，将金属杂质截留，从而改善油品的安定性能、腐蚀性能以及其他使用性能。在加氢处理过程中，稠环芳烃经部分加氢饱和，进而开环为带有较长侧链的少环芳烃，稠环芳烃经加氢也会开环生成带有较长侧链的少环环烷烃或异构烷烃。这样，便能使产物的黏度指数显著提高，油品的黏度指数可以超过130，而溶剂精制产品的黏度指数则很难超过105。当然，在改质的同时还会产生少量相对分子质量较小的产物，虽然润滑油收率有所下降，但可得到高质量的中质燃料油。

我国设计的加氢处理过程条件较为缓和，温度为300~400℃、压力为8MPa，空速为0.5~1.5$h^{-1}$，氢油比约为500：1（体积）。

## 三、润滑油加氢脱蜡

润滑油加氢脱蜡一般有两种途径，一是选择性催化加氢裂化，二是异构化。

**1. 催化脱蜡**

选择性催化加氢裂化脱蜡简称催化脱蜡，是20世纪70年代发展起来的炼油技术。它是一种典型的择形催化裂化，采用有选择性能的择形分子筛催化剂，这种催化剂的微孔大小在一定范围内，只允许直链烷烃和带甲基侧链的正构烷烃（这些烃类的凝点较高）进入孔内，在较高温度和压力以及$H_2$存在的条件下，使进入孔道内的高凝点长直链烃发生裂化，变成低凝点烃分子（$C_3$、$C_4$、$C_5$、$C_6$）从进料中分离，从而降低油的凝点或倾点。

**2. 异构脱蜡**

加氢异构脱蜡（简称异构脱蜡）的基本原理是在专用分子筛催化剂的作用下，将高倾点的正构烷烃转化为低倾点的异构烷烃，从而使油品的倾点降低，所发生的反应主要是烷烃的异构化反应。其产品不但倾点低，黏度指数高，挥发性低，而且收率比其他生产工艺高。由于加氢异构脱蜡技术比其他脱蜡技术具有明显的优势，因此在世界上应用发展很快。自雪佛龙公司在1993年将该技术工业化应用以来，全世界已有十多家炼油厂采用。目前我国也已引进该技术，并已投产生产出合格的高品质润滑油基础油。

# 第二节　工艺原理

## 一、化学反应

润滑油的加氢反应比较复杂。原料中的多环芳香烃依次加氢成环烷烃，又开环成为链状化合物，同时还可以断键成较小的分子。所以烃类的反应既有顺序进行的加氢反应，又有平行进行的裂化反应，还有异构化反应等；含氧、含氮、含硫化合物还进行脱氧、脱硫、脱氮等反应。润滑油加氢有以下几类主要反应：

**1. 加氢补充精制**

加氢补充精制一般是基础油生产的最后步骤，在210~300℃、2~4MPa的缓和条件下进行，目的是脱除杂质并保持烃结构不发生断裂，其耗氢低，反应深度浅，脱硫、脱氧及饱和烯烃效果较好，但脱氮尤其是碱性氮效果很差。

典型的化学反应如下：

（1）$R_1—CH=CH—R_2+H_2 \longrightarrow R_1—CH_2—CH_2—R_2$

（2）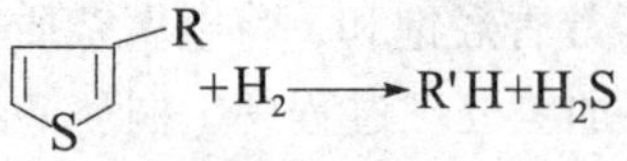


（3）$R_1—S—R_2+H_2 \longrightarrow R_1H+R_2H+H_2S$

（4）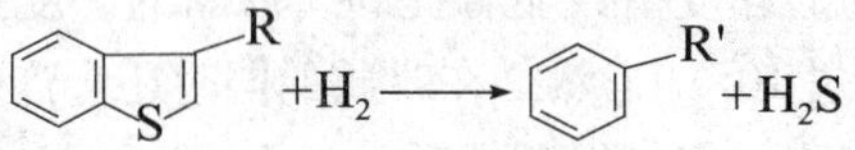


（5）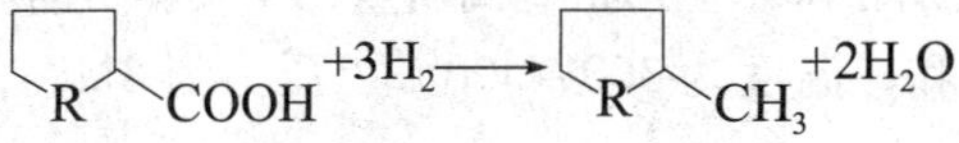


（6）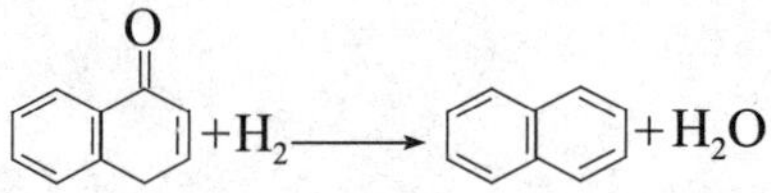


在加氢补充精制过程中烃类结构基本不变，主要进行的是烯烃饱和以及脱硫、脱氧的反应，基础油的组成变化不大，但是由于不饱和烃通过加氢饱和，并脱除了大部分非烃类组分，使得产物更安定，颜色更浅。

**2. 加氢处理（加氢裂化）**

以VGO（减压馏分油）或经过浅度溶剂精制的VGO馏分和DAO（脱沥青油）为原料生产润滑油基础油时，必须采用深度加氢处理，通常称之为润滑油加氢裂化，它最突出的特点是将非理想组分变为理想的基础油组分，因而需要较苛刻的反应条件，使反应物发生脱硫、脱氮和芳烃饱和以及直链的裂化和异构化，达到提高基础油VI和氧化性能，降低油品黏度和挥发性的目的。与常规溶剂脱蜡或催化脱蜡技术相结合生产满足API Ⅱ类或Ⅲ类基础油质量要求。

润滑油加氢裂化有两方面的作用。

第一，除去原料的硫、氮等杂质元素。

$$\text{含硫化合物} \xrightarrow{+H_2} H_2S+\text{烃}$$

$$\text{含氮化合物} \xrightarrow{+H_2} NH_3+\text{烃}$$

第二，提高润滑油黏度指数。

将芳香烃进行加氢饱和，以提高其黏度指数，如：

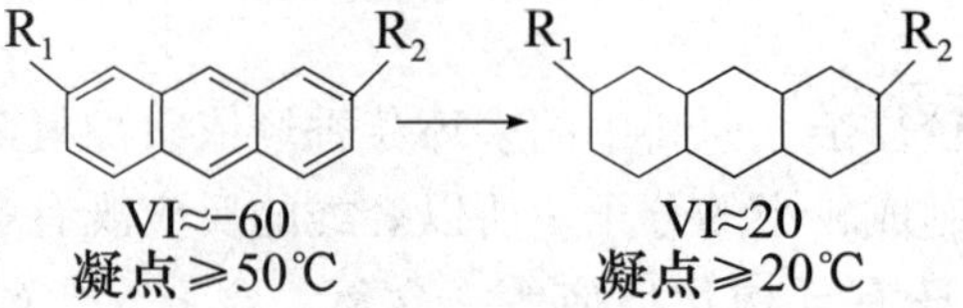

将低黏度指数的分子进行裂化反应，提高黏度指数，如：

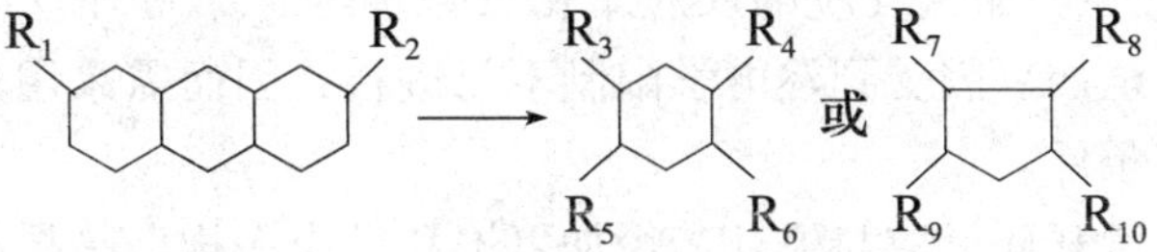

VI≈20　　　　VI≈110~140

凝点≥20℃　　　　凝点≤0℃

黏度指数、黏度与加氢裂化苛刻度的关系为：黏度指数随加氢裂化苛刻度的增加而提高，黏度随加氢裂化苛刻度的增加而降低。不同的原料及不同的加工目的需要不同的加氢裂化苛刻度来生产高 VI 基础油。

除了脱硫、脱氧、饱和烯烃等精制反应，加氢处理典型的化学反应有：

(1) 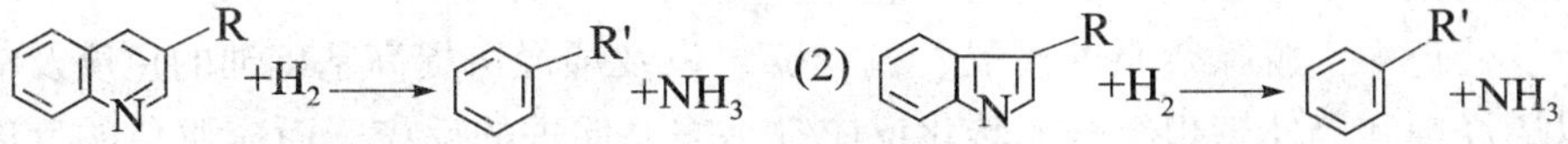

(3) 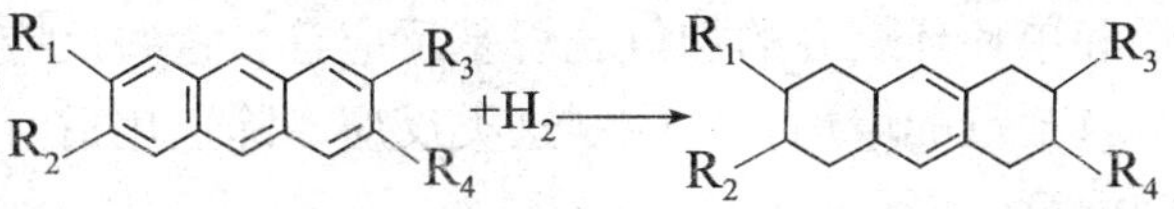

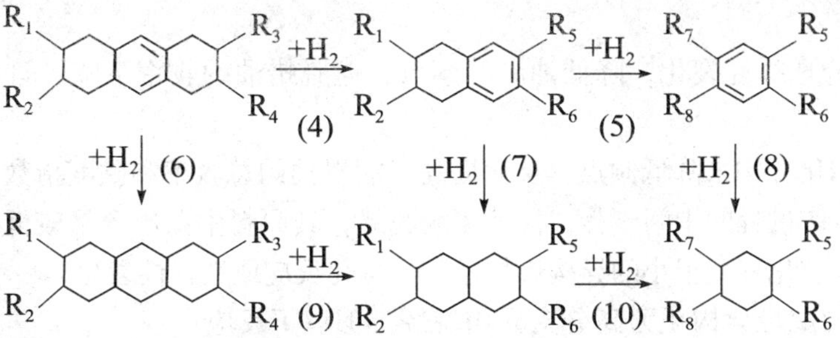

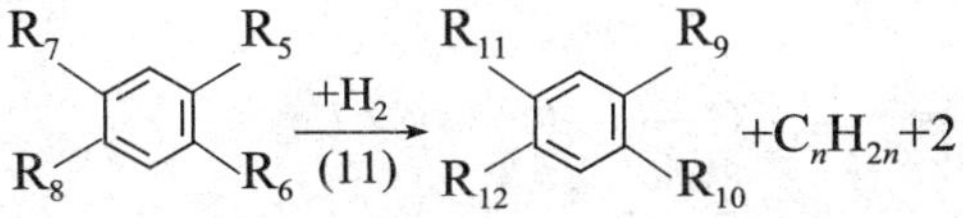

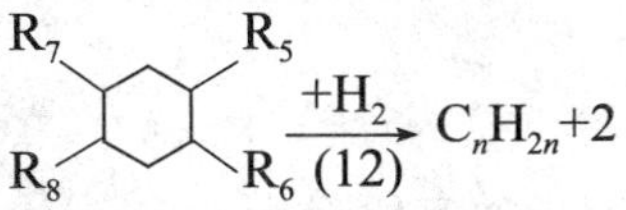

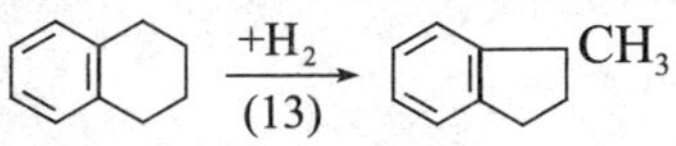

（14）$C_9H_{20} + H_2 \longrightarrow C_4H_{10} + C_5H_{12}$

（1）、（2）是脱氮反应，在（1）~（8）、（11）反应过程中，发生稠环芳烃的饱和、断键反应，（9）、（10）、（12）是多环环烷烃的加氢开环反应，（13）是异构化反应，（14）是裂化反应。

加氢处理中最关键的反应是稠环芳烃饱和、断键反应，特点如下：

① 芳烃加氢反应是体积减小、放热的可逆反应，高压、低温有利于芳烃深度饱和加氢。

② 稠环芳烃完全加氢的反应平衡常数随芳烃环数增加而降低，这说明多环稠环芳烃

完全加氢比少环稠环芳烃困难些。

③ 稠环芳烃各芳烃环加氢反应的反应平衡常数值为：第一环 > 第二环 > 第三环。这说明多环稠环芳烃完全加氢因受到热力学限制不易进行，因而需采用加氢性能更强的催化剂及高压低温的反应条件。

稠环环烷烃的加氢开环反应与稠环芳烃加氢饱和反应一样，是提高油品黏温特性、改善低温流动指标的主要反应。

类似（13）的反应中环烷芳烃上的六元环异构为五元环时，裂化反应更容易进行。

当加氢处理条件缓和时，加氢裂化反应较轻微，属于脱杂质、改善后续异构脱蜡进料的改质过程。当加氢处理条件苛刻时，则进行深度加氢。而深度加氢改质时，则加氢裂化反应很显著。

加氢改质是不希望发生加氢裂化反应的。

在加氢处理中，脱除杂原子（氧、氮、硫）以及烯烃可提高基础油的色度及氧化安定性，所以烯烃饱和等非理想组分的转化反应都是需要促进的反应，而应避免的反应包括烷烃的加氢裂化、带长侧链的单环芳烃和单环环烷烃的加氢脱烷基反应等，这些反应将导致加氢油黏度下降、润滑油收率降低和氢耗量的增加。要限制这类反应，除选用适宜的加氢催化剂外，根据实际，尽量降低反应温度。

**3. 加氢脱蜡**

催化脱蜡通过蜡烃组分选择性裂化，降低油品的倾点，但脱蜡油的收率下降，且黏度指数低于溶剂脱蜡油。

异构脱蜡主要通过蜡催化异构来降低倾点，从而提高了润滑油的总收率和黏度指数。异构脱蜡过程应用在基础油生产过程的中间步骤，代替溶剂脱蜡，其原料中杂质含量较低，主要的化学反应是正构烷烃或歧化程度很小的异构烷烃进行异构化反应或选择性裂化。

正构烷烃或低分支异构烷烃异构化为高分支异构烷烃类似以下反应：

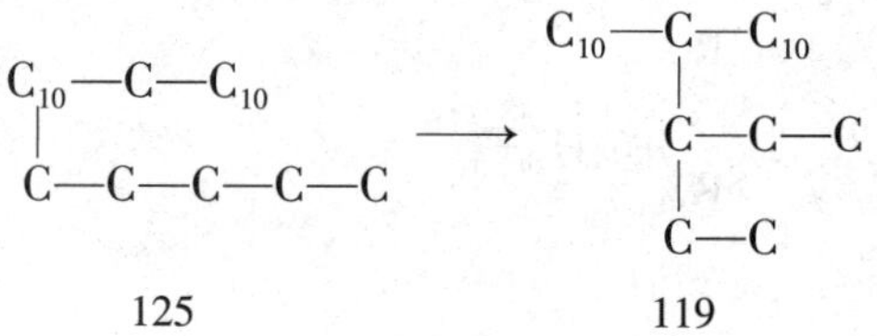


| | | |
|---|---|---|
| VI： | 125 | 119 |
| 凝点： | 19℃ | -40℃ |

本反应是改善低温流动指标的主要反应，但有可能使黏度指数有所降低。

反应机理如下：

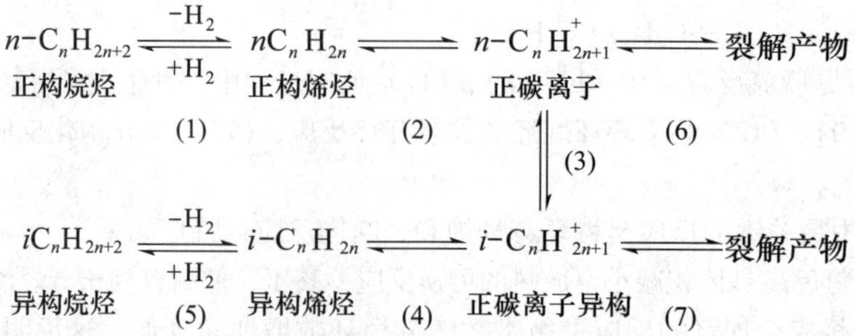

正构烷烃首先在催化剂的加氢－脱氢中心上脱氢生成相应的烯烃，然后这部分烯烃迅速转移到酸性中心，得到一个质子生成正碳离子，接着异构化为热力学更稳定的正碳离子。正碳离子稳定性顺序如下：叔正碳离子＞仲正碳离子＞伯正碳离子。

正碳离子异构后可能将质子还给催化剂酸性中心后在加氢中心加氢后生成异构烷烃，也可能遵循$\beta$－键断裂原则，生成较小的烯烃（在氢压下迅速加氢生成烷烃）和新的正碳离子。

由上述可见，正构烷烃可通过异构化转化为与原料分子碳数相同的异构烷烃，也可通过裂化转化为较原料分子碳数少的异构及正构烷烃的系列混合物。如果适当地调整双功能催化剂中两功能的相对活性，即可得到所期望产品分布。当催化剂的加氢活性高于酸性活性时，原料分子加氢异构化反应起主导作用，裂化产物分子加氢裂化程度减少，产品将以与原料的分子碳数相同的异构烷烃为主。相反，当催化剂的加氢活性低于酸性活性时，原料分子的加氢异构化反应极少发生，一次裂化所得烯烃和正碳离子浓度相对增加，促进在酸性中心上发生二次裂化，其产品主要是较原料分子碳数少的异构及正构烷烃混合物。

**4. 加氢后精制（加氢后处理）反应**

加氢处理基础油对日光非常敏感，容易浑浊变质，产生大量沉淀，其光安定性逊于溶剂精制油。受热力学限制，稠环芳环要完全加氢饱和是很困难的，所以在加氢处理基础油时必然会有部分多环芳烃生成。热氧化试验表明，三四环芳烃及双环芳烃虽分别仅占加氢处理生成油的0.9%及0.5%（质），但却构成沉积物的69%及10%（质）。因此，这些双环芳烃及三四环芳烃是导致加氢油光安定性劣化的主要原因。

在诸多解决加氢油光安定性差的工业方法中，用得最多的是加氢后处理。其实质是芳烃加氢饱和，与常规的低压加氢补充精制不同，加氢后处理需在高压（20MPa以上）及较低温度（约300℃）下进行，因不安定组分含量较少，氢耗量也较低（约18～36$m^3/m^3$）。加氢后处理（加氢后精制）反应方程式如下：

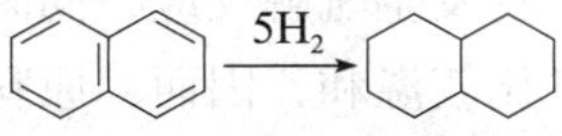


## 二、润滑油加氢装置构成

润滑油基础油加工过程中的加氢工艺有加氢补充精制、加氢处理、催化脱蜡、异构脱蜡、加氢后精制等，在整个基础油加工过程中有如下几种主要的组合：

**1. 全加氢工艺**

采用加氢裂化或深度加氢处理装置除去极性物质沥青质、胶质、稠环芳烃等，再配合加氢脱蜡（异构脱蜡、选择性催化脱蜡）除去正构烷烃。由于选择加氢裂化工艺或深度加氢处理工艺，进行饱和开环提升原料黏度指数以后，总会残留一部分不完全饱和的芳烃物质，这种物质最大的缺点是紫外光安定性差，需要采用高压后补充精制来饱和最后的芳烃，解决光安定性问题。这种将加氢处理（裂化或改质）、加氢脱蜡（异构脱蜡、选择性催化脱蜡）与高压加氢补充精制相结合的流程称为“全加氢工艺流程”，该流程用来生产APIⅡ类油和Ⅲ类油。

本章后续主要介绍采用“加氢裂化－异构脱蜡－加氢后精制联合工艺”流程的润滑油

全加氢装置及其主要工艺特点，这种全加氢装置主要由加氢裂化反应和分馏、异构脱蜡/后精制反应和常减压分馏以及公用工程等部分构成，工艺流程见图6-1。

采用异构脱蜡的润滑油全加氢装置主要技术特点有：

① 装置原料种类多，工况复杂，一般为减二、减三、减四线的VGO，多种原料进料需要切换操作，产品分布差异较大。为保证装置产品的分离精度，减压塔采用规整填料，减压侧线及部分常压侧线也采用填料搭。

② 主要产品基础油黏度指数高，产品倾点低，且基础油收率高。主要副产品为低倾点的2.0$mm^2/s$基础油、高十六烷值低倾点的柴油，高烟点、低冰点的喷气燃料（航煤）以及石脑油。

③ 异构脱蜡和后精制催化剂中含有贵金属，要求异构脱蜡进料氮含量<2~5μg/g，硫含量<20~50μg/g，故加氢裂化和异构脱蜡/后精制单元需设计不同的循环氢系统。

④ 加氢裂化催化剂采用器外再生，有利于减少设备腐蚀和环境污染，提高催化剂的再生效果；异构脱蜡及后精制催化剂为贵金属催化剂，在指定的厂家回收贵金属。

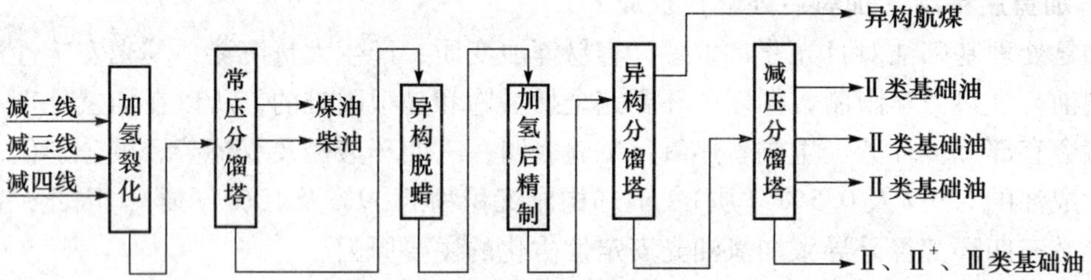


图6-1 采用异构脱蜡润滑油全加氢装置工艺流程图

**2. 加氢精制取代溶剂精制，与溶剂脱蜡、白土精制的组合工艺**

加氢精制是指在催化剂和氢气存在下，石油馏分中含硫、氮、氧的非烃组分发生脱除硫、氮、氧的反应，金属有机化合物发生氢解反应，同时，烯烃发生加氢饱和反应。它与加氢裂化的不同点在于其反应条件比较温和，因而，原料的平均相对分子质量及分子的碳骨架结构变化很小。

加氢精制的原料范围极其广泛，就馏分轻重而言，从轻质馏分、中间馏分、减压馏分直至渣油。含硫原油的各个直馏馏分一般都要经过加氢精制才能达到产品规格要求；而石油热加工的产物，还含有烯烃、二烯烃等不安定的组分，就更需要通过加氢精制以提高其安定性及改善其质量。

在基础油生产过程中，加氢精制取代溶剂精制，与溶剂脱蜡、白土精制的组合工艺流程如图6-2所示。

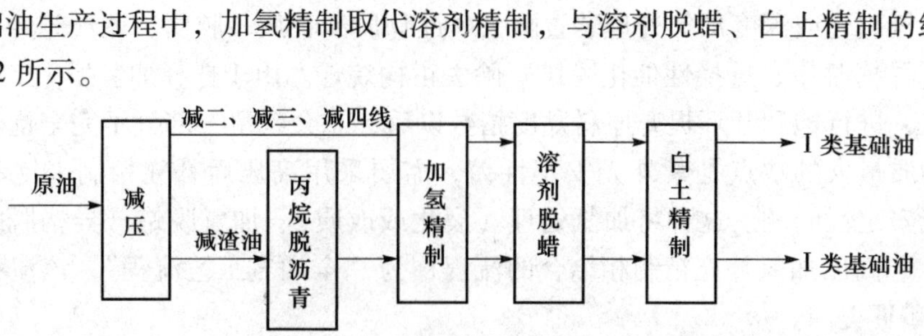


图6-2 加氢精制取代溶剂精制组合工艺的工艺流程

加氢精制、溶剂脱蜡、白土补充精制装置组合的工艺，俗称适应加工含硫中间基原油的“加氢精制型老三套工艺”，该工艺与用低硫石蜡基原油采用溶剂精制与溶剂脱蜡、白土补充精制组合的工艺生产矿物Ⅰ类油的“溶剂精制型老三套工艺”称为基础油常规生产工艺。

对于原料饱和烃含量不高的含硫中间基原油，利用加氢精制与溶剂脱蜡、白土补充精制装置结合的“加氢精制型老三套工艺”也能生产优质矿物Ⅰ类油。

**3. 加氢补充精取代白土补充精制与溶剂精制、溶剂脱蜡的组合工艺**

润滑油加氢补充精制不同于加氢处理，它是在较缓和条件下进行的加氢过程，主要是非烃破坏加氢。过程温度低（210～300℃），压力低（2.0～4.0MPa），空速为1.0～2.5$h^{-1}$，其作用主要是脱除精制、脱蜡后油料中残存的含硫、氧、氮等的杂质，以改善油品的安定性和颜色，基本上不改变油料的烃类结构及组成。

加氢补充精制工艺流程一般包括原料处理、加氢反应及生成油后处理三大部分。原料油经过滤、脱气预处理的目的是脱除原料中携带的杂质、微量水、溶剂及溶解的空气等，以保护催化剂，防止设备堵塞。预处理后的原料进入换热器之前与新氢和循环氢混合，再经与干燥塔底油及反应器出来的油换热后进入加热炉。加热到需要温度的原料油和氢气混合物进入固定床反应器，在催化剂的存在下进行加氢反应。反应产物与原料油换热后进入高压分离器，从高压分离器分出的氢气经冷却分液后再经循环氢压缩机升压后循环使用。高压及低压分离后的精制油经减压进入低压（蒸发）分离器，分离出残留氢气及反应产生的轻烃。低压分离后的油品再经过汽提和干燥，并经换热和冷却、过滤后出装置。加氢补充精制一般被用于润滑油生产过程的最终阶段，即作为溶剂精制后的补充精制（某厂工艺图如图6-3所示）。

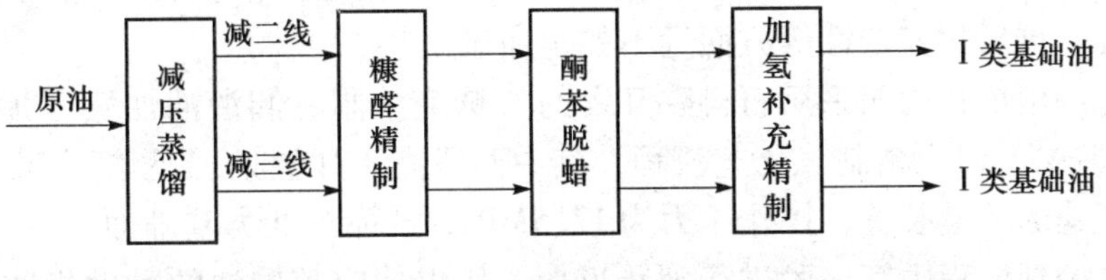


图6-3　加氢补充精制取代白土补充精制

补充精制作为“老三套”润滑油生产中最后一道生产工艺，加氢精制与白土精制相比，具有工艺过程简单、操作方便、油品收率高、没有白土污染的优点。在精制效果与产品质量方面各有千秋，主要可以归纳为：

① 两种工艺脱硫效果相差不多，加氢精制略优。

② 脱氮尤其是脱碱性氮，加氢精制远不如白土精制。

③ 脱色能力，尤其是对高黏度油的脱色能力，加氢精制远优于白土精制。

④ 氧化安定性，如旋转氧弹、紫外光照后及热老化后油品颜色的增长，加氢精制油都不如白土精制油，这点与脱氮效果有关。

⑤ 两种精制工艺都存在精制油凝点回升问题，相对而言加氢精制更为明显。

⑥ 加氢精制对产品酸值的降低幅度比白土精制大得多。

因为加氢补充精制属于浅度加氢，这种组合工艺生产的也是Ⅰ类油。“老三套”与中高压加氢结合，才能生产出Ⅱ类或Ⅱ类以上的基础油。

**4. 加氢处理与“老三套”结合提升黏度指数的组合工艺**

润滑油加氢处理是20世纪80年代发展起来的临氢转化生产工艺，它的主要作用是用来改善基础油的黏温性能。这一点与溶剂精制工艺相同，但这两种工艺存在本质的差异。加氢处理工艺采用的是化学转化过程，即在催化剂及氢的作用下，通过选择性加氢裂化反应，将非理想组分转化为理想组分，来提高基础油的黏度指数。而溶剂精制工艺采用的却是物理过程，用选择性溶剂将非理想组分抽提分离，来改善基础油的黏温性能。因而加氢处理工艺有一些不同于溶剂精制工艺的特点，例如：基础油黏度指数比较高，甚至可以达到溶剂精制工艺所达不到的水平；在黏度指数相同时，基础油收率比溶剂精制高；可以得到有价值的低硫副产燃料；能使残渣油料转化成馏分润滑油的基础油；受原料质量限制较小，可以用价廉的劣质原料制取高质量润滑油等。

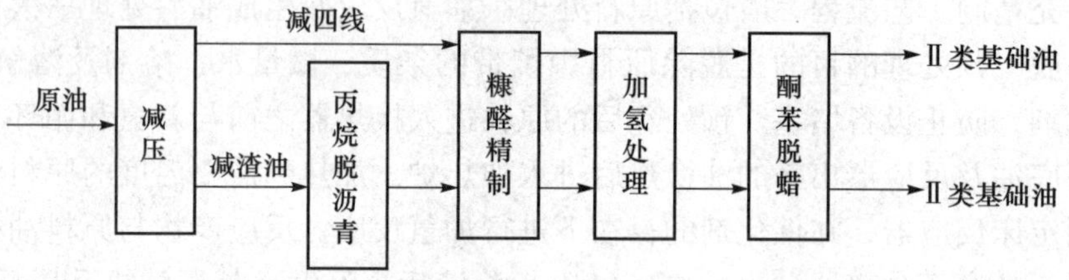


图6-4　加氢处理与“老三套”结合提升黏度指数的组合工艺

如果将中压缓和加氢处理与溶剂脱蜡结合，就形成组合工艺，这是生产Ⅱ类基础油为主的工艺技术，如图6-4所示。将高压加氢处理与溶剂脱蜡结合形成的组合工艺，产品质量高于缓和加氢处理，也是以生产Ⅱ类基础油为主的工艺技术，但是侧重生产重质基础油和光亮油。这两种技术的缺陷是芳烃饱和程度弱，在基础油特性如黏度指数、蒸发损失、低温黏度、抗氧化安定性等方面远不如全加氢工艺。

中国石化济南炼化公司采用石科院开发的“糠醛精制-润滑油加氢（加氢处理/加氢精制）-酮苯脱蜡-白土精制”工艺流程，其中两段高压加氢处理是该厂$30 \times 10^4$t/a润滑油加氢装置新建的关键装置，操作压力为17.5MPa，产品为Ⅱ类基础油。

两段加氢处理流程中第一段进行裂化反应，用以确定基础油的黏度指数水平及收率，第二段进行饱和反应，用以调节基础油的总芳烃含量及各类芳烃的分布，从而提高基础油的安定性（特别是光安定性），但并不引起明显的黏度指数变化。

# 第三节　润滑油全加氢装置

加氢裂化-加氢异构脱蜡联合工艺中，加氢裂化的产品直接作为异构脱蜡/加氢后精制的进料。该种装置流程如图6-5所示。

## 一、加氢裂化系统

**1. 反应部分**

用原料增压泵抽装置外的原料油进入装置并升压，依次与加氢裂化分馏塔的中段回流油换热、加氢裂化分馏塔的塔底油换热，温度达到200~250℃左右，流经自动反冲洗过滤器滤除>25μm的固体颗粒和杂质后至进料缓冲罐。

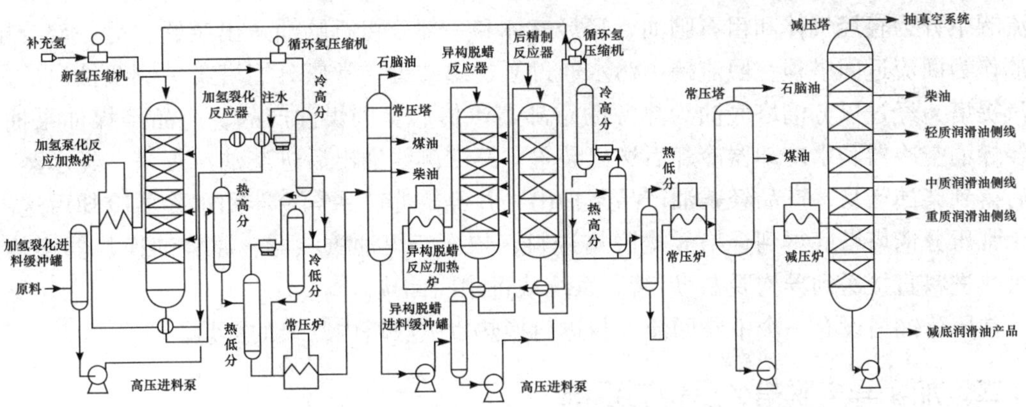


图6-5 加氢裂化-加氢异构脱蜡-加氢后精制串联工艺流程图

从制氢装置来的补充氢进入新氢分液罐，然后经新氢压缩机加压后分两路，一路到加氢裂化循环氢压缩机出口，另一路到异构脱蜡循环氢压缩机出口。

从新氢压缩机来的补充氢与循环氢混合后，先与加氢裂化热高分气换热，然后与由加氢裂化反应进料泵自进料缓冲罐抽出并加压后的原料油混合，成为混氢原料油，再与加氢裂化反应产物换热，然后经加氢裂化反应进料加热炉加热至反应温度后，进入加氢裂化反应器。

加氢裂化反应器有多个床层，混氢原料油自上而下在催化剂的作用下先饱和部分烯烃和芳烃组分，继而脱除绝大多数的含硫、氮等杂质，然后进行裂化反应，以大幅度提高润滑油组分的黏度指数，同时脱除原料中的氮，以达到加氢异构脱蜡进料对氮含量的要求。由于加氢裂化总体为放热反应（加氢放热、裂化吸热，但加氢放热量多于裂化吸热量），因此在反应器床层之间注入急冷氢，以控制反应器内各床层的反应温度。

**2. 氢油分离部分**

从加氢裂化反应器流出的反应产物作为热源先与混氢原料换热，再进一步经反应产物蒸气发生器降温后，进入热高压分离器（简称热高分）进行气液分离。

热高分内油减压后进入热低压分离器（简称热低分）进一步闪蒸，闪蒸出热低分气经热低分气空冷器冷却至60℃左右进入冷低压分离器（简称冷低分）。热高分气经与混合氢换热，再经热高分气空冷器降到60℃左右进入冷高压分离器（简称冷高分）进行气、油、水三相分离。由于在加氢裂化过程中，对原料油进行加氢脱硫、脱氮所生成的 $H_2S$ 和 $NH_3$，在热高分浓缩生成 $NH_4HS$，为防止 $NH_4HS$ 在低温下结晶析出，堵塞空冷管束，需在热高分气进入空冷器前注入除氧水，以溶解铵盐。

由冷高分分离出的气体即为循环氢，经加氢裂化系统的循环氢压缩机升压后返回加氢裂化反应器；水经降压后送出装置外至含硫污水汽提装置处理；冷高分油经减压后进入冷低分，闪蒸分离出油中溶解的少量气体（送至气体脱硫系统）后，与降压脱气后的热低分油一道进入加氢裂化常压分馏塔进料加热炉，经加热后进入加氢裂化常压分馏塔。

**3. 产品分离部分**

加氢裂化的产品分离部分由一个常压分馏塔和两个侧线汽提塔组成。油料进入常压分馏塔，塔顶轻组分经过分馏塔塔顶空冷器和水冷器，进入分馏塔塔顶回流罐，塔顶产物在回流罐中分为轻烃气体和粗石脑油，轻烃气体和一部分粗石脑油送出装置，另一部分粗石脑油作为回流返回塔顶，回流罐中污水通过泵送出装置。常压分馏塔第一侧线抽出后进航煤汽提塔，经过以分馏塔底油为热源的重沸器汽提后得到煤油产品，产品经煤油泵抽出，并经煤油空冷器和水冷却器冷却后送出装置。第二侧线抽出后进柴油汽提塔，经水蒸气汽提后得到柴油产品，产品经柴油产品泵抽出，并经柴油产品空冷器和水冷器冷却后送出装置。常压分馏塔塔底得到合格异构脱蜡进料，依次经煤油重沸器、原料油换热器换热后，作为热进料直接送到异构脱蜡/后精制系统或进中间储罐。

常压分馏塔设有一个中段回流，与进料换热以吸收塔内富余的热量。

## 二、加氢异构脱蜡／后精制系统

### 1. 反应部分

来自装置内加氢裂化系统的常压塔塔底热油作为进料直接或间接进入加氢异构脱蜡的原料缓冲罐。异构脱蜡反应进料泵将原料自原料缓冲罐中抽出并升压后，与来自新氢压缩机和异构脱蜡循环氢压缩机并与异构脱蜡热高分气换热后的混合氢混合，先后与后精制反应产物、异构脱蜡反应产物换热，最后经异构脱蜡反应进料加热炉加热后进入加氢异构脱蜡反应器。

在设有多个催化剂床层的异构脱蜡反应器中，含蜡混氢原料油在催化剂的作用下，发生分子异构放热反应，因而分别在催化剂床层间注入冷氢以控制床层温度和反应速率。异构脱蜡反应产物与含蜡混氢原料换热降温，达到后精制需要的反应温度后，进入后精制反应器。后精制反应器进行深度加氢脱芳烃，保证润滑油产品的氧化稳定性和颜色合格。后精制反应产物经换热降温后进入异构脱蜡热高分进行气液分离。

### 2. 氢油分离部分

从热高分分离出的热高分气先与混氢换热回收热量，再经空冷器冷却至60℃左右进入冷高分进行气、油、水三相分离。因异构脱蜡催化剂和后精制催化剂都含有贵金属，$NH_3$会使其失活，为防止循环氢中所含的氨影响催化剂性能，热高分气在进入空冷前注水以洗涤除掉加氢反应过程中生成的$NH_3$，热高分油减压后进入热低分闪蒸，闪蒸出热低分气，塔底油去常压分馏塔。

从异构脱蜡冷高分分离出的气即为循环氢，经异构脱蜡循环氢压缩机升压后返回加氢异构脱蜡反应器。冷高分分离出的水经降压后返回注水罐回用，高分油经降压后与在降压脱气后的热低分油一起，进异构脱蜡常压塔进料加热炉加热，再进入常压分馏塔。

### 3. 产品分离部分

异构脱蜡系统的产品分离部分由常压分馏系统和减压分馏系统组成。

常压分馏系统由一个常压分馏塔和一个煤油侧线汽提塔组成。油料进入常压分馏塔，塔顶轻组分经分馏塔塔顶空冷器和水冷器，然后进入分馏塔塔顶回流罐，分出轻烃气体和粗石脑油。轻烃气体和一部分粗石脑油送出装置，另一部分粗石脑油作为回流返回塔顶。抽出的煤油馏分进煤油侧线汽提塔，经以减压塔中段回流油为热源的重沸器汽提后得到煤油产品，由煤油产品泵抽出，经煤油产品空冷器和水冷器冷却后送出装置。主分馏塔塔底油被泵抽出并与减压塔底油换热升温，经减压塔进料加热炉加热后进入减压塔。

减压分馏系统由一个装有多层填料的减压塔和若干润滑油侧线汽提塔（可设2~3个侧线汽提塔）组成。这里介绍设计侧线数最多的3个汽提塔的情况，分别生产轻、中、重质润滑油。减压塔由塔顶三级抽真空系统建立真空环境。减压塔第一侧线抽出柴油，不经汽提，一路作为塔顶回流，另一路作为产品出装置。第二侧线抽出油到轻质润滑油汽提塔，经汽提后，塔顶气回到减压塔，塔底产品经泵后分两路，一路作为紧急流量线进减压塔加热炉，另一路作为轻质润滑油基础油送出装置。第三侧线抽出油到中质润滑油汽提塔，经汽提后，塔顶气回到减压塔，塔底产品作为中质润滑油基础油送出装置。第四侧线抽出到重质润滑油汽提塔，经汽提后，塔顶气回到减压塔，塔底产品作为重质润滑油基础油送出装置。减压塔塔底是目标润滑油产品，塔底产品经泵后分两路，一路作为紧急流量线进减压塔加热炉，另一路作为Ⅱ/Ⅲ类润滑油基础油送出装置。

减压塔一般采用多个中段循环回流，常常是在每两个侧线之间设有中段循环回流，以利于回收减压塔过剩的热量。

## 三、润滑油全加氢装置的原料及辅料

1. 生产润滑油的原料一般来源于蒸馏装置，包括减二线、减三线、减四线VGO和轻脱油，原则上根据目标产品不同采用不同原料分别进料的方式。但由于国内部分企业受原油资源限制、经济效益等因素影响，原料中有时也会掺炼部分加氢裂化尾油、蜡下油等。

**2. 氢气**

补充氢气一般由制氢装置提供，其组成见表6-1。

**表6-1　制氢氢气组成**

| 组分 | $H_2$ | $CH_4$ | $CO + CO_2$ | 合计 |
|---|---|---|---|---|
| 组成/%(体) | 99.9 | 0.1 | $<20\mu L/L$，$CO<10\mu L/L$ | 100.0 |

**3. 硫化剂**

装填好的加氢催化剂一般处于氧化状态，没有活性。在装置开工过程中，需要将催化剂硫化，使其产生活性，满足生产要求。通常将二甲基二硫（DMDS）作为加氢催化剂预硫化的硫化剂，其理化指标见表6-2。

**表6-2　DMDS性质**

| 项目 | DMDS/%(质) | 外观 | 密度（20℃）/($g/cm^3$) | 沸点/℃ | 冰点/℃ | 硫含量/%(质) |
|---|---|---|---|---|---|---|
| 指标 | ≥99 | 淡黄色液体 | 1.062 | 109.5 | -84.72 | 68 |

**4. 缓蚀剂**

加氢反应会生成较大量硫化氢，多富集在常压塔塔顶及塔顶回流罐，在这些部位通常会出现$H_2S-H_2O$型腐蚀。为抑制腐蚀速率，一般在这些部位注入缓蚀剂的水溶液。

**5. 磷酸三钠**

为利用加氢反应热和塔内多余的热量，一般采用蒸汽发生器自产自发蒸汽，以降低装置能耗成本。但增设蒸汽发生器后，由于补水含有盐等杂质，在汽包中易产生水垢。一般在汽包中加入磷酸三钠，使钙、镁等杂质以水渣形式沉淀出来而不致形成水垢，防止产生垢下腐蚀。

**6. 直馏柴油**

一般采用直馏柴油进行开停工油联运、硫化、置换装置内蜡油等步骤。

**7. 低氮柴油**

异构脱蜡系统催化剂活性受硫氮含量影响明显，一般采用低氮柴油进行开停工油联运、硫化、置换装置内蜡油等步骤。

质量指标：N 含量 <2μg/g，S 含量 <50μg/g。

## 四、润滑油全加氢装置催化剂

润滑油加氢装置催化剂种类及功能见表6-3。

**表6-3　催化剂种类及功能**

| 催化剂种类 | 功能 |
|---|---|
| 加氢裂化装置催化剂 | 支撑催化剂、脱金属催化剂、加氢裂化 |
| 异构脱蜡装置催化剂 | 异构脱蜡 |
| 加氢精制装置催化剂 | 芳烃饱和、后精制、支撑催化剂 |

**1. 各种催化剂的作用**

脱金属催化剂，用来除去未被过滤器滤掉的颗粒金属（通常为镍和钒）和少量的硫，以保护下游活性更强的催化剂。

加氢裂化催化剂，用于最大量地除去硫和氮。在保留润滑油馏分的前提下，进行加氢裂化反应。非润滑油副产物基本上是高品质的燃料油中间馏分。

异构脱蜡催化剂，装在异构脱蜡反应器内，可以降低倾点，使芳烃饱和，并提高润滑油的收率。

后精制催化剂，装在加氢精制反应器中，可以饱和剩余的芳烃，使生成的基础油光安定性好，且接近无色。

支撑催化剂，作为低成本的筛选层装在顶层催化剂床层中，以防进料中的物质颗粒形成浮渣，每一床层底部也装有少量此催化剂作为支撑。

**2. 催化剂的组成及物化性质**

（1）加氢裂化催化剂

加氢裂化催化剂是一种典型的双功能催化剂，具有加氢功能和裂解功能。加氢功能和裂解功能两者协同决定了催化剂的反应性能。加氢裂化催化剂中的基本组成包括加氢活性组分、裂化活性组分、载体、助剂。

在加氢裂化催化剂中加氢活性组分的作用主要是使原料中的芳烃，尤其是多环芳烃进行加氢饱和，使烯烃，主要是裂化反应生成的烯烃迅速饱和，防止不饱和分子吸附在催化剂表面上缩合生焦而降低催化剂活性。此外，加氢组分还对一些非烃类如硫、氮、氧的化合物进行加氢。

加氢裂化催化剂中裂化活性组分的作用是促进 C—C 键的断裂和异构化反应。在润滑油生产中，由于要使多环芳烃加氢开环，为了避免加氢后润滑油黏度下降太厉害，催化剂载体的酸性不能太强，而且酸性中心也不能太多。改变催化剂的加氢组分和酸性载体的配比关系，便可以得到适用于不同场合的加氢裂化催化剂。

（2）异构脱蜡催化剂

异构脱蜡催化剂是一种加氢－酸性双功能催化剂。由加氢金属提供加氢/脱氢功能，由分子筛提供适当的酸性异构功能。在已工业应用的异构脱蜡催化剂中，加氢组分主要采用贵金属铂（Pt）。

（3）后精制催化剂

后精制催化剂为贵金属催化剂，主要有效成分为钯（Pd），用以改善基础油的光安定性。

## 五、润滑油全加氢装置产品

润滑油加氢生产的基础油产品可达 API Ⅱ及 API Ⅲ标准，主要产品包括低倾点的 2.0$mm^2/s$ 基础油、4.0$mm^2/s$ 基础油、6.0$mm^2/s$ 基础油、8.0$mm^2/s$ 基础油以及 12.0$mm^2/s$ 基础油等，副产石脑油、煤油、柴油等产品。

# 第四节　润滑油加氢催化剂

上一节对润滑油全加氢装置中各部分催化剂简单做了一点介绍，由于各炼油厂润滑油加氢构成不同，而催化剂又在各种加氢工艺中起关键作用，有必要对润滑油加氢催化剂的组成及操作进行专门论述。

## 一、润滑油加氢催化剂的组成与活性的关系

催化剂对生产过程常常起决定性作用，润滑油加氢过程中催化剂也是重点研究的课题。

润滑油原料需要经过加氢、开环、异构化等一系列的步骤才能把非理想组分转化为理想组分。这就要求催化剂既有加氢活性，又有裂化活性，并且两者必须相适应。对于加氢活性和裂化活性相适应的催化剂，叫做平衡的双功能催化剂。否则，例如裂化活性过强或不足，将导致润滑油产品收率下降或黏度指数不够理想。

润滑油加氢催化剂一般由主催化剂、助催化剂及载体组成。催化剂的加氢活性主要取决于主催化剂的活性能力，助剂则起改善催化剂选择性、稳定性或某方面功能的作用，载体提供裂解活性、大的比表面积及机械强度等。

**1. 主催化剂**

主催化剂也叫主活性组分，催化加氢催化剂中主活性组分满足加氢脱氢功能，一般由元素周期表中第ⅥB族和第Ⅷ族的几种金属的氧化物或硫化物组成。其中贵金属 Pt、Pd 加氢活性最好，第ⅥB族中的 W、Mo、Cr 和第Ⅷ族中的 Fe、Co、Ni 都有加氢活性。实践证明，两种或两种以上活性金属组分的混合型催化剂的性能比单组分的要好。

**2. 助催化剂**

在制备催化剂时，往往要添加一种或几种助催化剂。加入助催化剂后，催化剂在化学组成、化学结构、结晶构造、表面构造、孔结构、机械强度、分散状态以及酸性等各方面

都可能发生变化，由此而影响催化剂的活性、选择性以及寿命等。助催化剂可以是以元素状态加入，也可以是以化合物状态加入，大多数的助催化剂是金属或金属化合物，也有用非金属（如氯、氟、磷）的。

**3. 载体**

一般来说，载体本身并没有催化活性，但它具有较大的比表面积和较好的机械强度，因而能很好地将活性组分分散在其表面上，使之更有效地发挥作用，从而节省活性组分的用量，同时也提高了催化剂的稳定性和机械强度。有的载体直接参加催化反应，成为催化活性的基本组成部分。

催化剂常用载体有中性载体和酸性载体两大类。中性载体有活性 $Al_2O_3$、活性炭、硅藻土等。酸性载体有硅酸铝、活性白土、分子筛等。中性载体本身的裂解活性不高。用它制成的加氢催化剂表现出较强的加氢活性和较弱的裂解活性，常用于加氢补充精制催化剂。润滑油加氢裂化反应需要催化剂引起正碳离子反应，因此加氢处理催化剂常用酸性载体，且酸性是否合适非常重要。

金属在最佳配比下，使用不同的载体，其加氢活性有很大不同，当用 $Al_2O_3$ 作为载体时，加氢活性比用 $SiO_2$ 高得多，这证明了载体对金属的加氢活性是有影响的。

载体中 $SiO_2/Al_2O_3$ 的数值对润滑油加氢精制催化剂活性有影响，$SiO_2/Al_2O_3$ 的比值在 75/25 时油品黏度指数最高。

由于 Si、Al 类的物质是酸性催化剂，改变其酸性中心的数量和强弱，对催化剂活性有很大的影响。例如加入氟可以改变酸性中心的情况，当氟含量适宜时可以得到最大的裂化反应和异构化反应速度。

从一个催化剂的整体来看，加氢活性和酸性必须相适应，使各种反应进行的程度相当才能使产品的收率高、质量好。

## 二、各类润滑油加氢催化剂组成

**1. 加氢补充精制催化剂**

到目前为止，国内外润滑油加氢补充精制催化剂绝大部分都是由燃料油加氢催化剂直接或经过改型后转用过来的，专门的润滑油加氢补充精制催化剂的发展则较晚一些。

（1）组成

① 主催化剂：

常用的加氢补充精制催化剂中主催化剂主要有 Co-Mo、Ni-Mo、Ni-W、Co-W 或 Mo-Co-Ni、Fe-Co-Mo 等。由于 W 的价格是 Mo 的 3 倍，考虑到成本等因素，W 很少应用。Co-Mo 型催化剂多用于含硫量较高的原料，Ni-Mo 型催化剂用于氮含量比较高的原料。早期是以 Co-Mo（钼酸钴）型催化剂为主，近年则以 Ni-Mo（钼酸镍）型催化剂占主导地位。

Ni-Mo 型催化剂与 Co-Mo 型催化剂相比，其优点是：加氢活性较高，因此脱氮和脱稠环芳烃能力较强，生成油颜色较好，反应温度较低，可以减少裂解作用，寿命也很长，再生周期可达 2 年，通常可再生 1 ~ 3 次。

Fe-Co-Mo 型催化剂与 Co-Mo 型催化剂相比，其优点是：加氢条件缓和，压力仅为 2MPa，氢耗小，催化剂寿命长，但精制深度浅，灵活性小。

上述各类催化剂其活性组分配比、含量可根据原料性质及目标产品的要求进行调整，因此就会出现一系列性能各异、牌号不同的催化剂产品。

② 助催化剂：

对润滑油加氢补充精制催化剂来说，助催化剂并不是必需的，多数催化剂都没有助剂。

③ 载体：

为了避免裂解作用的发生，加氢补充精制催化剂多采用中性载体，主要是 $\gamma-Al_2O_3$。

（2）工业应用

① 国外应用：

国外生产销售润滑油补充精制催化剂的公司主要有：谢夫隆公司（Chevron）、英国石油公司（BP）和法国普罗卡塔里斯公司、阿克苏化学品国际公司、日本凯特金公司、巴斯夫公司、东方催化剂公司、雷纳工业公司等。其产品中有些是专门用于从溶剂精制油或半精制油生产基础油或成品油的催化剂。谢夫隆公司研究开发的品种最多，可适用于各种具有不同的原料和产品要求的装置中。有的公司还声明所有催化剂均可经装置外预硫化处理后供货，以方便用户使用。

国外主要类型为 Co-Mo 型、Ni-Mo 型、Ni-W 型三种。

② 国内应用：

我国已经工业生产和研究的加氢精制催化剂的精制效果与国外催化剂差别不大。

**2. 加氢处理催化剂**

用于生产高黏度指数润滑油的加氢处理催化剂不仅应具有非烃组分的破坏加氢和芳烃加氢饱和的功能，而且还应具有促进多环环烷烃选择性加氢开环、直链烷烃和环烷烃的异构化反应等功能。因而加氢处理催化剂应是一种由加氢组分和具有裂化性能的酸性载体组成的双功能催化剂，而且这两种功能应尽量达到平衡，才能实现收率高、质量好和运转周期长的目的，即加氢处理催化剂的裂化活性不能比加氢活性大太多，否则在芳烃加氢前侧链大量断裂，形成低沸点产物，使基础油收率降低。但裂化活性也不能太低，否则不足以使加氢饱和的芳烃进行开环，因而黏度指数也不能提高。

（1）组成

① 主催化剂：

加氢处理催化剂中的加氢活性组分的功能是促进原料中的芳烃，尤其是多环芳烃，烯烃（主要是裂化反应生成的烯烃）进行加氢饱和反应。此外，还应具有加速非烃破坏加氢反应速度的能力。

常用的加氢活性按其加氢饱和活性强弱对比排列如下：

Pt，Pd > Ni-W 型 > Ni-Mo 型 > Co-Mo 型 > Co-W 型

贵金属铂和钯的加氢活性最高，但对硫的敏感性很强，因而目前工业加氢处理催化剂的加氢组分多采用抗毒性好的非贵金属组分，主要由 Ni-W 型或 Ni-Mo 型等金属组成（使用前需在装置上进行硫化）。两者均具有较好的活性和选择性，且 Ni-W 型效果较好，在相同收率下，Ni-W 型的反应温度比 Ni-Mo 型低；在相同黏度指数下，Ni-W 型催化剂的基础油收率比 Ni-Mo 型高。

有关研究结果表明，上述金属组合催化剂的加氢活性顺序为：Ni-W 型 > Ni-Mo 型 > Co-Mo 型 > Co-W 型。

对于加氢脱硫，其活性顺序为：Co-Mo 型 > Ni-Mo 型 > Ni-W 型。

② 助催化剂：

如在 $WS_2$-$Al_2O_3$ 加氢改质催化剂中加入 NiS，可以使催化剂的活性超过纯 $WS_2$，但 NiS 单独作加氢催化剂时，其加氢活性很差。用电子显微镜和 X 射线研究表明，$WS_2$ 的结晶是致密的聚团，而 $WS_2$-$Al_2O_3$ 的结晶比较松散，由此判断 NiS 的加入使正常的 $WS_2$ 结构受到破坏，生成了松散的结晶结构，加入 NiS 后使催化剂的有效表面积增加，从而提高了催化剂的加氢活性。

为了提高催化剂的脱硫、脱氮能力，一些催化剂中加有磷的成分。催化剂上加磷的作用，目前有 3 种看法：一是认为用磷酸配制浸渍液时，磷酸能促进金属盐溶解，使浸渍液浓度高而不产生沉淀，从而得到高金属含量、高活性的催化剂；二是认为在制备载体时加磷酸或磷酸盐，可以控制孔分布，减少积炭；三是认为加磷可防止镍与 $Al_2O_3$ 在催化剂焙烧过程中生成无活性的尖晶石（使 $NiAl_2O_4 \leqslant 0.1\%$，也就是说，使磷进入 $Al_2O_3$ 的晶格中，抑制了尖晶石的生成，使镍更好地发挥作用）。据介绍，催化剂含磷量在 1%~5% 较好，其量适当，能提高催化剂的机械强度和稳定性；如果磷过量，反而会抑制金属活性组分发挥作用，并使机械强度下降。近几年来，还采用了铼、锰、钛、锗、镧和铈等作助催化剂，例如美国环球油品公司 Mo-Ni-$SiO_2$-$Al_2O_3$ 加氢催化剂中加入 0.2% 的铼，对催化裂化循环油进行加氢改质，脱硫率为 97.1%，脱氮率为 96.5%，而组成相同不加铼的催化剂脱硫率为 94.1%，脱氮率只有 82%。这些助催化剂的作用虽然不完全相同，但都有比较好的效果。

③ 酸性载体：

加氢处理催化剂倾向于用中等酸性强度的载体。采用的酸性载体主要有两类：$SiO_2$-$Al_2O_3$（高裂化活性）及加氟的 $Al_2O_3$（低裂化活性）。生产润滑油的专用催化剂中的 $SiO_2$-$Al_2O_3$ 载体与一般用于燃料油加氢裂化的催化剂不同，其 $SiO_2$ 含量较低，一般 <30%（质）。

$Al_2O_3$ 加氟后对催化剂的开环活性和加氢活性均有一定影响。与不加氟的 Ni-W 型催化剂的加氢处理效果相比，加氟后生成油的黏度指数提高、碘值降低，催化剂含氟量最好为 1%~4%（质）。

（2）工业应用

在研究、开发润滑油加氢处理技术中，各公司都采用各自的专利工业催化剂。这些催化剂大体上有两种情况：一种是采用一般的生产燃料油的加氢裂化催化剂，如美国环球油品公司所用的埃索麦克斯（Isomax）催化剂；另一种则是以生产润滑油为主的专用催化剂，如美国海湾公司所用的催化剂。前者主要通过改变加氢工艺参数或改变润滑油加工流程，以达到合理生产润滑油的目的，催化剂适应性较大；后者则由于针对性较强，有较好的基础油质量和收率以及对原料油变化的适应性。目前工业上使用的加氢处理催化剂以专用催化剂居多。

**3. 催化脱蜡催化剂**

实现择形催化脱蜡工艺的关键是要有一个理想的催化剂。这种催化剂应具有良好的选择性，即能选择性地从润滑油馏分混合烃中，将高熔点石蜡（正构石蜡烃及少侧链异构烷烃）裂解生成低分子烷烃从原料中除去或异构成低凝点异构蜡烃而使凝点降低，同时尽量保持润滑油的理想组分不被破坏，以保证高的润滑油收率。为了达到此目的，催化脱蜡所采用的催化剂都是双功能催化剂。其中加氢组分除用贵金属铂、钯等以外，也有用镍、钼、锌等非贵金属的，而酸性组分，大体上可分为两类，一类为含卤素的氧化铝，另一类为氢型沸石，异构脱蜡催化剂用前者作载体，催化脱蜡催化剂用后者作载体。

催化脱蜡催化剂以沸石为载体。因为沸石具有均匀而规则的孔道，对正构石蜡烃具有较好的选择性裂化性能。工业上脱蜡催化剂所用沸石主要有：丝光沸石和 ZSM 沸石，在有些脱蜡工艺中也有用镁碱沸石的。丝光沸石与镁碱沸石在自然界中较为丰富，而且是天然沸石中含硅最高的（$SiO_2$：$Al_2O_3$ 都是 10：1），但作为载体，常用的是具有特定性能的合成沸石。在催化脱蜡催化剂载体中最受重视的是 ZSM 型沸石（特别是 ZSM－5 沸石）。ZSM 型沸石系列是由莫比尔公司研制的一类新型合成高硅沸石，没有天然的对应物。

（1）高硅沸石结构

催化脱蜡催化剂常用的上述 3 种沸石，是一类具有特殊结构特征的开孔结晶硅铝酸盐。它们的晶体骨架结构中最基本结构是硅氧四面体（$SiO_4$）和铝氧四面体（$AlO_4$）。这些四面体通过共用氧原子相互连接，形成首尾相接的多元氧环。多元氧环经三维联结形成中空的多面体后，再进一步排列即构成沸石晶体骨架结构。这些沸石都具有由五元氧环围成较大氧环所构成的交叉孔道，但孔道的形状和大小不尽相同。

合成沸石是由 $M_{2n}O-Al_2O_3-SiO_2-H_2O$（M 为无机或有机阳离子、$n$ 为离子价）的反应混合物体系经水热合成晶化后所得产物。在合成原料中，可用硅胶、硅溶胶、硅酸钠（水玻璃）等作硅源，可用氧化铝、氢氧化铝、铝酸钠及铝的无机盐等作铝源。无机碱常用氢氧化钠，有机碱常用季铁碱，也有用天然硅铝酸盐矿物作为原料，再补加适量含硅（或铝）原料和碱，进行水热合成的。影响晶化的因素有反应物特性、配料比及晶化条件（温度及时间）等。用有机碱合成时，可以制得硅铝分子比大于10 的高硅沸石。合成高硅沸石的晶粒度一般小于 0.1μm，而天然沸石的晶粒则大于 1μm。

① 丝光沸石。

丝光沸石的晶体中含有大量成对联结的五元氧环。这些五元氧环通过四元氧环相连，再围成十二元氧环及八元氧环，如图 6－6（a）所示。丝光沸石晶体就是由许多这样的结构重叠组成的。由于硅铝比高（天然沸石一般为 10，合成沸石一般为 10～12，加入有机物可提高到 20～30），丝光沸石具有良好的抗热稳定性、抗水蒸气性能及抗酸性能等。

按沸石孔道体系分类，丝光沸石属双孔道体系沸石。它的晶体结构中有两类内连孔道：一类是由十二元氧环开孔组成的平行直筒状椭圆主孔道（0.67nm × 0.70nm），另一类是由八元氧环短节椭圆孔道（0.29nm × 0.57nm）交替联构组成的孔道。主孔道两侧有侧孔（0.29nm）与八元氧环孔道相沟通形成交叉二维孔道空间体系，见图 6－6（b）。

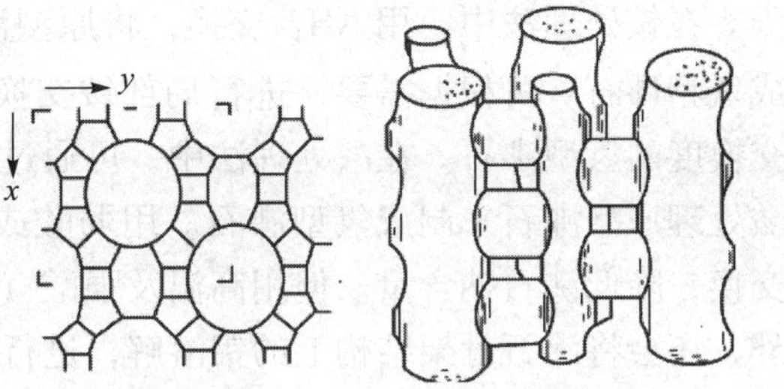

(a) 结构投影图　(b) 孔道体系示意图

图 6－6　丝光沸石的结构

但由于八元氧环排列不规则，并且孔径较小，一般分子不易通行，所以分子主要在十二元氧环主孔道出入。因而对一般分子来说，丝光沸石实际表现为一维孔道体系。

② ZSM 沸石。

ZSM 型沸石中常用的是 ZSM－5 沸石，也有用其他同类结构的 ZSM－8 沸石的。根据不同合成条件，曾制得硅铝摩尔比在 20～8000（甚至接近∞，即纯氧化硅）的 ZSM－5，故而其耐热及酸稳定性特高。

按沸石孔道体系分类，ZSM－5 沸石属十元氧环体系沸石。它有两类由十元氧环开孔组成的孔道。一类是具有椭圆形开孔（0.51nm×0.55nm）的正弦孔道，另一类是具有近似于圆形开孔（0.53nm×0.56nm）的直线孔道，这两类孔道交叉（交叉处晶穴为 0.9nm）形成一个三维孔道空间体系，如图 6－7 所示。

③ 镁碱沸石。

天然镁碱沸石的硅铝摩尔比通常在 12 左右。

镁碱沸石是由五元氧环通过十元氧环及六元氧环相连，再围成十元及八元氧环开孔的直筒形孔道，见图 6－8（a）。它属于双孔道体系沸石：由十元氧环椭圆开孔（0.43nm×0.55nm）组成的孔道和由八元氧环椭圆开孔（0.34nm×0.48nm）组成的孔道。两类孔道相互垂直，形成二维孔道空间体系，见图 6－8（b）。

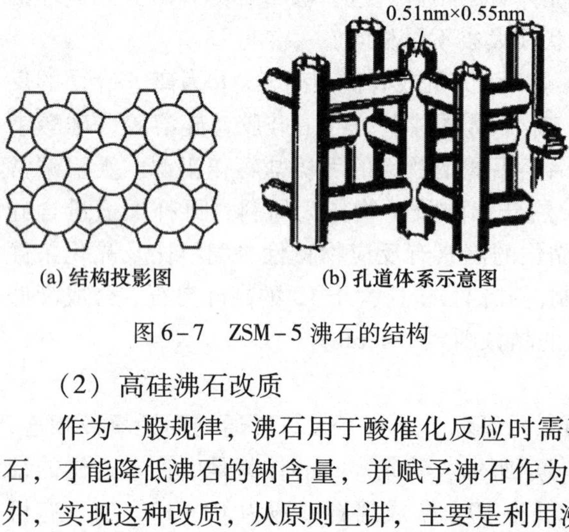


(a) 结构投影图　　(b) 孔道体系示意图

图 6－7　ZSM－5 沸石的结构

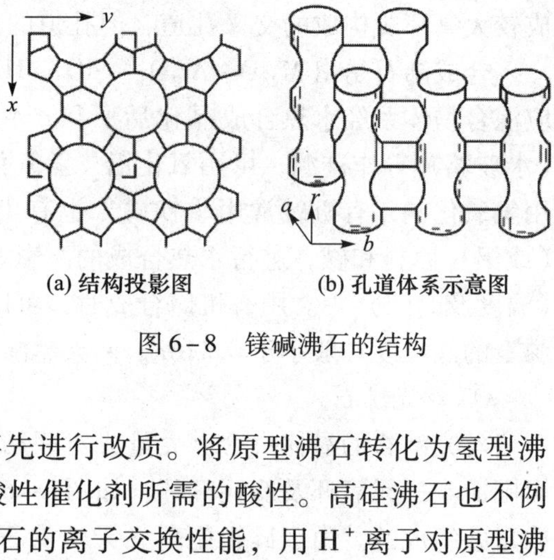


(a) 结构投影图　　(b) 孔道体系示意图

图 6－8　镁碱沸石的结构

（2）高硅沸石改质

作为一般规律，沸石用于酸催化反应时需事先进行改质。将原型沸石转化为氢型沸石，才能降低沸石的钠含量，并赋予沸石作为酸性催化剂所需的酸性。高硅沸石也不例外，实现这种改质，从原则上讲，主要是利用沸石的离子交换性能，用 $H^+$ 离子对原型沸石中的 $Na^+$ 进行交换。在实践中，一般采用铵处理或酸处理方法或两法联用。

在铵处理法中，用 $NH_4^+$ 交换，将原型沸石转化为铵型沸石，再经过热分解脱氨即制成氢型沸石。可根据需要，进行局部铵交换，局部降低沸石中 $NH_4^+$ 含量，从而得到不同交换度的氢型沸石。在酸处理法中，可通过在室温下用弱酸或稀酸，或在回流条件下用强酸处理原型沸石来制成氢型沸石。用弱酸或稀酸时，与铵处理一样，只能通过 $NH_4^+$ 离子交换，降低沸石钠含量。但用高温及强酸（10%～20% 硫酸、盐酸）处理，则除离子交换外，还会将沸石骨架结构上的铝溶解，进行脱铝。但酸处理脱铝仅适用于高硅沸石。这是因为在这些沸石中存在着特殊的五元氧环结构而且硅铝比高，使它们具有很好的结构稳定性，即使溶解掉一部分结构铝，也不会使沸石晶体结构遭到破坏，从而保持沸石的晶相强度、稳定性及结晶度不变或基本不变。

酸处理还能排除沸石孔道内无定形阻塞物，恢复孔道原结构尺寸，使孔道通畅。如出现脱骨架铝，则沸石孔结构将扩大。从而使孔道的有效直径增加，便于较大分子的扩散与吸附。例如，酸处理扩孔的氢型丝光沸石的孔径可达0.8～1.0nm，能吸附异丙苯及1，3，5－三乙基苯（临界直径分别约为0.76nm及0.85nm）等。

沸石脱铝会使其硅铝比提高。据报道，适度脱铝的沸石所制催化剂的催化活性，甚至活性稳定性均有改善。例如，用两种经盐酸处理的丝光沸石制成含2% Pd的催化剂对润滑油馏分进行催化脱蜡时，发现硅铝比高的沸石催化剂（50∶1）比低的（10∶1）降凝效果好，而且活性稳定性也很好。但脱铝太多，活性及活性稳定性都要变差。

沸石脱铝，提高硅铝比后将导致其骨架电荷和极性降低，从而对极化分子作用的能力降低。使之对烃类呈现选择性吸附性能，有利于用来进行烃类分离。例如，硅铝分子比为93的氢型丝光沸石能从97%甲苯－3%正辛烷混合物中优先吸附正辛烷，从96%苯－4%环己烷混合物中优先吸附环己烷，但硅铝比为12的氢型丝光沸石则没有这种选择吸附性。

HZSM－5也具有从烷烃、芳烃及环烷烃混合物中优先吸附正构烷烃，特别是高相对分子质量正构烷烃的性能。甚至于在已吸附对二甲苯的HZSM－5沸石中加入正壬烷时，正构烷烃会快速反扩散，将芳烃几乎全部置换出来，这些选择吸附性在烃类分离及催化反应中将起重要作用。

（3）活性组分

制备择性加氢裂化催化剂时，需在氢型沸石上引入加氢组分，然后加黏合剂（如铝胶、氢氧化铝、硅铝胶等）成型。

在催化脱蜡催化剂中最常用的加氢组分是铂、钯等贵金属（用量约为0.1%～5%），但由于贵金属价格昂贵，且对硫、氮等毒物较敏感，因此也常用一些非贵金属，如锌、镍、镍－锡、镍－钼、钴－钼等。

（4）工业应用

英国石油公司（BP）、德士古公司（Desco）、环球油品公司（UOP），莫比尔公司（Mobil）和雪弗龙公司（Chevron）均有专属的催化降凝技术及催化剂。

世界范围内催化脱蜡催化剂较成熟的生产商是Mobil公司。

为减轻对溶剂脱蜡的依赖，Mobil公司在20世纪70年代中期开发了MLDW（Mobil润滑油催化脱蜡技术）工艺，MLDW催化降凝技术的催化剂由ZSM－5分子筛制备而成，只有分子直径小于孔口尺寸的直链烷烃或带甲基侧链的异构烷烃进入孔内，进行正碳离子反应，遵循$\beta$位断链原则，因此最小分子以$C_3$～$C_4$烷烃和烯烃形式存在，$C_1$～$C_2$气体烃产量很低。

MLDW工艺1981年在Mobil澳大利亚Adelaide炼油厂实现工业化，能够对从锭子油到光亮油的整个黏度等级的基础油实现有效脱蜡，加工的原料范围较宽，通过裂化正构和略带支链的烷烃，还能生产高辛烷值汽油和LPG。

MLDW投资和公用工程费用是溶剂脱蜡的80%～85%。

Mobil开发了4种MLDW催化剂：MLDW－1、MLDW－2、MLDW－3和MLDW－4。每种催化剂都比前一种催化剂性能优越，产品质量往往更好。

国内催化脱蜡主要研究机构包括大连（抚顺）石油化工研究院（FRIPP）、金陵石化研究所及北京石科院（RIPP）。FRIPP开发出以中东原油减压馏分糠醛精制油和VGO加氢处理后润滑油馏分为原料的临氢降凝催化剂FDW 10，脱蜡后低温流动性能大幅提高。

由于新的异构脱蜡工艺的出现，现在国外已不再新建采用MLDW技术的装置。

**4. 异构脱蜡催化剂**

以选择性加氢裂化为主的催化脱蜡，采用裂解活性很强的ZSM-5分子筛为载体的催化剂，由于分子筛有规则的孔结构，所以在这种催化剂上的反应以正构烷烃的选择性加氢裂化为主，同时也能裂化进入分子筛孔道的环状烃类的长侧链以及侧链上碳数较少的异构烷烃。

催化脱蜡的缺点是其脱蜡油的黏度指数一般比溶剂脱蜡低，脱蜡油收率低。而异构脱蜡催化剂能使石蜡异构成为润滑油的理想组分异构烷烃，所以其脱蜡油收率及黏度指数都比催化脱蜡高。

润滑油基础油异构脱蜡的技术关键是需要有一种高选择性的异构脱蜡催化剂，通常在双功能催化剂上连续进行着异构化及加氢裂化反应，反应过程为：ZSM-5允许高倾点直链烷烃、带甲基支链的烷烃、长链单烷基苯进入孔道，将低倾点、高分支烷烃、多环环烷烃和芳烃拒之孔外。正构烷烃首先在催化剂的加氢-脱氢中心上生成相应的烯烃，此种烯烃迅速转移到酸性中心上得到一个质子生成正碳离子，生成的正碳离子极其活泼，马上异构化，异构化的正碳离子可将质子还给酸性中心，加氢后生产异构烷烃，也可以在$\beta$键断裂，发生裂化反应。

Chevron公司、Mobil公司和我国石油化工科学研究院（RIPP）都开发了润滑油异构化脱蜡工艺，商业名称分别为ISODEWAXING、MSDW和RIDW。Mobil公司的异构脱蜡工艺MSDW使用的是一种载有贵金属、其分子筛约束指数比ZSM-5大的催化剂，例如Pt/ZSM-23。约束指数的定义是：转化率为5%时，正癸烷异构化反应生成的2-甲基壬烷与5-甲基壬烷之比。约束指数愈大，分子筛的孔径愈小，分子筛ZSM-5的孔径为0.53nm×0.56nm，而ZSM-23的孔径则为0.45nm×0.56nm。

Chevron公司开发的异构脱蜡催化剂则是载铂的中孔磷酸硅铝分子筛催化剂，例如SAPO-11，一维椭圆形孔道孔径为0.39nm×0.64nm，并且具有较弱的酸性中心，适宜于单支链异构烃的生成，因此由此种分子筛制成的异构脱蜡催化剂，其异构脱蜡油具有较低的倾点，较高的黏度指数和收率。

我国抚顺石油三厂根据需要，开发了三代降凝催化剂并在本厂工业装置上采用。RIPP开发了催化降凝RDW-1催化剂，已被国内多套工业装置采用。

## 三、润滑油加氢催化剂操作

**1. 催化剂装填**

（1）催化剂装填的重要性

加氢催化剂的装填质量在发挥催化剂性能、提高装置处理量、保证装置安全平稳操作、延长装置操作周期等方面具有重要的作用。

催化剂装填质量主要是指在反应器内床层径向的均匀性以及轴向的紧密性和级配性。

反应器内径向装填的均匀性不好，一方面会造成反应物料在催化剂床层内“沟流”、贴壁等走“短路”现象的发生，甚至会导致部分床层的塌陷，从而造成气、液相分离，使气、液间的传质速率降低，反应效果变差。另一方面由于循环氢带热效果差，易造成床层高温“热点”的出现，既影响装置的操作安全，又缩短装置的操作周期。

反应器内轴向催化剂装填的紧密性会影响到催化剂的装填量，在反应器体积一定的情况下，催化剂的装填量与装置处理量有关，并影响产品质量和催化剂寿命。

轴向的级配性是指不同催化剂种类之间，或者催化剂与瓷球之间的粒度的级配关系。在反应器入口部分，级配性的好坏直接影响床层压降上升的速度，而在催化剂床层底部，级配性的好坏将决定催化剂床层是否会发生迁移。改善级配性的有效措施是采用形成床层孔隙率逐步变化的分级装填法。

所谓分级装填法是指采用一种或数种不同尺寸大小、不同形状、不同孔容、不同活性的高孔隙率活性和（或）惰性瓷球、保护剂系列装填于主催化剂床层上部，使床层从上到下颗粒逐渐变小、床层孔隙率逐步减低的分级过渡装填方法，如图 6-9 所示。

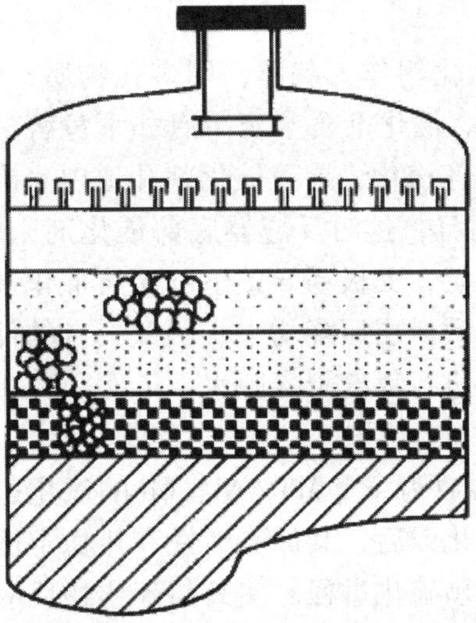

| 分配盘 | 孔隙度 | 活性 | 孔隙率 |
|---|---|---|---|
| TK-10惰性材料 | 很大 | 无 | 55% |
| 3/16" TK-711圆环 | 大 | 低 | 53% |
| 1/8" TK-511圆环 | 中等 | 中等 | 53% |
| 1/20" TK-574 主催化剂床层 三叶型 | 小 | 高 | 46% |

图 6-9　反应器顶部分级装填示意

对于床层底部，采用分级装填技术可有效地防止发生催化剂颗粒迁移，避免催化剂颗粒堵塞反应器出口收集器甚至后续的换热设备及管线，并同时消除由此引起的反应器内催化剂床层塌陷的可能，如图 6-10 所示。

（2）催化剂装填方法

加氢催化剂的装填方法可以分为两种，一种是普通装填，另一种是密相装填。普通装填方法目前适用于各种外形的催化剂：球形、圆柱形、挤条形、环形等等。由于普通装填方法简单易行，人员几乎不需要特别的技术培训，设备不需要专利技术，因此被国内许多炼油企业所采用。密相装填方法由 ARCO 技术公司、法国 TOTAL 公司、UOP 公司、Chevron 公司等发明。由于需要采用专利技术，购买专门的催化剂装填设备，聘请专业技术人员进行催化剂的装填，密相装填方法用于条状催化剂的装填才更显意义，因为采用密相装填方法，可以将条状催化剂在反应器内沿半径方向呈放射性规整地排列，从而减少催化剂颗粒间的孔隙，提高催化剂装填密度，在同一体积内密相装填法比普通装填法多装填质量10%~25%的催化剂。密相装填除了可以多装催化剂以外，由于装填过程催化剂颗粒在反应器横截面上规整排列，因此其沿反应器纵向、径向的装填密度也非常均匀。

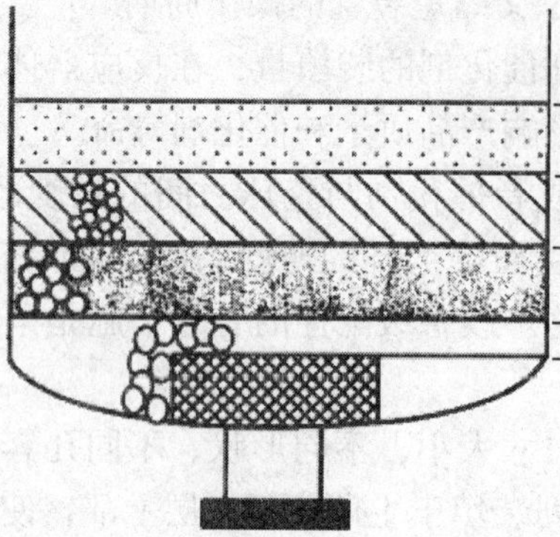


图 6-10　反应器底部催化剂及瓷球分级装填示意图

**2. 催化剂干燥**

绝大多数加氢催化剂都以氧化铝或含硅氧化铝作为载体，属多孔物质，吸水性很强，一般吸水量可达1%~3%，最高可达5%以上。催化剂含水至少有如下危害：当潮湿的催化剂与热的油气接触升温时，其中所含水分迅速汽化，导致催化剂孔道内水汽压力急剧上升，容易引起催化剂骨架结构被挤压崩塌。而且，这时反应器底部催化剂床层还是冷的，下行的水蒸气被催化剂冷凝吸收要放出大量的热，又极易导致下部床层催化剂机械强度受损，严重时发生催化剂颗粒粉化现象，从而导致床层压降增大。因此，有的催化剂供应商或者技术专利商推荐在催化剂进行预硫化前要进行氮气干燥脱水。

**3. 催化剂预硫化**

新出厂或再生的加氢催化剂的活性物质多数为W、Mo、Ni、Co的氧化态，而加氢催化剂的高加氢活性态为硫化态，催化剂经过硫化以后，其加氢活性和热稳定性将大幅度提高，因此，催化剂在接触油脂前要进行必要的预硫化过程，使其与硫化物反应转化为硫化态，充分发挥催化剂的高加氢活性。硫化反应通常为：

$$3NiO + H_2 + 2H_2S \longequal Ni_3S_2 + 3H_2O$$

$$MoO_3 + H_2 + 2H_2S \longequal MoS_2 + 3H_2O$$

$$9CoO + 8H_2S + H_2 \longequal Co_9S_8 + 9H_2O$$

$$CS_2 + 4H_2 \longequal 2H_2S + CH_4$$

目前，国内工业加氢装置大都实行器内预硫化方法，器内预硫化可以分为气相（干法）预硫化和液相（湿法）预硫化两大类。

一般以氧化铝、含硅氧化铝和无定形硅铝为载体的催化剂多采用湿法硫化方法，湿法预硫化的硫化剂大多采用廉价、硫含量高、与硫化携带油互溶、易于分解、工业规模生产的硫化合物，如二硫化碳（$CS_2$）和二甲基二硫化物（DMDS）。但湿法硫化的硫化油用量较大，存在含硫污油进一步处理的问题。

含分子筛（尤其是分子筛含量较高）的加氢裂化催化剂，其裂化活性要比无定形硅铝催化剂的活性高得多，对反应温度敏感，最终硫化温度较高（370℃），如果采用湿法硫化，硫化油在较高温度下发生裂化反应，易导致催化剂床层超温，同时会加速催化剂积炭，影响催化剂的活性。因此加氢裂化催化剂多采用干法硫化。并配以相应的钝化措施及适宜的切换原料步骤；干法硫化所需要的时间较长。

润滑油加氢过程中催化脱蜡催化剂、加氢处理（加氢裂化）催化剂的预硫化大多采用干法硫化外，加氢补充精制、异构脱蜡催化剂普遍采用湿法强化硫化方法。

**4. 初活钝化和切换原料**

刚经过预硫化的催化剂具有很高的活性，如果此时与劣质的原料接触，由于催化剂具有高加氢活性和酸性，将发生剧烈的加氢反应，甚至是烃类的加氢裂化反应，短时间内产生大量的反应热，极易引起反应器超温。同时催化剂表面的积炭速度非常快，使催化剂快速失活，并影响催化剂活性稳定期的正常活性水平。为了避免催化剂初活性阶段发生超温和快速失活，通常需要用质量较好的直馏馏分油作为原料先行接触刚刚预硫化结束的催化剂，使催化剂在接触少量杂质的情况下缓慢结焦失活，直至催化剂的活性基本稳定下来。这一过程即为所谓的催化剂初活稳定阶段。经过初活稳定后，再切换为正常生产原料。

但是对于反应器中装填有酸性功能较强的加氢裂化催化剂，用质量较好的直馏馏分油进行初活稳定并不那么容易，这是因为越是质量好的原料越容易发生加氢裂化反应，从而越容易引起反应器超温。虽然采用低温进油可以避免进油时的剧烈反应，但要使裂化催化剂缓慢结焦并达到活性基本稳定的过程非常长，通常需要半个月以上，因此这种方法并不可取。从催化加氢裂化反应机理可以知道，烃类化合物发生加氢裂化反应需要催化剂具有酸性功能，也就是说减少预硫化后加氢裂化催化剂的高活性需要对其酸性功能进行抑制。但是为了避免催化剂永久地失去酸性功能，这种抑制的方法只能采用可逆的形式，而不能采用诸如苛性钠等化合物去进行中和。因此在初活稳定油中添加碱性有机氮化物是可行的方法。但是，通常的碱性有机氮化物价格高，极性强。碱性氮化物极易强烈吸附在酸性中心，容易发生脱氢缩合结焦反应，控制不好的话很可能使催化剂过度地损失活性，影响催化剂的稳定期活性水平。因此，采用价廉、不结焦、易脱附的液氨作为催化剂酸性功能的抑制剂较为合适。根据上述分析，酸性功能强的催化剂在预硫化结束、切换原料油前通常采用性质较好的直馏馏分油，外加无水液氨进行催化剂初活运转过渡，此过程称为低氮油液氨钝化，简称初活钝化。

**5. 催化剂再生**

催化加氢催化剂在正常使用过程中由于结焦及中毒反应，使催化剂活性逐渐减弱。当催化剂的性能不能满足生产需要时，必须对催化剂进行再生或更换新催化剂。

目前，工业上使用的催化剂再生方法有两种，一种为器内再生，即催化剂不从加氢装置的反应器中卸出，直接采用含氧气体介质再生，这是早期使用的一种催化剂再生方法，器内再生按再生时所用惰性气体（热载体）介质不同，可分为“水蒸气－空气”再生和“氮气－空气”循环再生两种方法。另一种为近期越来越普遍使用的器外再生方法，它是将待生的失活催化剂从反应器中卸出，运送到专门的催化剂再生工厂进行再生。

器内再生有较多的缺点，例如：①生产装置因催化剂再生所需要的停工时间较长；②再生条件难以严格控制，容易发生再生温度超过限制的现象，造成催化剂受损，活性恢复不理想；③再生时产生的有害气体（$SO_2$、$SO_3$、NO、$NO_2$）及含硫、含盐污水，若控制或处理不当，会严重腐蚀设备，污染所在社区的环境；④加氢装置的操作运转周期长，操作人员多年才能遇到一次再生操作，技术熟练的程度远不及专业再生操作人员，某些操作上的失误或考虑不周、处理不当，不仅影响其再生效果，甚至可能会损伤催化剂和设备。

同器内再生技术相比，器外再生技术有很多可取之处，如再生效果好，节省时间，可免除催化剂床层上部结块、粉尘堵塞所引起的床层压降上升，有利于减少设备腐蚀、环境污染，技术经济效益好，质量有保证等。因此，从20世纪70年代中期开始，器外再生技术逐渐被炼油厂所接受，美国、法国、日本等国相继实现了催化剂器外再生。

## 第五节　润滑油加氢操作因素分析

与燃料油生产中的加氢裂化过程一样，润滑油的加氢过程是重质油在临氢条件下，在一定的温度、压力和特定的催化剂上进行的化学变化过程，影响润滑油加氢效果的因素主要有原料、氢气、操作温度、空速、氢油比和反应压力等。

### 一、原料油及其影响

**1. 原料油组成**

（1）馏程

原料的组成取决于原油及上游装置的操作条件，如果原料的馏程较高，需加氢的原料分子较大，欲达到所需的黏度指数和氮含量，反应压力要提高。

另外，原料馏程较高，原料中的其他性质如干点、沥青质、金属含量和氮含量也随之升高，这对催化剂是有害的。要达到反应目标，除需要较高的催化剂平均温度之外，$H_2$消耗量也随之升高。

因此，提高原料馏程，会从两方面缩短催化剂寿命。首先，必须提高催化剂平均温度，才能在加工大分子含量较高的原料时，使产品中的氮含量达到目标值。其次，原料中氮含量、沥青质和金属含量的升高，将会加快催化剂的失活速率。

（2）原料油中的硫

应限制进料中的硫含量，以免对金属材料造成过量腐蚀。加氢装置的选材和腐蚀裕量是根据进料的硫含量而确定的。若进料中的硫含量高于设计值时，将会缩短装置内反应器和其他设备的使用寿命。

高的硫含量对产品收率影响较小，如果循环氢中硫含量过高，对加氢脱氮和芳烃饱和有影响；当原料中硫含量变化大时需注意。

（3）原料油中的氮

进料中的氮是以碱性化合物的形式存在，而催化剂起裂解作用的活性区是酸性的，因此碱性氮被吸附在酸性的活性区时，就使之中和。未被中和的酸性区就要承担更多的裂解反应来补偿。这样，进料中氮含量越高，催化剂平衡温度就需越高才能取得所需的转化率，碱性氮含量高的油易使催化剂迅速失活。

（4）原料油中的沥青质和金属

高沥青质含量对基础油颜色有很大的影响。沥青质作为结焦前驱物，极易引起催化剂中的微孔堵塞，导致其迅速失活。即使是微量地增加沥青质含量，也会使催化剂失活速率大幅度增加，使得反应温度需要快速提高，缩短运转周期。因此，必须严格控制原料油中的沥青质含量，要求小于0.01%。

重金属（特别是Ni和V）对催化剂有强烈的亲和力，并会使催化剂失活。重金属含量即使低至1mg/kg对加氢裂化催化剂也是有害的。Ni、V、Cu、Pb等金属极易引起催化剂中毒。此类金属的存在会导致催化剂永久失活，缩短装置的运转周期。必须提高反应温度以补偿催化剂的失活。金属含量高也会导致一部分催化剂不能通过再生恢复活性。和沥青质一样，随进料至催化剂的金属是上游装置操作欠佳带来的。

砷（As）和硅（Si）是加氢催化剂的毒物，催化剂上即使沉积少量的砷和硅，也会造成活性的大幅度下降。虽然到目前为止，对于进料中砷含量指标到底应控制在什么范围一直有所争议，但人们普遍认为催化剂上0.2%~0.3%的砷可以引起活性下降20%~30%。硅主要由上游装置进入加氢原料油中，如焦化装置消泡剂引起焦化汽油、焦化柴油和焦化蜡油中含硅。加氢原料中的硅不容易完全脱除，但即使是少量的硅沉积在催化剂上，也可以使催化剂表面孔口堵塞，催化剂活性下降，床层压降上升，装置运转周期缩短，并使得催化剂无法再生使用。

进料中所含的铁是一个麻烦的污染物，它不但会使催化剂失活，而且会堵塞催化剂之间的空隙而形成过大的床层压力降。随进料而来的铁可大部分通过过滤去掉。为了避免催化剂微孔被硫化铁堵塞，除了操作好原料过滤器外，需要增加保护剂的体积。与此相类似，Ca和Mg金属含量高也会导致催化剂表面的金属沉积。

（注：保护剂有较高的容纳垢物和减少压降的能力，其作用在于改善加氢进料质量，抑制杂质对主催化剂孔道的堵塞与活性中心被覆盖，保护主催化剂活性和稳定性，延长催化剂运行周期。）

（5）原料油中的烯烃

烯烃含量的高低对催化剂加氢脱硫、加氢脱氮、芳烃饱和的活性影响较小。但是，烯烃作为结焦前驱物，极易引起催化剂表面的结焦，同时使反应器催化剂床层压降迅速增加，缩短装置的运转周期。此外，烯烃的加氢饱和反应是强放热反应，原料油中高的烯烃含量引起催化剂床层更高的温升以及更多的化学氢耗。

（6）原料油中的芳烃

原料油中的芳烃含量主要和原油种类及上游加工工艺有关。

在通常加氢处理条件下，由于竞争吸附作用，芳烃对硫化物的加氢脱硫反应有一定的抑制作用，而对氮化物的加氢脱氮反应抑制作用很小。但原料油中存在大量芳烃时，可能增加催化剂积炭量，降低其活性，从而影响脱硫和脱氮效果。

芳烃化合物由于其共轭双键的稳定作用而使得加氢饱和非常困难，存在逆反应。芳烃加氢饱和反应是强放热反应，提高反应温度对加氢饱和反应不利，化学平衡向逆反应方向转移，因此芳烃的加氢饱和反应受到热力学平衡限制。

（7）原料油中的残炭

原料油中的残炭含量增加对产品收率影响较小，基础油的残炭含量也只是少量增加。但是原料油残炭含量高会导致催化剂迅速结焦。必须提高反应温度以弥补催化剂的活性下降。

（8）原料油中的氯离子

原料油中一般也会含有微量的有机氯化物，氯化物在加氢反应器中生成氯化氢。同时如果新氢是重整装置所产氢气，也容易带来氯化氢。氯化氢一方面对加氢催化剂的加氢-酸性功能进行调变，影响催化剂的选择性，另一方面氯化氢和加氢反应产生的氨发生化合反应生成氯化铵，这些物质容易在进料/反应流出物换热器沉积，降低换热效率，堵塞、冲蚀管道，因此要经常对进料和新氢中的氯含量进行分析，保证氯含量不超过设计值。

**2. 原料油处置**

（1）原料油保护

原料接触空气时会吸收氧，受热时其中的芳香硫醇氧化产生的磺酸与吡咯发生缩合反应而产生沉淀。烯烃与氧可以发生反应形成氧化产物，氧化产物又可以与含硫、氧、氮的活性杂原子化合物发生聚合反应而形成沉淀。因此当含有芳香硫醇、烯烃、硫、氮等杂质的原料油与空气接触时，空气中的氧气将加速油中的不安定组分的缩合反应，生成大分子的聚合物及胶质等结焦前驱物，甚至沉渣。结焦前驱物很容易在温度较高的部位（如生成油/原料油换热器及反应器顶部），进一步缩合结焦。

原料油保护主要是防止原料在储存时接触空气，是防止换热器和催化剂床层顶部结焦的十分必要的措施。原料油的保护主要有两种方法：一种是惰性气体保护；另一种是采用内浮顶罐。

惰性气体保护是用不含氧气的气体充满油面以上空间，使原料油与氧气隔绝。一般用氮气作保护气，也可用炼油厂的瓦斯气作为保护气。装置运转期间应对原料油保护气进行定期采样，分析氧含量。为达到较好地保护原料油，使其不被氧化的目的，要求惰性气体的氧含量低于$5\times10^{-6}$。

内浮顶储罐内由特殊轻质材料制作的内浮盘浮于液面上，可以随内部液体的增多或减少而上下移动。浮盘阻隔了空气与储液的直接接触，可以减少蒸发损失以及油品的氧化倾向。

（2）原料油过滤

原料含有各种杂质、焦粉及系统管线腐蚀的铁锈，进到装置后一方面会使换热器或其他设备结垢或堵塞，增大设备的压力降及降低换热器的换热效果；另一方面也会污染催化剂，使床层压降增大，降低催化剂活性。由此可见，原料油中的杂质会缩短装置运转周期，在进装置前必须经过滤。

装置一般都设有原料油反冲洗过滤装置，操作时应定期检查过滤装置，确保进反应器前原料油杂质脱除干净。

（3）注阻垢剂

随着生产周期的延长，原料油与反应产物换热器管束内壁易生成一层结垢物，其主要成分是稠环芳烃，而且难溶于水、油、酸、碱等溶液，影响了长周期运行。为了解决这个问题，在换热器前注入一种阻垢剂，它能在空冷管束内壁形成一层保护膜，通常把它注到反应进料泵入口，从而防止结垢。

使用阻垢剂因具有不改变工艺流程、不影响正常操作、加注方便、资金投入少等优点，成为最经济、有效地解决加氢原料油换热器结焦问题的方法。

在操作中，根据原料油性质，按原料油的（50～100）×$10^{-6}$注入，在注入使用的前10～15天，推荐注入量为200×$10^{-6}$，以后根据装置工艺参数维持正常注入量。但要特别注意的是阻垢剂中不能含有氯离子。

（4）原料油脱水

水对催化剂的活性和强度有较大影响，严重时影响催化剂的微孔结构，危及其使用寿命。水在炉管内汽化吸收大量热量，增加加热炉的负荷；水汽化后，增加装置系统的压力，引起压力波动。

加氢原料在进装置前要脱除掉明水。原料油的脱水主要应在原料罐区进行，一般要求原料油中含水低于300×$10^{-6}$。

## 二、氢气及其影响

氢气在润滑油加氢反应中起以下作用：①在加氢反应中，氢气作为反应物参加反应。②大量的氢气通过反应器，带走反应热，防止原料油结焦、催化剂积炭，起到保护催化剂的作用。③大量氢气存在，使油品形成良好的分散系，和催化剂的接触更均匀，反应更完全。④大量氢气存在，能维持加氢精制反应所需的氢分压。

氢气的纯度、加入量、加入方式对润滑油加氢过程有着重要的影响。

**1. 氢气纯度**

润滑油加氢基本上是一个耗氢的过程，因此需要不断向系统补充新氢。

新氢的组成主要决定于其生产方法。新氢纯度不但对氢分压有直接影响而且对循环氢纯度和氢耗量有重大影响。

加氢工艺和催化剂性质不同对新氢纯度的要求也不同。一般加氢精制可直接使用重整氢气作为补充新氢，非贵金属加氢处理催化剂允许使用纯度较低的新氢。有的加氢过程对氢气纯度要求较高，特别是对CO和$CO_2$总量有较严格的要求。贵金属催化剂和渣油加氢过程也要求使用较高纯度的新氢。

（1）氢气中的CO和$CO_2$来源

加氢装置循环氢中CO和$CO_2$的来源有四个：

① 制氢过程的最后步骤甲烷化转化不完全。

② 原料油中的水和催化剂表面上的积炭反应产生CO和$CO_2$。

③ 加氢装置原料罐惰性保护气中CO和$CO_2$含量高。

④ 原料油中焦化馏分油将焦化装置中的CO和$CO_2$带入加氢装置。

（2）CO和$CO_2$的影响

加氢反应系统含有CO和$CO_2$时，有如下影响：

① $CO_2$加氢转化为CO，该反应为吸热反应，在加氢反应条件下有利于平衡正向进行，从而造成循环氢中的CO浓度比$CO_2$浓度高。

② 在含镍或钴催化剂作用下，CO和$CO_2$与氢气在200～350℃条件下反应生成甲烷，同时放出大量的热，使催化剂床层温度温升过高，温度分布不均，使装置操作恶化。

③ CO、$CO_2$和氢气在催化剂活性中心会发生竞争吸附，影响加氢活性中心的利用。

CO 可能与催化剂上的金属组分形成有毒的、易挥发的羰基化合物，造成催化剂腐蚀，降低催化剂的活性。

非贵金属催化剂一般要求新氢中 CO 和 $CO_2$ 含量不应超过 $20\times10^{-6}$。

**2. 氢气加入方式**

润滑油加氢过程是耗氢过程，氢气消耗在以下几个方面：①化学反应耗氢。②排放废氢耗氢。③溶解损失耗氢。④机械泄漏耗氢。

加氢过程中氢气是过量的，在实际生产中未消耗的氢采用循环操作，由于加氢过程耗氢，所以必须不断补充新氢，因此实际进入反应器的氢气包括新氢和循环氢两部分。

（1）补充氢（新氢）

进入反应系统的氢气要消耗于化学反应，溶解于反应产品以及漏损而使系统氢分压下降。因此，须根据上述消耗的需要往反应系统送入补充氢维持系统所要求的氢分压，以保证进料能在反应器内反应生产出合格产品。一旦催化剂脏污时化学氢耗就会减少，这是由于提高催化剂平均温度改变了饱和平衡，在运转末期化学耗氢减少。

（2）循环氢

循环氢的主要作用为：

①在反应器内维持高位的氢分压。

②带走反应过程释放的大量反应热。

③将反应物流分布于催化剂上。

④在反应产物未再次裂解之前把产品汽化带走，以尽可能减少产品再裂解变为低值产品。

循环氢中氢浓度用以确定反应器的氢分压。循环氢中氢浓度与补充氢中氢浓度、排放废气流率和高压分离器操作温度有关。

用排废气量来控制循环氢中的轻烃量（如甲烷）。这些轻烃会降低循环氢中的氢浓度，使反应器氢分压降低。排放的废气与低分闪蒸出来的气体经脱硫后返回氢提浓（PSA）部分回收氢气，送回反应系统。

（3）冷氢

从冷高分分出的循环氢一部分不断换热后与原料混合后经加热炉加热后再进入反应器，另一部分不经换热直接注入反应器的各个床层，称为冷氢。注入冷氢的目的是消除过高的温度点，使反应器内的温度分布更为合理、更加有效地利用催化剂，同时可防止因过度加氢反应而导致的床层温度失控，为装置的安全提供保障。加氢反应是放热反应，随着反应物流的流动，催化剂床层温度逐渐升高，冷氢的注入可以调节平均反应温度。

## 三、反应器压力

**1. 氢分压**

加氢装置反应系统的总压力是靠控制高压分离器的压力实现的。

在加氢过程中，有效的压力不是总压，而是氢分压。氢分压的大小取决于补充新氢的纯度、循环氢流量、系统总压力、高分温度、循环氢排放量、原料油的汽化率以及反应气体流率等因素。通常为便于计算，反应系统的氢分压仅指系统高分压力和循环氢纯度的乘积。

由于加氢反应是体积缩小的反应，提高压力有利于加氢反应的进行，因此，氢分压增加将增加催化剂的加氢脱硫、加氢脱氧、加氢脱芳烃和加氢裂化活性，改善产品性质，使硫含量下降、氮含量和密度下降。反应压力对加氢脱氮反应影响最大。提高氢压还有利于减少缩合和聚合反应的发生，并改善碳平衡向着有利于减少积炭方向进行。高的氢分压也可以使装置在末期时允许在更高的反应温度下运转，而气体产率并不急剧增加，延长装置的运转周期。

氢分压对催化剂失活速率具有重要的影响。提高氢分压能抑制催化剂的生焦失活，因此，应在反应系统和机械设备允许范围内尽可能提高氢分压，以取得最长的运转周期。此外，提高氢分压还可使芳烃分子转化为环烷分子，改善油品的黏温性质。

提高氢分压的方法有：①提高总的系统压力；②提高补充氢纯度；③增加循环氢流率；④增加排放废气流率；⑤降低冷高压分离器操作温度。

**2. 系统压差**

随着运转周期的延长，催化剂床层也会有结焦、积炭、结垢及杂质堵塞的现象。为了随时知道床层内的结焦、结垢及堵塞的程度，需要监测反应器床层的进出口及上下床层内的压差，这样便能合理地分析原因，采取措施控制及掌握装置的开工周期。

如果压差过大，会带来一系列的问题，压缩机的负荷加大、反应器或管道的物流会变得混乱、影响加氢效果或换热效果。压差变小则有可能是因为换热器泄漏或物流短路造成。

压差变大的因素主要有以下几点：

①氢气纯度下降；②循环氢流量增加；③原料油处理量增大或带水等；④催化剂局部粉碎或结焦；⑤反应器入口分配器堵塞；⑥注水量减少，冷却器铵盐堵塞；⑦换热器结垢或压缩机入口堵塞；⑧循环压缩机及新氢压缩机启动不正常，或经常开停；⑨紧急泄压引起床层压降超过催化剂强度值，使催化剂粉碎。

压差变化的监测及调整方法：

① 每班定时观察记录系统压差，特别是要分别记录每个反应器进出口压差、换热器进出口压差等较容易发生压差的地方，以便在需要处理压差时，能准确判断压差形成的位置、形成原因及解决办法。

② 选择合适的催化剂形状、种类、大小、装填方案，及合适的温度、压力、空速和氢油比。

③ 调整操作要勤调，每次调整的幅度要小，正常操作要平稳。

④ 原料油性质要定时分析，不合格的原料油不能进装置，因为原料油是引起催化剂床层压差变化的主要原因。同时要对原料油进行过滤，脱除机械杂质，防止堵塞催化剂空隙。

⑤ 保证注水量正常、连续。

⑥ 认真检查各种设备的运行情况，发生异常及时报告，联系处理。

**3. 反应器升、降压限制**

第一次开工时，在任何阶段，如气密、干燥、硫化、正常运转等的升压过程中，反应器器壁最低温度在达到50℃以前，操作压力不得超过设计压力的1/4，器壁最低温度在达到50℃以后，操作压力才允许逐渐地升高到正常操作压力，升压速率不宜大于2.8MPa/h。

一个周期后再开工，升压过程中，器壁最低温度在达到93℃以前，其操作压力不得超过设计压力的1/4，当器壁最低温度在达到93℃以后，其操作压力才允许逐渐地升高到正常操作压力，升压速率不宜大于2.8MPa/h。

反应器在尚未经历高温高压生产操作的情况下进行降压操作时，反应器器壁最低温度（由表面热电偶测出）在降到50℃以前，其操作压力必须降到设计压力的1/4以下。经历一个操作周期后再停工，反应器器壁最低温度（由表面热电偶测出）在降到93℃以前，其操作压力必须降到设计压力的1/4以下。

## 四、反应器温度

**1. 反应温度**

提高反应温度将增加脱硫率、脱氮率和转化率，改善产品质量。但是，高的反应温度不利于芳烃加氢饱和反应，因为芳烃的加氢饱和反应受热力学限制。总的来说，在一定温度范围内，提高温度可以加快反应速度。同时，随着运转时间的延长，催化剂活性下降，也需要提高反应温度予以补偿。反应温度随运转时间延长而升高的速率定义为“失活速率”，催化剂失活速率是一个因变量，受到进料性质、进料流率、加氢苛刻程度和氢分压的影响，并决定着催化剂的寿命。

为使总的催化剂失活速率最小，不但需要精密控制反应器平均温度，而且也需要精密控制各个床层平均温度。通过调整反应器入口温度和床层间的冷氢量来控制催化剂床层温度。异常高的反应温度不仅会影响产品的质量，还会导致大量气体的产生，并增加催化剂的失活速率。

加氢过程为强放热反应，随着反应的深入，反应释放出的热量越来越大，引起催化剂床层温度上升。

（1）温度升高过大的后果

当反应温升过高而不加以控制时，对加氢反应过程会带来许多不良影响甚至导致操作事故，主要有以下几个方面后果：

① 在温升高而不加以控制情况下，反应器内极易形成高温反应区，反应物流在高温区迅速、激烈反应，甚至发生二次、三次裂解反应，导致产生更多的反应热，又引发更大的催化剂床层温升，反应温度更高，如此恶性循环，可能导致催化剂床层温度超过催化剂允许的最高使用温度，损坏催化剂，更有甚者可能引起催化剂床层“飞温”，引发操作事故。

② 随着时间的推移，催化剂逐渐失活，需要提高反应温度加以弥补。在催化剂床层温升过高而不加以控制的情况下，反应温度的提高将使得靠近反应器下部的一部分高温区的催化剂过早地到达设计最高操作温度，需要停工再生，而处于反应器上部低温区的催化剂则尚有很大的活性潜力，但由于下部催化剂需要停工再生，而只能被迫过早地进入再生，缩短了运转周期，反应器内低温区催化剂没有得到较好的利用，增加了操作费用。

③ 过高的催化剂床层温升对产品质量和选择性不利。在加氢精制反应中，加氢脱氮和芳烃加氢饱和反应过程是可逆的放热反应，因此随着反应温度的提高，其热力学平衡转化率是下降的。也就是说，随着反应温度的上升，一开始加氢反应的动力学速度加快，转化率增加，当达到某一反应温度时，转化率升高到达热力学平衡值，再升高温度，转化率反而下降。因此，当催化剂床层温升过高的情况下，反应器下部催化剂床层温度很有可能超过最佳反应温度，导致加氢脱氮反应和芳烃加氢饱和反应受热力学平衡限制，使脱氮率、芳烃饱和率下降，产品质量下降。在加氢裂化反应中，高的反应温度会加速二次裂解反应，导致中间馏分选择性下降，气体产量增加。

通过调节进料加热炉出口温度，继而调节反应器入口温度，通过调节催化剂床层冷氢注入量，控制催化剂床层温升在合理的范围内。在操作过程中，必须严格遵守“先提量后提温和先降温后降量”的操作原则。加氢过程系强放热反应，一般说来，加氢的反应热和反应物流从催化剂床层上所携带走的热量，两者是平衡的，即在正常情况下，加氢催化剂床层的温度是稳定的。如果由于某些原因导致反应物流从催化剂床层携带出的热量少于加氢的反应热时，这种不平衡一旦出现，若发现不及时或处理不妥当，就可能会发生温度升高 - 急剧放热 - 温度飞升的连锁反应，其后果轻则损坏催化剂或反应器内部构件，重则导致器壁损坏，甚至有破裂爆炸的危险，因此是加氢过程重点防范的事故之一。

（2）防止反应超温的措施

防止反应器超温的具体措施有：

① 保证反应器各催化剂床层间注入的急冷氢量。

② 严格控制反应器入口原料的温度。

③ 反应器入口设置温度高报警和温度超高连锁。

④ 催化剂床层的入口和出口要设置温度高报警。

⑤ 设置可靠的压力控制和紧急情况下的泄压措施。为满足类似这种特殊紧急情况的要求，加氢精制装置的反应系统设有 0.7MPa/min 的紧急泄压系统，必要时装置必须启动紧急泄压系统通过快速放空，带走大量热量并终止反应达到温度降低的目的。

**2. 催化剂床层径向温差**

径向温差反映了反应物流在催化剂床层里分布的均匀性好坏。

反应器内件设计不好、催化剂部分床层塌陷、床层支撑结构损坏等情况，直接引发催化剂床层径向温差。催化剂装填不均匀、分配盘上结垢、床层顶部“结盖”、催化剂经过长时间运转、装置紧急停工后重新投运、有大的工艺条件变动（如进料量、循环氢量大幅度变化）等情况，都可能使催化剂床层出现径向温差。

一旦催化剂床层出现较大的径向温差，其对催化剂的影响几乎与轴向温升相同，而对产品质量、选择性方面所造成的影响则远大于轴向温升。可接受的径向温差取决于反应器直径的大小和反应器类型。直径越大，容许的径向温差越大。

**3. 反应器升、降温限制**

从工艺上说，温度升得太快，不仅对催化剂活性有影响，而且易引起催化剂床层超温，对催化剂不利，同时，也不利于加热炉的平稳操作。从设备材质来说，因加氢系统均为厚壁设备，为了避免设备壁内外形成过大的温度梯度和应力梯度，缓慢升温和降温可使热量有充足时间从金属内壁内扩散出来，同时也可避免热胀冷缩引起的设备法兰面的泄漏，所以升温和降温速度不能太快。

规定升温速度≤30℃/h，降温速度在200℃以上≤30℃/h。

## 五、空速与氢油比

### 1. 空速

空速反映了催化剂的处理能力，也就是装置的操作能力。空速是时间的倒数，所以，空速的倒数即是反应物料在催化剂上的假反应时间。空速越大，反应时间越短，反应物料和催化剂接触反应的时间短，反应不完全，反应深度较低，反之亦然。空速的大小受催化剂性能的制约，根据催化剂的活性、原料油的性质和反应速度的不同，空速在较大范围内波动。提高空速，加大了装置的处理能力，但加氢反应深度下降，对脱氮、脱硫均有影响，特别是对脱氮率影响很大，可导致产品质量不合格。降低空速，固然可以取得质量较高的产品，但降低了装置的处理能力。另外，空速与反应温度这两个因素是相辅相成的，提高空速相当于降低反应温度，提高反应温度也相当于降低空速，在正常生产中，在保证产品质量的前提下，应尽可能地提高空速，以增加装置的处理能力。

空速大小的调节是通过提高或降低原料油进反应器的流量来实现的。

### 2. 氢油比

反应器入口循环氢流量与新鲜进料的体积比称为氢油比。

在加氢系统中，氢分压高在热力学上对加氢反应有利，同时也能抑制生成积炭的缩合反应。维持较高的氢分压是通过大量氢气循环来实现的。提高氢油比可以提高氢分压，有利于传质和加氢反应的进行。因此，加氢过程所用的氢油比大大超过化学反应所需要的数值。另外，大量的氢气还可以把加氢过程放出的热量从反应器内带走，有利于维持床层温度的平稳。但是氢油比的提高也有一个限度，超过了这个限度，使原料在反应器内停留时间缩短（解释：与压力的概念相同，氢油比高，即反应器内的油气分压低，系统内的油气藏量少，停留时间短，故反应时间缩短），加氢深度下降，同时增加了动力消耗，使操作费用增大。氢油比也不能过小，太小的氢油比会使加氢深度下降，催化剂积炭率增加。同时，换热器、加热炉管内的气体和液体流动变得不稳定，会造成系统内的压力、温度波动。因此，要根据具体操作条件选择适宜的氢油比。氢油比在正常生产中一般不做较大的调节。如由于客观原因循环量达不到要求，那么，只能通过降低进反应器的原料油来满足氢油比的需要。

## 六、高压分离器操作

### 1. 热高分注水

进料的硫化物和氮化物在加氢过程中分别生成硫化氢和氨，硫化氢和氨在热高分气空冷器的温度下化合生成硫氢化铵（$NH_4HS$），硫氢化铵约在100℃以下结晶成为固体。为防止硫氢化铵固体堵塞和腐蚀热高分气空冷器，要在空冷器上游的热高分气管线中注入除盐水（或净化污水），硫氢化铵溶于水并从高压分离器底部排出。

除盐水不能注在热高分气温度高得足以使水相全部汽化的部位，否则会使非挥发物沉积于热高分气的管线内。如注水之前热高分气温度太低，硫氢化铵就会成为固体沉积下来。这样，除盐水注入点的热高分气温度必须在100℃和水的露点之间。注入的水量应尽可能大且不能少于设计值，可使在注入点处硫氢化铵都能溶解在水溶液中。

在注水系统中，有往水中注入多硫化钠的措施，操作人员可视操作情况决定是否注入多硫化钠。往水中注入多硫化钠目的有两个：

①防止氰化物的腐蚀。②多硫化钠在空冷器管子内表面生成一层坚硬的硫化铁，以阻止进一步的腐蚀。

由于空气会使热高分气中的硫化氢和多硫化钠氧化生成游离硫，这些游离硫会沉淀下来而引起堵塞、腐蚀和使换热器结垢，所以注水中应是无空气的。

氯化铵的结晶温度高，一旦氯化铵结晶析出，若不加以控制，会加快和加重设备的腐蚀，并堵塞管路和设备。因此除了要求多硫化钠（缓蚀剂）和除盐水（或净化污水）不含有氯离子外，在温度较高的换热器前的管路上设有间断注水点，以防氯化铵结晶析出堵塞和腐蚀管路及设备。建议在间断注水点每个月注水一次，每次3~4h。

**2. 冷高压分离器操作**

（1）冷高压分离器的压力

冷高压分离器（冷高分）的压力是一个重要的操作参数，这是因为反应系统的压力是通过冷高分压力来控制的。因此，在操作过程中须密切注意冷高分的压力，以免超压。另外，高压系统的安全阀是设在冷高分处。冷高压分离器应在尽可能高的压力下操作，以使任何反应器能有最大的氢分压，但操作压力不能超过安全阀定压值的93%。这个限制的目的是使安全阀弹簧能恒定有一些裕度，同时一旦压力开始超高时，也使操作人员能有时间作出处理对策。因为一旦安全阀起跳，就不可能完全复位，且所泄放的气体会导致火炬系统承受巨大的负荷，这是不希望出现的。

（2）冷高压分离器的温度

冷高分的温度可以通过开关高压空冷器的风扇来调节，高压空冷器一般设计50%的变频调速电机，因此可以根据需要设定冷高分温度。温度降低，会有较多的轻烃冷凝溶解于液相中，因而提高了循环氢的氢纯度。总的来说，冷高分的温度在操作允许下应尽可能保持低些。

（3）冷高压分离器的液面

在操作过程中应密切注意冷高分的液面，因为在冷高分处设有与液面有关的联锁控制。这对防止串压或引起循环氢压缩机停机是非常重要的。因此无论是液面还是界位都设有双套仪表，在实际操作中应密切注意两套仪表的一致性，若偏离较大应及时查找原因，及时校正。无论是有计划，还是无计划进行降压或紧急放空，都应将冷高分的液面尽量降低，以防止发生液面高高联锁。

## 七、催化剂效应

装置设计根据原料油性质和产品要求，在保证催化剂寿命较长的前提下，选择合适的催化剂及匹配方式，以发挥催化剂的最大效应。

# 第六节　润滑油加氢设备

加氢处理、催化脱蜡、异构脱蜡、加氢精制过程所用的主要设备基本相同，设备种类及数量均较多，有反应器、加热炉、氢压机、高压进料泵、高压水泵、高压空冷、高压容器、高压换热器、机泵、塔器、容器、换热器和空冷器等。

## 一、反应器

反应器是加氢裂化装置的核心设备，它于高温、高压、临氢（含 $H_2S$）环境下操作，且进入反应器内的物料中往往含有硫和氮等杂质。由于加氢反应器使用条件苛刻，在反应器的发展过程中主要考虑的是提高反应器使用的安全性。为确保加氢反应器的安全运行，有必要了解反应器的分类、结构、损伤形式和对策。

**1. 反应器分类**

反应器可以分为固定床反应器、沸腾床反应器、浆液床反应器（或悬浮床反应器）和移动床反应器，这四种反应器应用于不同的加氢工艺，操作条件有很大不同。固定床反应器是指在反应过程中，气体和液体反应物流经反应器中的催化剂床层时，催化剂床层保持静止不动的反应器。

固定床反应器按反应物料流动状态又分为鼓泡床、滴流床和径向床反应器。①鼓泡床反应器适用于少量气体和大量液体的反应，有很高的液气比，气体以气泡形式运动，气体与液体充分混合，温度分布均匀，适合温度敏感的反应。②滴流床反应器适用于多种气-液-固三相反应，在石油加氢装置中大量应用。③径向床反应器适用于气-固反应过程，在催化重整、异构化等装置应用较多。

沸腾床反应器是石油加氢工业中除固定床以外应用最多的反应器形式，可以加工杂质含量高、性质劣质的原料，可以根据情况从底部排出旧催化剂，从顶部补充新鲜催化剂，保持器内催化剂稳定的活性，主要用于劣质渣油加氢过程。

浆液床反应器中催化剂是细小颗粒，均匀悬浮在油、氢混合物中，形成气、固、液三相浆液态反应体系，反应后催化剂同反应产物一同流出反应器，不再重复利用，应用于渣油加氢或煤液化装置。

移动床反应器是在固定床反应器基础上开发应用的反应器，可以实现催化剂的在线更新，从而保证反应器内催化剂的活性，应用于渣油加氢装置。

从反应器器壁形式上反应器可分为冷壁式和热壁式。冷壁式反应器制造成本较低，但在介质冲刷、腐蚀和温度波动中易损坏，维修费用高；热壁反应器制造费用较大，长周期运行安全性高。现在设计的加氢装置均为热壁式反应器。

从制造上反应器可以分为煅焊式和板焊式。板焊式反应器比煅焊式反应器制造难度小，工艺简单，制造成本低。一般板焊式只能制造壁厚小于 140mm 的反应器，壁厚大于 140mm 反应器利用煅焊的方法制造。

**2. 结构与内件**

反应器壳体本身是属于第三类压力容器，由获得制造许可证的厂商在严格的质量监控下加工制造。热壁加氢反应器是炼油工业的核心设备，它长期在高温、高压、临氢、硫化氢介质条件下工作，设计、工艺、选材、加工制造等都有着极为严格的要求。过去，世界上只有少数工业发达国家能够制造。我国炼油工业所需设备基本从国外进口，价格十分昂贵，以反应器重量计算，每吨价格高达15万~16万元。随着炼油规模的不断增大，加氢反应器制造重量也逐渐加大，超过400t的大型加氢反应器已实现国产化，中国石油广西石化公司钦州炼油基地采用的加氢裂化反应器长48.5m，外径5.372m，壁厚0.286m，壳体重1550t，加上内衬和吊装附件总量达1759t。该反应器由中国一重大连加氢公司制造完成。

在加氢反应过程起重大影响的是其内件。最重要的内件为气液分布器、急冷氢分布器、混合箱、锈垢捕集篮、反应物收集器、热电偶及催化剂支撑栅等，如图6-11所示。

反应器内部结构以达到气液均匀分布为主要目标。典型的反应器内构件包括：入口扩散器、气液分配盘、集垢篮、催化剂支持盘、急冷氢箱及再分配盘、出口集合器等。各内构件的作用如下：

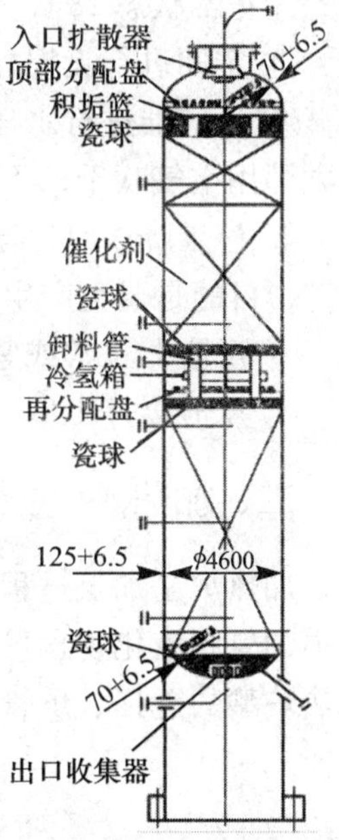


图6-11 热壁反应器结构

① 入口扩散器。其作用是把物料进行初步扩散，防止直接冲击分配盘。

② 上分配盘。它由塔盘板、下降管和帽罩等组成，其形状似泡罩塔盘，其作用主要是把进料充分地混合，然后均匀地分布到催化剂床层的顶部，保证物料与催化剂充分接触，提高反应效果。

③ 防垢吊篮。它是用不锈钢丝网做的圆筒状的篮筐，装在反应器的第一床层的顶部，三个一组，呈三角形排列，用链条连在一起，栓于分配盘的支梁下面，防垢篮一部分埋在催化剂里，周围填充瓷球。其作用，一方面可捕集进料带进来的机械杂物（如铁锈等）防止污染催化剂，另一方面扩大反应物的流通面积，即使床层表面聚集较多的沉积物，也能保证反应物料有更多的流通面积，避免过分增加压降，从而可保证较长的开工周期。目前新制造的反应器逐步开始取消防垢吊篮。

④ 催化剂支承栅。它是由扁钢和圆钢焊成的格栅和倒“T”形支架梁组成，上梁有不锈钢丝网和瓷球，它的作用是支承上催化床层。其支梁做成倒“T”形，截面呈锥形，主要是最大限度地提高因支梁所减少的催化床层的流通面积。

⑤ 急冷箱和分配盘。它在急冷管正下方，由三块受液板组成，第一受液板的作用主要是汇集上一床层下来的反应物料，并在此与冷氢混合，再通过两个圆孔流入第二受液板，反应物料与冷氢在第二受液板的急冷箱中进一步混合，然后通过第二受液板上的筛孔喷洒到第三受液板上，第三受液板又称再分配盘，它上面有许多下降管和帽罩。作用和上分配盘一样，把物料均匀分布到第二床层。

⑥ 出口收集器。它是用不锈钢板卷制的圆形罩，侧面有许多条形开孔，顶部有圆形开孔，周围和顶部用钢丝网包住，固定在反应器出口处。其作用是支承下催化剂床层和导

出反应物料，并阻止瓷球及催化剂的跑损。

⑦ 冷氢管。是一根不锈钢管，内有隔板，冷氢分两路从开口排出，它的作用是导入冷氢，取走反应热，控制反应温度。

⑧ 热电偶。其作用是测量反应器床层各点温度，给操作和控制提供依据。

**3. 反应器操作注意事项**

① 要严密监视反应器的温度变化，当出现异常温升时，应尽力用多种手段把温度控制住。要定期对安全联锁装置进行校验，尤其是 0.7MPa/min 和 2.1MPa/min 紧急放空系统，每次开工前必须试验是否灵活好用，时刻处于良好状态。

② 为保护反应器及催化剂，随时对反应器床层任一点温度超过正常状态 15℃时做停油处理。床层任何一点温度超过 415℃时启动 0.7MPa/min 放空系统；当床层任何一点温度超过正常状态 28℃，或床层任何一点温度超过 425℃时，启动 2.1MPa/min 放空系统。

③ 定期进行无损探伤及理化检验和鉴定。

④ 反应器进行水压试验时，要求水中氯离子含量小于 $20 \times 10^{-6}$。水压试验合格后，应立即用空气吹干，不得残存积水，然后用氮气密封保护。

⑤ 停工降温时，当反应器冷却至 205℃以下，应确保循环氢中 CO 含量不得超过 $30 \times 10^{-6}$，目的是避免产生有毒的羰基镍。

⑥ 反应器正常或紧急停车后，降温降压时应确保反应器内保持正压，以防空气进入。

⑦ 反应器停工后，应以 0.1～0.22MPa 压力充氮气密封。

## 二、加热炉

加热炉是加氢过程中的明火设备，工况的温度、压力都相当高，如图 6-12 所示；介质中的氢和硫化物含量高；这些因素可使加热炉的炉管结焦从而导致局部过热。因此加氢加热炉型的选择、炉管表面热强度和管内流速的确定都会对其安全运行有重大的影响。

图 6-12　加氢反应进料加热炉

重质原料的加热炉宜采用辐射面较大、热强度较为适中的炉型，单排卧管双面辐射炉是一种较好的可供选择的炉型。

为了保证炉管受热均匀，选择适宜发热量的扁平焰气体燃烧器，均匀布置在炉管两侧。

为了监测操作过程中炉管金属温度的变化，保证装置的长周期运转，在炉管上还设置适当数量的炉管表面热电偶。

加热炉出口温度应设置联锁系统，以便在紧急情况下可以迅速切断火源。

加氢装置加热炉有以下特点：

① 操作弹性大。由于水平管比垂直管更容易得到环状流或雾状流流型，因此加热炉更容易适应多种工况条件下的操作。

② 压降小。由于单排管双面辐射的平均热强度是单面辐射的平均热强度的1.5倍，其炉管水力长度只有单面辐射的0.66倍，即在管内流速相同的条件下，其压降仅为单面辐射的66%。

③ 设备投资小。加氢反应进料加热炉的炉管均采用TP321或TP347材质，炉管占全炉总投资的比例一般在40%以上。由于双面辐射炉炉管金属重量比单面辐射炉减少近33%，因此可大大减少加热炉总投资。

## 三、高压换热器

加氢反应器生成油温度较高，具有很高热焓，应尽可能回收这部分热量，因此润滑油加氢装置都设有高压换热器，用于反应物与原料及低分油换热。

高压换热器的操作条件为高温高压、临氢，密封点较多，易出现泄漏，是装置的重要设备。高压换热器的结构形式有两种：一种是与普通低压换热器相似的大法兰式，另一种是螺纹锁紧环式。

大法兰式高压换热器存在易漏的缺点，特别是在开工、停工或温度变化的阶段，更容易泄漏，而且带温带压时无法紧固大螺栓以排除泄漏。

螺纹锁紧环式高压换热器解决了大法兰的笨重、密封困难的两大难题，在操作过程中，可以随时通过拧紧内圈压紧螺栓来调整内密封垫片，排除泄漏。其缺点是结构复杂，机加工件多，各部件之间配合精度要求高，给制造和装配带来很大不便。

目前，在加氢装置中采用单壳程和双壳程两种结构形式。双壳程与单壳程的区别就是它有一个纵向隔板以及隔板两侧的密封结构。

双壳程换热器与单壳程换热器相比有着较大的优越性。在同样情况下，双壳程的换热面积可比单壳程大约节省20%以上。

现在的高压换热器多为U型管式双壳程换热器，如图6-13所示，该种换热器可以实现纯逆流换热，提高换热效率，减少高压换热器的面积。管箱多为螺纹锁紧式端盖，其优点是结构紧凑、密封性好、便于拆装。

## 四、高压分离器

高压分离器的工艺作用是进行气-油-水三相分离，高压分离器的操作条件为高压、临氢，操作温度不高，在水和硫化氢存在的条件下，物料的腐蚀性增强，在使用时应引起足够重视。另外，加氢装置高压分离器的液位非常重要，如果控制不好将产生严重后果，液位过高，液体易带进循环氢压缩机，损坏压缩机；液位过低，易发生高压窜低压事故，大量循环氢迅速进入低压分离器，此时，如果低压分离器的安全阀打不开或泄放量不够，将发生严重事故。因此，从安全角度讲，高压分离器是很重要的设备。

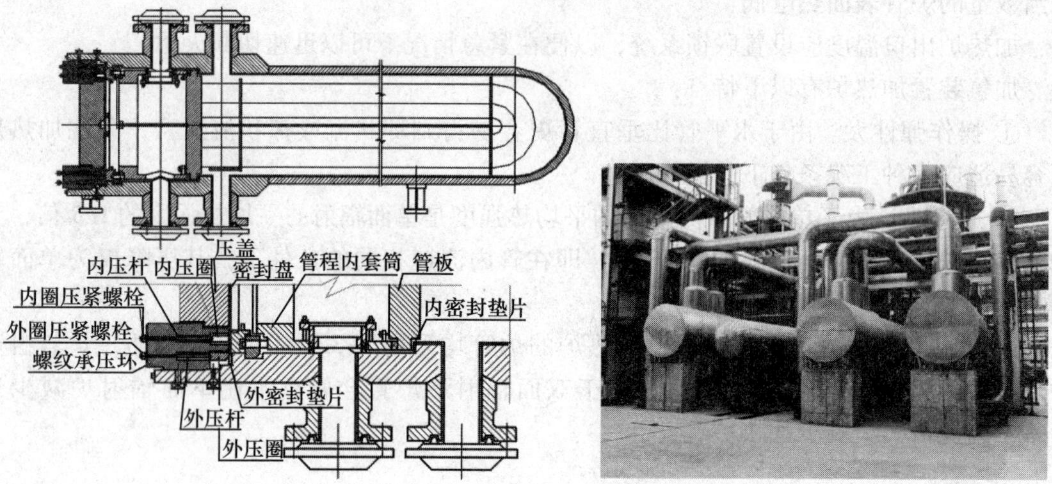


图 6－13　螺纹锁紧环双壳程换热器

控制高压分离器液面的措施有：

① 设置高低液面报警系统及联锁系统。

② 设置紧急泄压排放系统。

③ 设置压力排放装置。

润滑油加氢装置的高压分离器有热高分和冷高分，热高分的操作温度一般高于 300℃，在装置紧急泄压时，器内的介质温度短时间内可达 420℃。在这个工况下，高温含氢和 $H_2S$ 的介质会对器壁产生氢腐蚀和 $H_2S$ 腐蚀。根据要求，母材可选用 2.25Cr－1Mo 钢，内部堆焊 E309L＋E347 双层不锈钢防腐层。

冷高分的操作温度一般在 120℃以下。在这一温度下，$H_2$ 不会对器壁造成氢腐蚀，因此不必考虑采用抗氢蚀材料。在低温下，介质中的水气会凝结成水，$H_2S$ 溶入水中，形成湿 $H_2S$。低温湿 $H_2S$ 对器壁的腐蚀包含均匀腐蚀和局部应力腐蚀两种形式，可以选用 16MnR（HIC）钢抗湿 $H_2S$ 应力腐蚀开裂的材料。这种材料的硫、磷含量非常低，综合机械性能比较好，抗湿 $H_2S$ 应力腐蚀性能好。

使用高压分离器应注意其安全附件必须齐全、灵活好用，要维护保养好，校验准确。玻璃液面计要清晰、指示准确，当液面指示仪表指示值与玻璃液面计指示值不相符时，要调校好。为防止循环氢带液或高压窜低压，其液面必须严格控制在 50%～60% 范围内。

## 五、高压空冷器

高压空冷的操作条件为高压、临氢，是加氢装置的重要设备，目前，在加氢装置中采用丝堵式双金属轧制翅片管高压空冷器，如图 6－14 所示。

我国华北地区某炼油厂中压加氢裂化装置，高压空冷两次出现泄漏，使装置被迫停工处理，因此，高压空冷的设计、制造及使用也应引起重视。

空冷器的设置与防腐措施有：

① 空冷器不应布置在操作温度等于或高于物料自燃点和输送、储存液化烃设备的上方，否则，应采用非燃烧材料的隔板隔离保护。

② 为了防止在反应过程中生成的硫化氢和氨在空冷器中会形成铵盐结晶，导致管束的结垢和堵塞，应注水溶解铵盐。

## 六、加氢压缩机

压缩机是加氢装置的“心脏”，如图 6－15 所示，它不间断地向反应系统供氢，使反应能够进行下去。若出现问题不能运转，装置只能停工，同时还可能因为压缩机的突然停机，造成氢气突然中断，使反应器床层温度超高从而影响加氢催化剂的使用寿命。

图 6－14 双金属轧制翅片管高压空冷器

图 6－15 加氢压缩机

压缩机有新氢机和循环氢机两种。

新氢压缩机的作用就是将新鲜氢气增压送入反应系统，压缩机出入口压差较大，一般采用二级或三级压缩，且均采用往复式压缩机。往复式压缩机的每级压缩比一般为 2～3.5，根据氢气气源压力及反应系统压力，一般采用 2～3 级压缩。往复式压缩机的多数部件为往复运动部件，气流流动有脉冲性，因此往复式压缩机不能长周期运行，多设有备机。往复式压缩机一般用电动机驱动，通过刚性联轴器连接，电动机的功率较大、转速较低，多采用同步电机。

循环氢压缩机的作用为压缩高压分离器或膜分离来的循环氢，再次打入反应系统进行反应，同时保证反应器床层的冷氢供给。如果循环氢压缩机停运，加氢装置只能紧急泄压停工。

循环氢压缩机在系统中是循环做功，其出入口压差一般不大，流量相对较大，一般使用离心式压缩机。由于循环氢的相对分子质量较小，单级叶轮的能量头较小，所以循环氢压缩机一般转速较高（8000～10000r/min），级数较多（6～8 级）。

循环氢压缩机除轴承和轴端密封外，几乎无相对摩擦部件，而且压缩机的密封多采用干气式密封和浮环密封，再加上完善的仪表监测、诊断系统，所以，循环氢压缩机一般能长周期运行，无需使用备机。

循环氢压缩机多采用汽轮机驱动，这是因为蒸汽汽轮机的转速较高，而且其转速具有可调节性。

## 七、其他设备

### 1. 高压泵

加氢装置的高压泵主要是反应进料泵和高压注水泵。

反应进料泵是将原料由低压加压输送到反应系统，属于关键设备，一旦出现故障也必将造成部分或全部停工。

润滑油加氢处理装置的进料泵功率大（1000kW 左右）、转速高（5000~6000r/min）、扬程高（出口压力可达 20MPa），一般选用流率平稳的多级（9 级左右）离心泵，其工作排量比较恒定，工作温度低，一般可长期运行。

加氢补充精制装置由于操作条件缓和，进料泵采用 3~4 级的普通离心油泵即可满足需要。高压进料泵多由防爆型异步电动机驱动。

高压注水泵是将低压系统的水加压注入高压空冷前，以溶解反应油中的无机盐，严防无机盐在无溶解水时冷却结晶析出，堵塞高压空气冷却器管道，严重时可能造成管路爆裂，发生事故。2002 年年底，西北某炼油厂就是因为高压空冷管路堵塞而发生了爆裂着火事故。因此，高压注水系统也是关键部位。

### 2. 自动反冲洗过滤器

加氢反应器催化剂床层如果被原料中携带的机械杂质污染并形成垢堆积，就会引起床层压力降急剧上升而使正常操作遭到破坏。原料杂质过高还会堵塞高压分离器底酸性水外送减压阀，造成酸性水外送不畅，同样影响装置的正常运行。

反冲洗过滤器是将罐区来的原料油经过过滤，除去原料中的机械杂质，事实证明，在生产平稳运行时，投用反冲洗过滤后，反应器压降比较平稳。

现在多采用自动反冲洗过滤器，其内设有约翰逊过滤网，过滤网可以过滤掉≥16μm 的固体杂质颗粒，如图 6-16 所示。该过滤器一般由 8~14 个单元集合成一组，可设 2~3 组，由差压进行自动程序控制过滤－冲洗操作，当过滤器进出口压差大于设定值（200kPa）时，启动反冲洗机构进行反冲洗，冲洗掉过滤器上的杂质。反冲洗油一般为自身滤液，每个单元的反冲洗时间仅为数秒。

图 6-16　自动反冲洗过滤器

**3. 废热锅炉**

回收加热炉烟道气热量，产生3.5MPa过热中压蒸汽供循环氢压缩机用。若汽包液位控制仪表、低液位报警联锁装置失灵，容易造成汽包液位过高而使蒸汽带水，或液面过低造成干锅爆炸事故。安全阀失灵也容易引起爆炸事故。

**4. 特殊阀门**

润滑油加氢装置的特殊阀门是反应系统的紧急放空阀。在装置遇到突发事故时，反应系统的紧急放空阀将自动打开，它的作用主要是在单位时间内通过卸压将反应系统的大量热量携带出去，保证反应器床层不超温或“飞温”，保证催化剂不结焦。紧急放空阀既可以自动，也可以手动操作，视反应器床层的温度而定，但在正常情况下是自动状态。在加氢裂化装置中，由于其加氢裂化反应产生的热量大，反应温升高，紧急放空尤为重要。

## 第七节　润滑油加氢装置卫生安全

### 一、加氢过程的工业卫生

润滑油加氢装置加工的烃类属于低毒性物质，主要有麻醉作用，并对呼吸道黏膜和皮肤有一定刺激作用。加氢过程在职业性接触毒物危害程度分级中虽然不属于高度危害的场所，但由于存在致命的高浓度硫化氢，且有泄漏的可能性，硫化氢中毒事故在加氢装置以及其他情况类似的炼油装置时有发生，所以防止硫化氢中毒是加氢装置工业卫生的重点。在加氢的过程还有一些特殊的作业，例如催化剂的装卸、撇头，催化剂的预硫化。这些作业，有的是在条件恶劣、有一定的危险性的环境中工作。有的要用到$CS_2$这类毒性属高度危害又极易燃的物质。这类作业都必须有可靠的安全防护措施来防止事故的发生。

### 二、润滑油加氢装置的主要危险物

**1. 氢气**

加氢过程处在高温、高压下的临氢状态，氢气一旦从系统溢出，扩散速度很快，并迅速与空气混合形成蔓延范围很广的爆炸性气体。这时只需很低能量的火源（例如明火、静电火花等）就能引起燃烧甚至爆炸。所以发生高温、高压的氢气泄漏燃烧必须迅速扑灭，否则，烈焰的烧烤会引起毁灭性的二次爆炸。做好氢气的防火灭火工作对加氢过程的安全至关重要。

（1）氢气燃烧的特点

① 燃烧速度快。最大传播速度可达167.7m/s。

② 燃烧温度高，爆炸范围宽。$H_2$在纯净状态燃烧时呈浅蓝色火焰（几乎看不见），温度非常高，可达2000℃。氢氧混合燃烧的火焰温度为2100~2500℃；爆炸范围宽，其爆炸的上、下限范围为4.1%~74.2%；爆炸威力大，最大爆炸压力为0.74MPa。

③ 膨胀时放热。大多数气体膨胀时或排放时吸热，$H_2$与此不同，膨胀时放热，所以将$H_2$从管线或压缩机排放至大气时要格外小心，要注意泄漏的$H_2$可能会自燃而且不易发现。由于氢分子体积很小，用空气或$N_2$或水试压不一定能保证$H_2$不泄漏。

（2）氢气泄漏的防护

$H_2$ 的任何泄漏都应该立即用蒸汽覆盖以防可能产生的火焰。

反应器进出口法兰的防泄漏措施：安装低压蒸汽环形保护圈管，管上钻有 1～2mm 的小孔。一旦发生泄漏，可打开蒸汽，喷出的蒸汽成雾状覆盖泄漏处，既可隔绝空气，又可降低漏出气体的温度，稀释氢气的浓度。

其他部位的防泄漏设施：对临氢管线的易泄漏部位，应加强安全巡视检测和安装自动监测系统。在其上方设置强吸固定式可燃性气体检测探头，并可在控制室和现场监测、报警。如用人工测定时，要站在上风向，最好用长杆探头，当泄漏增大时要立即停止检测工作，以防氢气突然着火而被烧伤。

（3）氢气着火的扑灭

氢气一旦着火，立即启动紧急泄压系统，使压力迅速下降，以减少氢气的泄漏量。同时降温、降量并视火情而决定是否需要紧急停工。

消防车在现场就位，准备好干粉灭火剂和灭火器。一旦氢气泄漏量减少，火势减弱，即可对火源处喷射灭火剂灭火。

确认火被扑灭后，根据损坏程度进行堵漏和修复工作。临氢系统按升压试漏要求确认合格后方可再次恢复生产。

不能使用二氧化碳和高压水等具有冷却作用的灭火剂来扑救高温、高压临氢设备、管道泄漏引起的火灾。因为高温部位的一些密封面可能会因不同的材质在急剧降温时收缩程度不同而引发泄漏，使火情加重。甚至酿成灾难性后果。高压水在救火过程中仅限于用来保护其他冷态的设备，以减少火源产生的热辐射对它们的影响。

（4）氢气压缩机、临氢设备停工检修时气体置换及氮保护

利用氢气气提撤出进料油、利用氢气置换降温撤压、$N_2$ 取代 $H_2$ 或用蒸汽吹扫进行冲洗排污都是防止 $H_2$ 着火的有效办法。

（5）氢气的毒副作用

$H_2$ 本身虽无毒性，但却是一种窒息剂，如果人一直待在高浓度 $H_2$ 中会造成昏迷甚至死亡。

**2. 硫化氢**

加氢过程会伴生硫化氢、二氧化硫和氨，在催化剂硫化时可能会用到毒性很大的二硫化碳，硫化氢和二硫化碳属Ⅱ级高度危害毒物，氨、汽油属Ⅳ级轻度危害毒物。

在加氢装置中，硫化氢中毒事故较为常见。$H_2S$ 是毒性气体，吸入 $H_2S$ 气体，即使浓度非常低也会导致 $H_2S$ 中毒。润滑油加氢装置所有的气相物料中均含有高比例的 $H_2S$，几乎所有液相物料中也含有大量 $H_2S$。

吸入含量低达 600～1000mL/m$^3$ $H_2S$ 的空气或气体一分钟就可以导致急性中毒或死亡。连续地或间断地吸入含 100～600mL/m$^3$ $H_2S$ 的空气或气体一小时或一小时以上，可以导致慢性硫化氢中毒。

**3. 羰基镍**

羰基镍是毒性很强的挥发性物质，人暴露在低浓度之下就会引起严重的疾病或死亡。容许接触的极限浓度为 0.001μg/g 或 0.007mg/m$^3$。

当 CO 中存在分散的镍（硫化镍以及元素镍），就会形成羰基镍。温度对羰基镍的形成有很大的影响，随着系统温度从正常操作条件降低，会大大提高羰基镍形成的可能性。在正常操作中，由于高温的原因不大可能形成羰基镍。但在停工期间，羰基镍形成的可能性很大，因为反应器的温度很低，镍以硫化物的形式存在于催化剂中。如果空气进入反应器，$O_2$ 会在催化剂中与 C 燃烧产生 CO，所以在催化剂卸料过程中，也有可能形成羰基镍。为了防止羰基镍的形成，必须采取下列措施：①只要有 CO 存在，反应器的温度就不能低于204℃。②补充氢中 CO 的含量限定在 $<10\mu g/g$。在停工期间监测补充氢中 CO 含量特别重要，因为在这期间，羰基镍形成的可能性最大。③在催化剂卸料过程中，通过 $N_2$ 彻底吹扫，防止空气进入反应器，维持 $N_2$ 正压直到完成催化剂卸料。

**4. 硫化剂**

加氢装置常用的硫化剂有二硫化碳、二甲基二硫醚（DMDS）。

实验室用的纯二硫化碳为无色液体，有类似氯仿的芳香甜味，但是通常不纯的工业品因为混有其他硫化物（如羰基硫等）而变为微黄色，并且有令人不愉快的烂萝卜味。

二硫化碳是损害神经和血管的毒物，属高毒物质。轻度中毒有头晕、头痛、眼及鼻黏膜刺激症状，中度中毒尚有酒醉表现，重度中毒可呈短时间的兴奋状态，继之出现昏迷、意识丧失，伴有强直性及阵挛性抽搐，可因呼吸中枢麻痹而死亡。

二硫化碳极度易燃，并且在高温下爆炸杀伤性加倍，高度危险。

二甲基二硫醚（DMDS）是淡黄色透明液体，有恶臭。不溶于水，可与乙醇、乙醚、醋酸混溶，相对密度为1.0625，沸点为109.7℃，熔点为-85℃，折射率为1.5250，具有硫含量高、容易分解、毒性较低等特点，毒性仅为乙硫醇毒性的0.1。

## 本章内容梳理

除杂质、饱和烯烃、改善颜色、提高黏度指数、降低凝点是基础油加工的根本诉求。

润滑油加氢补充精制工艺条件缓和，只有2~4MPa的压力，其主要目的是除杂质、饱和烯烃、改善颜色。

加氢处理的主要目的是将多环芳烃饱和、裂化，提高黏度指数。催化脱蜡的目的是促进大分子正构烷烃裂化，异构脱蜡的目的是把大分子正构烷烃异构化，两者都可降低基础油的凝点。催化脱蜡基础油收率低，黏度指数低，基本被异构脱蜡取代。异构脱蜡基础油收率高、黏度指数下降少。加氢处理和异构脱蜡是润滑油加氢的主流工艺，都属于苛刻的高压加氢。

根据炼油厂现有条件，根据加工原料的性质和产品需求不同，基础油加工更像是搭积木一般的排列组合。如果炼油厂有溶剂精制，减压馏分和脱沥青油经溶剂精制后再进加氢处理，则可采用10MPa左右的中压加氢，我国不乏这样的炼油厂流程。

润滑油加氢补充精制往往代替白土补充精制，作为溶剂精制、溶剂脱蜡的后续过程生产Ⅰ类基础油。而用中、高压加氢过程生产的基础油依据工艺条件和原料的不同，能生产出Ⅱ类、Ⅱ$^+$类、Ⅲ类、Ⅲ$^+$类的基础油。

润滑油全加氢工艺往往是经过加氢处理、异构脱蜡，最后阶段的加氢精制称后精制，其目的是改善加氢处理油的光安定性，饱和其中的三四环芳烃，也属于苛刻加氢。全加氢生产的基础油基本能达到Ⅲ类或Ⅲ⁺类。

根据国内润滑油统计数据表明，2019 年，国内基础油的产量为 $765.39\times10^4$t，相比同期增加 21.27%。其中石蜡基Ⅱ类基础油的产量为 $299.12\times10^4$t，环烷基油的总产量高达 $182.02\times10^4$t，Ⅱ类基础油产量占总量的 62.68%。Ⅰ类基础油品质低劣，将会逐渐退出舞台。Ⅲ类基础油是大势所趋，目前国内可少量生产，大量的Ⅲ类油依靠进口。我国润滑油加氢急需做大做强。

## 本章习题

### 一、填空题

1. 传统的“老三套”工艺利用________、________和________，通过________分离方式把油中的________除去，________改变油中既有的烃化物结构，仅能生产________类基础油。

2. 通过________或________可以生产Ⅱ、Ⅲ类基础油。

3. 加氢过程在润滑油制造中有下列几种形式：________、________、________和________。

4. ________采用有选择性能的择形分子筛催化剂，这种催化剂的微孔大小有一定范围，只允许直链烷烃和带甲基侧链的正构烷烃（这些烃类的凝点较高）进入孔内，在较高温度和压力以及 $H_2$ 存在的条件下，使进入孔道内的高凝点长直链烃发生裂化，变成低凝点烃分子（$C_3$、$C_4$、$C_5$、$C_6$）从进料中分离，从而降低油的凝点或倾点。

5. ________的基本原理是，在专用分子筛催化剂的作用下，将高倾点的正构烷烃转化为低倾点的异构烷烃，从而使油品的倾点降低，所发生的反应主要是烷烃的异构化反应。

6. ________能将非理想组分变为理想的基础油组分，需要较苛刻的反应条件，使反应物发生脱硫、脱氮和芳烃饱和以及直链的裂化和异构化，达到提高基础油 VI 和氧化性能，降低油品黏度和挥发性的目的。

7. Co-Mo 型加氢催化剂多用于________较高的原料，Ni-Mo 型加氢催化剂用于________比较高的原料。

8. 铂和钯的加氢活性最高，但对________的敏感性很强，因而目前工业加氢处理催化剂的加氢组分多采用抗毒性好的金属组分，主要由 Ni-W 或 Ni-Mo 等金属组成。

9. 加氢处理催化剂倾向于用中等强度________的载体。

10. HZSM－5 具有从烷烃、芳烃及环烷烃混合物中优先吸附________的性能。

11. MLDW、MSDW 均是 Mobil 公司开发的工艺，其中 MLDW 是________，MSDW 是________。

12. 润滑油催化脱蜡技术与异构脱蜡工艺相比其酸性中心的酸性较________。

13. 两段加氢处理流程中第一段进行________反应，用以确定基础油的黏度指数水平及收率，第二段进行________反应，用以调节基础油的总芳烃含量及各类芳烃的分布、从而提高基础油的安定性（特别是光安定性），但并不引起明显的黏度指数变化。

14. 原料油的保护主要有两种方法：一种是________保护；另一种是采用________。

15. 为除去原料油中的机械杂质，加氢装置一般都设有原料油________过滤装置。

16. 进料中的氮是以________的形式存在。

17. ________可能与催化剂上的金属组分形成有毒的易挥发羰基化合物而造成催化剂腐蚀，降低催化剂的活性。

18. 用________来控制循环氢中的轻烃量（如甲烷）。

19. 加氢反应是放热反应，随着反应物流的流动，催化剂床层温度逐渐升高，________的注入可以调节精制催化剂和裂化催化剂的平均反应温度。

20. 反应器停工后，应以0.1~0.22MPa压力充________密封。

21. 反应器水压试验合格后，应立即用________吹干，不得残存积水，然后用氮气密封保护。

22. 高压分离器的操作压力不能超过安全阀定压值的________。

23. 润滑油加氢反应中，________相为连续相，________为分散相，固相催化剂为固定床层，所以，加氢固定床反应器也属于滴流床反应器。

24. 润滑油加氢反应器内部结构以达到________为主要目标。

25. 加氢装置同时有热高分和冷高分，热高分的操作温度一般高于________℃，冷高分的操作温度一般在________℃以下。

**二、判断题**

1. 加氢精制的脱氮效果（尤其是脱碱性氮）远不如白土精制。（　　）

2. 加氢精制油的氧化安定性如旋转氧弹、紫外光照后及热老化后油品颜色的增长，都不如白土精制油。（　　）

3. 加氢精制的脱色能力，尤其是对于高黏度油的脱色能力远优于白土精制。（　　）

4. 加氢精制对产品酸值的降低效果比白土精制好。（　　）

5. 通常采用在加氢原料中加入一定量不同类型的阻垢剂来抑制、延缓焦垢在原料换热器中形成。（　　）

6. 加氢装置的选材和腐蚀裕量是根据进料的有机酸量而确定的。（　　）

7. 芳烃加氢饱和反应是强放热反应，提高反应温度对加氢饱和反应不利，化学平衡向逆反应方向转移。（　　）

8. 贵金属加氢处理催化剂允许使用纯度较低的新氢。（　　）

9. 在加氢过程中，有效的压力是总压。（　　）

10. 通过调整反应器入口温度和床层间的冷氢量来控制催化剂床层温度。（　　）

11. 加氢过程为强放热反应，随着反应的深入，反应释放出的热量越来越大，引起催化剂床层温度上升。（　　）

12. 反应器正常或紧急停车后，降温降压时应确保反应器内保持正压，以防空气进入。（　　）

13. 加氢装置循环氢中的硫化氢和氨对加氢脱氮反应有明显的抑制作用。（　　）

14. 加氢反应系统的压力是通过冷高分压力来控制的。（　　）

15. 润滑油加氢反应器多采用冷壁反应器。（　　）

16. 加氢装置的氢压机一般采用轴流式或回转式类型的压缩机。（　　）

17. 加氢装置的高压进料泵是多级泵。（　）

18. 加氢介质极易产生火灾爆炸，一旦引起火灾，应立即用高压水枪、$CO_2$ 灭火器灭火。（　）

19. 加氢过程在职业性接触毒物危害程度分级中属于高度危害的场所。（　）

20. 通过加氢与常规工艺相结合或全加氢可以生产Ⅱ类、Ⅲ类基础油。（　）

三、论述题

1. 叙述润滑油加氢裂化的作用。
2. 叙述润滑油异构脱蜡的作用。
3. 叙述润滑油加氢精制的作用。
4. 加氢处理油的主要特点是什么？
5. 简要叙述利用“老三套”工艺加工润滑油基础油的全过程。
6. 简要叙述利用全加氢工艺加工润滑油基础油的全过程。
7. 叙述加氢过程中循环氢的作用。
8. 反应温升过高对加氢反应过程会带来哪些不良影响甚至操作事故？
9. 如何控制加氢反应器内温度平稳？
10. 为什么要在空冷器上游的热高分气管线中注入除盐水？

获取更多知识详情请扫描二维码

第七章

# 润滑油调和、包装与储存

如果说汽车、工业、电气、航空航天等百花齐放的应用场合是润滑油链条的下游，炼油厂的基础油生产、化工厂的合成油与添加剂生产是它的上游，那百舸争流的润滑油公司则是润滑油链条的中间环节。

生产润滑油的公司或厂家规模有大有小，有国内的有国外的，有国营的有民营的，它们都需要将优质的基础油和添加剂通过特定的配方调和出适应各种应用的商品润滑油。

好食材不一定做成好美食，配比、刀工、火候同样重要，甚至摆盘也有重要影响。润滑油的生产亦如此，该用什么样的“食谱”（配方），该怎样进行烹炒煎炸（不同的调和方式），怎样摆盘（包装），怎样存放（储存），所有这一切，都是工艺，也都是技术。

## 第一节　润滑油调和工艺

前面的章节详细介绍了润滑油基础油的加工工艺，基础油加入合适的添加剂才能调制出合格的商品润滑油。润滑油调和是将一种或多种基础油作为组分油，与各种添加剂进行混合，生产出不同规格、满足不同需要的各种牌号的润滑油产品的过程。基础油调和的主要目的是调整黏度、黏度指数和颜色等质量指标；加入添加剂是为了提高油品的抗氧化安定性、防锈性和抗磨性等油品使用性能指标。

油品在调和过程中要求各组分基础油、添加剂混合均匀，而且计量要准确。

### 一、调和机理

润滑油调和大部分为液－液相系互相溶解的均相混合，混合后形成液－液分散体；当润滑油添加剂是固体时，则为液－固相系的非均相混合或溶解。固态的添加剂为数不多，而且最终互溶、形成均相。

液－液相系均相混合普遍遵循以下 3 种扩散机理。

**1. 分子扩散**

分子扩散是由分子的相对运动引起的物质传递。这种扩散是在分子尺度的空间内进行的。

**2. 涡流扩散**

当机械能传递给液体物料时，在高速流体和低速流体界面上的流体，受到强烈的剪切作用，形成大量的涡旋，由涡旋分裂运动所引起的物质传递。这种混合过程是在涡旋尺度的空间内进行的，这种扩散称为涡流扩散。

**3. 主体对流扩散**

主体对流扩散包括一切不属于分子运动或涡旋运动，而是大范围的全部液体循环流动所引起的物质传递，如搅拌槽内对流循环所引起的传质过程。这种混合过程是在大尺度空间内进行的。

主体对流扩散把不同的物料“剪切”成较大的“团块”而混合到一起，主体内的物料并没有达到均质。通过“团块”界面间的涡流扩散，才能进一步把物料的不均匀程度缩小到涡流本身的大小，此时虽没有达到均质混合，但是“团块”已经变得很小，而数量很多，使“团块”间的接触面积大大增加，为加速分子扩散创造了条件。均质混合最终由分子扩散完成。

## 二、调和工艺

目前，常用的油品调和工艺可分为两种方式：油罐调和和管道调和。油罐调和有时称为间歇调和、离线调和。管道调和有时称为连续调和、在线调和。这两种不同的调和工艺由于都有各自独有的特点和不同的适用场合，所以目前两种调和工艺共存。有时也将油品调和工艺分为三种方式：罐式调和、罐式－管道调和（部分在线调和）、管道自动调和。罐式－管道调和是根据生产需要介于两者之间的一种复合型工艺（过渡型工艺）。

**1. 油罐调和**

油罐调和是把待调和的组分油、添加剂等，按所规定的调和比例，分别送入调和罐内，再用泵循环、电动搅拌等方法将它们均匀混合成为一种产品。这种调和方法操作简单，不受装置馏出口组分油质量波动影响，目前大部分炼油厂采用此调和方法；缺点是需要数量较多的组分罐，调和时间长、易氧化、调和过程复杂、油品损耗大、能源消耗多、调和作业必须分批进行，调和比不精确。在具体操作中有以下两种方案：

① 组分罐与成品油调和罐分开，各装置生产的组分油先单独进组分油罐，确定调和的目的产品，然后采样分析组分油的质量指标，通过计算公式或经验确定调和量进成品调和油罐。

② 部分组分罐和成品油调和罐不分开，各装置生产的组分油合流进罐，采样分析罐中油品质量指标，符合调和的产品质量指标即可出厂，不符合调和产品质量指标，将其他组分油通过计算或经验确定调和量进调和油罐，并循环。

根据罐内搅拌方式的不同，油罐调和可分为泵循环调和和机械搅拌调和两种。以前还有使用压缩空气调和，但易使油品氧化变质，并造成油品蒸发损耗及环境污染等缺点，一般已不采用。

（1）机械搅拌调和

使用机械搅拌也是油罐调和的常用方法，适用于批量不大的成品油的调和，特别是润滑油，如图 7－1 所示。被调和物料是在搅拌器的作用下，形成主体对流和涡流扩散传质、分子扩散传质，使全部物料性质达到均一。搅拌调和的效率，取决于搅拌器的设计及其安装形式。搅拌器主要有罐壁伸入及罐顶中央伸入两类。

（2）泵循环调和

先将各种组分油和可能使用的添加剂送入罐内，用泵不断地将罐内物料从罐底部抽出，再循环回调和罐，在泵的作用下形成主体对流扩散和涡流扩散，从而逐渐使油品调和均匀。为了提高调和效率，降低能耗，在生产实践中不断对泵循环调和的方法进行了改进，主要有以下两种方法，如图 7-2 所示。

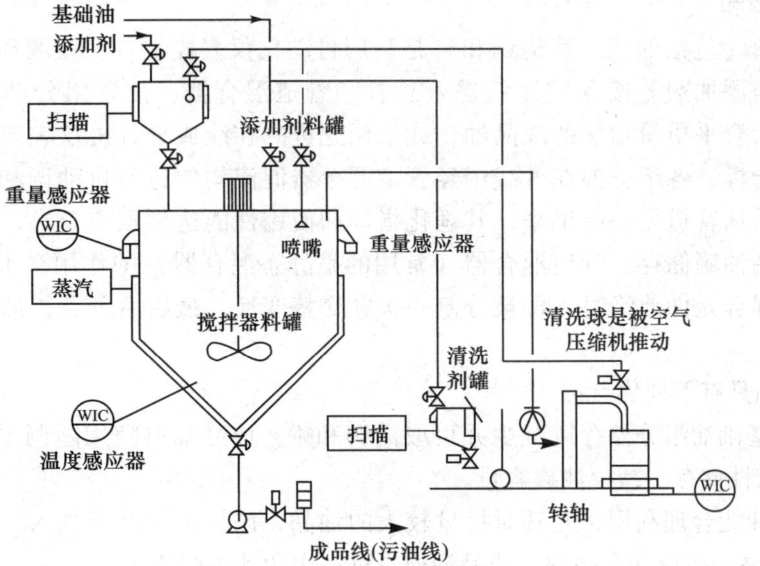


图 7-1 机械搅拌间歇调和流程

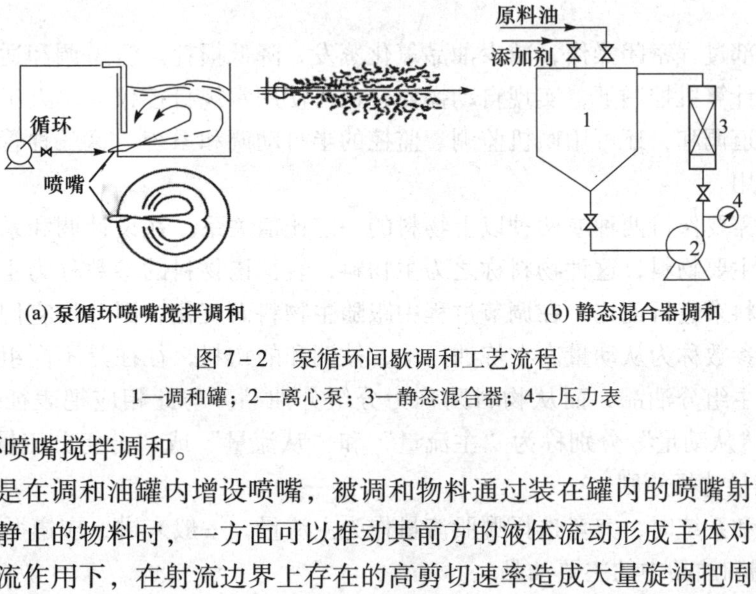


图 7-2 泵循环间歇调和工艺流程

1—调和罐；2—离心泵；3—静态混合器；4—压力表

① 泵循环喷嘴搅拌调和。

该工艺就是在调和油罐内增设喷嘴，被调和物料通过装在罐内的喷嘴射流混合，高速射流穿过罐内静止的物料时，一方面可以推动其前方的液体流动形成主体对流运动；另一方面在高速射流作用下，在射流边界上存在的高剪切速率造成大量旋涡把周围液体卷入射流中，这样把动量传给低速流体，同时使两部分流体很好混合。这一方法适用于调和比例变化范围较大，批量较大和中、低黏度油品的调和，设备简单，效率高，管理方便。

喷嘴有单喷嘴和多喷嘴两种，单喷嘴本身是一个流线型锥形体，安装在罐内靠近罐底的罐壁上，倾斜向上。多喷嘴一般由 5 个或 7 个喷嘴组合而成，整套喷嘴安装在罐底部中心，并垂直向上，四周喷嘴围绕中心喷嘴略显倾斜。

② 静态混合器调和。

该工艺就是在循环泵出口、物料进入调和罐之前增加一个合适的静态混合器，用静态混合器强化混合，可大大提高调和效率。据文献报道，此工艺可比机械搅拌缩短一半以上的调和时间，而调和的油品质量也优于机械搅拌。

**2. 管道调和**

管道调和（包括油罐－管道调和）是利用自动化仪表控制各个被调和组分流量，并将各组分油与添加剂等按预定比例送入总管和管道混合器，使各组分油在其中混流均匀，调和成为合乎质量指标的成品油；或采用先进的在线成分分析仪表连续控制调和成品油的质量指标，各组分油在管线中经管道混合器混流均匀达到自动调和目的。经过均匀混合的油品从管道另一端出来，其理化指标和使用性能达到预定要求，油品可直接灌装或进入成品油罐储存。管道混合器（常用的是静态混合器）的作用在于流体逐次流过混合器每一混合元件前缘时，即被分割一次并交替变换，最后由分子扩散达到均匀混合状态。

管道调和具有下列优点：

① 可使基础油组分储存罐减少并可取消调和罐，成品油可随用随调，这样可节省成品油的非生产性储存，减少油罐容量。

② 组分油能合理利用，尤其对批量较大的油品，添加剂能准确加入，避免质量“过头”，可以提高一次调和合格率，成品油质量可一次达到指标要求。

③减少中间分析，节省人力，取消多次油泵转送和混合搅拌，从而节约时间，降低能耗。

④由于全部过程密闭操作，减少油品氧化蒸发，降低损耗。管道调和适用于大批量的调和，既可在计算机控制下，实现自动操作，也可使用常规自控仪表、人工给定调和比例的手动操作管道调和，还可用微机监测、监控的半自动调和系统。这三种管道调和方法我国都有实际应用。

调和系统需要保持两种或两种以上物料的一定比值关系。在设计调和系统时要选择某一种物料作为主要物料，这种物料称之为主物料，表征该物料的参数称为主动量。而其他物料则按主物料来进行配比，在调节过程中跟随主物料而变化，因此称它们为从物料，表征它们特征的参数称为从动量。在炼油厂中，被调和的物料，往往是不同组分的油品，常把主物料称为主组分油品，而从物料则称为分组分油品。与此相应把表征其特征参数的“主动量”和“从动量”分别称为“主流量”和“从流量”或“分组分流量”。

（1）主流量选择原则

在设计调和系统时，究竟选择哪股流量作为主流量，一般来讲，应遵循下述原则：

① 选择调和油品中的主要油品。

② 选择可测量而不可控的物料，如装置馏出口外送的油品。

③ 选择调和物料中最大的组分流量为主流量，而把流量较小的油品或添加剂则作为从流量。其优点是调节阀可用得小一些，同时调节灵敏度也较高。

④ 若工艺有特殊要求时，则应服从安全操作的要求。

（2）管道调和组成

管道调和流程，如图 7－3 所示，一般由下列部分组成。

① 储罐。

包括组分油（基础油）、添加剂组分罐和成品油罐。

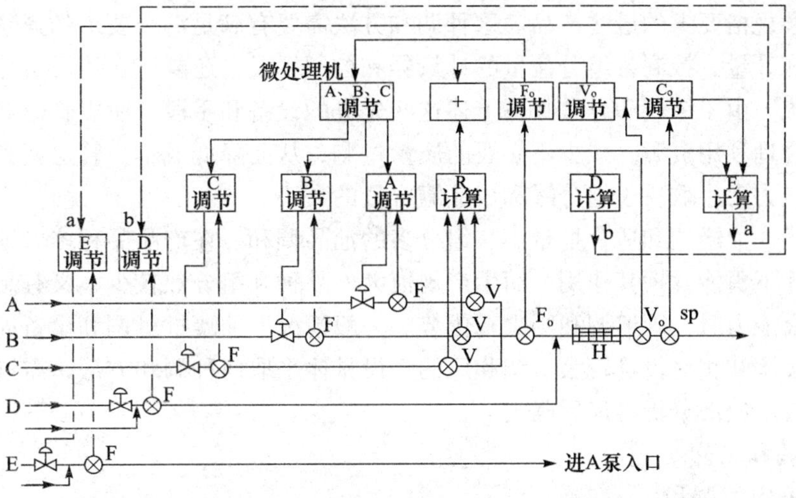


图 7-3　润滑油管道自动调和流程

A，B，C，D，E—组分油或添加剂；F—分路流量计；Fo—总流全计；V—各路黏度计；Vo—总黏度计；SP—凝点在线分析仪；H—混合器；R—目标调和比

② 组分通道。

每一个通道应包括配料泵、计量表、过滤器、排气管、控制阀、温度传感器、止回阀、压力调节阀等；组分通道的多少视调和油品的组分数而定，一般 5 ~ 7 个通道，也可再多一些。通道的口径和泵的排量，由装置的调和能力和组分比例的大小而定，各组分通道的口径和泵的排量是不相同的。

③ 总管、混合器和脱水器。

各组分通道出口均与总管相连，各组分按预定的准确比例汇集到总管；混合器又叫均质器，物料在此被混合均匀，该设备可为静态的，亦可是电动型的；脱水器是将油品中的微量水脱除，一般为真空脱水器。

④ 在线质量仪表。

主要是黏度表、倾点表、闪点表和比色表，尤其在采用质量闭环控制或优化控制调和时，必须设置在线质量仪表。

⑤ 自动控制和管理系统。

根据控制管理水平的要求，可选用不同的计算机及辅助设备。

**3. 两种调和工艺的比较**

油罐调和是把定量的各调和组分依次或同时加入调和罐中，加料过程中不需要度量或控制组分的流量，只需确定最后的数量。当所有的组分配齐后，调和罐便可开始搅拌，使其混合均匀。调和过程中可随时采样化验分析油品的性质，也可随时补加某种不足的组分，直至产品完全符合规格标准。这种调和方法，工艺和设备均比较简单，不需要精密的流量计和高度可靠的自动控制手段，也不需要在线的质量检测手段。因此，此种调和装置建设所需投资少，易于实现，但生产能力受调和罐大小的限制，只要选择合适的调和罐，就可以满足一定生产能力的要求，但劳动强度大。

管道调和是把全部调和组分以正确的比例同时送入调和器进行调和，从管道的出口即得到质量符合规格要求的最终产品。这种调和方法需要有满足混合要求的连续混合器，需要有能够精确计量、控制各组分流量的计量器和控制手段，还要有在线质量分析仪表和计算机控制系统。由于该调和方法具备上述这些先进的设备和手段，所以管道调和可以实现优化控制，合理利用资源，减少不必要的质量过剩，从而降低成本。管道调和是连续进行的，其生产能力大小取决于组分罐和成品罐容量的大小。

综上所述，油罐调和适合批量小、组分多的油品调和。在产品品种多、缺少计算机技术装备的条件下更能发挥其作用。而生产规模大、品种和组分数较少，又有足够的吞吐储罐容量和资金能力时，管道调和则更有优势。一般情况下油罐批量调和设备简单，投资较少；管道连续调和相对投资较大。调和厂的建设具体采取何种调和方法，需进行具体的可行性研究、技术经济分析再最后确定。

**4. 其他调和工艺**

（1）压缩空气调和

压缩空气调和又称空气搅拌或“风搅拌”。先按配比计算好两种基础油量，分别送入调和油罐内，然后通入压缩空气，搅拌0.5～2h，取样分析，合格后即成为成品油。若加润滑油添加剂，则在基础油调和好以后再加润滑油添加剂调和，不能基础油和添加剂同时调和。

压缩空气的压力一般为0.2～0.3MPa（表），压缩空气可与进油管线相接，但要求装单向阀，防止油品窜入空气内。

压缩空气也可从调和罐顶或罐底接入罐内，罐底安装了许多气管，管子上部有无数个小孔，系统源源不断地通过压缩空气，产生无数个小气泡。小气泡动力低，往往会在油品中停留较长的时间，小气泡源源不断地同油品接触，造成油品被严重污染氧化。

用压缩空气调和润滑油时，应使用净化过的空气。压缩空气调和不适用于低闪点或易氧化的基础油，也不适用于易生泡沫或有干粉状添加剂的油品调和。

这种调和方式减少了机械维修保养问题，安装容易，并能节约能耗，但突出的缺点是调和油氧化严重，在润滑油的调和工艺中基本被淘汰使用。

（2）气脉冲调和

气脉冲调和也是以压缩空气作为动力源，按物料物理特性（如黏度、密度、流动性等）和容器的几何参数（如形式、容量等）不同，设定好脉冲频率、延时和压力，通过现场控制装置和安装在调和罐内的集气盘，从集气盘下被以脉冲方式挤压出来的压缩空气，冲刷刮扫釜底或罐底，使较重的组分被挤出，离开集气盘。当较重的液剂急速返回填补空位时，脉冲式释放的空气迅速包围集气盘的四周，并在集气盘上直接形成椭圆形的大气流，朝着液面上升。在上升过程中，“大气泡”把它上面承载的重组分向上推送，也带动周围的组分上行。由于气体是以一定的脉冲频率方式有规律地产生，则前面带有原动力的大气流又受到后面大气流的助推力。运行到达液面的大气流很自然地在液面爆破，产生的爆破力把从釜底或罐底推出来的较重的组分推向四周，在重力作用下，这些较重的组分很快地沿着四周向下运动，运动过程中也冲刷和刮扫釜壁和罐壁。这样，周而复始的惯性运动形成了整个调和罐内的液剂垂直循环运动。气脉冲搅拌调和达到均匀一致的速度极其快，比以往机械搅拌生产时间缩短将近75%左右，同时搅拌调和效果则更均匀，精度更高。

与“风搅拌”相比，气脉冲调和系统安装在罐底的是少数几个大的集气盘，每个集气盘只产生单个“大气泡”。由于“大气泡”是以脉冲的方式间隔地产生，每次产生“大气泡”的给气量又非常少，所以其脉冲的耗气量只是“风搅拌”的1/(40~50）倍，且“大气泡”的表面积与相同体积的“小气泡”表面积相比，只占几千分之一。又由于“大气泡”的产生是一个能量充分积聚和顺势释放的过程，它托起重组分迅速上升，到液面爆破后就离开了油品，与油品接触时间很短。所以，气脉冲调和时油品的氧化程度不仅远低于“风搅拌”系统，也低于机械搅拌和泵循环系统的氧化程度。

## 三、调和计算方法

油品的各项理化参数，按调和过程的变化情况，可以分为两类：一是可加性参数，包括胶质、硫含量、酸值、残炭、灰分、密度、馏程（初馏点、干点除外）；二是非可加参数，包括闪点、黏度、凝点、初馏点、干点等。

**1. 可加性参数计算**

可加性参数计算可用下式计算：　$M = \sum M_i P_i$

式中　$M$——调和油理化参数；

$M_i$——各调和基础油理化参数；

$P_i$——各调和组分的体积（或质量）百分数。

**2. 非可加性参数计算**

非可加性参数计算比较复杂，虽然调和油参数值必然介于两调和组分参数之间，但不可能像可加性参数那样，采用简单加成计算方法。有关这方面的经验公式或图表相当多，请参阅相关资料。

根据这些调和计算方法研制出一份配方，那是少数顶尖技术专家的绝活。润滑油公司或生产厂家需要的是基础油、添加剂这些“食材”，还有这份犹如“秘笈”的配方，然后就在自己家的“厨房”（调和厂）不亦乐乎地干起来了。润滑油厂之所以有成千上万家，是因为门槛并不高，“做饭”（调和）谁家不会？但想要做成国内有名或国际有名，那可就相当“高大上”了，毕竟润滑油可是“流淌的科技”啊。

比如埃克森美孚（太仓）石油有限公司“润滑油智能灌装车间”共拥有11条生产线、智能化设备及辅助设备约140台、配合生产的信息化软件7套，所需劳动力减少7%，产量增加25%。单条生产线的自动化程度高达90%。智能灌装设备包含自动空瓶输送、错瓶自动剔除、自动灌装、自动包装等多种智能机器人。这些生产设备很先进，只要输入配方和调配量，系统就能准确无误地进行操作。

但一切自动化、人工智能，都是在基础工作的基础上发展起来的，也一直会受控于人。下面介绍润滑油调和的基本要素。

## 四、润滑油调和工艺的组成要素

润滑油调和工艺的组成要素包括：

① 润滑油配方。

② 润滑油计量要求。

③ 润滑油调和过程中工艺条件的要求：如搅拌方式、调和温度、调和时间等。

调和要求将会在生产工艺卡上体现，工程师需要指导工人操作，并且进行有效监控，以免因为操作失误造成产品质量问题。

**1. 润滑油配方**

按特定的方法推算和确定好配方后，要清晰准确地填写工艺卡，见表7-1，如果表达不明确，或者计量单位不标明，会引起操作工人误解，造成工作失误。

**表7-1　工艺卡上配方的写法**

| 类别 | 名称 | 配比/% | 设计投料量/(kg或L) | 实际投料量/(kg或L) |
|---|---|---|---|---|
| 基础油 | | | | |
| | | | | |
| | | | | |
| | | | | |
| 添加剂 | | | | |
| | | | | |
| | | | | |
| | | | | |
| 总计 | | | | |

所有配方的比例是按照质量来计算的。

工程师需要将投料量换算成工人能够操作的计量单位和计量数据，如基础油使用流量计计算的，将它单位换算成L，添加剂是按照质量计算的，写明是kg。

生产配方如何确定比例这里就不详细讲述了。

**2. 调和计量方法**

润滑油调和前需要进行流量计计量、罐体体积计量和添加剂计量，如图7-4及图7-5所示。

图7-4　流量计计量

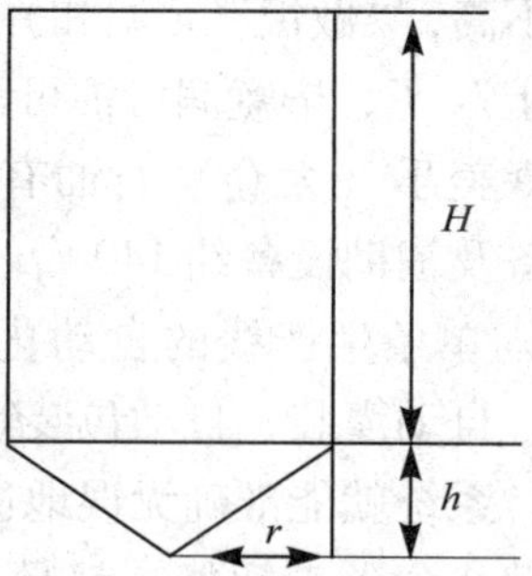


图7-5　罐体积计量

（1）流量计计量

生产调和的时候工艺配方是按照质量比例来加料的，而流量计一般按照升（L）计量，基础油需要将质量换算成体积，然后才可以用流量计计量加料量。

流量计需要在使用前校正，并且需要一年校正一次，确定其准确地计量。

如果进料管道上安装了流量计，可以将配方工艺卡上投料量，换算为基础油的体积进行计量。如果进料管道上没有安装流量计，可以根据罐体的形状，粗算体积进行计量。

（2）罐体计量

调和罐大部分都是由一个圆柱体和一个圆锥体组成，我们可以看作是圆柱体和圆锥体的体积总和。

① 先计算锥体的体积 $V_1$，按照圆锥体的体积计算公式。每一个调和釜的圆锥体的体积都是固定的，每次加入基础油的时候，首先充盈的是圆锥体，因此可以将它作为固有体积来看。

$$V_1 = 1/3\pi r^2 h$$

② 再计算圆柱体的体积 $V_2$，根据圆柱体的体积计算公式，以及需要加入的基础油的量（体积），反算出达到这个体积的罐体高度，在加料的时候以这个标志来确定加料的进罐量。

如需要调和的时候，假设圆锥体的体积是76L，那么某配方需要总体加入的基础油150SN的体积是2366L，那么它首先充盈圆锥体，体现在圆柱体上的基础油量是2366L－76L＝2290L。

根据圆柱体的体积计算公式 $V_2 = \pi r^2 H = 2290\text{L}$。

从而计算出需要达到的罐体高度 $H$。

生产时在罐体标注需要达到的高度，可以让工人执行操作。

（3）添加剂的计量

添加剂的计量采用称重计量法。常见计量工具如图7－6所示。

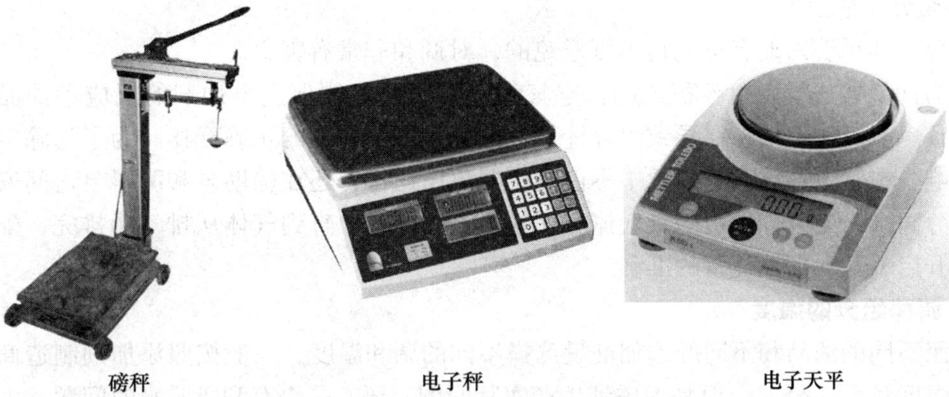

磅秤　　电子秤　　电子天平

图7－6　添加剂计量工具

添加剂的计量常规方法：小批量调和时添加剂添加量在几公斤到几十公斤之间，如降凝剂、复合剂等等。在200kg以下的按照kg计算，采用磅秤计量，直接称重加入调和的油品中。如果是增黏剂且加量大，也可以采用体积计量方法，一般都是采用称重计量。如果生产过程中需要加入的材料是在1kg以下，属于微量材料，那么使用电子秤或者在实验室使用药物天平计量好再投放。这些材料包括：抗泡剂、染料、防腐剂等。

## 五、影响调和质量的因素

影响油品调和质量的因素很多，调和设备的调和效率、调和组分的质量等。这里主要分析工艺和操作因素对调和后油品质量的影响。

**1. 组分的精确计量**

无论是油罐间歇调和还是管道连续调和，精确的计量都是非常重要的，是各组分投料时正确比例的保证。批量调和虽然不要求投料时流量的精确计量，但要保证投料最终的精确数量。组分流量的精确计量对连续调和是至关重要的，流量计量不准，将导致组分比例的失调，进而影响调和产品的质量。连续调和设备的优劣，除混合器外，还在于该系统的计量及其控制的可靠性和精确的程度，它应该确保在调和总管的任何部位取样，其物料的配比是正确的。

**2. 组分中的水含量**

组分中含水会直接影响调和产品的浑浊度和油品的外观，有时还会引起某些添加剂的水解而降低添加剂的使用效果，因此应该防止组分中混入水分。但在实际生产中系统有水是难免的，为了保证油品质量，管道调和器应负压操作，以脱除水分，或采用在线脱水器。

脱水原理是水分的沸点比基础油低很多，在真空泵的作用下，油中的水分接近真空的低压，在调和温度之下，水分达到沸点而形成水蒸气，从油层脱离出来，被真空泵抽出去，从而达到从油中清除水的目的。

真空脱水工艺在调和实施时，要求调和釜密封良好，能耐负压。

真空脱水实施时，注意根据油品中含水的量控制真空脱水的时间，时间过短脱水不干净；如果原材料中添加剂已经水解或者内含结晶水，难以通过这个工艺处理掉，真空脱水只能够脱除微量游离水分。

**3. 组分中的空气**

组分中和系统内混有空气是不可避免的，对调和非常有害。

因为计量器一般使用容积式的，空气的存在不仅可能促进添加剂的反应和油品的变质，而且也会因气泡的存在导致组分计量不准确，影响组分的正确配比。为了消除空气的不良影响，在管道连续调和装置中不仅混合器负压操作，还在辅助泵和配料泵之间安装自动空气分离罐，当组分通道内有气体时配料泵自动停机，直到气体从排气罐排完，配料泵才自动开启，从而保证计量的准确。

**4. 调和组分的温度**

按照不同的油品和不同的添加剂量选择不同的调和温度。一般按照添加剂制造商建议的混合温度是55～65℃，但是考虑到生产实际问题，还有是否有利于脱水的问题，大部分工艺趋向于采用65～75℃之间的温度来调和。

油料加热的手法有电加热和热置换两种。电加热直接用加热棒加热，热置换方式有导热油加热和水蒸气加热。在调和釜体安装一个温度观察表，来观察釜内油料的温度变化情况。一般加热到70℃左右就撤去热源，让油品在该温度下搅拌均匀。

**5. 调和时间**

应按照不同的调和量以及调和产品来选择调和时间。这需要有一定的经验数据，在不同调和量的调和时间是不同的，大概调整的原则如下：

① 调和量大的需要的搅拌时间长一些，调和量小的需要的搅拌时间短一些，一般10t调和在30～40min左右。

② 如果加入难以混溶的添加剂量大，需要搅拌时间适当延长一些。

③ 如果没有什么难溶的材料，如液压油的调和，时间适当可以短一些。

**6. 投料的顺序**

如果没有什么特别的情况，一般遵从以下的投料原则：先加入难以混溶的材料，如增黏剂；最后加入添加量特别少的材料，如降凝剂，抗泡剂等；最后加入其他容易混溶的材料。

**7. 投料方法**

如果遇到难以混溶或者难以分散的材料，那么会采用其他投料方式来解决。

（1）抗泡剂硅油的添加方法

硅油（T901）的抗泡性能非常好，但是难以溶解在油中，必须经过溶解介质辅助添加在油中。一般的方法是以 1∶9 的比例与煤油混合，硅油可以溶解在煤油中，煤油可以溶解在润滑油中，利用煤油作为介质，将硅油分散在润滑油中起作用。

将硅油稀释之后，使用喷雾器加入，分散的效果更加好。避免硅油直接加入润滑油中，它的相对密度比润滑油大，会沉析在釜底变成沉析物。

（2）染料的添加

染料由于添加的量少，一般添加几十克左右，如果直接投放，很难搅拌均匀，需要搅拌很长的时间，为了加快其分散的效果，可以将染料先在稀的基础油中稀释，然后再投放，这样加大染料与釜中原料的混合面积，达到充分混合的目的。

（3）香精的添加

某些润滑油产品需要投入香精，以达到使味道统一，或者掩盖某种不愉快味道的目的。

香精是酯类化合物，与矿物型的润滑油是不兼容的，需要通过介质来助溶投放。

香精添加量很少，一般添加几十克左右，可以将香精通过煤油等溶解介质先稀释，然后投放在调和釜中。投放时最好采用喷雾器投放，达到搅拌均匀的目的。

（4）添加剂的稀释

有些添加剂非常黏稠，使用前必须熔融、稀释，调制成合适浓度的添加剂母液，否则既可能影响调和的均匀程度，又可能影响计量的精确度。但添加剂母液不应加入太多的稀释剂，以免影响润滑油产品的质量。

**8. 调和系统的洁净度**

调和系统内存在的固体杂质和非调和组分的基础油和添加剂等，都会对系统造成污染，都可能造成调和产品质量不合格，因此润滑油调和系统要保持清洁。从经济性方面考虑，无论是油罐调和还是管道调和，一个系统只调一个产品的可能性是极小的，因此非调和组分对系统的污染不可避免，管道连续调和采用氮气反吹处理系统，油罐间歇调和在必要时则必须彻底清扫。实际生产中一方面尽量清理污染物，另一方面则应尽量安排质量、品种相近的油在一个系统调和，以保证调和产品质量。

## 第二节　润滑油包装与储存

### 一、润滑油包装

随着我国市场经济架构的迅速建立及消费市场的迅猛扩大，润滑油已成为人们一种必不可少的消费品。所以润滑油的包装已成为产品本身的一部分，它不仅承载产品本身的信息，而且要赋予产品更多的促销功能、使用功能，另外还要提升产品的档次与品位，使产品利润实现最大化。

润滑油对包装的要求，一是不发生质量的变化，即不因包装物的材料，包装物的污染，包装物的密封性能而影响到润滑油的质量；二是要方便用户、方便运输，即包装物的容量大小要合适，强度要满足运输和搬运的要求。

我国润滑油产品包装，有铁路槽车、油槽汽车散装，以及1L、4L、6L、18L、20L、200L等桶装形式。

20世纪80年代后期至90年代初期，润滑油首先是一种高科技的工业品，包装基本以铁桶大包装为主，小包装所占比例较小，包装设计以厚重、冷峻为主。随着车辆保有量的稳步上升，私人轿车的迅猛发展，润滑油成为一种大众消费品。润滑油一般用量较少，为方便用户，以桶装为宜。随着设计水平、制作技术、印刷工艺、加工工艺的进步，润滑油的包装桶型、包装设计变得多姿多彩起来。

目前，市场常见的润滑油包装，按包装形态分，可分为内包装和外包装，内包装为铁桶及塑料桶包装，外包装为瓦楞纸箱包装。内包装按使用的包装材料不同，主要可分为铁桶（马口铁，即普通钢镀锡）和塑料包装（塑料桶、塑料软包装）两大类；按包装容积大小，可分为小包装、中包装和大包装，小包装为10L以下塑料桶、铁桶及其他软包装，中包装为10~20L塑料桶及铁桶，大包装一般为200L铁桶。

汽车厂、汽车配件厂、金属加工厂、机械制造厂等所用的润滑油脂，以铁桶包装为主。常用者为55加仑（200L）大桶与18L提桶（听）两种，且以前者较多。

从近十年来钢桶包装的发展情况来看，质量已有了很大的改善。但由于设备及工艺方法没有得到彻底地更新和发展，质量也难以再上档次。

钢桶最严重的质量问题就是泄漏，它主要是由钢桶的桶身焊缝和与桶底顶的卷封结合质量问题所引起的。为了解决这个问题，我国钢桶结构由原来的五层矩形卷边改进为七层圆弧卷边，有的也将缝焊机由手工半自动改为全自动，从而提高了钢桶的质量，减少了泄漏，而且对产品全面的气压检验也大大地杜绝了渗漏钢桶的出厂。但由于原料质量问题、设备的落后和不稳定性，以及工艺方法的限制，钢桶泄漏仍难以杜绝，尤其在使用中经过碰撞或跌摔，质量事故就发生得更多。

目前，许多发达国家为了杜绝钢桶的泄漏，把钢桶的接缝全部用激光焊接等新技术来生产。用新工艺生产的钢桶，其抗跌落强度和抗渗漏能力比原工艺提高2倍以上，这将是钢桶走向绿色包装的发展方向。

目前，在中国市场，中低档油仍以铁桶包装居多，而高档油基本上使用塑料桶包装。塑料桶包装以其良好的密封性、抗碰抗跌性、环保性以及现代高科技带来的工艺上的可行性、多变性而备受消费者青睐。尤其是塑料桶可回收、可降解的特点，在环保方面的优势明显大于铁桶，符合时代对环保的要求。

通过技术改造，塑料桶材质向着细腻、光滑、柔韧等高质量、特色性等方向发展。通过加入各种辅助材料，提高了塑料桶的光洁度、柔韧度；通过加入带珠光的色母粒，使塑料桶表面带金属光泽，提高了塑料桶的档次。

随着塑料桶包装在中国市场主导地位的逐步形成，塑料桶包装设计尤其4L小包装设计，已成为评判包装设计水平的重要标志。

## 二、润滑油的储存

润滑油商品以及润滑油生产过程中的各馏分和添加剂对储存有两点最基本的要求：一是在储存过程中不应发生影响使用性能或造成不能满足技术规格要求的质量变化；二是容易输转，不因难以输转影响生产和装运的正常运行。当然在满足上述两个基本要求的情况下费用应该最低。为了满足基本要求，储存温度的选择和控制，以及储存过程防止污染，是两项最重要的工作。

**1. 储存条件**

（1）储存温度

储存温度有双重影响，在常温下，润滑油可以保存5年以上而不发生明显的质量变化，但在100℃以上，油很快氧化。高温储存加速了油品的氧化过程，但油品的黏度较小，有好的输转性能。相反，低温储存对稳定油品质量有利，但黏度较大，给输转造成困难。根据实际经验，商品润滑油储存温度应不高于50℃，基础油储存温度为50～70℃，润滑油馏分储存温度为50～80℃，润滑油添加剂储存温度应不高于70℃。

（2）避免储存污染

润滑油脂储存过程中的污染源包括：水、尘埃、光、某些金属、其他油品的窜入等。这些污染都可能导致油品变质，因此在储存过程中要尽量防止这些污染的产生、主要措施有：

① 储罐要有好的密封性能，防尘、避光。

② 采用铁（钢）制容器储存，避免与铜、黄铜等金属接触，因为这些金属比铁有更强的催化氧化的作用。

③ 加强管理，防止串油、串水、防止加热器漏水。

④ 在必要时储罐需加氮气保护措施，隔绝油品与氧、空气接触等。

**2. 室内储存**

小桶小听装油料，必须储存于室内。大桶装油桶最好存放于室内，免受气候影响。

已开启用的润滑油桶必须存储在仓库内。闪点低于45℃的易燃油品（如电器用油品、汽轮机油、听装油品和润滑脂）不宜露天存放，要存放在仓库，至少是简易敞篷内。含有清净剂的车用机油，吸水后容易乳化，或变成浑浊，不能再用，以储存室内为宜，除非不得已而需要露储时，应慎防水分吸入。

各种溶水油经微量水分侵入后，易引起乳化，应避免室外露储。

室内储存的要求如下：

① 油桶存放场地要坚实平整，高出周围地面0.2m，有0.005的排水坡度。

② 存放场地四周有排水和水封隔油设施。

③ 油桶存放场地的垛长不能超过25m，宽度不超过15m，垛与垛之间的净距不小于3m，每个围堤内最多存放4垛，垛与围堤的净距不小于5m，这样有利于火灾扑救和人员疏散。垛内油桶要排列整齐，二行一排，排与排之间留出1m通道，便于检查处理。

④ 200L 大桶包装产品最好横放，如图 7-7 所示堆放高度不要超过四层。每排桶的两端用木楔楔紧，以制止其滚动。因条件所限在室外放置时，要向桶口处倾斜一定角度，以免外界水分淤积在桶口渗入油中。18L 等中等桶包装产品在堆放时，码放高度不要超过四层。如果外包装物为铁桶，更应注意轻取轻放，以免引起碰撞变形。4L、1L 等小包装产品在堆放时，码放高度不要超过六层，长期存放时地面要铺上油毡或用木架隔开地板，以免地板水汽上升，使纸箱潮湿。

图 7-7　润滑油桶的横放

⑤ 室内储存油桶可竖立放置如图 7-8 所示，竖立放置的油桶最好放在盛漏托盘上，这样即使油桶有泄漏或渗漏，漏油全部被控制在盛漏托盘的盛漏槽里，不会流到地面产生危险。可以用铲车、叉车搬动盛漏托盘，也可以把油桶放在盛漏平台上，防止泄漏。

图 7-8　润滑油桶的竖放

⑥ 如果需要把润滑油、金属加工液油桶放在货架上，可以选择高度合适的盛漏托盘、盛漏平台或盛漏衬垫。用普通的木托盘或塑料托盘，配上这些防泄漏的低高度的盛漏衬垫、经济型盛漏托盘，油桶就很容易放在货架上。选择合适尺寸的上述盛漏品，可最大程度地利用货架空间。

⑦ 油品应远离明火，存放于干燥、阴凉、通风处。油桶绝不应储存于靠近蒸气管道或加热的区域。发动机清洗剂、油路清洗剂或燃油添加剂类产品以及摩托车 2T 油为易燃品，存放及使用时一定要注意避免火源。温度对润滑脂的影响比对润滑油的大，长期暴露于高温下可使润滑脂中的油分分离，太低或太高的温度皆对润滑油有不良影响，因而不宜将润滑油长久储存于过热或过冷的地方。

⑧ 拧紧封口盖，保持油桶密封。保持油桶口干净，不受水分、杂质影响。

⑨ 保持桶身、桶面清洁，标识清晰。应经常检查油桶有无泄漏及查看桶面上的标志是否清晰。

⑩ 保持地面清洁，便于漏油时及时发现并处理。

⑪ 做好入库登记，遵循先到先用的原则。

⑫ 新油与废油分开放置，并做好警示标志。

⑬ 装过废油的容器不可装新油，以防污染的储存。

⑭ 储油仓库最好远离污染来源，比如煤屑、泥尘、毛纱、烟尘等。仓库及所有配油器材应保持清洁。

⑮ 避免使用镀锌的铁桶盛载润滑油，因为有些润滑油中的添加剂可与锌发生作用，产生皂类物质，阻塞油管。

**3. 油桶的户外储存**

将润滑油或其他油品储存于户外是不良的做法，但若基于空间的原因必须存放于室外时，应采取一些预防措施，将不良的后果降至最低，如图 7－9 所示。

① 临时架起的帐篷或防水的帆布可保护油桶免受雨水的侵蚀。在揭开桶盖前，必须将桶头清洁剂抹干，以防污染物质进入润滑油中。

② 可以将油桶放在盛漏箱、防泄漏卷帘式油桶柜、油桶工作柜、油桶储存屋中，防水，防泄漏，耐候，有锁，防火，防杂质侵入，安全可靠。

③ 油桶应该横放在油桶架上，使其桶盖上的两个桶塞在同一水平线上。将油桶横放，桶盖应放在最低点，但不可被任何水面覆盖。桶内的油品压力，可增进桶盖的密封性。每行底部两边的桶应用木块卡紧，防止其滚动。为了达到最佳保护效果，可以将油桶倒竖，将油桶塞那一端朝下放在排水良好的地面上。如油桶身有桶塞，则可以将油桶横放或竖立，但桶塞必须朝下。

图 7－9　润滑油桶室外存放

④ 若油桶以桶塞朝上的方向垂直摆放，水可能经由桶塞间隙涌入污染或损坏润滑油。同时，雨水或凝结的水汽会积聚在桶面。尽量勿让油桶受到阳光直接照射，以减低桶内白天和晚上的温度变化。当气温升降时，热胀冷缩的作用会使水分经由桶塞进入桶内。水分除了污染桶内的润滑油，还会造成油桶内部生锈，产生另外不必要的污染。

当油桶必须桶塞朝上的方向摆放时，应该用木条支撑着油桶的一边底部使其倾斜，而且连接两个桶塞的直线要与木条平行，使得积水远离桶塞的开口处，这样水分不会积聚在桶盖周围，如图 7－10 所示。

油桶不可直立露出室外，否则桶面积水，当油桶温度受四周温度变化时，因桶内压力降低而由口盖微隙吸入水分。尤其油桶长期露出室外时，桶盖的人造橡皮垫圈因日晒雨淋而发生裂缝时，更容易吸入大量水分。

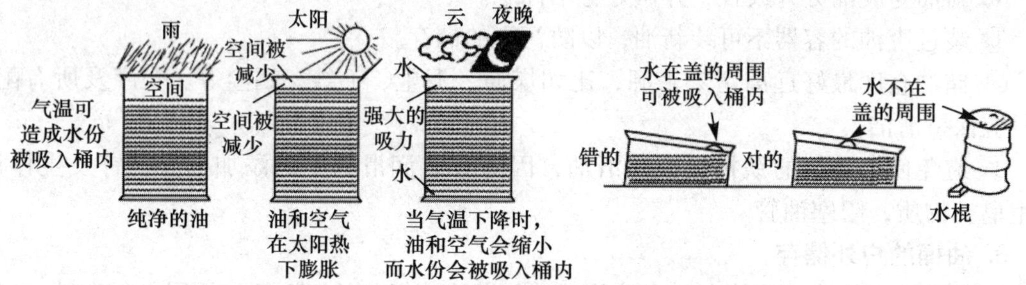


图 7－10　润滑油桶室外防水

**4. 油桶的装卸和搬运**

55 加仑桶（200L 大桶）是工业上最普遍使用和最经常需要搬运的油品容器。在装卸和搬运时应做到：

① 必须小心谨慎处理，盛满润滑油的油桶，约重 170kg，若不小心搬移，则很容易碰伤人或损坏工厂设备。

② 卸货时不允许将油桶从卡车或火车上推下来，因为碰着地面时油桶的接缝可能破裂或爆开，润滑油漏出造成路滑的危险和浪费，如无铲车搬运，可将铁桶沿滑板滑下，如图 7－11 所示。

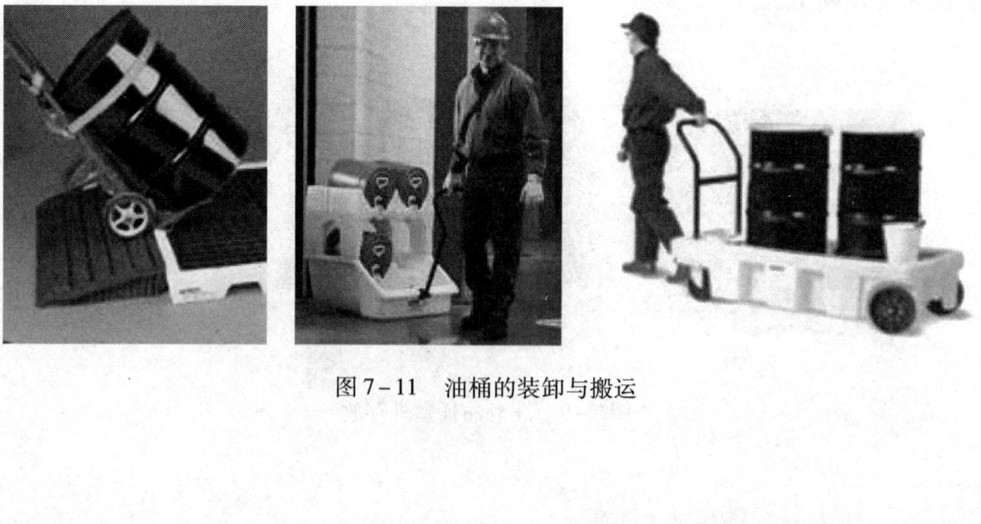

图 7－11　油桶的装卸与搬运

③ 油桶卸下后，必须及时移往储存区，最佳的运送方法是利用铲车，将油桶堆放在木架上，或用铲车机械臂卡紧油桶，也可用两轮手推车，将油桶搬运，不准拖运。

④ 若卸货区与储存区之间的路面平坦，也可用滚动的方式将油桶送到储存的地方。油桶的突缘可保护它免受损坏，但必须小心以避免碰到硬物而使桶壁破穿，所以最好由两名工人滚动油桶以控制其速度。

⑤ 铁罐装18L润滑油及16L润滑脂通常是个别运送，而较小的润滑油罐则以硬纸箱装，对这些小包装也仍须使用与大油桶一样的搬运方法小心处理，硬纸箱应待送到储存区才开启，以免卸货时箱内的油罐有散落的危险。

⑥ 油桶搬运车最好要防泄漏、溢漏和溅漏，防止油品抛洒、泄漏。

**5. 油桶的取油和分装**

① 油桶罐注和分装最好采用防溢溅圆桶漏斗，高边墙设计，可以有效防止溢溅，如图7-12所示。防溢溅分装油桶盘可以有效防止飞溅，并将飞溅液体重新导回桶内，还有配套地漏斗盖保持漏斗洁净。

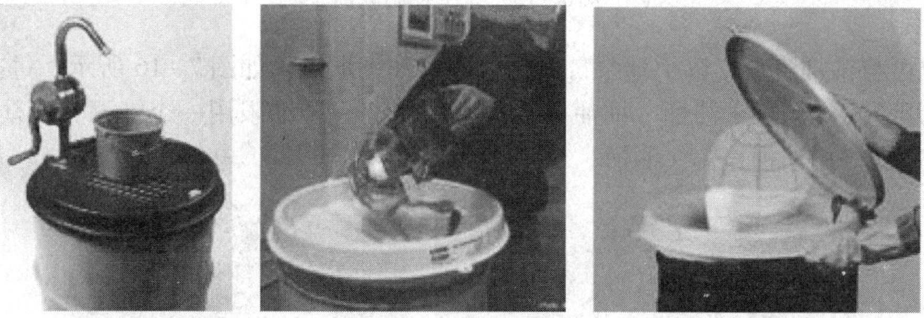

图7-12　取油方式

② 建议使用油桶垫，保持桶盖清洁。如图7-13所示，油桶垫由吸油棉制成，可以有效吸收油品，保证桶口清洁。

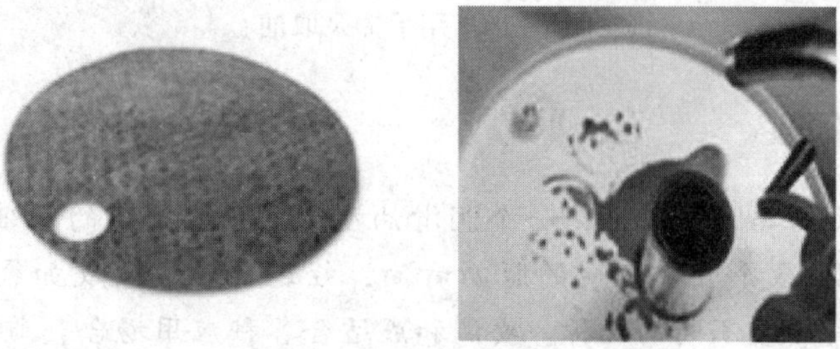

图7-13　润滑油桶垫

③ 易燃油品的分装，应采用防溢溅安全分装漏斗，如图7-14所示。内置黄铜消焰器可以保证分装安全。

④ 频繁抽取的油品，建议放置在油桶架上并安装龙头控制，并在龙头下方放置一容器，以防滴溅，如图7-15所示。最好采用油桶架，在油桶上安装油桶漏斗，这样分装容易，所有飞溅都能够控制。

图 7-14　防溢溅安全分装漏斗

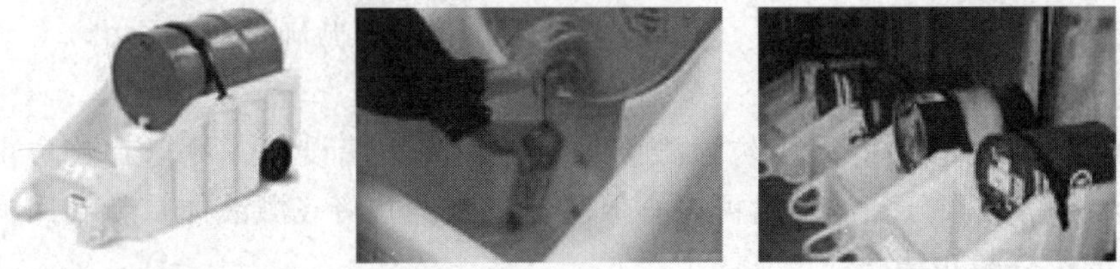

图 7-15　龙头控制取油

⑤ 也可将油桶直放，以手摇泵自大桶栓插入油桶取油，如图 7-16 所示。每次用油不多时，可用手摇油泵插入油桶，抽油分装小听使用，一种油限用一个油泵，以防止污染。取完油后，最好用油桶盖盖住油桶。

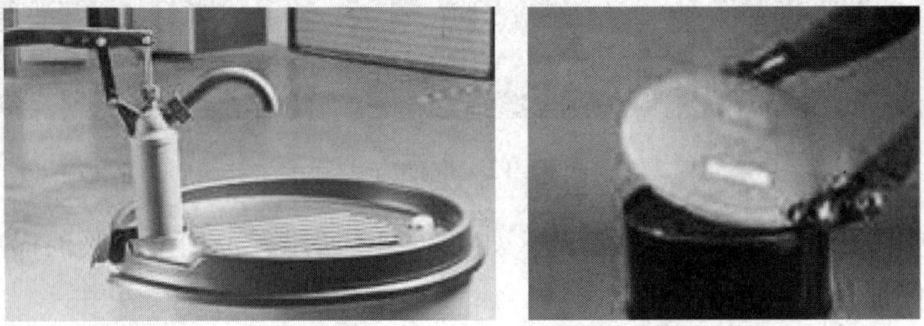

图 7-16　用手摇泵取油

## 本章内容梳理

基础油毕竟不是合格的润滑油，一个润滑油型炼油厂生产出的基础油的品种很有限，4~5 个减压侧线、1~3 个轻重不同的脱沥青油，经过物理方法或加氢方法的排列组合，生产出的基础油只是轻重不同的几种。要调和成适合各种应用场合、质量等级、黏度牌号的商品润滑油，首先需要进行基础油的调和，再根据配方调配添加剂。

整个润滑油行业，炼油厂基础油生产是上游，购进基础油、添加剂，按照配方调和、灌装成合格润滑油产品的润滑油公司是中游，使用润滑油的汽车行业、工业装置、工程装备等是下游。我们首先着眼于下游，在第三章详细介绍了各类润滑油、脂的分类和应用。第四、五、六章全面介绍了基础油的生产过程，本章属于承上启下的中游，构成了完整的润滑油行业链条。

## 本章习题

1. 什么是润滑油的调和，其目的是什么？
2. 叙述罐式调和与管道调和的优缺点。
3. 分析影响调和质量的因素。
4. 对润滑油包装有什么要求？
5. 对润滑油储存有什么要求？

获取更多知识详情请扫描二维码

# 第八章

# 润滑油的环保与再生

## 第一节　绿色润滑油生产技术

### 一、绿色润滑油概述

当前5大全球性环境问题是：温室气体排放引起的全球变暖、平流层臭氧耗损、淡水资源短缺、土地荒漠化、森林锐减和物种灭绝。其中与润滑油相关性较大的有温室气体排放引起的全球变暖、平流层臭氧耗损、对生态环境造成危害等几方面。

目前，世界所需的能源和有机化工原料大多来自石油、煤和天然气，它们对社会进步和发展作出了巨大贡献，但从长远来看，这些不可再生矿产并非是人类所能长期依赖的理想资源。传统的润滑油大部分以矿物油为基础油，矿物油最大的缺点是生物降解性差，含多环芳烃等物质，排放到环境中，对环境（尤其是森林、水源、农田、矿山等）造成污染，并且对水生系统危害极大。水中含有10μg/g润滑油时，可致海洋植物群死亡，含有0.1μg/g时，可降低小虾寿命20%。

人类能够长期依赖的资源和能源应是储量丰富、可再生的、对环境无污染的绿色能源。适合我国国情的绿色润滑油的使用法规及评价体系，对保护我国的生态环境将起到积极作用。

绿色润滑油又称为环境友好型或环境兼容型润滑油，它主要是指润滑油必须满足机器工况的要求（即拥有良好的使用性能）；且润滑油及其耗损产物对生态不造成危害，或在一定程度上为环境所兼容（即符合生态效应的要求）。按照德国的“Blue Angel”（蓝色天使）对可生物降解润滑剂的定义，生态效应包括以下几个部分。

生物降解性：是指物质在较短时间内能被活性有机体通过生化作用分解为简单化合物$CO_2$和$H_2O$的能力。

生物积累性：是指降解后的物质在生物体内的积累能力。

毒性和生态毒性：即化学物质对环境（人、动物、细菌、水和植物等）的有害影响。

耗损产物：降解后生成的物质不会产生新的污染。

可再生性资源：最好为可再生资源。

其中，生物降解性能是其生态效应最主要的指标。

总之，研究开发绿色润滑油的目的在于保护环境，满足可持续发展的要求，不仅使其具有普通矿物基润滑剂的性能，而且具有易生物降解性、无生物毒性或对环境毒性最小。

最早开发与使用绿色润滑油的是一些欧洲国家。德国与英国自20世纪70年代初就开始研究开发绿色润滑油，70 年代末，欧洲市场就出现了绿色润滑油（即环境友好润滑剂），80 年代早期研制出了与环境兼容的舷外二冲程发动机油，1968 年，用于森林开采的可生物降解链锯油进入市场，现在年使用量已达 30kt。1988 年，可生物降解液压油投入使用，它最初采用价廉的菜籽油作为基础油，后来逐渐被性能更佳的合成酯替代。

近十多年，可生物降解润滑剂的发展更为迅速，到目前为止，已有大量成熟的商业化产品问世，其类型以合成酯、植物油等基础油为主，其主要品种和牌号见表 8 – 1。我国对绿色润滑油的研究是从 20 世纪 90 年代末开始的，上海交通大学、清华大学、中国科学院兰州物理化学研究所、中国石化北京石油化工科学研究院、中国石油兰州润滑油研发中心、重庆陆军勤务学院、长安大学等都相继开展了绿色润滑油的研究工作。但因起步较晚，鲜有商业化产品问世。

**表 8 – 1　国外主要可生物降解润滑剂的商品牌号**

| 产品 | 生产公司 | 商品牌号 | 主要性能 |
|---|---|---|---|
| 二冲程发动机油 | Total | Neptuna | 合成润滑油，黏度指数为 142，40℃黏度为 55mm²/s，倾点为 36℃，生物降解能力大于 90%，产品性能超过 TC-W3 |
| 液压油 | Mobil | Mobil EAL 24H | 菜籽油基础油，黏度指数为 216，40℃黏度为 38mm²/s，生物降解能力大于 90% |
| | Funchs | PlantohyD40N | 菜籽油基础油，黏度指数为 210，40℃黏度为 40mm²/s，适用于液压油 |
| 链据油 | Funchs | Plantotac | 菜籽油基础油，含有抗氧及改进抗磨性能的生物降解性的添加剂，黏度指数为 228，40℃黏度为 60mm²/s |
| 齿轮油 | Cstrol | Careluble GTG | 三甘油酯基础油，黏度指数级别有 150 和 220 |
| 润滑脂 | Bechem | Biostar LFB | 优质高性能酯基润油脂 |
| 金属加工液 | Binol | Filium 102 | 植物油沥青乳液 |

## 二、绿色润滑油的基础油

现代润滑剂大都由 90% 以上的基础油，再加上各种添加剂组成，基础油无疑是润滑剂影响环境或生态的决定性因素。可以作为绿色润滑剂的基础油主要有聚醚、合成酯和天然植物油等，它们的理化性能各有特点。目前，广泛应用的基础油主要是合成酯和植物油，它们均有很好的生物降解能力。

**1. 合成酯**

合成酯的知识前面已经述及，其具有较好的生物降解功能：酯基（—COOR）的存在为微生物攻击酯分子提供了活化点，使得酯分子具有可生物降解性，有学者对不同结构的酯类化合物的生物降解性进行了研究，发现支链和芳环的引入会降低合成酯的生物降解性。适合用作绿色润滑剂的合成酯一般是双酯和多元位阻醇酯。

**2. 植物油**

早在公元前 1650 年，橄榄油、菜籽油、蓖麻油和棕榈油等植物油已经被简单用作润滑剂，但是由于这些天然油脂有氧化安定性差等缺点，导致使用过程中发生腐败和变质，一部分会转化成酸性物质，对金属表面造成腐蚀。因此，18—19 世纪的工业革命，使人们开始依赖石油基矿物油来满足对廉价、耐热、抗氧化润滑剂的需求。1920 年以来，汽车工业的发展更进一步推动了石油及润滑剂的发展。近年来由于环保的需求，将植物油用作可生物降解润滑剂的基础油又逐渐引起人们的重视。

现在市场上有许多品牌的可生物降解润滑剂采用植物油作基础油，植物油用作绿色润滑剂基础油的主要特性有：具有优良的润滑性能，黏度指数高，无毒且易生物降解（生物降解率在 90% 以上），资源丰富且可再生，价格比合成酯低廉。但它的热氧化稳定性、水解稳定性和低温流动性差，能用作可生物降解润滑剂基础油的植物油有菜籽油、葵花籽油、大豆油、棕榈油、蓖麻油、花生油等种类。菜籽油、葵花籽油在欧洲应用最多，这主要是因为其热氧化稳定性在某些应用领域是可以接受的，且其流动性能优于其他植物油。植物油的主要成分是三脂肪酸甘油酯，分子结构如下：

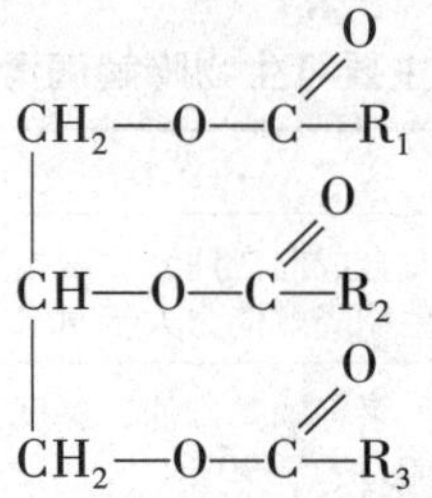

植物油是由甘油与脂肪酸组成，其结构中含有大量不饱和双键，这就决定了其热氧化安定性、水解安定性和低温流动性均较差。植物油的氧化机理主要表现在活泼的烯基反应，尤其是含 2～3 个双键的脂肪酸分子，在氧化初期就被迅速氧化，并引发整体氧化反应。另一方面由于双键的存在，使植物油具有良好的黏温特性。所以应将植物油中含 2～3 个双键的亚麻酸和亚油酸进行氢化，以提高氧化稳定性。

现以大豆油为例说明植物油的化学改性过程。

大豆油脂中富含不饱和双键，亚麻酸和亚油酸的含量在 50%～60% 以上，所以大豆油不能直接用作润滑油基础油，需要经过进一步加工处理。主要方法是对精炼后的大豆油进行化学改性，以重金属为催化剂，向大豆油中通入氢气，使氢加到甘油三酸酯的不饱和脂肪酸双键上，这个化学反应也叫油脂的氢化反应。

影响氢化反应的因素有温度、压力、搅拌速度、氢气流量、反应时间、催化剂活性及添加量和原料质量等。根据需要可以控制反应的氢化程度，使其更适应润滑油工况的要求。氢化后的大豆油脂由于油酸的含量增加，使其更有利于生物降解。在大豆油中加入抗氧化剂和利用现代农业技术提高大豆油酸的含量等方法也可增强大豆油的氧化稳定性。

## 三、绿色润滑油的添加剂

为了满足实际工况的要求，润滑油中必须添加各类添加剂。对绿色润滑油来讲，添加剂在基础油中的性能和其对生态环境的影响是必须考虑的因素。由于可生物降解润滑剂的基础油和传统的矿物油在化学结构上及界面性质上有很大的差别，并且要考虑添加剂自身的生物降解性能，所以传统使用的润滑油添加剂绝大部分不能直接用于可生物降解润滑剂。具体来说，主要有以下几个因素：

① 传统的润滑油添加剂都是针对矿物基础油而设计的，而绿色润滑油一般采用生物

降解性比较好的酯类结构的基础油，它与烃类结构的矿物油在化学结构、物理性质等方面存在很大的不同，所以在添加剂的响应性上会有很大的差异，而且作用机理也有所不同。

② 绿色润滑油要求添加剂具有低毒性、低污染、可生物降解的特点，而传统的添加剂分子设计主要从满足润滑油的使用性能的角度出发，很少考虑环保和健康的因素。

③ 添加剂的加入对基础油本身的生物降解性能会有所影响，尤其有些添加剂会对基础油降解过程中的活性微生物或酶有危害作用，从而影响基础油的生物降解率。

基于以上几条原因可以看出，对适用于绿色润滑油的添加剂的研究是绿色润滑油课题中一个必不可少的组成部分，而这一工作在世界范围内还刚刚起步。德国的“Blue Angel”（蓝色天使）标准对绿色润滑油的添加剂作了以下规定：

无致癌物、无致基因诱变、畸变物；不含氯和亚硝酸盐；不含金属（除了钙）；最大允许使用7%的具有潜在可生物降解性的添加剂。除了以上7%的添加剂，还可添加2%不可生物降解的添加剂，但必须是低毒性的。对可完全生物降解的添加剂的使用无限制。

目前，国外对绿色润滑油添加剂的研究，主要集中在抗氧化剂、防锈剂和挤压抗磨剂几个方面。研究表明，只有很少一部分的传统添加剂适用于可生物降解润滑剂，一般含有过渡金属元素的添加剂和某些影响微生物活动和营养成分的清净分散剂会降低润滑剂的可生物降解性，而含氮和磷元素的添加剂因为能提供有利于微生物的成长的营养组分，可提高润滑剂的生物降解性。表8－2是一些现在使用的生物降解液压油、润滑脂所用添加剂的类型。

**表8－2　绿色润滑油使用的添加剂类型**

| 添加剂种类 | 主要的代表化合物 |
|---|---|
| 抗氧化剂 | 胺型；酚型（如BHT)；维生素E |
| 抗磨/极压剂 | 硫化脂肪 |
| 抗腐蚀剂 | 胺类；咪唑啉；间二氮杂环戊烯；三唑 |
| 消泡剂 | 硅酮；硅氧烷；丙烯酸酯 |
| 增粘剂 | 聚丙烯酸酯；聚异丁烯；天然树脂/聚合物 |

抗氧化剂的选择对绿色润滑油来讲是最为重要的，尤其对于植物油。这是因为基础油本身含有大量的双键结构，容易被氧化，而且容易水解生成酸性物质，对氧化过程有催化作用。研究结果表明，在较低温度下，酚型抗氧剂比胺型的感受性要好，而胺型抗氧化剂在高温下抗氧化效果较为突出，但是胺型抗氧化剂有一定的毒性，而且色泽比较深。同时，还应当重视抗氧化助剂的协同效应，大量研究发现，乙二胺四乙酸部分碱金属盐、含卤羧酸碱金属盐、有机酸的碱金属盐、酚和磺酸的碱金属盐以及乙醚丙酮碱金属盐等多种碱金属盐与苯基－α苯胺、二异辛基二苯胺等有良好的协同效应；有机胺可以提高酯类油的水解安定性，从而改善其氧化安定性。在抗氧化剂的筛选研究中还可以选择一些天然抗氧化剂，如从绿茶、生姜、大蒜等中提取的茶多酚、维生素E、单宁等物质。天然抗氧化剂具有无毒、高效、生态效应好、来源丰富等优点，在食用油中已被广泛应用，但其缺点是有效使用温度低，而且油溶性有待提高。

对防锈剂来说，由于植物油和合成酯易水解生成酸性物质，同样由于竞争吸附的原因，要达到良好的效果，必须增加防锈剂的用量。

极压抗磨剂的研究，主要集中在硫化脂肪类的添加剂，这类添加剂在实际应用中得到了很好的效果。但是由于植物油或合成酯的酯类结构具有比较强的极性，与添加剂在摩擦表面形成竞争吸附，所以相对添加的浓度比较大。而对于其他类型的极压抗磨剂，现在的研究还很不深入，仅有少量文献对个别化合物的摩擦学性能和机理进行了考察。

## 第二节　废润滑油再生技术

### 一、废润滑油回收、再生概述

**1. 废润滑油再生的意义**

绿色润滑油的前景虽然很好，但目前多处于研究阶段。在世界能源日趋紧张的形势下，废润滑油的回收和再生成为更需要迫切解决的问题。润滑油在使用过程中随着时间的推移会逐渐失去减摩耐磨能力，一旦不能满足工况要求时就丧失了应用价值而变成了非润滑油。在欧洲，每年大约就有 $500\times10^4$t 废弃润滑油，其中 40%~50% 未做任何处理就扩散到环境中，而我国以往的润滑油回收量还不到废润滑油总量的 20%。2021 年，中国润滑油基础产量约为 $891.51\times10^4$t，我国每年生产约 $490\times10^4$t 废润滑油，相当于近 200 家中小企业年产量的总和。对如此巨量废润滑油资源的回收再利用问题不容忽视。

据估计，一大桶（200L）废油流入湖海，能污染近 3.5$km^2$ 的广大水面。被污染的水域，由于油膜覆盖水面，阻止了水中的溶解气体与大气的交换，水中的溶解氧被生物及污染物消耗后得不到补充，含氧量明显下降。油膜覆盖在水生植物的叶子上、鱼类贝类等水生动物的呼吸器官上，阻碍水生动植物的呼吸，使整个食物链都受到损害。

废润滑油以量少但扩散面宽的方式，每时每刻都对环境（大气、土壤和水）造成污染，因此，无论从保护资源，还是从节能、环保角度来考虑，开展废润滑油的再利用研究是利在当代，功在千秋的大事。

**2. 废润滑油的杂质组成**

研究表明，废润滑油中杂质成分仅占 1%~2.5%，其主体仍为基础油，废油其实并不“废”。

废油总的杂质成分较复杂，大体可分为 11 大类：①使用过程中无意引入的机械杂质，如灰尘、泥沙、纤维、金属粉末等；②发动机润滑油中的残燃油，如汽油、煤油、柴油等轻质油；③水分；④炭粒；⑤碳青质，油焦质；⑥氧化产生的胶质及沥青质；⑦酸类，主要是油溶性有机酸，有时也含有水溶性酸（包括无机酸和低分子量有机酸）；⑧过氧化物和氢过氧化物；⑨中性含氧化合物，包括脂类、醚类和某些羰基化合物；⑩皂类；⑪添加剂消耗后产生的化合物。因此要想一一除掉以上杂质使废润滑油恢复基础油的使用性能，再生工艺相对较复杂，投资较大。

废润滑油回收普遍采用再精炼法，其工艺过程为：①采用沉降法去除较大固体杂质与大部分水分；②常压蒸馏将挥发性成分分离；③采用酸精制法、溶剂（丙烷）萃取法，减压蒸馏法或部分采用加氢法，将化学添加剂和老化副产物分离出来；④采用加氢精制法，并使用吸收剂如白土，或溶剂（如糠醛）萃取法，最后分离残留化学添加剂、老化副产物和精炼反应产物。

**3. 废润滑油再生的历程**

《国家危险废物名录》（2016 版）已经明确将各类废润滑油确定为危险废物，代号 HW08。随着国家环保法律法规的完善，废润滑油再生将越来越规范，再生工艺也将进一步完善。在物理处理工艺方面，塔式蒸馏将仍是大规模处理废润滑油的主要方式，而且是加氢精制处理后的分离提纯经典配套工艺。此外，分子蒸馏因其热效率较高，操作简便，方便间歇性操作，将逐步得到更为广泛的应用。在化学处理工艺方面，因加氢精制处理后的油品品质高、质量可靠，加之催化剂向长周期使用和可再生化发展，加氢精制将逐步成为废润滑油再生的主要工艺。今后，废润滑油处理工艺势必将融合物理、化学处理工艺的优点，逐步向无污染、低能耗、高效率和普适性方向发展。

## 二、废润滑油回收方法

润滑油丧失减摩耐磨功能的原因是：化学添加剂量减少或耗尽、磨屑量增多、出现老化副产物（润滑油在摩擦压力和热作用下部分碳键变化，$C_{19}$~ $C_{25}$ 以及 $C_{26}$~ $C_{35}$ 增多）。化学添加量减少，导致边界润滑的减摩耐磨功能下降；磨屑增加导致边界润滑转变为磨料润滑；老化副产物增加导致化学添加剂功能下降。这三者的共同作用导致摩擦磨损显著增大，润滑油的润滑功能丧失，弃之为废润滑油。

老化副产物是润滑油在使用过程中氧化形成的，由于受到摩擦表面高温、高压的作用，润滑油中烃类发生氧化变质，形成羧酸、羟基酸、环烷酸及酚类，并溶于润滑油中。继续深度氧化使得氧化产物形成不溶于润滑油中的树脂、胶质及沥青质，结果使润滑油的酸值增加，不溶物增多，色泽变黑。但是，润滑油中发生氧化变质的仅仅是部分烃类（1%~25%），其余大部分烃类（75%~99%）仍然是润滑油的良好组分。因此，废润滑油再生只要通过物理的方法去除树脂、胶质及沥青质等不溶性物质，采用化学处理去除溶于润滑油中的羧酸、羟基酸、环烷酸及酚类，就有可能使之恢复到基础油的性能。

废油再生比较核心的工艺有酸－白土工艺法、蒸馏－白土工艺法以及蒸馏加氢工艺法。

**1. 酸－白土工艺法**

传统的废油再生工艺以德国 Meinken 公司开发的酸精制工艺为主，其工艺流程示意图如图 8－1 所示。该工艺采用一种专利强力搅拌混合器，可降低硫酸消耗，进而减少酸渣生成。此法得到的再生润滑油质量令人满意，原料中的添加剂几乎全部从再生油中除去。与以前的酸精制法相比，各工艺步骤减少了酸性淤浆量和废白土再生量，并提高了润滑油产率。

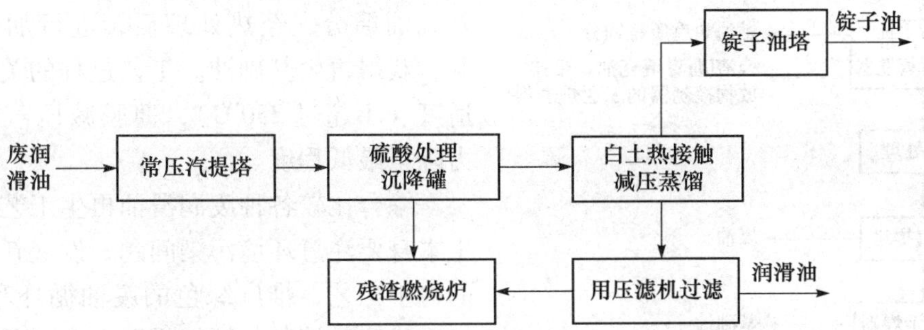


图 8－1　硫酸法再精炼过程（Meinken 工艺流程）

该工艺明显的不足是产生比较严重的二次污染，如产生大量的酸性气体二氧化硫及大量的难以处理的酸渣、酸水、白土渣等，危害操作人员身心健康，腐蚀设备污染环境。法国石油研究院（IFP）对该种废油酸精制再生工艺做了进一步的改进，开发了丙烷萃取－硫酸－白土工艺，使硫酸和白土耗量明显减少，再生收率提高了10%，该工艺在世界范围内得到了广泛的应用。

**2. 蒸馏－白土工艺法**

与酸－白土工艺相比，蒸馏－白土工艺属于一种无污染废油再炼制工艺，图8－2为此工艺的全流程图。

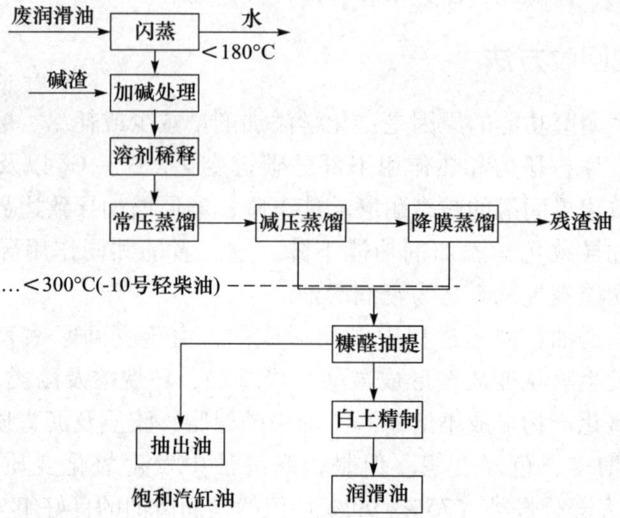


图8－2　预处理－蒸馏－糠醛－白土工艺流程

**3. 蒸馏－加氢工艺法**

减压蒸馏是很有效的脱杂方法，而加氢是天然润滑油加工中的重要工艺过程，近年来在废油再生中得到了广泛的应用，通过加氢可以对废润滑油中的非理想组分进行脱除。

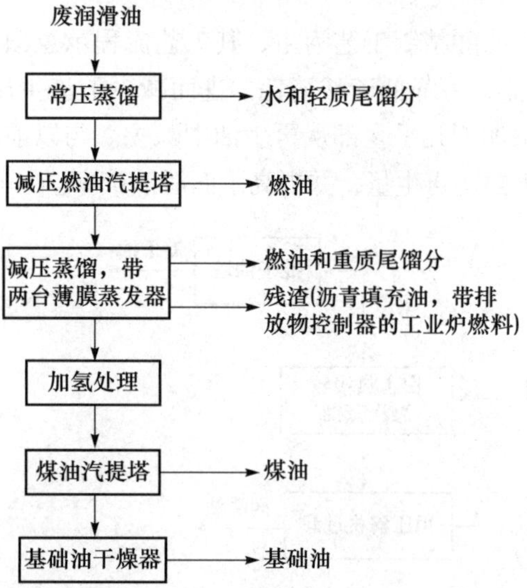


图8－3　蒸馏－加氢工艺过程

如图8－3所示，蒸馏－加氢工艺过程如下：废油经常压脱水和轻油后，在第一薄膜蒸发器中脱柴油，然后在第二薄膜蒸发器中蒸出基础油馏分，经热处理后，进行加氢补充精制，获得再生基础油。工艺过程的关键是温度适度（不超过250℃），薄膜减压蒸馏使热应力降至最低程度。

综合比较各种废润滑油再生工艺，废油再生本身要注意环境污染问题，发展新的无污染的再生工艺，推广绿色的废油循环利用技术，以取代硫酸精制。例如采取高真空低温度下的薄膜蒸发，将基础油馏分蒸出来而不发生任何裂化，然后再经过加氢精制，成为质量良好的再生基础油，既提高了废润滑油的附加值，也有效地避免了在治废过程中对环境所产生的二次污染。

## 三、分类再生添加剂方法

由于商品润滑油中还存在部分添加剂，也必须在废润滑油再生过程中予以考虑。不同类型润滑油（如透平油、液压油、齿轮油等）中所含化学添加剂的品种、性质和添加量是不同的。国内外传统的再精炼是采用集中处理技术路线，即对各种类型、并在各种系统条件下应用后的废润滑油的混合液进行再生处理，一次清除其所含有的不同品种、不同性质和不同含量的残留化学添加剂以及老化副产物，使其恢复到基础油的性能水平和状态。因此，需要清除残留的化学添加剂品种非常之多，性能非常之杂，处理量相对较大，而且最后还得清除精炼反应产物，从而导致清除反应过程十分复杂，周期长、费用高、性能质量不高。

基于对废润滑油状态和功能的认识可以确定废润滑油再生的有效措施是：清除磨屑和老化副产物，补充恢复化学添加剂，从而恢复其减摩耐磨功能。废润滑油分类再生的基本原则是：针对不同类型的废润滑油，采用沉降溶剂提取、离心、过滤法；按类型清除磨屑、水、杂质、胶质和沥青质等；按类型补加再生添加剂，以降低总酸值，恢复废润滑油的减摩、耐磨和承载功能。图 8－4 是废油再生的再精炼法与分类再生添加剂方法的对比图。

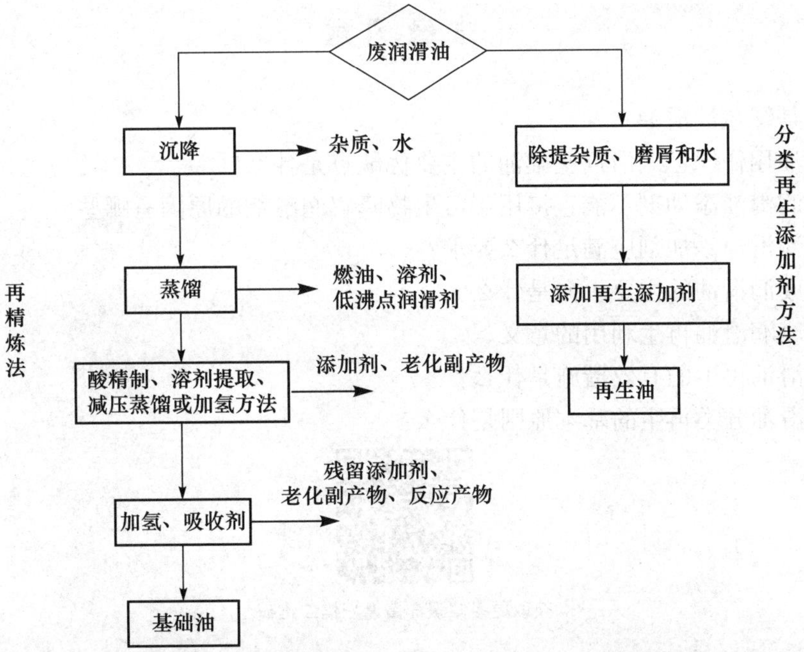


图 8－4　废油再生工艺方法与分类再生添加剂方法的对照图

新技术路线的核心是以分类取代集中，以再生添加剂取代再精炼，而其技术关键是开发新概念的再生添加剂以恢复废润滑油的减摩、耐磨和承载功能。分类再生添加剂法涉及的一个全新概念是再生添加剂既能与废油中残留添加剂协调，共同发挥减摩耐磨效应，同时它又能与残留的部分老化副产物相互作用，消除其对减摩耐磨的不利影响。

新技术路线的优点是：①再生润滑油具有优异的减摩耐磨性能，而不是其基础油的性能；②再生工序和反应过程简单，费用低；③废润滑油再生过程无环境污染；④无需大型专用处理设备，用户可自行再生废润滑油。

基于分类再生添加剂的理念，武汉材料保护研究所研究人员针对某钢厂 1250t 钢剪切机液压系统的废润滑油，研制出废润滑油再生添加剂 ZF，对添加质量分数为 1.5% 再生添加剂 ZF 的再生润滑油和废、新润滑油的减摩、耐磨和承载能力进行了对比评价实验。四球机试验结果表明：对于钢/钢摩擦副，添加再生添加剂后的废润滑油的摩擦学性能都显著优于废润滑油，甚至明显好于新润滑油。

## 本章后记

节能环保是当今世界的潮流，绿水青山更是中国梦的主题，流淌的润滑油是整个社会的血脉，薄薄的润滑油膜承托着整个民族的工业。我们的润滑油本身必须是低毒或无毒无害的，它的生产过程也应该是无毒无害的，当它完成了生命周期使命，还不能对环境造成危害。更可贵的是它仍然可以奉献给我们太多有用的东西，除去杂质、调入添加剂，它还可循环利用，继续回报社会。

阅读完本章，阅读完本书，你能体会到润滑油这诸多美德吗？

## 本章习题

1. 什么是绿色润滑油？
2. 植物油用作绿色润滑剂基础油的主要优缺点是什么？
3. 传统润滑油添加剂不能直接用于可生物降解润滑剂的原因有哪些？
4. 绿色润滑油添加剂应满足什么要求？
5. 我国废润滑油的主要去向是什么？
6. 阐述废润滑油再生利用的意义。
7. 废润滑油再生的有效措施是什么？
8. 废润滑油分类再生的基本原则是什么？

获取更多知识详情请扫描二维码

# 参考文献


[1] 巴鹏，马春峰，张秀珩．机械设备润滑基础及技术应用[M]．沈阳：东北大学出版社，2019.

[2] 励燕飞，徐建．润滑油包装设计现状及发展趋势[J]．润滑油，2001，10：1-10.

[3] 屈智煜，张庆兵．我国国营润滑油企业取胜高端市场探析[J]．现代商贸工业，2009，1：4-7.

[4] 高辉，周惠娟，杨俊杰．2008年中国润滑油行业报告[J]．润滑油，2009，6：1-8.

[5] 杨俊杰，高辉．中国润滑油现状及发展趋势[J]．润滑油，2009，2：1-10.

[6] 中国石化润滑油公司．破解中国润滑油的经济密码[J]．大庆石油学院学报，2010，008：113-115.

[7] 孔劲媛，韦健，刘锐．2009年中国润滑油市场回顾与2010年展望[J]．国际石油经济，2010，2：43-47.

[8] 安军信．国内外润滑油市场现状及发展趋势分析[J]．合成润滑材料，2021，1：42-47.

[9] 钱伯章．润滑油基础油质量的升级换代[J]．石油知识，2020，2：44-45.

[10] 宋宁宁，康茵．润滑油基础油的特点及生产工艺[J]．齐鲁石油化工，2010，38(1)：23-28.

[11] 夏青虹，武志强．基础油组成对油品清净性的影响研究[J]．润滑与密封，2005，3：50-54.

[12] 颜志光，杨正宇．合成润滑剂[M]．北京：中国石化出版社，1996.

[13] 吕涯．石油产品添加剂[M]．上海：华东理工大学出版社，2011.

[14] 王先会．新编润滑油品选用手册[M]．北京：机械工业出版社，2001.

[15] 梁治齐．润滑剂的生产及应用[M]．北京：化学工业出版社，2001.

[16] 王毓民，王恒．润滑材料与润滑技术[M]．北京：化学工业出版社，2005.

[17] 胡性禄．内燃机油的知识营销[J]．润滑视界，2002，2：48-51.

[18] 陈惠卿．工程机械用液压油的选择[J]．液压气动与密封，2012，32(12)：46-51.

[19] 刘冰．浅谈工程机械液压油的选用[J]．科技视界，2012，8：136-137.

[20] 刘卜瑜．液压油的新技术发展与需求展望[J]．内燃机与配件，2020，12：89-90.

[21] 刘伟艳．液压油的应用与市场需求[J]．润滑油，2004，02：1-6.

[22] 陈惠卿．液压油的分类与产品标准[J]．液压气动与密封，2007，05：17-18.

[23] 长效表现成就未来——埃克森DTE．20 UT长效液压油[J]．电气应用，2019，38(09)：2-2.

[24] 壳牌．全球同步发布新一代得力士液压油S2 MX和S2 VX[J]．中国矿业，2016，25(09)：177-177.

[25] 埃克森美孚发布全新美孚DTE．20 UT长效液压油[J]．润滑与密封，2019，44(09)：95-95.

[26] 杨明．Denison_ HF-0～HF-6，值得关注的液压油OEM标准[J]．液压气动与密封，2014，34(10)：43-47.

[27] 曾萍．航空液压油标准体系概述和性能评估方法研究[J]．机床与液压，2018，46(1)：49-55.

[28] 王长春．航空液压油的现状及发展趋势[J]．合成润滑材料，2019，46(1)：29-32.

[29] 梁德君．液压油的选择、使用和更换[J]．石油商技，2017，35(05)：74-77.

[30] 石啸．国外工业齿轮油技术标准的最新变化[J]．合成润滑材料，2019，46(02)：38-41.

[31] 石啸．工业齿轮油不同黏度级别通读规则研究[J]．润滑油，2022，37(01)：41-45.

[32] 吕兆岐，谢泉．润滑油品研究与应用指南[M]．北京：中国石化出版社，1997.

[33] 郑景清，郑树人．变压器应用与维修[M]．上海：上海科学技术出版社，1993.

[34] 《变压器》杂志编辑部编．变压器实用技术问答[M]．沈阳：辽宁科学技术出版社，1986.
[35] 何玗玲．IEC 60296：2020 标准的新修订内容及其对产品发展趋势的影响[J]．变压器，2021，58(08)：49－53.
[36] 王世厚．泵和压缩机（下）[M]．北京：烃加工出版社，1989.
[37] 李春笋．橡胶填充油生产研究进展[J]．当代化工，2013，42(01)：82－85.
[38] 王兵，胡佳，高会杰．常减压蒸馏装置操作指南[M]．北京：中国石化出版社，2006.
[39] 中国石油化工集团公司人事部．常减压蒸馏装置操作工[M]．北京：中国石化出版社，2008.
[40] 中国石油化工集团公司人事部．溶剂脱沥青装置操作工[M]．北京：中国石化出版社，2008.
[41] 中国石油化工集团公司职业技能鉴定指导中心．溶剂脱沥青装置操作工[M]．北京：中国石化出版社，2006.
[42] 林世雄．石油炼制工程[M]．北京：石油工业出版社，2000.
[43] 中国石油化工集团公司职业技能鉴定指导中心．溶剂精制装置操作工[M]．北京：中国石化出版社，2006.
[44] 中国石油化工集团公司人事部．溶剂脱蜡装置操作工[M]．北京：中国石化出版社，2009.
[45] 中国石油化工集团公司职业技能鉴定指导中心．酮苯脱蜡装置操作工[M]．北京：中国石化出版社，2006.
[46] 中国石油化工集团公司人事部．白土补充精制装置操作工[M]．北京：中国石化出版社，2007.
[47] 中国石油化工集团公司人事部．润滑油加氢装置操作工[M]．北京：中国石化出版社，2008.
[48] 徐先盛．润滑油白土精制工艺探讨[J]．辽宁化工，1984，4：1－7.
[49] 郑灌生．润滑油生产装置技术问答[M]．北京：中国石化出版社，1998.
[50] 水天德．现代润滑油生产工艺[M]．北京：中国石化出版社，1997.
[51] 李淑培．石油加工工艺学（下）[M]．北京：中国石化出版社，1992.
[52] 刘庆国，张建国．三种润滑油后精制工艺对油品质量的影响[J]．润滑油，2000，4：24－27.
[53] 张莉，杨国柱．兰州石化炼油厂润滑油生产工艺升级[N]．中国石油报，2010－4－6(003).
[54] 秦立新．白土精制矿物油的功能及对活性白土的质量要求[J]．沈阳化工，1992，5：14－17.
[55] 刘丽艳，张志恒，谭蔚．润滑油白土补充精制吸附过程[J]．化工进展，2008，12：2008－2011.
[56] 王红，沈辉，杨建军．润滑油基础油白土精制及废物处理[J]．石化技术，1998，5(3)：148－151.
[57] 李大东．加氢处理工艺与工程[M]．北京：中国石化出版社，2004.
[58] 韩鸿，祖德光，石亚华，等．国内外润滑油异构脱蜡技术[J]．润滑油，2003，6：1－5.
[59] 安军信，王凤娥，吴键．润滑油加氢催化剂的现状及进展[J] 润滑油，2007，8：1－7.
[60] 陈孙艺，梁小龙，曹恒，等．润滑油脱蜡工艺及其设备发展[J]．润滑油，2007，6：21－25.
[61] 桑玉丰．催化脱蜡法润滑油工艺的开发及工业应用[J]．炼油设计，1996，5：14－18.
[62] 孙丽丽．荆门润滑油加氢改质装置的工程设计及工业应用[J]．石油炼制与化工，2003，8：9－11.
[63] 赵德强，牛文军，黎德晟．润滑油加氢处理装置生产分析及建议[J]．润滑油，2002，4：17－21.
[64] 姜来，卫建军．湿法硫化在加氢裂化装置的首次应用[J]．炼油技术与工程，2011，41(02)：13－17.
[65] 中国石油化工集团公司职业技能鉴定指导中心编．油品储运调和操作工[M]．北京：中国石化出版社，2006.
[66] 王先会．润滑油脂生产技术[M]．北京：中国石化出版社，2005.